シルセスキオキサン材料の化学と応用展開

Chemistry of Silsesquioxane Materials and Their Applications

《普及版／Popular Edition》

監修 伊藤真樹

シーエムシー出版

はじめに

　シリコーン工業における製品形態のうちオイルとゴムがポリシロキサンの直鎖成分，すなわちD単位（$R_2SiO_{2/2}$）を主成分とするのに対し，シリコーンレジンはT（$RSiO_{3/2}$）およびQ単位（$SiO_{4/2}$）を主たる成分とする三次元ネットワークポリマーである。シリコーン工業の設立には，1930年代，Corning Glass Works がプラスチックより強靭で耐熱性が高く，ガラスより柔軟性がある"有機無機ハイブリッド材料"の開発を目指して雇った"有機化学者" J. F. Hyde が，電気絶縁用途のシリコーンレジンの開発を開始したことがその一端を担う。これが1943年の Dow Corning の設立につながり，次いで1946年には General Electric がシリコーンの工業生産を開始した。現在ポリシロキサンの工業製品はオイルやゴムが主流をなすが，最初の製品はシリコーンレジンであった。

　本書の主題である「シルセスキオキサン」はシリコーンレジンのうちT単位のみからなるものを言う。シリコーンレジンに包含されるシルセスキオキサンが特に独立して語られるのは，M（$R_3SiO_{1/2}$），D, T, Q単位の組み合わせの中で，T単位は単独でシリコーンレジンを形成できるからかもしれない。また，かご型八量体のような特定の構造をとるオリゴマーが注目されていることも大きな要因である。シリコーンレジン・ポリシルセスキオキサンは三次元ネットワークポリマーであるが，本来溶媒に可溶で，かつ室温で安定に保存でき，さらに架橋（硬化）させて不溶・不融の最終使用形態（塗膜など）となることを前提としている。さらにゾルゲル化学的アプローチからは，アルコキシシランモノマーから一気に不溶性のゲルを形成することも視野に入る。一方，シルセスキオキサンオリゴマーは，それ自身を機能性分子と考えることができる。ポリシルセスキオキサンあるいはシリコーンレジンが本来持っている耐熱性，耐候性，電気絶縁性といった特長に加えて，構造既知の分子を有機無機ハイブリッド材料等のビルディングブロックとして用いることができること，また有機高分子等への添加剤として考えた場合にも分散性を制御しやすいことによる機能の発現など，オリゴマーとしての特徴が見出され始めているように思う。また，かご型八量体のサイズは1～2nm程度で，通常のコロイダルシリカ等の粒子よりさらに小さく，分子と粒子の中間的な領域を占めうることもナノテクノロジー分野で興味がもたれる所以であろう。ポリシルセスキオキサンの分野では，新たな有機無機ハイブリッド材料や，特定の置換基をもつモノマーからのメソ構造体の創製なども注目される。本書は古典的なシリコーンレジンから一歩進んで，ポリ／オリゴシルセスキオキサンという切り口からこの分野の進歩を眺めようとするものであり，この材料の新しい顔，可能性を探る一助となることを願うものである。また，このようなシルセスキオキサンの研究は，シリコーンレジン全体を見直すことにもなると信ずる。

　おわりに，本書を監修するにあたり，お忙しい中快く執筆をお引き受けいただき，力作をお寄せいただいた執筆者各位に厚くお礼を申し上げたい。また，本書の完成にあたり，熱意と努力を注がれたシーエムシー出版の共田弘和氏に感謝する。

2007年6月

伊藤真樹

普及版の刊行にあたって

本書は2007年に『シルセスキオキサン材料の化学と応用展開』として刊行されました。普及版の刊行にあたり，内容は当時のままであり加筆・訂正などの手は加えておりませんので，ご了承ください。

2013年6月

シーエムシー出版　編集部

―――― 執筆者一覧（執筆順）――――

阿 部 芳 首　東京理科大学　理工学部　教授
郡 司 天 博　東京理科大学　理工学部　工業化学科　准教授
伊 藤 真 樹　Dow Corning（東レ・ダウコーニング㈱）　Business & Technology Incubator　Associate Research Scientist
工 藤 貴 子　群馬大学　大学院工学研究科　応用化学・生物化学専攻　教授
海 野 雅 史　群馬大学　大学院工学研究科　応用化学・生物化学専攻　教授
下 嶋　　 敦　東京大学　大学院工学系研究科　助教
黒 田 一 幸　早稲田大学　理工学術院　教授
中 西 和 樹　京都大学　大学院理学研究科　化学専攻　准教授
長 谷 川　功　岐阜大学　工学部　応用化学科　助教
岩 村　　 武　静岡県立大学　環境科学研究所　反応化学研究室　助教
坂 口 眞 人　静岡県立大学　環境科学研究所　反応化学研究室　教授
中 條 善 樹　京都大学　大学院工学研究科　高分子化学専攻　重合化学研究室　教授
山 廣 幹 夫　チッソ石油化学㈱　五井研究所　研究第3センター　第33G　グループサブリーダー
及 川 尚 夫　チッソ石油化学㈱　五井研究所　研究第2センター　第21G　研究員
森　　 秀 晴　山形大学　大学院理工学研究科　准教授
小 畠 邦 規　㈱KRI　ナノ材料研究部　主任研究員
林　　 蓮 貞　㈱KRI　ナノ材料研究部　研究員

福田　　　猛	荒川化学工業㈱　光電子材料事業部　研究開発部　HBグループ
鈴木　　　浩	東亞合成㈱　新事業企画推進部　機能性シリコン材料チーム
	チームリーダー
樫尾　幹広	リンテック㈱　技術統括本部　研究所　素材設計研究室
池田　正紀	㈱科学技術振興機構　技術移転促進部
穂坂　　直	九州大学　大学院工学府　物質創造工学専攻
宮本　郷太	九州大学　大学院工学府　物質創造工学専攻
大塚　英幸	九州大学　先導物質化学研究所　准教授
高原　　淳	九州大学　先導物質化学研究所　教授
保田　直紀	三菱電機㈱　先端技術総合研究所　マテリアル技術部　主席研究員
松田　厚範	豊橋技術科学大学　工学部　物質工学系　教授
中松　健一郎	兵庫県立大学　高度産業科学技術研究所
松井　真二	兵庫県立大学　高度産業科学技術研究所　教授
岡本　尚道	静岡大学　名誉教授
冨木　政宏	静岡大学　工学部　電気電子工学科　助教
辻村　　豊	ナガセケムテックス㈱　研究開発部　研究員
岡上　吉広	九州大学　大学院理学研究院　化学部門　助教
和田　健司	京都大学　工学研究科　講師
田邊　　真	東京工業大学　資源化学研究所　助教
小坂田　耕太郎	東京工業大学　資源化学研究所　教授

執筆者の所属表記は，2007年当時のものを使用しております。

目次

〔第Ⅰ編　基礎化学，分子設計と構造制御〕

第1章　シルセスキオキサン総論　阿部芳首，郡司天博

1　はじめに ……………………… 3
2　ラダーシルセスキオキサン ………… 4
3　かご型シルセスキオキサン ………… 6
4　不完全かご型シルセスキオキサン … 7
5　その他のシルセスキオキサン ……… 9

第2章　ポリシルセスキオキサンの構造解析と反応化学　伊藤真樹

1　はじめに ……………………… 11
2　ポリシルセスキオキサンの構造解析 … 12
3　反応化学 ……………………… 16
4　おわりに ……………………… 19

第3章　シルセスキオキサン生成の分子軌道法計算　工藤貴子

1　緒言 …………………………… 22
2　T_8の生成機構 ………………… 22
　2.1　脱水縮合反応 ……………… 22
　2.2　反応中間体 ………………… 24
　2.3　3つのタイプの反応機構経路 … 28
　2.4　脱水縮合反応の遷移状態 …… 31
　2.5　T_8形成の反応機構とそのポテンシャルエネルギー面 ……… 32
3　結言 …………………………… 34

第4章　かご型および精密合成ラダーシルセスキオキサン　海野雅史

1　はじめに ……………………… 37
2　シルセスキオキサン合成 ………… 38
　2.1　一般的合成法 ……………… 38
　2.2　シラノールの脱水縮合によるかご状シルセスキオキサンの合成 …… 39
　2.3　シラノールを基軸としたラダーシロキサンの精密合成 …………… 40
　　2.3.1　五環式ラダーシロキサンの合成 ……………………… 42
　　2.3.2　選択的ラダーシロキサン合成 … 43

2.3.3 九環式ラダーシロキサンの合成 ……………………………… 44	2.3.5 ラダーポリシロキサンの合成 … 46
2.3.4 酸化によるラダーシロキサンの合成 ……………………… 45	3 ラダーシロキサンの物性 ………… 47
	4 ラダーシロキサンの熱特性 ……… 48
	5 まとめと今後の展望 ……………… 48

第5章 自己組織化によるメソ構造体の合成　下嶋 敦, 黒田一幸

1 はじめに ……………………………… 50	4 構造, 形態の多様化 ………………… 56
2 層状シルセスキオキサンの合成 …… 50	4.1 ベシクル型シルセスキオキサンの形成 …………………………………… 56
2.1 両親媒性アルキルシランの利用 … 50	
2.2 有機架橋型アルコキシシランの利用 ……………………………………… 52	4.2 不斉炭素の導入によるらせん状ファイバーの形成 …………………………… 56
2.3 長鎖アルコキシ基の導入による自己組織化 …………………………… 53	4.3 親水性ロッド状シルセスキオキサン …………………………………… 57
3 有機基の設計による機能性付与 …… 54	4.4 充填パラメータの制御によるメソ構造制御 ………………………………… 57
3.1 層状シルセスキオキサンへの有機官能基の導入 ……………………… 54	5 おわりに …………………………… 58

第6章 ブリッジドシルセスキオキサンの多孔構造制御　中西和樹

1 はじめに ……………………………… 60	…………………………………………… 65
2 加水分解・重縮合反応 ……………… 61	6 長距離秩序をもつメソ孔と共連続マクロ孔の階層構造 …………………………… 66
3 極性溶媒系の相分離 ………………… 61	
4 水素結合性共存物質による相分離 … 63	7 界面活性剤－両親媒性溶媒系の挙動 … 69
5 分離カラムとしての細孔表面特性評価	8 おわりに …………………………… 71

〔第II編　ナノハイブリッド材料にむけて〕

第1章　有機－無機ハイブリッドのプラットホームとしての多面体シルセスキオキサン　　長谷川　功

1　多面体シルセスキオキサン ………… 75
2　多面体シルセスキオキサンを有機－無機ハイブリッドの合成に利用するメリット ………………………………………… 76
3　多面体シルセスキオキサンの合成 … 77
　3.1　T型ケージの合成 ………………… 77
　3.2　Q型ケージの合成 ………………… 78
　3.2.1　多面体構造を持つケイ酸アニオンの合成 ……………………… 78
　3.2.2　多面体ケイ酸アニオンのシリル化 …………………………………… 79
4　ヒドロシリル化反応 ………………… 80
5　シロキサン結合は安定なのか？ …… 81
6　将来展望 ……………………………… 82

第2章　シルセスキオキサンを用いた有機－無機ハイブリッド材料　　岩村　武，坂口眞人，中條善樹

1　はじめに ……………………………… 85
2　シルセスキオキサン骨格を有する有機－無機ハイブリッドポリマー ………… 85
3　ナノフィラーとしてシルセスキオキサンを利用した有機－無機ポリマーハイブリッド ……………………………………… 89
4　シルセスキオキサンとアルコキシシランのゾル－ゲル反応を利用した有機－無機ポリマーハイブリッド ……………… 91
5　おわりに ……………………………… 93

第3章　不完全縮合型シルセスキオキサンの合成と応用展開　　山廣幹夫，及川尚夫

1　はじめに ……………………………… 96
2　新規シルセスキオキサン誘導体の合成 ……………………………………… 97
　2.1　パーフルオロアルキル基含有シルセスキオキサン …………………… 98
　2.2　ダブルデッカー型フェニルシルセスキオキサン ……………………… 101
3　リビングラジカル重合法を用いたシルセスキオキサン含有高分子の合成 …… 102
　3.1　リビングラジカル重合法を用いたパーフルオロアルキル基含有シルセスキオキサン含有高分子の精密合成 …… 103
　3.2　リビングラジカル重合法を用いたダブルデッカー型フェニルシルセスキ

サン含有高分子の精密合成 ……… 105　　4　おわりに ……………………………… 106

第4章　シルセスキオキサン微粒子を用いた有機−無機ハイブリッド

　　　　　　　　　　　　　　　　　　　　　　　　　　　　　森　秀晴

1　はじめに …………………………… 109
2　シルセスキオキサン微粒子の合成 … 110
3　シルセスキオキサン微粒子のコンプレックス形成を利用したハイブリッド … 115
4　シルセスキオキサン微粒子をコア部位として利用した星型ハイブリッド …… 117
5　おわりに …………………………… 119

第5章　フラーレン分散有機−無機ハイブリッドの合成　　郡司天博,　阿部芳首

1　はじめに …………………………… 121
2　C_{60}-ケイ素誘導体の合成 …………… 122
3　C_{60}-PEOS系ハイブリッド ………… 122
4　PEOS-C_{60}ハイブリッドゲルフィルムの光制限性 ………………………… 126
5　ディップコーティングによるPEOS-C_{60}ハイブリッドコーティングフィルムの調製 …………………………………… 127

第6章　光学活性シルセスキオキサンとセルロース誘導体シルセスキオキサンハイブリッドの合成

　　　　　　　　　　　　　　　　　　　　　　　　　　　小畠邦規,　林　蓮貞

1　はじめに …………………………… 130
2　ポリシルセスキオキサンに何を期待するか？ ………………………………… 131
3　ポリシルセスキオキサンのバリエーション …………………………………… 132
4　ポリシルセスキオキサンを用いた有機−無機ハイブリッド材料作成 ………… 133
　4.1　光学活性基を持つ重合性ポリシルセスキオキサン ……………………… 133
　　4.1.1　序 ……………………………… 133
　　4.1.2　合成 …………………………… 133
　　4.1.3　構造推定 ……………………… 134
　　4.1.4　光学活性・成膜 ……………… 136
　4.2　酢酸セルロース／ポリシルセスキオキサンハイブリッド材料 …………… 136
　　4.2.1　序 ……………………………… 136
　　4.2.2　実験 …………………………… 138
　　4.2.3　結果 …………………………… 138
5　おわりに …………………………… 140

第7章 位置選択的ハイブリッドによる光学用材料の創製　福田 猛

1 シルセスキオキサン類について …… 141
2 有機－無機ハイブリッド材料への展開 ………………………………………… 141
　2.1 位置選択的分子ハイブリッド法とは ………………………………………… 142
　2.2 シルセスキオキサン類への適用 … 143
3 シルセスキオキサン類を用いた有機－無機ハイブリッド ………………… 143
3.1 光硬化による有機－無機ハイブリッド硬化物の作製 ………………… 144
3.2 光硬化による有機－無機ハイブリッド硬化物の諸物性 ……………… 146
3.3 熱硬化による有機－無機ハイブリッド硬化物の作製とその諸物性 …… 148
4 おわりに ……………………………… 149

第8章 光硬化型シルセスキオキサンと超耐熱性シルセスキオキサン　鈴木 浩

1 はじめに ……………………………… 150
2 光硬化型SQシリーズ ……………… 150
　2.1 カチオン硬化型SQ（OX-SQシリーズ） ………………………………… 150
　2.2 ラジカル硬化型SQ（AC-SQシリーズ） ………………………………… 152
　2.3 光硬化型材料への応用 ………… 152
　　2.3.1 OX-SQシリーズ ……………… 152
　　2.3.2 OX-SQ（SI-20） …………… 154
　　2.3.3 AC-SQ（SI-20） …………… 156
3 超耐熱性材料を目指した材料の創製（VH-SQ） ………………………… 157
　3.1 VH-SQの合成 ………………… 158
　3.2 ヒドロシリル化反応による硬化物の熱重量分析 ……………………… 159
　　3.2.1 白金触媒による硬化 ………… 159
　　3.2.2 無触媒系での熱硬化 ………… 161
4 おわりに ……………………………… 162

第9章 シルセスキオキサンの機能性薄膜・粘着剤への応用　樫尾幹広

1 緒言 …………………………………… 164
2 機能性薄膜（ハードコーティング膜）への応用 …………………………… 165
3 粘着剤への応用 ……………………… 168
4 おわりに ……………………………… 172

〔第Ⅲ編　高分子の改質〕

第1章　かご型シルセスキオキサンによる高分子の改質　池田正紀

1　背景 …………………………………… 177
2　かご型シルセスキオキサンの構造と期待特性 ……………………………………… 177
3　かご型シルセスキオキサンによる高分子材料の改質技術 ………………………… 178
　3.1　多官能性かご型シルセスキオキサンの利用 ……………………………………… 178
　3.2　高分子主鎖骨格へのかご型シルセスキオキサン構造の導入 …………………… 179
　3.3　高分子側鎖へのかご型シルセスキオキサン構造の導入 ………………………… 180
　3.4　高分子材料へのかご型シルセスキオキサンのブレンド ………………………… 181
4　かご型シルセスキオキサンによるポリフェニレンエーテルの改質 ……………… 181
　4.1　背景 ……………………………… 181
　4.2　かご型シルセスキオキサンによるPPEの改質効果 …………………………… 183
　　4.2.1　難燃性の改善メカニズム …… 184
　　4.2.2　溶融流動性の改善メカニズム … 185
　　4.2.3　PPE／かご型シルセスキオキサン組成物の外観と改質効果発現機構 …… 186
5　おわりに ……………………………… 187

第2章　かご型シルセスキオキサン添加高分子薄膜の分子凝集状態と熱的性質　穂坂 直，宮本郷太，大塚英幸，高原 淳

1　はじめに ……………………………… 189
2　かご型シルセスキオキサンを添加したポリスチレン薄膜の熱的安定性 ………… 190
3　ポリスチレン薄膜中におけるかご型シルセスキオキサン分子の分布状態 ……… 193
4　鎖末端にシルセスキオキサン骨格を有するポリスチレン薄膜の熱的安定性 …… 196
5　おわりに ……………………………… 199

〔第Ⅳ編　その他の分野〕

第1章　電子デバイス用絶縁膜材料への応用　保田直紀

1　はじめに ……………………… 203
2　ポリオルガノシルセスキオキサン … 204
3　ポリフェニルシルセスキオキサンの絶縁膜材料への展開 ……………… 205
4　梯子状ポリフェニルシルセスキオキサンの合成と膜特性 …………… 207
　4.1　PPSQ の合成 ……………… 207
　4.2　耐熱性 ……………………… 208
　4.3　紫外線透過性 ……………… 209
　4.4　熱硬化収縮 ………………… 210
　4.5　電気特性 …………………… 210
　　4.5.1　絶縁破壊電圧 …………… 211
　　4.5.2　誘電特性 ………………… 212
　4.6　残留応力 …………………… 212
　4.7　接着性 ……………………… 213
　4.8　パターン形成 ……………… 214
　4.9　絶縁膜材料としての特性比較 … 215
5　今後の応用展開 ……………… 216

第2章　マイクロパターニング　松田厚範

1　はじめに ……………………… 218
2　シルセスキオキサンをベースとする無機－有機ハイブリッド ………… 218
　2.1　ペンダント型ハイブリッド … 218
　2.2　共重合型ハイブリッド …… 219
3　オルガノシルセスキオキサン系ハイブリッド膜の物性 ………………… 219
　3.1　光学的性質 ………………… 219
　3.2　表面の化学的性質 ………… 220
　3.3　力学的・機械的性質 ……… 221
　3.4　熱的性質と構造 …………… 222
4　マイクロパターニングプロセスへの応用 …………………………… 223
　4.1　エンボス法 ………………… 223
　4.2　フォトリソグラフィー法 … 226
　4.3　固体表面のエネルギー差を利用する方法 …………………………… 227
　4.4　チタニアの光触媒作用を利用する方法 …………………………… 228
　4.5　電気泳動堆積と撥水－親水パターンを利用する方法 …………… 231
5　おわりに ……………………… 232

第3章　室温ナノインプリント材料・技術　中松健一郎，松井真二

1　はじめに ……………………… 235
2　HSQ スピン塗布膜を用いたナノインプリント ……………………… 236
　2.1　HSQ スピン塗布膜を用いたナノイン

プリントプロセス ……………… 236
2.2　かご型HSQとはしご型HSQ …… 236
2.3　かご型HSQとはしご型HSQを転写材料として使用した室温ナノインプリントの比較 ……………………… 237
3　HSQ液滴塗布膜を用いたナノインプリント …………………………… 240
3.1　HSQ液滴塗布膜を用いたナノインプリントプロセス ……………… 240
3.2　HSQスピン塗布膜とHSQ液滴塗布膜を用いて作製された転写パターンの比較 ……………………………… 241
3.3　HSQ液滴塗布膜を用いて作製された転写パターンの残渣評価 ………… 241
3.4　HSQ液滴塗布膜法によるマイクロパターンとコンプレックスパターンの作製 ………………………………… 243

第4章　ポリシルセスキオキサンの光学材料への応用　　岡本尚道，冨木政宏

1　研究の背景 ……………………… 246
2　有機修飾シリカ膜の作製と疎水性 … 247
3　低損失スラブ型光導波路 ………… 248
4　チャネル型光導波路 ……………… 250
5　有機修飾シリカの回折格子 ……… 252
6　有機修飾シリカの熱光学効果 …… 253
7　有機修飾シリカのモールド ……… 255
8　まとめ …………………………… 256

第5章　新規樹脂材料の合成と光学用途への応用（LED封止材料開発を中心として）　辻村　豊

1　はじめに ………………………… 259
2　樹脂の劣化と安定剤 ……………… 260
3　シルセスキオキサンの導入 ……… 261
4　シルセスキオキサンを骨格とするエポキシ樹脂の合成 ………………… 263
5　シルセスキオキサン骨格エポキシ樹脂の硬化物 ………………………… 264
6　シルセスキオキサン骨格エポキシ樹脂の改良 ………………………………… 267
7　SQ-OSi-EPの硬化物 ……………… 268
8　異なる置換基の導入 ……………… 270
9　シルセスキオキサンのみで硬化させる構造体 ………………………………… 272
10　おわりに ………………………… 273

第6章　かご型シルセスキオキサンの水素原子包接　　岡上吉広

1　はじめに ………………………… 275
2　Q_8M_8の水素原子包接 …………… 276
2.1　固体のQ_8M_8の水素原子包接 …… 276
2.2　水素原子を包接したQ_8M_8の溶存状態

における特徴 ………………… 279
3　側鎖置換基の異なる D4R かご型シルセ
　　スキオキサンへの水素原子包接 …… 281
4　拡大サイズかご型シルセスキオキサンへ
　　の水素原子包接 ………………… 283
5　その他の研究 ……………………… 284

第7章　金属含有シルセスキオキサンの触媒への応用　和田健司

1　緒言 ………………………………… 286
2　不完全縮合シルセスキオキサンの合成
　　………………………………………… 287
3　シリカとの構造類似性 …………… 288
4　金属含有シルセスキオキサンの合成と均
　　一系触媒としての機能開発 ……… 288
5　金属含有シルセスキオキサンを活用した
　　多様な形態の触媒開発 …………… 296
6　おわりに …………………………… 298

第8章　シルセスキオキサン金属錯体の合成　田邊　真，小坂田耕太郎

1　はじめに …………………………… 301
2　配位原子を導入したシルセスキオキサン
　　誘導体の金属錯体 ………………… 302
3　前周期遷移金属のシルセスキオキサン錯
　　体 …………………………………… 303
4　後周期遷移金属のシルセスキオキサン錯
　　体 …………………………………… 305
5　おわりに …………………………… 309

第 I 編

基礎化学，分子設計と構造制御

第1章　シルセスキオキサン総論

阿部芳首[*1]，郡司天博[*2]

1　はじめに

　シロキサン結合（Si-O 結合）の繰り返しを主鎖とする高分子をポリシロキサンという。なかでも，メチル基を側鎖とするポリジメチルシロキサン（$(SiMe_2O)_n$）は日常生活を始めとして工業原料としても汎用に用いられており，シリコーン（silicone）の代名詞となっている。シリコーンは，その単位構造となる $Me_2Si=O$ がケイ素（silicon）のケトン（ketone）と比定されることに由来する。しかし，実際には，シリコーンのような $Si=O$ 結合を有する化合物の合成は困難であり，ポリジメチルシロキサンはジメチルシランジオールの脱水縮合やジメチルシランジオールとジメチルジクロロシランの脱塩化水素反応により生成するオリゴマーの開環重合を経て合成される。

　最も簡単なシロキサン化合物はジシロキサンであり，一般式 R_3Si-O-SiR_3 で表される（置換基 R は全て同じでも異なっていても良い）。これは1官能性のシロキサン構造単位である $R_3SiO_{1/2}$ が縮合したと見なすことができ，このシロキサン構造単位を M (Mono-functional の頭文字) と略記する。ポリジメチルシロキサンのように2官能性のシロキサン構造単位 $R_2Si(O_{1/2})_2$ を D (Di-functional の頭文字) と表す。同様に，3官能性 $RSi(O_{1/2})_3$ および4官能性 $Si(O_{1/2})_4$ のシロキサン構造単位を，それぞれ T (Tri-functional の頭文字)，Q (Quadra-functional の頭文字) と表す。たとえば，重合度が n の α,ω-メチル基修飾ポリジメチルシロキサンは $MD_{n-2}M$ と表される。さらに，それぞれのシロキサン構造単位について，ケイ素に結合するシロキシ基の数を上付きの数字で表し，$Si(OEt)_4$ は Q^0，$Si(OEt)_3(OSi)$ 構造は Q^1，$Si(OSi)_4$ 構造は Q^4 と表す。

　シロキサン化合物のなかで，特に，T 構造から構成されるシロキサンは単位構造中に 1.5 (ラテン語で sesqui) 個の酸素を有するので，シルセスキオキサン（silsesquioxane）と言われる。また，上付きの文字で置換基を，下付の数字で1分子を構成する単位構造の数を表し，たとえば $(HSi(O_{3/2}))_8$ は T^H_8，$(MeSi(O_{3/2}))_8$ は T^{Me}_8 と表す。このようなシルセスキオキサン化合物のなかでも，はしご型シルセスキオキサン（ladder silsesquioxanes）およびかご型シルセスキオキサ

---

*1　Yoshimoto Abe　東京理科大学　理工学部　教授
*2　Takahiro Gunji　東京理科大学　理工学部　工業化学科　准教授

ン（cage silsesquioxanes）は，その合成の難しさと化合物の形状の美しさから合成化学の良いターゲットとなっており，合成と機能開発が盛んに行われている。特に，かご型シルセスキオキサンは誘導体の合成が比較的容易なので，研究開発が盛んに行われており，シルセスキオキサンの代名詞となりつつある。

本章では，シルセスキオキサン化合物の分類と合成法を概説する。

2 ラダーシルセスキオキサン

最初のラダーシルセスキオキサンは1960年に J. F. Brown, Jr. により合成された[1]。即ち，図1にしたがってトリクロロ（フェニル）シランの加水分解によりポリマーを生成し，さらに水酸化カリウムを触媒とするアルカリ平衡化反応によりフェニルポリシルセスキオキサンを合成した。生成したポリマーについては，赤外吸収スペクトルにおいてシロキサン結合（Si-O-Si結合）による吸収が「2本」現れたことと，X線回折により「隣接するケイ素原子に置換するフェニル基の間隔」に相当する回折ピークがみられたことから，フェニルラダーポリシルセスキオキサンと同定しているが，これらのデータがはしご型を支持するか否かは議論が絶えないようである。一方，最近，相間移動触媒を用いたトリクロロ（フェニル）シランからの加水分解重縮合により，高度に規則的なフェニルポリシルセスキオキサンとみられる高分子量体が生成すると報告されている[2]。

構造規制されたシルセスキオキサンは，イソシアナトシランとシラノールの高選択的な反応を利用し，図2に示した環状シロキサンの異種官能基間縮合反応により合成される[3]。ここでは，

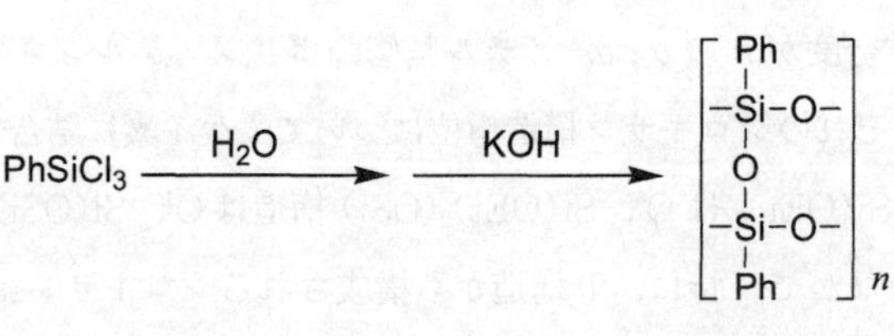

図1　フェニルポリシルセスキオキサンの合成スキーム

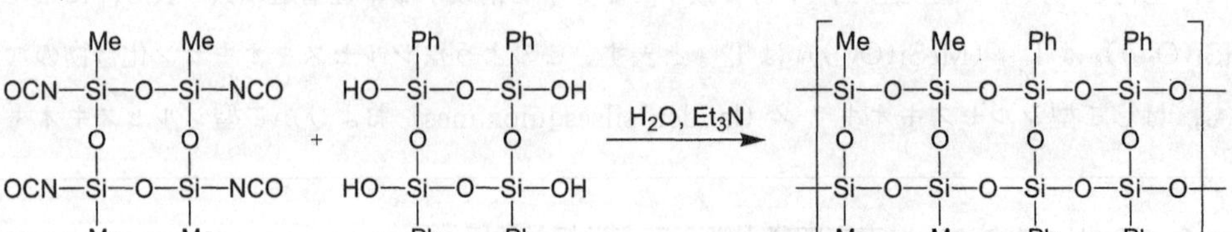

図2　構造規制されたポリシルセスキオキサンの合成例

第1章 シルセスキオキサン総論

テトライソシアナトシクロテトラシロキサンのメチル基は *cis-trans-cis* に，テトラフェニルシクロテトラシロキサンテトラオールのフェニル基は all-*cis* になっているので，それから生成するポリシルセスキオキサンの立体構造も高度に制御されており，^{29}Si NMR スペクトルでは MeSi(OSi)$_{3/2}$ に帰属されるシグナルの半値幅が比較的狭いことからも支持される。

これらのポリシルセスキオキサンのモデルとなり得る構造が明確なラダーオリゴシルセスキオキサンは，嵩高い置換基を有するイソプロピルシラン誘導体から合成される。即ち，図3にしたがいシクロテトラシロキサンテトロールから，クロロ化と加水分解反応を逐次的に行うことにより合成される。この反応では異性体が生成するので，液体クロマトグラフにより分離し，その単結晶の構造解析により構造を同定している[4]。

一方，高選択的にシロキサン結合を生成することにより，メチル基を側鎖とするラダーオリゴメチルシルセスキオキサンが合成される[5]。図4に示した反応により，2環および3環式ラダーオリゴシルセスキオキサンが生成する。テトライソシアナトシクロテトラシロキサンとジシロキサンジオールを1：1のモル比で反応すると2環式ラダーオリゴシルセスキオキサンが生成する。このモル比を1：2としトリエチルアミン存在下で反応すると3環式ラダーオリゴシルセスキオ

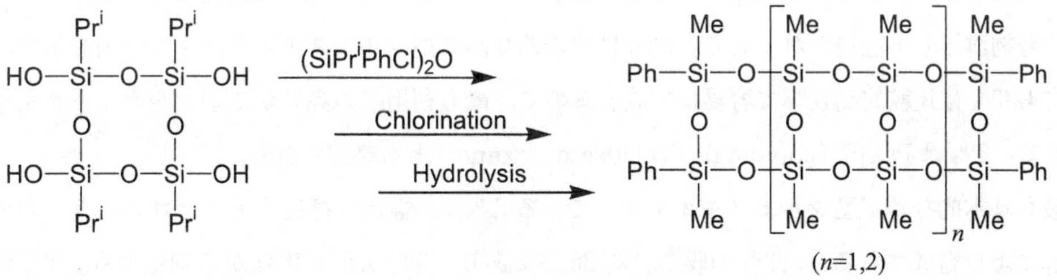

図3 イソプロピルオリゴシルセスキオキサンの合成スキーム

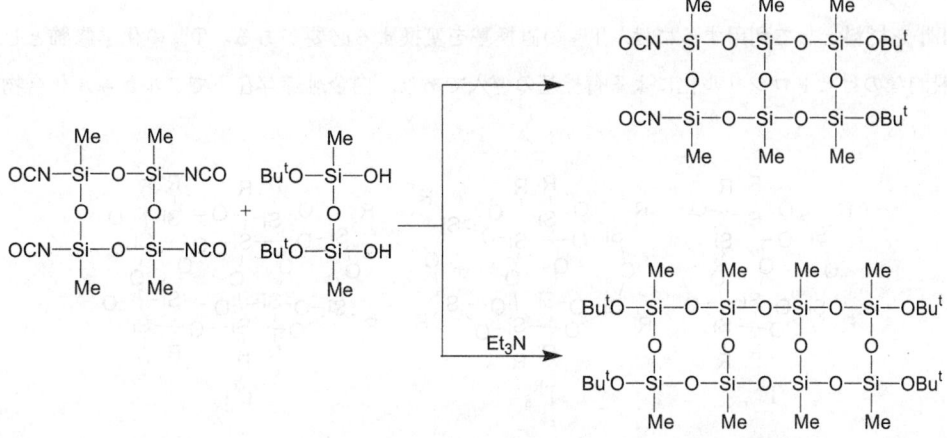

図4 2，3環式メチルシルセスキオキサンの合成スキーム

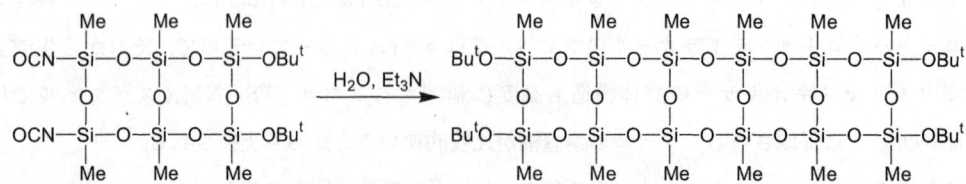

図5　5環式メチルシルセスキオキサンの合成スキーム

キサンが生成する。さらに，2環式ラダーオリゴシルセスキオキサンを図5にしたがって縮合することにより，5環式ラダーオリゴシルセスキオキサンが得られる。これらの2，3，5環式ラダーオリゴシルセスキオキサンも多数の異性体が生成するので，液体クロマトグラフにより分離して結晶化し，構造決定することができる。

3　かご型シルセスキオキサン

かご型シルセスキオキサンはシロキサン結合により三次元に閉環した構造を有する，ユニークな化合物群として注目されている。図6に代表的なかご型シルセスキオキサンの一例を示す。なかでも T^R_8 は比較的高収率で容易に生成するので，最も利用率の高いかご型シルセスキオキサンである。T^R_8 はPOSS（polyoctahedralsilsesquioxane）とも略記される。

最も基本的なかご型シルセスキオキサンである T^H_8 は，塩化鉄存在下トリクロロシランの加水分解により合成される[6]。T^H_8 の収率は約30％であり，T^H_{10} も低収率ながら副生する。T^H_8 のようなかご型シルセスキオキサンはサイコロのような骨格構造をしており，頂点にケイ素原子を，辺にシロキサン結合を配した構造を取る。

T^H_8 を材料として利用するには，T^H_8 の置換基を変換する必要がある。T^H_8 の化学修飾として一般的なのはヒドロシリル化による有機基の導入であり，白金触媒存在下でアルケニル化合物を

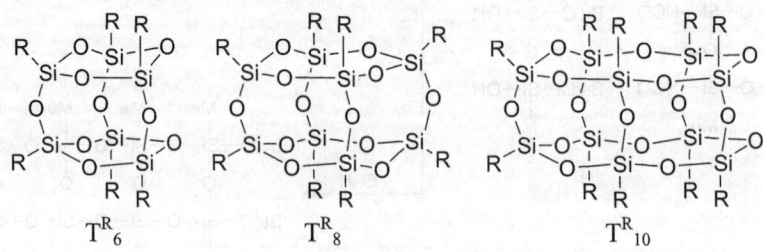

図6　かご型シルセスキオキサンの例

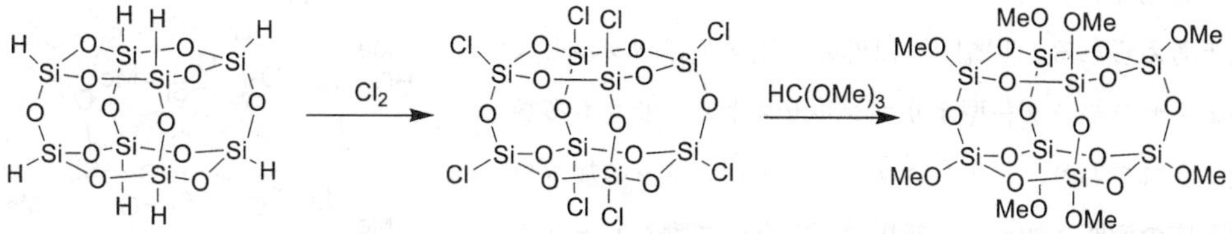

図7 T^{Cl}_8, T^{OMe}_8 の合成スキーム

反応させることにより有機基が導入される。嵩高い置換基ではすべてのヒドロシリル基を付加することは難しく，部分付加体が得られる。一方，ヒドリド基の置換も可能であり，図7に示すように T^H_8 を塩素と反応させると T^{Cl}_8 が得られる[7]。さらに，T^{Cl}_8 をオルトギ酸メチルと反応させると T^{OMe}_8 が得られる[8]。T^{Cl}_8 や T^{OMe}_8 は一般のクロロシランやアルコキシシランと同様の反応性を有し，例えば，加水分解によりシリカゲルを与える。

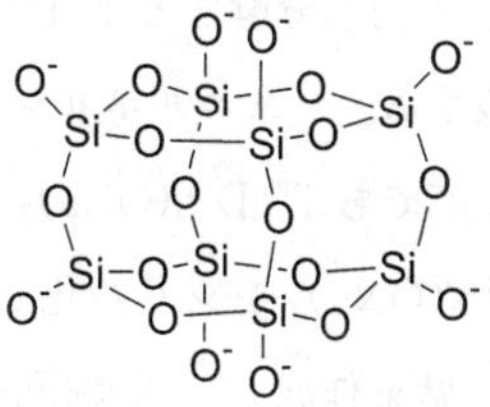

一方，図8に骨格構造を示した Q^{TMA}_8 はテトラメチルアンモニウム存在下でテトラメトキシシランを加水分解することにより高収率で合成される[9]。この反応は，四級アンモニウム塩による鋳型反応と考えられているが，詳細な反応機構は不明である。Q^{TMA}_8 は多数の水和水を有するので，誘導体化には水和水の除去が不可欠となる。

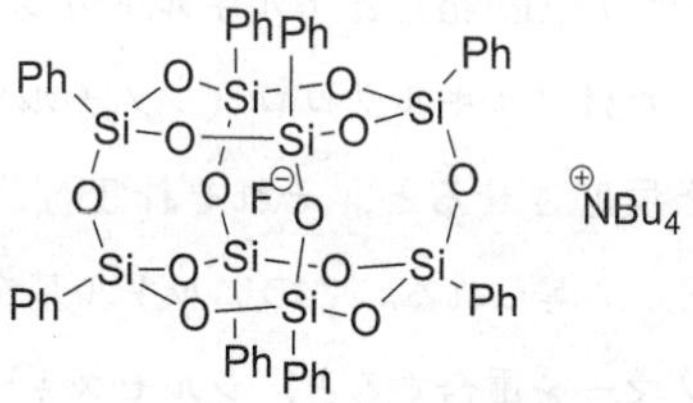

図8 Q^{TMA}_8 の骨格構造

図9 $[T^{Ph}_8F]NBu_4$ の構造

最近，図9のように分子内の空孔にフッ化物イオンを閉じこめたかご型シルセスキオキサンが報告された。これは NBu_4F を触媒として $PhSi(OEt)_3$ を加水分解重縮合することにより得られる。X線結晶構造解析により，フッ化物イオンが分子内の空孔に入ったイオン $[T^{Ph}_8F]^-$ と対イオン NBu_4^+ のモル比1：1の塩であることが明らかにされている[10]。

4 不完全かご型シルセスキオキサン

最近，かご型シルセスキオキサンから部分的に結合や原子が欠除した不完全かご型シルセスキオキサンが単離され，新規な化合物群として注目されている。

トリクロロ（メチル）シランの加水分解による粗生成物をトリメチルシリル化してからガスクロマトグラフ分析すると，図10に示す不完全かご型シルセスキオキサン $T^{Me}_6 D^{Me}_2$ に基づくピー

クが観測された[11]。$T^{Me}_6D^{Me}_2$ は T^{Me}_8 の歪みを低減する構造と考えられる。$T^{Me}_6D^{Me}_2$ 以外の不完全かご型シルセスキオキサンやラダー型オリゴシルセスキオキサンも多数観測されており，トリクロロ（メチル）シランの加水分解反応の解明に加えて，新規な不完全かご型シルセスキオキサンの単離が期待される。

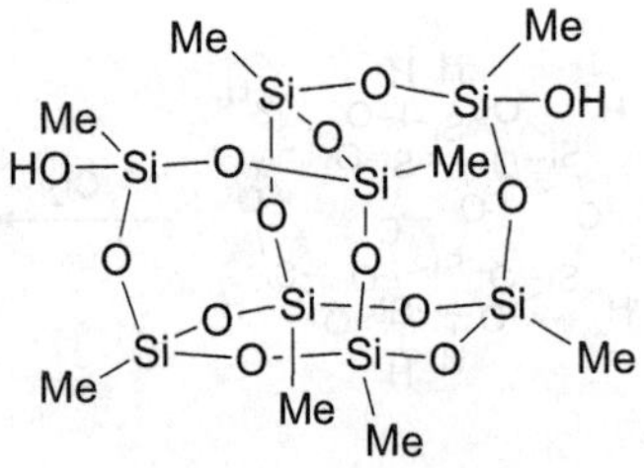

トリメトキシ（フェニル）シランを水酸化ナトリウム存在下で加水分解すると $T^{Ph}_4D^{Ph}_3(ONa)_3$ がほぼ定量的に生成する。フェニルポリシロキサンと水酸化ナトリウムの反応でも $T^{Ph}_4D^{Ph}_3(ONa)_3$ がほぼ定量的に生成する[12]。$T^{Ph}_4D^{Ph}_3(ONa)_3$ をシリル化して $T^{Ph}_4D^{Ph}_3(OSiMe_3)_3$ として単結晶を作成し，X線回折により構造解析すると，図11に示すように T^{Ph}_8 の一つのケイ素原子が欠けた不完全かご型シルセスキオキサンであることがわかった。$T^{Ph}_4D^{Ph}_3(ONa)_3$ とアルキルトリクロロシラン（$RSiCl_3$）またはアルキルクロロ（ジメチル）シラン（$RSiMe_2Cl$）と反応させると，それぞれ $T^{Ph}_7T^R$ および $T^{Ph}_7(OSiMe_2R)_3$ が得られる。このアルキル基を開始点として有機モノマーを重合すると，シルセスキオキサンから長い有機鎖が1本または3本成長したオタマジャクシ型ポリマー[13]およびクラゲ型ポリマー[14]が生成する。また，他の三官能性アルコキシシラン $RSi(OR')_3$（R = cyclopentyl, trifluoropropyl, isobutyl; R' = Me, Et）からも $T^R_4D^R_3(ONa)_3$ が生成する[15]。

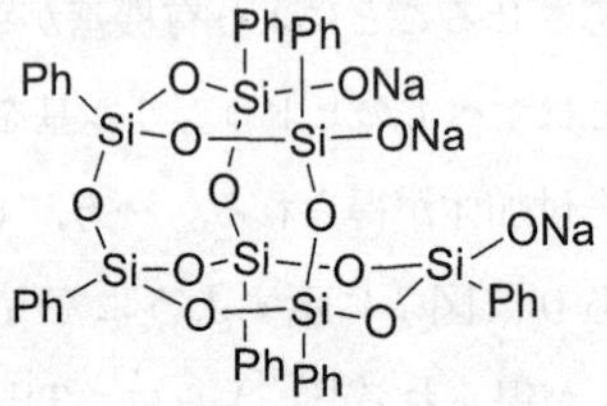

一方，$T^{Ph}_4D^{Ph}_3(ONa)_3$ と同様に，トリメトキシ（フェニル）シランを水酸化ナトリウム存在下で加水分解すると，ある条件下で不完全かご型シルセスキオキサン $T^{Ph}_4D^{Ph}_4(ONa)_4$ がほぼ定量的に生成する[16]。この化合物のシリル化物の単結晶を作製したところ，図12に示すように，環状4量体を2本のシロキサン結合で連結したダブルデッカー型の化合物であることがわかった。$T^{Ph}_4D^{Ph}_4(ONa)_4$ を長時間加熱すると $T^{Ph}_4D^{Ph}_3(ONa)_3$ となることから，速度論的に安定化された化合物と考えられるが，$T^{Ph}_4D^{Ph}_3(ONa)_3$ の中間体であるかは不明である。

図10 $T^{Me}_6D^{Me}_2$ の構造

図11 $T^{Ph}_4D^{Ph}_3(ONa)_3$ の構造

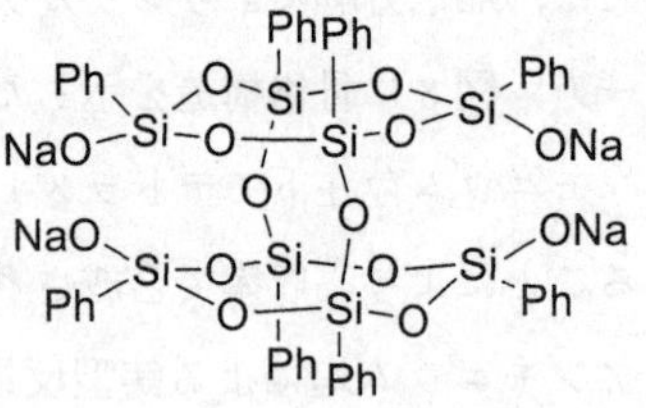

図12 $T^{Ph}_4D^{Ph}_4(ONa)_4$ の構造

5　その他のシルセスキオキサン

アルキル（トリメトキシ）シランのような三官能性アルコキシシランの加水分解反応はゾル－ゲル法による材料調製に汎用されている。ゾル－ゲル法では，少量の酸またはアルカリ触媒存在下でアルコキシシランの加水分解重縮合反応を行うので，縮合安定性が低く，容易にゲル化する分枝構造の多いポリシルセスキオキサンが生成する。しかし，図13のように窒素気流下で加水分解重縮合することにより，高い縮合安定性を有するシルセスキオキサンを合成することができる。

メチル（トリメトキシ）シランをメタノール中塩酸を触媒として窒素気流下で加水分解すると，酸により触媒されてメトキシ基の加水分解反応が比較的速く進行する。しかし，触媒となる塩化水素が窒素により系外へ排出されるので縮合速度が低下し，縮合安定でゲル化しにくいメチルポリシルセスキオキサンが高粘性液体として生成する[17]。このメチルポリシルセスキオキサンの分子量は水のモル比に依存して数千～十万であり，有機溶媒への溶解性の差を利用して分画することができる。^{29}Si NMRから$RSi(OSi)_3$構造を主とし，部分的に$RSi(OSi)_2(OMe)$構造を含むメチルポリシルセスキオキサンとわかった。同様の反応により，$CH_2=CH-Si(OMe)_3$[17]，$CH_2=CMeCOO(CH_2)_3Si(OMe)_3$[18]からもポリシルセスキオキサンが得られる。

$CH_2=CMeCOO(CH_2)_3Si(OMe)_3$または$MeSi(OPr^i)_3$をメタノール中窒素気流下，希薄な水酸化ナトリウム水溶液または臭化テトラブチルアンモニウム水溶液で加水分解すると，それぞれ3-メタクリロキシプロピルポリシルセスキオキサン[19]およびメチルポリシルセスキオキサン[20]の高粘性液体が生成する。これらのポリシルセスキオキサンは$RSi(OSi)_3$構造からなる。

四官能性アルコキシシランであるテトラエトキシシランを加水分解すると，高粘性液体として，エトキシ基を側鎖とするポリシルセスキオキサンが生成する[21]。このポリシルセスキオキサンのSiO_2含有率は62％であり，$((EtO)SiO_{1.5})_n$についての計算値である62％に近いことからエトキシポリシルセスキオキサンであることがわかる。^{29}Si NMRから，$(EtO)Si(OSi)_3$構造のほかに$(EtO)_2Si(OSi)_2$構造と$Si(OSi)_4$構造がみられ，不完全なポリシルセスキオキサンと考えられる。このポリシルセスキオキサンはエトキシ基を側鎖とするにもかかわらず，20℃で3ヶ月放置しても分子量に変化がみられず，高い保存安定性を有する。

$$RSi(OMe)_3 \xrightarrow[\text{N}_2\text{ stream}]{\text{H}_2\text{O, HCl (or NaOH)/ MeOH}} (RSiO_{1.5})_n$$

図13　R置換ポリシルセスキオキサンの合成スキーム

文　献

1) J. F. Brown, Jr., J. H. Vogt., Jr., A. Katchman, J. W. Eustance, K. M. Kiser, and K. W. Krantz, *J. Am. Chem. Soc.*, **82**, 6194 (1960)
2) E. -C. Lee and Y. Kimura, *Polym. J.*, **30**, 730 (2001)
3) 関浩康, 須山健一, 郡司天博, 有光晃二, 阿部芳首, 第55回高分子討論会, 富山, 2006年9月21日 (予稿集 p.3015-16)
4) M Unno, A. Suto, and H. Matsumoto, *J. Am. Chem. Soc.*, **124**, 1574 (2002)
5) K. Suyama, Y. Abe, K. Arimitsu, and T. Gunji, *Organometallics*, **25**, 5587-5593 (2006)
6) C. L. Frye and W. T. Collins, *J. Am. Chem. Soc.*, **92**, 5586 (1970)
7) V. W. Day, W. G. Klemperer, V. V. Mainz, and D. M. Millar, *J. Am. Chem. Soc.*, **107**, 8262 (1985)
8) C. S. Klemperer, V. V. Mainz, D. M. Millar, and G. C. Ruben, *J. Inorg. Organometal. Polym.*, **1**, 335 (1991)
9) P. G. Harrison and C. Hall, *Main Group Chem.*, **20**, 515 (1997)
10) A. R. Bassindale, M. Pourny, P. G. Taylor, M. B. Hursthouse, and M. E. Light, *Angew. Chem. Int. Ed.*, **42**, 3488 (2003)
11) 伊藤真樹, 岡富久代, 須藤通孝, 第21回無機高分子研究討論会, 東京, 2002年11月8日 (予稿集 p.56-7)
12) 及川尚夫, 吉田一浩, 岩谷敬三, 渡辺健一, 大竹伸昌, 田中陵二, 松本英之, 第51回高分子討論会, 北九州, 2002年10月2日 (予稿集 p.2179-80)
13) 山廣幹夫, 及川尚夫, 吉田一浩, 山本泰弘, 渡辺健一, 大竹伸昌, 大野工司, 辻井敬亘, 福田猛, 第52回高分子学会年次大会, 名古屋, 2003年5月30日 (予稿集 p.315)
14) 杉山智史, 高慶武, 大野工司, 辻井敬亘, 福田猛, 山廣幹夫, 山本泰弘, 渡辺健一, 大竹伸昌, 第52回高分子学会年次大会, 名古屋, 2003年5月30日 (予稿集 p.315)
15) 及川尚夫, 伊藤賢哉, 吉田一浩, 渡辺健一, 大竹伸昌, 田中陵二, 松本英之, 第52回高分子学会年次大会, 名古屋, 2003年5月30日 (予稿集 p.316)
16) 吉田一浩, 大熊康之, 森本芳孝, 渡辺健一, 大竹伸昌, 田中陵二, 松本英之, 第52回高分子学会年次大会, 名古屋, 2003年5月30日 (予稿集 p.316)
17) N. Takamura, T. Gunji, H. Hatano, and Y. Abe, *J. Polym. Sci.: Part A: Polym. Chem.*, **37**, 1017-26 (1999)
18) Y. Abe, Y. Honda, and T. Gunji, *Appl. Organometal. Chem.*, **12**, 749-53 (1998)
19) T. Gunji, Y. Makabe, N. Takamura, and Y. Abe, *Appl. Organometal. Chem.*, **15**, 683-692 (2001)
20) Takahiro Gunji, Satoshi Tanikawa, Koji Arimitsu, and Yoshimoto Abe, *J. Polyml. Sci.Part A: Polym. Chem.*, **43**, 3623-30 (2005)
21) Y. Abe, R. Shimano, K. Arimitsu, and T. Gunji, *J. Polyml. Sci.: Part A: Polym. Chem.*, **41**, 2250-55 (2003)

第2章　ポリシルセスキオキサンの構造解析と反応化学

伊藤真樹[*]

1 はじめに

（ポリ）シルセスキオキサン[1)]は［RSiO$_{3/2}$］$_n$ あるいは［RSi(OH)O$_{2/2}$］$_m$［RSiO$_{3/2}$］$_n$ という簡単な分子式で表すことができるが，オリゴマーは種々のケージ構造（図1(a)，(b)，(c)，(d)など）をとることが知られており[2〜5)]，本書の多くの章で解説されているように学術・基礎的，応用的興味を引いている。最近では精密逐次合成によるラダーシルセスキオキサンの合成[6)]（第Ⅰ編第4章参照），ダブルデッカー型フェニルシルセスキオキサン（図1(h)）の合成と応用[7)]（第Ⅱ編第3章参照），立方体形八量体（T$^3_8$）の二量体，三量体[8)]など，新たな構造の分子も報告さ

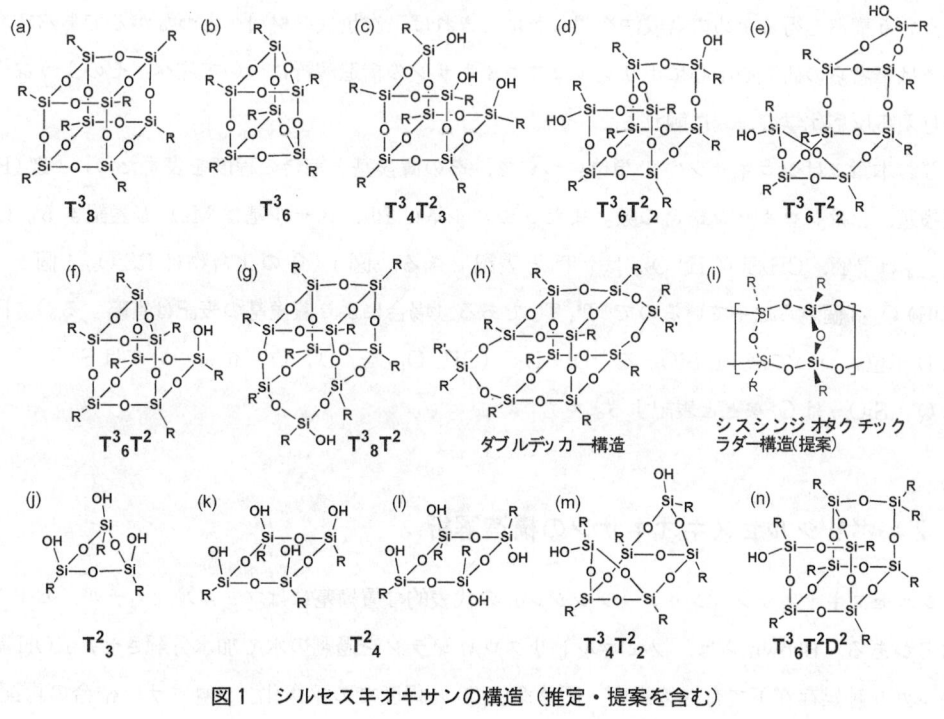

図1　シルセスキオキサンの構造（推定・提案を含む）

---

*　Maki Itoh　Dow Corning（東レ・ダウコーニング㈱）Business & Technology Incubator　Associate Research Scientist

れている。このように「シルセスキオキサン」として一つの分野を築いているように見受けられるが、ポリシルセスキオキサンは本来シリコーンレジン[1]の一形態である。シリコーンオイルやゴムがシロキサンの D 単位（$R_2SiO_{2/2}$）を主成分とする直鎖高分子（主にポリジメチルシロキサン）からなっているのに対し、シリコーンレジンは T（$RSiO_{3/2}$）および Q 単位（$SiO_{4/2}$）を主たる成分とするネットワークポリマーで、いわゆるプラスチックである。そのうち特に T 単位のみからなるものをシルセスキオキサンと言う（「セスキ」は 1.5 の意味。隣の 3 個のケイ素原子と酸素を共有しているため）。現在ポリシロキサンの工業製品はオイルやゴムが主流をなすが、1940 年ごろに行われた初めての工業化はシリコーンレジンによってであった[9]。シリコーンレジンあるいはシルセスキオキサンはこのように古くから工業化されている材料であるが、本章でも述べるように環状構造を中心として、同じ分子式でも種々の構造をとり得るものであり、そのような構造と物性の関係は必ずしも明らかではない。構造と物性の関係を明らかにするためにはまず構造の解析が必要であるが、繰り返し単位を基本に考えることができる直鎖ポリマーと違い、一個一個の分子が別々の形をしているものの集合体と考えられるシリコーンレジン・シルセスキオキサンの構造解析は困難である。最終的には、新規の、あるいは希望の物性を得るための構造、そういう構造を得るための合成法を明らかにできれば、次世代の材料へとつながるであろう。本章では筆者らの研究を中心にポリシルセスキオキサンの構造解析について述べ、そのような構造を与える反応化学の一端に触れる。

なお本章ではシロキサンの T 単位について、その置換基と縮合の程度を表すために $^RT^n$（R は置換基、n はシロキサン結合の数。またフェニル基は Ph、メチル基は Me）と表記する。$C_6H_5SiO_{3/2}$ は $^{Ph}T^3$、$CH_3Si(OH)O_{2/2}$ は $^{Me}T^2$ と表記できる。図 1 (c) の化合物は $RSiO_{3/2}$ 4 個と $RSi(OH)O_{2/2}$ 3 個からなっているので $^RT^3_4{}^RT^2_3$ である（場合により置換基の表記は省略する。）。同様に D 単位については、$R_2SiO_{2/2}$ を $^{R2}D^2$、$R_2Si(OH)O_{1/2}$ を $^{R2}D^1$、Q 単位については $Si(OH)O_{3/2}$ は Q^3、$SiO_{4/2}$ は Q^4 などと表記する。

2 ポリシルセスキオキサンの構造解析

シルセスキオキサン（シリコーンレジン）の代表的な置換基にはフェニル、メチル、ヒドリドなどがある。Brown らは、フェニルトリクロロシランを過剰の水で加水分解させ、KOH 等のアルカリ触媒存在下で有機溶媒中、固体濃度 50 ％程度での平衡化（シロキサン結合の再配列）により分子量 1 万から 2 万程度のプレポリマーを得、さらに 90 ％程度の高濃度、250 ℃程度でのアルカリ平衡化による分子量数十万のポリフェニルシルセスキオキサン（PPSQ）の合成を発表している[10]。同時に彼らは、X 線回折、IR、UV、結合角の計算、そして溶液物性での Mark-

第2章　ポリシルセスキオキサンの構造解析と反応化学

Howink の式 $[\eta] = KM^a$（$[\eta]$ は固有粘度，K は定数，M は分子量）の a 値から，PPSQ が図1(i)に示すようなシスシンジオタクチックラダー構造を有していると提案している。しかし，彼らの言う IR の吸収がラダー構造であることの必要十分条件である確証はないし，X 線回折のデータも示されておらず，そのような構造を裏付けるにはデータは不十分であろう。Frye と Klosowski はこのようなラダー構造に反論し，多環ケージ構造がつながったものだと主張している[11]。ただ，Mark-Houwink 式の a 値が1程度となる報告が多くなされており[1,12]，ランダムコイルから剛直鎖といった伸長した分子形状をしていると考えられる。Brown 法による PPSQ の溶液 ^{29}Si NMR スペクトルでは -80 ppm 付近に幅広の吸収が見られ，種々の Si の環境が存在することがうかがえ[12]，図1(i)のような構造のみからなっているとは考えられない。PPSQ と異なりポリヒドリドシルセスキオキサンはケージ構造を主体としていると考えられる[13]。

ポリメチルシルセスキオキサン（PMSQ）の構造解析の報告は少ない。^{29}Si NMR スペクトルについては個体あるいは溶液において，$^{Me}T^3$ 構造は -65 ppm，$^{Me}T^2$ 構造は -55 ppm 付近に吸収を持つことが報告されている[14]。我々はメチルトリクロロシランを過剰の水で加水分解させ，その酸性条件下で加熱エージングを行って得た PMSQ について構造解析を行った[15]。GPC によるポリスチレン換算の重量平均分子量は5000程度で，図2に示すように分子量分布は広く，分子量1000程度以下の低分子量成分の存在がみられた。

図3(a)に PMSQ の ^{29}Si NMR スペクトル（T 単位の領域）を示す。幅広の吸収が (i) -51 から -58 ppm，(ii) -58 から -60.5 ppm，(iii) -60.5 から -70 ppm の3つの領域に見られ，Si の環境はきわめて多岐にわたっていること，種々の構造の存在がわかる。一方，これらの幅広の吸収の上には鋭い吸収が何本か見られ，特定の構造が繰り返し含まれていることもうかがえる。上記のように通常領域 (i) は $^{Me}T^2$ に，(ii)(iii) は $^{Me}T^3$ に帰属される。しかし，図3(b)に示すように，PMSQ のシラノールをトリメチルシリル化しても領域 (i) の吸収は完全にはなくならず，-53，-55 ppm の鋭い吸収はほとんど変化しなかった（シラノールの消失は IR により確認した）。脂肪族炭化水素置換基をもったシルセスキオキサンにおいて環状三量体中の $^{Me}T^3$ の吸収が -55

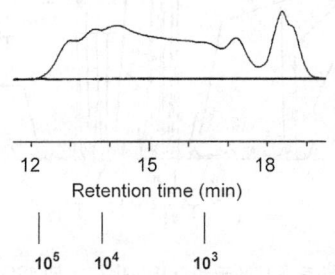

図2　PMSQ の GPC（TSKgel GMH$_{XL}$-L／クロロホルム，分子量は標準ポリスチレンのもの）

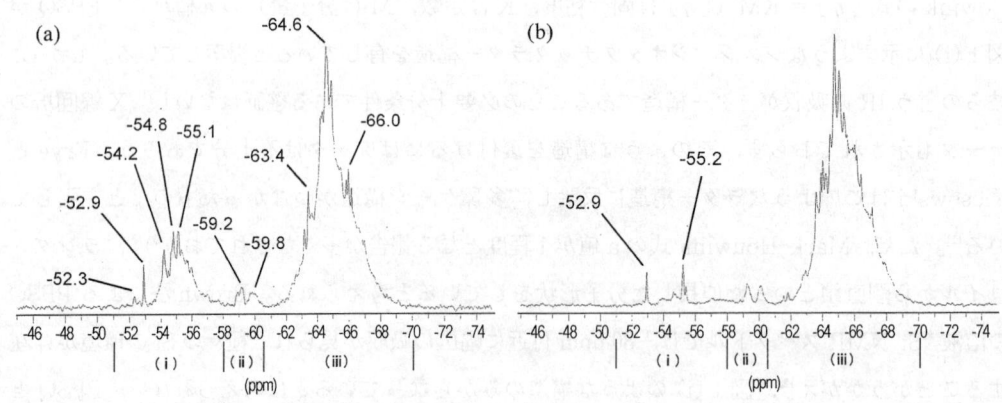

図3 PMSQの^{29}Si NMRスペクトル
(a) PMSQ, (b) シラノールをトリメチルシリル化した PMSQ

ppm付近に現れることが報告されており[16,17], トリメチルシリル化後の領域 (i) の吸収はこのような歪んだ構造中の $^{Me}T^3$ に起因することが推定される。領域 (i) をすべて $^{Me}T^2$ とするとこのPMSQの平均分子式は $^{Me}T^3_{0.81}{}^{Me}T^2_{0.19}$ となるが, トリメチルシリル化により減少した領域 (i) の吸収のみを $^{Me}T^2$ と帰属すると, 平均分子式は $^{Me}T^3_{0.85}{}^{Me}T^2_{0.15}$ となった。

次に, 測定中のシラノール間の縮合を防ぐためシラノールをトリメチルシリル化したPMSQについて, ガスクロマトグラフィー－質量スペクトル (GC-MS), ガスクロマトグラフィー (GC) による分析を行った。GC-MSでは分子量1000程度までの分子の分子式を求めることができ, 同種のカラムを装填したGCにより内部標準法を用いて定量を行った。図4にGCチャー

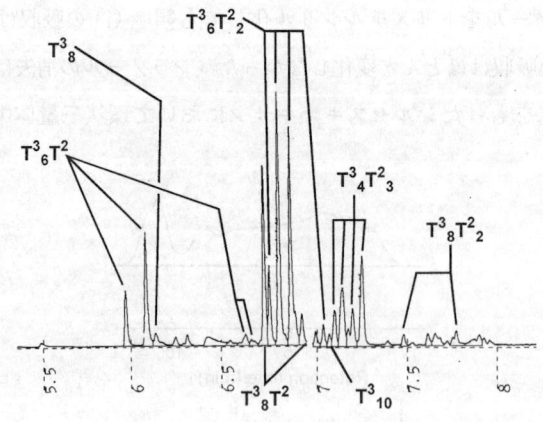

図4 シラノールをトリメチルシリル化したPMSQのGCチャート
図中の構造式はトリメチルシリル化前のものとして表示。

第2章　ポリシルセスキオキサンの構造解析と反応化学

トとGC-MSにより同定した分子式を示す（図中の式はトリメチルシリル化前のものとして表示）。$T^3_6T^2$（4異性体），$T^3_6T^2_2$（4異性体），$T^3_8T^2$（2異性体），$T^3_4T^2_3$（4異性体），$T^3_8T^2_2$（2異性体），T^3_8，T^3_{10}が検出され，これら18個の化合物の合計はPMSQ全体の約8重量%に達した。図1（c）～（g）にそれらの推定構造の例を示す。$T^3_6T^2_2$の異性体のうち3番目の保持時間を与えるものは単離でき（GC収率1.3 wt %），構造が図1（d）であることが確認された。$T^3_6T^2_2$については図1（e）に示すようなラダー状の構造を描くこともできる。しかし，$T^3_6T^2$や$T^3_8T^2$（図1（f），（g））についてはケージ構造しか描くことができず，単離された化合物も含めてケージ構造の存在は明らかである。Mark-Houwink式のa値も0.3程度で，PMSQ全体としてもラダーよりも球状に近いような構造と考えられる。また，$T^3_6T^2$は図1（f）を一例として，環状三量体構造を含まない構造を描くことはできない。このことは^{29}Si NMRスペクトルでの結果と合わせて，歪み環構造の存在を裏付けている。Roらは，メチルトリエトキシシランの酸性条件下におけるゾルゲル反応により得たPMSQについて，24時間の反応で，graphite plate laser desorption-ionization time-of-flight mass spectrometry（GPLDI-TOF MS）により$T^3_8T^2_3$までの分子を検出している[18]。このゾルゲル条件下では，不完全縮合体中のT^2の数は2個か3個で，T^2を1個しか含まない分子は観測されていない。

次に，同様の方法により合成した^{Me2}D単位を含む，いわゆるメチルシリコーンレジン（^{Me2}D$_{0.15}$ ^{Me}T$_{0.85}$）についても分析を行った。GPC曲線の特徴はPMSQのものと同様で，^{29}Si NMRスペクトルでもPMSQの場合と同様にシラノールのトリメチルシリル化後に^{Me}T^{2}領域に吸収が残り，歪み環の存在が示唆された。GC-MS/GC分析では，$T^3_4D^2_2$，$T^3_4D^2_3$（2異性体），$T^3_6D^2$，$T^3_6D^2_2$（4異性体），$T^3_6T^2D^2$（3異性体）など合計で全体の約8重量%にあたる20個程度の低分子化合物が検出され，最大量の化合物は$T^3_6T^2D^2$の異性体の1つであった（1.3 wt %）。$T^3_6T^2D^2$（図1（n），推定構造）および$T^3_6D^2_2$はPMSQ中に存在する$T^3_6T^2_2$のT^2をD^2で置き換えたもの，すなわちOHがCH$_3$で置き換わっただけの分子である。シルセスキオキサンは特定の構造をもつオリゴマーを与える無機高分子と考えられているが，一般的なシリコーンレジンも同様の構造的特徴を持つ分子の集合体であると考えられる。

以上のように，ポリシルセスキオキサンの低分子量領域については比較的詳細に構造解析を行うことができたが，高分子量領域の構造はまだまだ未知である。一つの手法としてmatrix assisted laser desorption-ionization time-of-flight mass spectrometry（MALDI-TOF MS）が提案されている。Wallaceらは，n-プロピルトリメトキシシラン，3-メタクリロイルプロピルトリメトキシシランなどの酸性条件下でのゾルゲル反応の生成物について，分子量9000の生成物まで観測している[19]。MALDI-TOF MSあるいはGPLDI-TOF MSといった手法は異性体を区別することはできないが，Wallaceらは$T^3_xT^2_y$のx/yの比が高分子量体まで一定であるとい

う報告をしている。もしこれらのポリシルセスキオキサンがラダー構造を有するならば、この比は一定ではないはずである。

　Flory のゲル化理論によれば、3官能モノマーは反応率50％でゲル化する。しかし上記 PMSQ は反応率95％に達しているし、T^3_8 などの完全縮合ケージでは100％である。（ポリ）シルセスキオキサンが3官能モノマーの重合体であるにもかかわらず高反応率でもゲル化しないのは環構造が生成するからである。シリケートにおいて環化反応を考えなければならないことは、McCormick らによってテトラエチルオルソシリケート（TEOS）[20]、メチルトリエトキシシラン[21] について解説されている。前記の海野らの精密合成によるラダー構造の合成の最初の方法は、イソプロピルシルセスキオキサンの環状四量体 $^{iPr}T^2_4$ を用いているが、その4つのシラノールはすべて cis（図1(k)）である[6(a)]。環状四量体 $^RT^2_4$ の4つの異性体のうちシラノールがすべて cis である異性体が得られやすいのは反応中間体における水酸基どうしの水素結合の効果と考えられ[22]、このような分子内・分子間相互作用が構造を制御している一因であろう。

3　反応化学

　上記構造解析の結果は、図1(a), (c), (d) といったオリゴシルセスキオキサンケージ化合物として扱われている構造の分子が、精密な反応制御を行わないポリシルセスキオキサン合成において生成していることを示している。ここでは、このような環構造生成の反応化学のいくつかの実験的考察について述べる。

　ポリシルセスキオキサンは、一般的に対応するクロロシランもしくはアルコキシシランの加水分解と、それに引き続く縮合反応によって通常有機溶媒中で合成される。クロロシランを用いる場合には生成する塩酸による酸触媒にて反応が行われ、アルコキシシランを用いる場合には酸やアルカリなどの触媒が用いられる。加水分解により生成したシラノールは不安定で、実際には加水分解が完了する前に縮合が始まる。さらに、三官能モノマーの反応であることなどから反応系は複雑で、特にクロロシランでは加水分解速度がきわめて速いことから反応機構の研究は限られている[23]。アルコキシシランの反応については Brinker と Scherer の成書に、酸触媒下、塩基触媒下での加水分解、縮合などが詳しくまとめられている[24]。しかし、これら多くの反応機構の研究は、Si-Cl 基や Si-OR 基の逐次加水分解や縮合による二量化など、ごく初期の反応を扱うに留まっている場合が多く、環構造の形成の検討にはなかなか至っていない。筆者は縮合反応の比較的後期の観察を行った[12,25]。

　上記の構造解析を行った PMSQ のより反応初期での生成物を同定するため、小スケール（0.1ミリモル）でメチルトリクロロシランを有機溶媒と過剰の水中に滴下し、滴下終了後（約1分）

ただちにドライアイス温度に冷やしたトリメチルシリル化剤を入れた 2-メチルペンタン中に注ぎ，水層を凍らせるとともに中間体のシラノールをトリメチルシリル化した。この生成物を GC-MS と GC により同定・定量した。GC チャートと GC-MS により同定した分子式を図 5 に示す（図中の式はトリメチルシリル化前のものとして表示）。前記 PMSQ には含まれない多くの初期中間体が検出された：T^0[MeSi(OH)$_3$]，T^1_2[(OH)$_2$MeSi-O-SiMe(OH)$_2$]，T^2_3[{MeSi(OH)O}$_3$，環状三量体（1 異性体），図 1 (j)，図の構造は推定]，T^2_4[{MeSi(OH)O}$_4$，環状四量体（2 異性体），図 1 (k)(l)，図の構造は推定]，T^2_5[{MeSi(OH)O}$_5$，環状五量体（2 異性体）]，$T^3_2T^2_3$（5 異性体），$T^3_2T^2_4$（3 異性体），$T^3_4T^2_2$[図 1 (m)，（2 異性体），図の構造は推定] など。ここでも環状三量体の生成が示唆されている。工藤らの計算によれば環状四量体の生成に比べて，環状三量体の生成エネルギーもそれほど高くなく，環状四量体（T^2_4）の生成においても，二量体（T^1_2）2 分子または直鎖三量体（$T^1T^2T^1$）とトリオール（T^0）の単純な縮合よりもむしろ，環状三量体（T^2_3）への T^0 の挿入反応の方がエネルギーが低く，歪んだ環状三量体の生成を支持している[22]。Kelts と Armstrong は TEOS の酸性条件下でのゾルゲル反応生成物の ^{29}Si NMR スペクトル観察により Q^2[Si(OH)$_2$O$_{2/2}$] の環状三量体を観測している[26]。また，Brunet はメチルトリエトキシシランの酸性条件下でのゾルゲル反応において，過剰の水の存在下では T^2_4 に加えて T^2_3 が生成することを報告している（^{29}Si NMR の DEPT による分析）[27]。環状四量体についてはフェニル[28]，イソプロピル[6(a), 29]置換基において all cis 体（図 1 (k)）が報告されている。これは前述のように遷移状態における SiOH 間の水素結合が寄与していると考えられる。計算によればその次に安定に生成するのは図 1 (l) の構造である。

反応のさらに後期における縮合反応に対する溶媒効果を検討するため，加水分解物を一旦回収

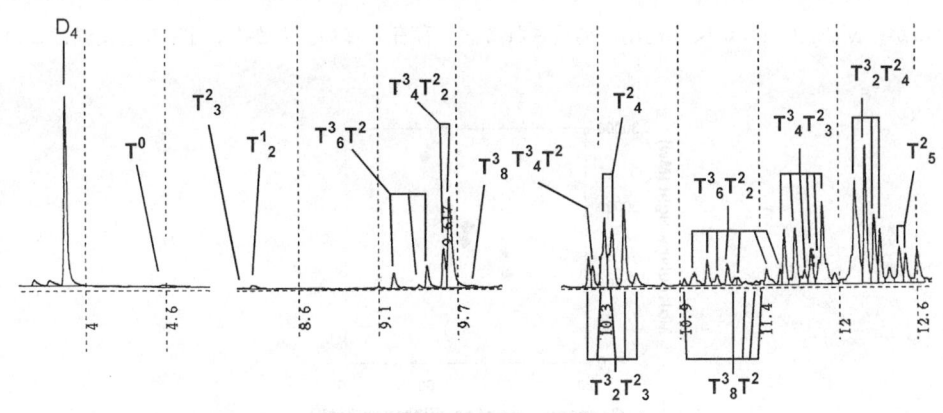

図 5　PMSQ 反応初期中間体（シラノールをトリメチルシリル化）の GC チャート
　　図中の構造式はトリメチルシリル化前のものとして表示。

し，加水分解と同じ塩酸酸性条件下で極性溶媒（MIBK）または非極性溶媒（nBuO）中で縮合（加熱エージング）を行った。歪んだ環状三量体を必ず含む T^3_6 [図1(b)]，$T^3_6T^2$ [図1(f)，図の構造は推定]，$T^3_4T^2_2$ [図1(m)，図の構造は推定] は，加水分解物中にはそれぞれ 0.2，3.3，3.6 wt％存在し，MIBK中で50℃-1時間のエージングにより 0，2.4，0.2 wt％へと減少した。ところが nBuO 中では同じ条件で 0.2，5.5，0.7 wt％となり，T^3_6 は変化せず $T^3_6T^2$ は増加した。溶媒効果については極性溶媒がシラノールと水素結合することによりシラノール間の縮合を阻害するのに対し，非極性溶媒は分子内縮合を阻害しないと考えられることなどが要因と推定できるが，重要なことは，歪んだ環状三量体が必ずしも開裂するばかりではなく新たに生成していることである。

先にシルセスキオキサン生成における複雑さの一因として「加水分解が完了する前に縮合が始まる」ことを述べたが，さらに酸性あるいは塩基性条件下でのシロキサンの生成にはシロキサン結合の再配列を伴う。前述の Brown らの方法による PPSQ プレポリマーの合成において Frye と Klosowski は反応溶液濃度を変化させると生成する PPSQ の分子量が可逆的に変化することを報告している[11]。また Brown も THF 中 0.6 モル/L の濃度で PPSQ が平衡化により $^{Ph}T^3_{12}$ に転化することを報告している[30]。図6に筆者が行ったフェニルトリクロロシランの加水分解物の KOH による平衡化における，生成 PPSQ の濃度を変化させた場合の到達分子量を示す。

T^3_8（図1(a)）は最も代表的なケージ化合物であり，前述のように一般的な合成法による PMSQ 中にも存在する。図7に T^3_8 生成の考えられる経路を示す。図7の経路(i)～(iv)は T^3_8 が中間体のシラノールの縮合により生成する場合である。上述のように PMSQ において環状四量体 T^2_4，$T^3_2T^2_4$ は反応のごく初期には存在するが，メチルトリクロロシランの加水分解後，加熱エージングにより縮合を進める頃にはすでに消費されて存在しない。$T^3_4T^2_3$ は PMSQ 中にも含まれるが，$MeSi(OH)_3$ が反応初期に消費されており存在しない。しかし，T^3_8 の生成量はこのよ

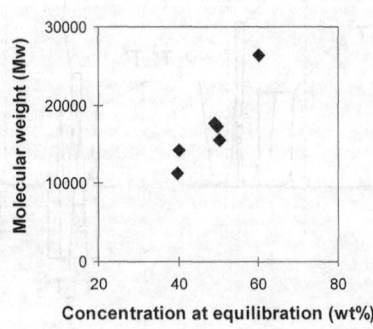

図6 フェニルトリクロロシラン加水分解物のキシレン中での KOH（0.1 wt％）による平衡化における溶液濃度と PPSQ の分子量の関係

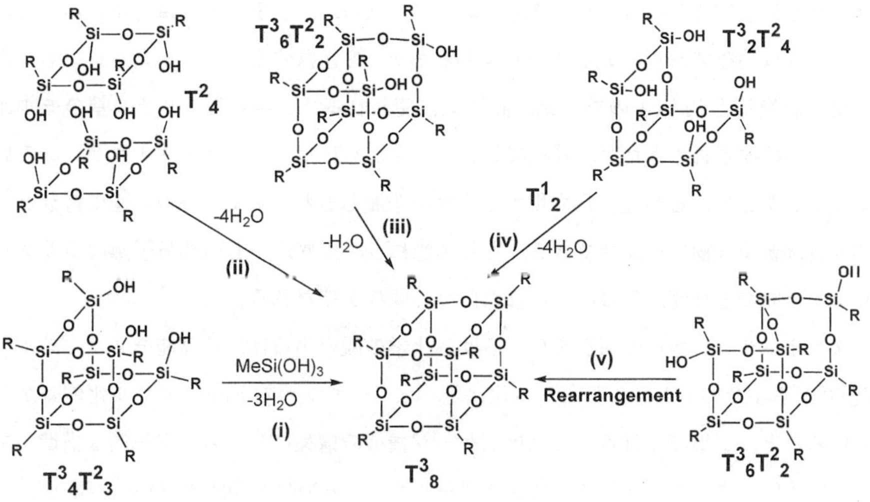

第 2 章　ポリシルセスキオキサンの構造解析と反応化学

図 7　T^3_8 生成経路の可能性

うな反応後期に増大している。$T^3_6T^2_2$ という式で表される化合物には複数の異性体の存在が確認されているが，経路 (iii) の前駆体の存在は確認されていないので確証はない。したがって，中間体の単純な縮合という生成経路を明確に支持する証拠はない。一方，単離した図 1 (d) の構造をもつ $T^3_6T^2_2$ を，PMSQ の合成と同様の酸性条件下で反応させると，出発物質である $T^3_6T^2_2$ の多くが反応し，$T^3_6T^2_2$ の他の異性体とともに有意な量（20 % 程度）の T^3_8 が生成することがわかった。この反応はシラノールの単純な縮合ではなく，シロキサン結合の開裂を経由している。T^3_8 を原料として酢酸ナトリウムや炭酸カリウムを触媒としてシロキサン結合の再配列により種々の置換基をもつ T^3_{10}，T^3_{12} を合成する方法も報告されている[31]。

ケージ構造の生成や反応初期の解析などの研究では，分子の構築が逐次的な T^0 [MeSi(OH)$_3$] の付加・縮合などを想定し，シロキサン結合の再配列は考慮されていない例が多い。しかし，以上のように，シルセスキオキサンの生成過程では複雑な加水分解と縮合反応，環化反応に加えてシロキサン結合の再配列を重要な要素として考えなければならない。必ずしも縮合重合により分子量が単調に増大するのではなく，同程度の分子量の分子間の異性化，あるいは平衡化が起こっていることが明らかである。

4　おわりに

有機直鎖ポリマーは繰り返し単位を基本に，分子量，分子量分布などによりその性質を考えることができる。ポリエチレンなどでも分岐構造によりその性質は異なるが，ポリシルセスキオキ

サンでは，同じ分子式でもいろいろな構造があり得るため，分子量，分子量分布によりその物性を特定することは困難である。ポリシルセスキオキサンを包含するシリコーンレジンも，古典的には分子量，置換基とSi原子のモル比，置換基に使われるフェニル基とメチル基のモル比等によりその性質が把握されてきたが，同様にこれらの値からはポリシルセスキオキサンあるいはシリコーンレジンがとりえる構造から発現する物性を予測しきれないであろう。逆に言うと，構造制御ができれば新規な物性が期待できる。もし本当にラダー構造をもつ高分子量のポリシルセスキオキサンが合成できれば，その物性にはたいへん興味が持たれる。

シルセスキオキサンの種々の構造を与える反応化学の観点からは，三官能モノマーを用いながら重合度90から100％でも必ずしもゲル化に至らない，すなわちFloryのゲル化理論から大きく外れていること，が挙げられる。これは，ケージ構造の構築にしてもラダー的な構造ができるにしても，環化反応による。そして単にシラノール間（あるいはSiOHとSiOR，SiOHとSiCl）の縮合反応だけではなく，シロキサン結合の再配列が重要な役割を果たしている。これらには，三官能モノマーの加水分解と縮合反応という複雑さに加えて，酸性条件，塩基性条件，置換基の効果，溶媒効果などさまざまな要因が影響していると考えられる。本章で示した構造・反応解析は，まだポリシルセスキオキサン・シリコーンレジンのそれらのごく一端を解明したに過ぎないが，新規構造の分子の合成と合わせて今後の発展が期待される。

謝辞

本研究は，岡富久代，須藤通孝，Ron Tecklenburg, Elmer Lipp, Linda Myers, Simon Cook, Gregg Zank, Dimi Katsoulis各氏（以上ダウ・コーニング），Norbert Auner教授（Johan Wolfgang Goethe University）の協力により行われたものです。ここに記して感謝の意を表します。また，ご助言をいただきました工藤貴子教授（群馬大学）に感謝いたします。

文　　献

1) R. H. Baney, M. Itoh et al., *Chem. Rev.*, **95**, 1409 (1995)
2) 海野雅史，松本英之，ケイ素化学協会誌，(8), 16 (1997)
3) M. G. Voronkov, V. I. Lavrent'yev, *Top. Curr. Chem.*, **102**, 199 (1982)
4) (a) A. J. Barry et al., *J. Am. Chem. Soc.*, **77**, 4248 (1955) ; (b) K. Olsson, *Arkiv Kemi*, **13**, 367 (1958)
5) F. J. Feher et al., *J. Am. Chem. Soc.*, **111**, 1741 (1989)

第2章 ポリシルセスキオキサンの構造解析と反応化学

6) (a) M. Unno *et al.*, *Bull. Chem. Soc. Jpn.*, **73**, 215 (2000) ; (b) M. Unno *et al.*, *J. Am. Chem. Soc.*, **124**, 1574 (2002) ; (c) M. Unno *et al.*, *Bull. Chem. Soc. Jpn.*, **78**, 1105 (2005)
7) 吉田一浩ほか, 第22回無機高分子研究討論会, 東京, 2003年11月13-14日（予稿集, p. 49）
8) S. E. Anderson *et al.*, *Chem. Mater.*, **18**, 1490 (2006)
9) E. L. Warrick, "Forty Years of Firsts", McGraw-Hill, New York (1990)
10) J. F. Brown, Jr. *et al.*, *J. Am. Chem. Soc.*, **82**, 6194 (1960)
11) C. L. Frye, J. M. Klosowski, *J. Am. Chem. Soc.*, **93**, 4599 (1971)
12) 伊藤真樹ほか, 第22回無機高分子研究討論会, 東京, 2003年11月13-14日（予稿集, p. 53）
13) P. A. Agascar, W. G. Klemperer, *Inorg. Chim. Acta*, **229**, 355 (1995)
14) (a) G. E. Maciel *et al.*, *Macromolecules*, **14**, 1608 (1981) ; (b) G. Engelhardt, H. Jancke *et al.*, *J. Organomet. Chem.*, **210**, 295 (1981) ; (c) X. Zusho *et al.*, *Chinese J. Polym. Sci.*, **7** (2), 183 (1989)
15) (a) 岡富久代, 伊藤真樹ほか, 第18回無機高分子研究討論会, 東京, 1999年11月11-12日（予稿集, p. 45）; (b) 伊藤真樹: 第19回無機高分子研究討論会, 東京, 2000年11月9-10日（予稿集, p. 55）, (c) 伊藤真樹, ケイ素化学協会誌, **15**, 19 (2001)
16) M. Unno *et al.*, *Organometallics*, **15**, 2413 (1996)
17) F. J. Feher *et al.*, *J. Am. Chem. Soc.*, **119**, 11323 (1997)
18) H. W. Ro *et al.*, *ACS Polym. Mater. Sci. Eng. Preprint*, **90**, 87 (2004)
19) W. E. Wallace *et al.*, *Polymer*, **41**, 2219 (2000)
20) L. V. Ng, A. V. McCormick *et al.*, *Macromolecules*, **28**, 6471 (1995)
21) S. E. Rankin, C. W. Macosko, A. V. McCormick, *Chem. Mater.*, **10**, 2037 (1998)
22) (a) T. Kudo, M. S. Gordon, *J. Phys. Chem. A*, **104**, 4058 (2000) ; (b) T. Kudo, M. S. Gordon, *J. Phys. Chem. A*, **106**, 11347 (2002)
23) (a) M. M. Sprung, *Fortschr. Hochpolym.−Forsch.*, **2**, 442 (1961) ; (b) V. V. Poverennyi *et al.*, *International Polym. Sci. Technol.*, **3**, T/38 (1976) ; (c) J. H. Cameron *et al.*, *Ind. Eng. Chem., Fundam.*, **14**, 328 (1975)
24) C. J. Brinker; G. W. Scherer, "Sol-Gel Science, The Physics and Chemistry of Sol-Gel Processing", Academic Press (1990), chapter 3
25) (a) 伊藤真樹, 第20回無機高分子研究討論会, 東京, 2001年11月15-16日（予稿集, p. 28）; (b) 伊藤真樹ほか, 第21回無機高分子研究討論会, 東京, 2002年11月7-8日（予稿集, p. 56）
26) L. W. Kelts, N. J. Armstrong, *J. Mater. Res.*, **4**, 423 (1989)
27) F. Brunet, *J. Non-Cryst. Solids*, **231**, 58 (1998)
28) J. F. Brown, Jr., *J. Am. Chem. Soc.*, **87**, 4317 (1965)
29) M. Unno *et al.*, *J. Am. Chem. Soc.*, **127**, 2256 (2005)
30) J. F. Brown, Jr., *J. Am. Chem. Soc.*, **86**, 1120 (1964)
31) E. Rikowski, H. C. Marsmann, *Polyhedron*, **16**, 3357 (1997)

第3章 シルセスキオキサン生成の分子軌道法計算

工藤貴子[*]

1 緒言

かご型シルセスキオキサンは，最初の原料化合物から複数の複雑な過程を経て生成されると考えられており，その生成機構の詳細は未だに不明な部分が多く完全には解明されていない[1]。勿論，溶媒や触媒などの反応条件を変えればどのタイプが生成されやすい，といった実験上での経験則は存在するが，希望するタイプの化合物を効率良く合成するためには生成機構の解明が必須である。我々は，ここ数年間かご型シルセスキオキサンの複雑な生成機構を支配する因子を明らかにする目的で研究を進めて来たが[2]，本稿では，かご型シルセスキオキサンの中で最も一般的で立方体構造を持つ T_8 の生成機構について，気相中でしかもなるべく最短経路を選び非経験的分子軌道法計算を用いて行った研究[2(a)]について主に紹介する。

2 T_8 の生成機構

2.1 脱水縮合反応

ここでは，トリシラノール（$HSi(OH)_3$）を出発物質として，様々な大きさや形状のシロキサン化合物間での脱水縮合反応によりシロキサン結合が伸長していくと考えた。この基本的反応である脱水縮合反応によって，二分子のトリシラノールからシロキサン結合を持つ最も小さな分子のジシロキサン（$H(OH)_2SiOSi(OH)_2H$）が出来る過程[2(b)]における分子構造の推移を図1に，またそのエネルギー変化を表1に示した。

まず，トリシラノール二分子が図中の様な中間体を形成する。この構造で三つの OH 基同士が作る三つの水素結合によって安定化されており，反応系（$2\times HSi(OH)_3$）より 16 kcal/mol 安定である。その後，四中心構造の遷移状態を経て，生成系のジシロキサンと水分子を生成する。生成物のジシロキサンでは幾つかのエネルギーの接近した可能なコンフォメーションのうち，水素結合が二つ存在するこの重なり型が最も安定である。ここに上げた三つ全ての構造で水素結合がそれらの安定性に重要な働きをしていることに注意して欲しい。この反応の反応系から見たエ

---

[*] Takako Kudo　群馬大学　大学院工学研究科　応用化学・生物化学専攻　教授

第3章　シルセスキオキサン生成の分子軌道法計算

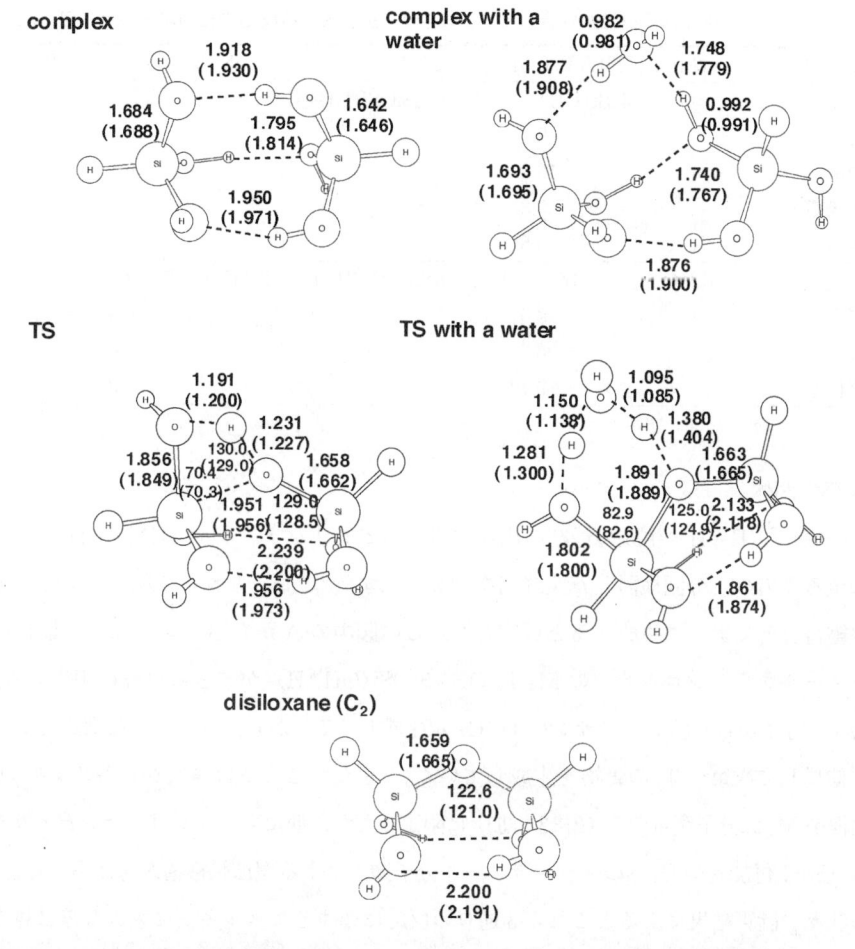

図1　水分子無し（左側）および有り（右側）条件下でのトリシラノール二分子の脱水縮合反応におけるB3LYP/6-31G(d) および MP2/6-31G(d) レベル（括弧内の数値）での中間体と遷移状態，生成物のジシロキサンの最適化分子構造

結合距離の単位はÅ，角度は度。

ネルギー障壁の大きさは 10 kcal/mol 弱である。

　次に，水溶液中の反応の最小かつ水分子が反応に直接的にかかわるモデルとして，反応系にトリシラノール二分子の他に水分子が一つ存在する場合を調べてみた。この反応は，同じく図1に示した様な中間体と遷移状態を経由して進行する。この場合の遷移状態は六中心で，水分子は水素結合で系を安定化すると共に，水素の受け渡しを仲介する触媒の役割を果たしている。表1に示した様に，今やエネルギー障壁は負の値（反応系より安定）になり室温でも反応が容易に進むことが期待される。更にもう一つ水分子を増やして水素結合系を大きくすると，遷移状態はもっと安定化することも確認している。

表1 トリシラノール二分子が脱水縮合してジシロキサンが生成する反応の相対エネルギー値（kcal/mol）

	MP2//B3LYP/6-31G(d)+ZPC	MP2/6-31G(d)+ZPC
	$2HSi(OH)_3 \rightarrow H(OH)_2SiOSi(OH)_2H + H_2O$	
反応系	0.0	0.0
中間体	−16.0	−16.1
遷移状態	9.8	9.5
生成系	−9.5	−9.8
	$2HSi(OH)_3 + H_2O \rightarrow H(OH)_2SiOSi(OH)_2H + 2H_2O$（水存在下）	
反応系	0.0	0.0
中間体	−26.3	−26.6
遷移状態	−9.7	−9.9

2.2 反応中間体

$T_8([RSiO_{1.5}]_8, R=H)$ 生成の最初の出発物質としてトリシラノール（$HSi(OH)_3$）から最終生成物に至るまでの，今回検討した全経路を図2に示す[2(a)]。尚，これらの反応中間体は先に述べた脱水縮合反応によって生成すると仮定した。この図中のAからBへの矢印が，前に述べたトリシラノールからジシロキサンの $M_2(H(OH)_2SiOSi(OH)_2H)$ ができる過程に相当する。次に，この M_2 二分子から環状シロキサンの $D_4(C)$ が生成し，ここから，更に様々な様式でシロキサン結合が伸長して次第に T_8 の骨格を生成していく。また，ここでは環状シロキサンの $D_4(C)$ の生成過程を M_2 二分子からのみ（2+2付加）に限定したが，他にもトリシロキサンとトリシラノールから（3+1付加）や D_3 へのトリシラノール分子挿入による環拡張機構が考えられる。そして，以前の我々の計算結果によるとこれら3通りの反応に要するエネルギーに大きな差は見られないが，D_3 の環拡張機構がやや有利となった[2(c)]。$[HSiO_{1.5}]_n$ のより大きな系（$n=24-28$）では，環挿入反応機構による半経験的分子軌道法を用いた合成経路に関する研究例もある[1(d),(e)]。では，Cから生成物へ至る反応機構の議論の前に，この図中に登場する反応中間体とその異性体の安定性を支配する因子について考えてみよう。

図2に示した最終生成物の $T_8(U)$ 以外の中間体は不完全縮合POSSと呼ばれることもある。"不完全縮合"というのは，これから脱水縮合が起こる可能性のあるOH基を持っているという意味である。ちなみに，最終生成物の T_8 ではOH基は全て消費されており完全縮合POSSということになる。そして，このOH基は水素結合を形成することにより個々の中間体の安定性に寄与している。

最初にCに二つのトリシラノール二分子が縮合した形のGとH，およびそのトランス異性体のG'とH'の構造を比べてみる。4つの異性体の詳しい構造は図3に示す。トランス異性体は図から明らかな様に2つのトリシラノール単位はCの8員環の上下に付加しており T_8 形成過程に

第3章 シルセスキオキサン生成の分子軌道法計算

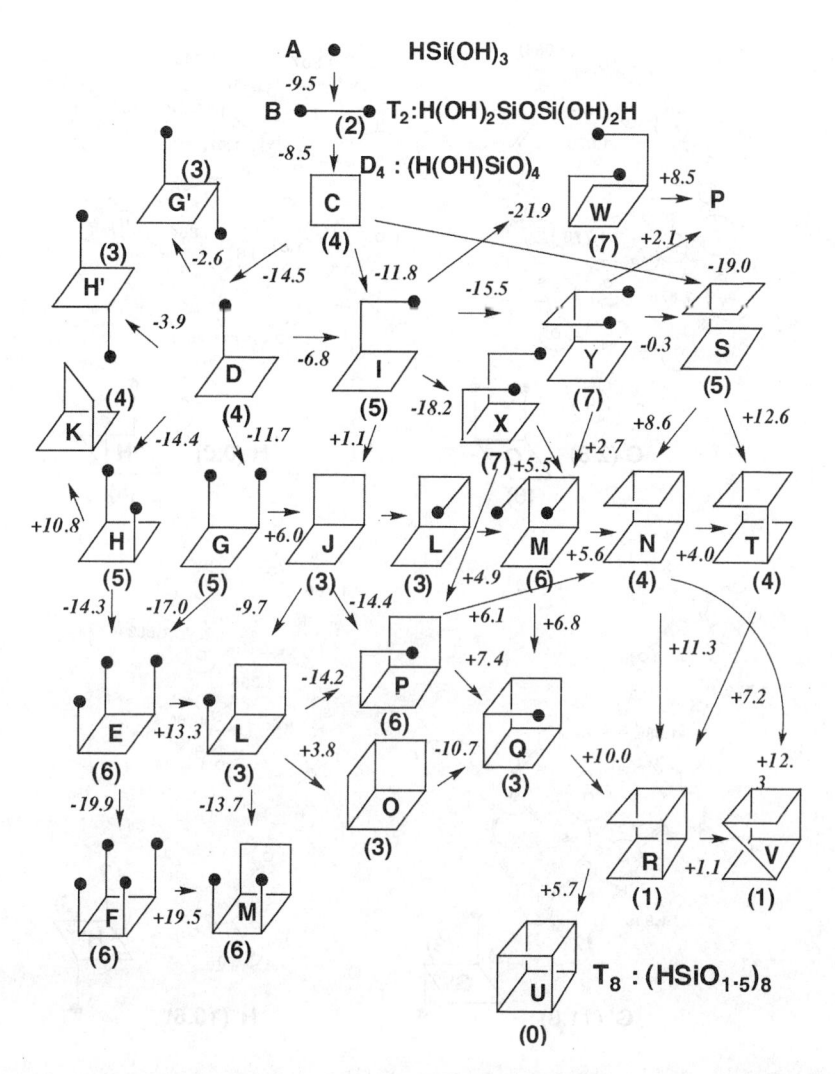

図2 今回考慮したトリシラノールから T_8 へ至るまでの経路とその経路上の中間体
斜字体の数字は MP2//B3LYP/6-31G(d)+ZPC レベルでの反応熱 (kcal/mol)。また，括弧内の数字は水素結合の数[2(a)]。

おける直接的な中間体とは言えない。これらの異性体では，そのトリシラノール基が互いに遠く離れていて，それぞれのシス異性体に見られる様に水素結合を数多く形成することが出来ないためエネルギー的には不安定である。また，GとHでは水素結合の数は5で同じだが，トリシラノール基が対角に位置しているHの方が平均水素結合距離が短い。次に，これら4つの異性体の8員環の骨格部分を持ち，水素結合の効果を除くためCと違ってケイ素上の置換基は全て水素にした環状シロキサンの D_4 の安定性を調べたところ，Hと同じ8員環骨格を持つものが最も安定となった。ちなみに，この環状シロキサンの最適化構造はHと同じ8員環骨格を持つもの

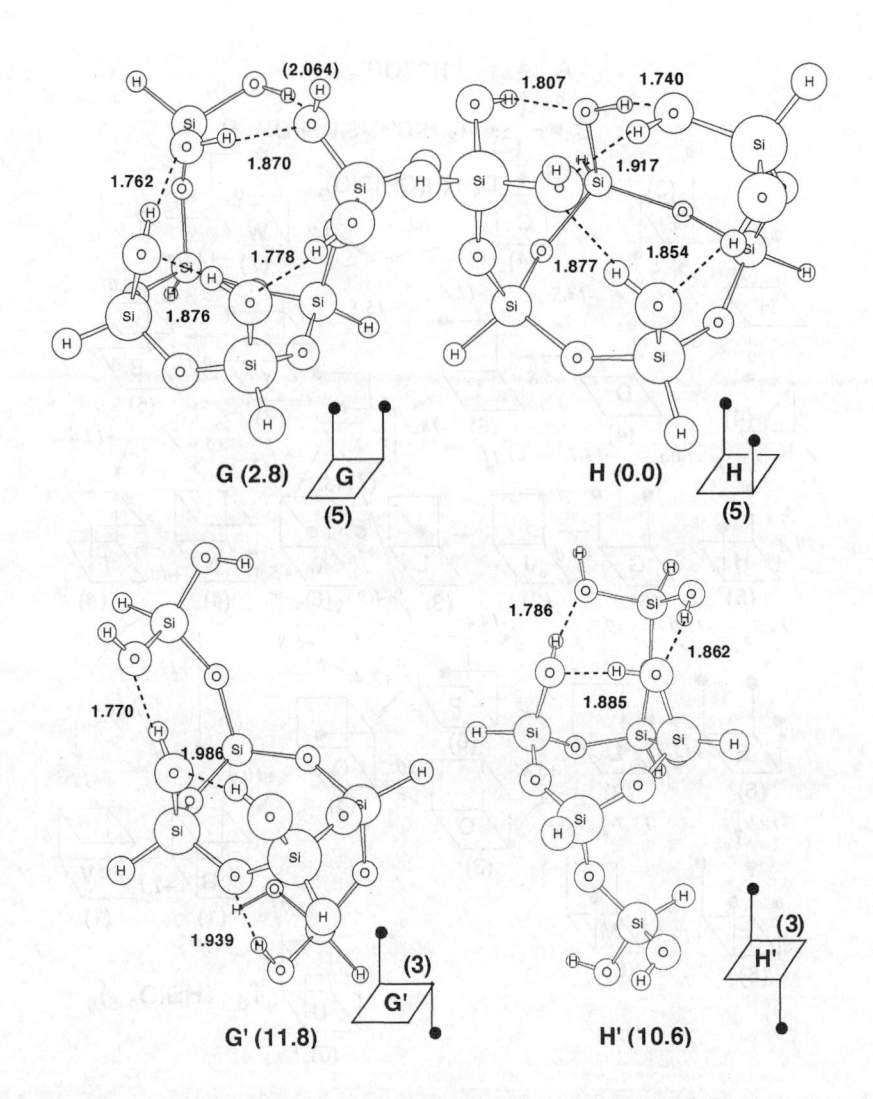

図3 B3LYP/6-31G(d) レベルでの G, G', H, H' の最適化構造
結合距離の単位は Å。ラベルの後の括弧内の数字は MP2//B3LYP/6-31G(d)+ZPC レベルでの H に関する相対エネルギー値 (kcal/mol)[2(a)]。

よりやや安定である。この例から，水素結合距離と数，および環構造にかかる変形ひずみが中間体の安定性に重要な役割を果たしていることが分かる。

次の例は C 上の二つのジシロキサン (B) 単位の縮合位置の異なる W と X である。図4に示す様に，どちらも水素結合の数は7と同じであるが，平均距離は W の方が短いため，水素結合の安定化に寄与する力は X より大きいと予想される。加えて前の例で見た全水素置換 D_4 も W と同じ8員環骨格を持つものの方がやや (0.6 kcal/mol) 安定であった。この結果 W がより安定な異性体となっている。この様に，環にケイ素単位2つが付加した構造の中間体は，トリシラ

第3章　シルセスキオキサン生成の分子軌道法計算

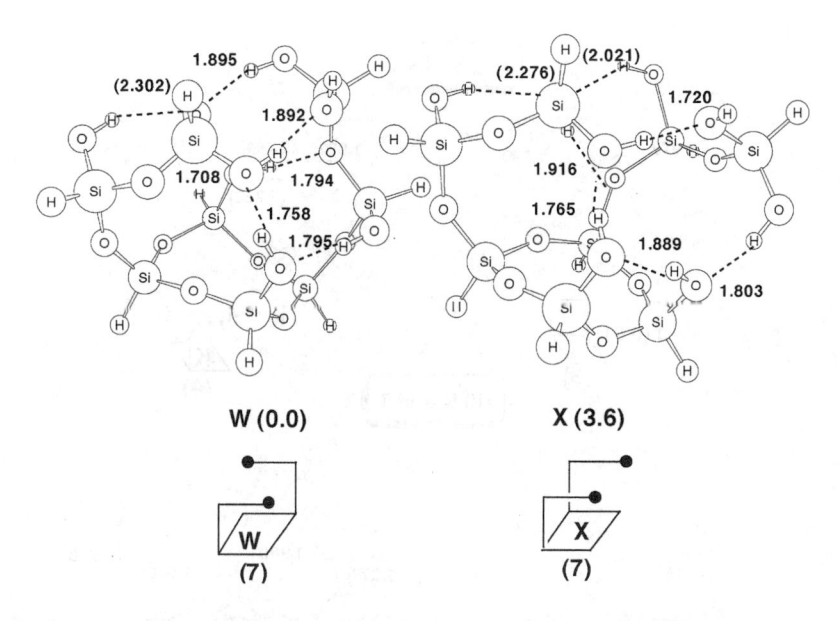

図4　B3LYP/6-31G(d) レベルでの W と X の最適化構造

結合距離の単位は Å。ラベルの後の括弧内の数字は MP2//B3LYP/6-31G(d)+ZPC レベルでの W に関する相対エネルギー値 (kcal/mol)[2(a)]。

ノール (A), ジシロキサン (B) 共に, 隣接位置より対角位置にある異性体の方が安定となった。

同様に, 更にシロキサン骨格の構築が進行した3通りのペアの異性体同士の安定性を比較する。取り上げたのは, (i) J と K, (ii) N と T, そして (iii) R と V である (図5)。これらでは環状 D_4 単位が (i) では2つ, (ii) で3つ, (iii) で4つと前の例より増えてより T_8 に近い構造になっている。これら全ての例で安定性を決めているのは, 水素結合の数ではなくその強さ (距離) と考えられる。また, 不安定な方の異性体では, いずれも大きく変形した5員環または6員環等の環状構造 (K と V では D_5, T では D_6) がこれらの不安定性の要因になっているとも考えられる。ところが興味深いことに, 実験では, むしろ不安定な方の異性体が観測されているのである。(ii) の N と T とでは, ダブルデッカー型の T がフェニル置換体で[3], また (iii) の R と V とでは, V がメチル置換体で単離・同定されている[4]。これらは中間体の安定性が, その合成・単離にとって最重要因子ではない例と言えよう。

以上, 中間体の安定性を支配する幾つかの要因が分かってきた。これらの例では OH 基以外のケイ素上の置換基は最も小さな水素であるが, 実際の例ではもっと嵩高い置換基が付いているため, それらの混み合いも中間体の安定性に重要な影響を与える因子となることが予想される[2(d)]。

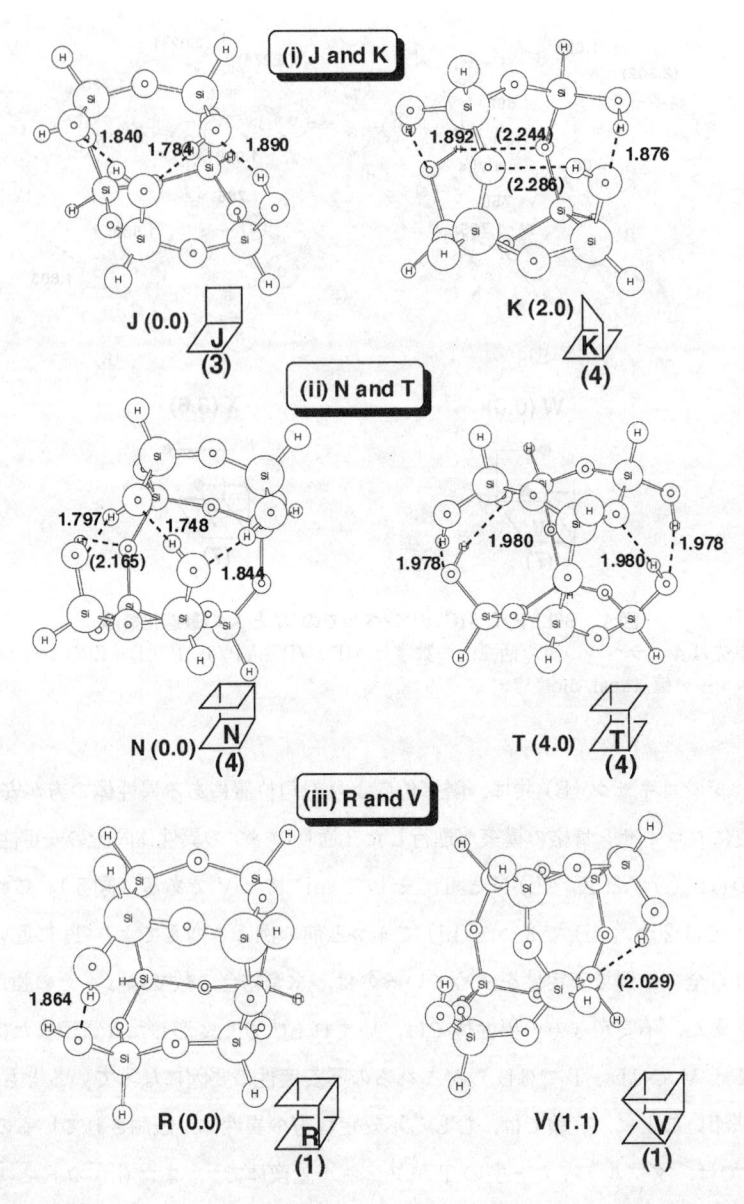

図5　B3LYP/6-31G(d)レベルでの(i)JとK, (ii)NとT, (iii)RとVの最適化構造
結合距離の単位はÅ。ラベルの後の括弧内の数字はMP2//B3LYP/6-31G(d)+ZPCレベルでのJ, N, Rに関する相対エネルギー値(kcal/mol)[2(a)]。

2.3　3つのタイプの反応機構経路

次に，図2に示した数多くの中間体を経る数多くの脱水縮合経路の可能性をCから始まる3つのタイプに分けて考える。最初は(a)トリシラノール単位(ケイ素原子は1つずつ)で骨格ケイ素が増えていく角付加機構(corner addition mechanism)(図6)，次は(b)ジシロキサ

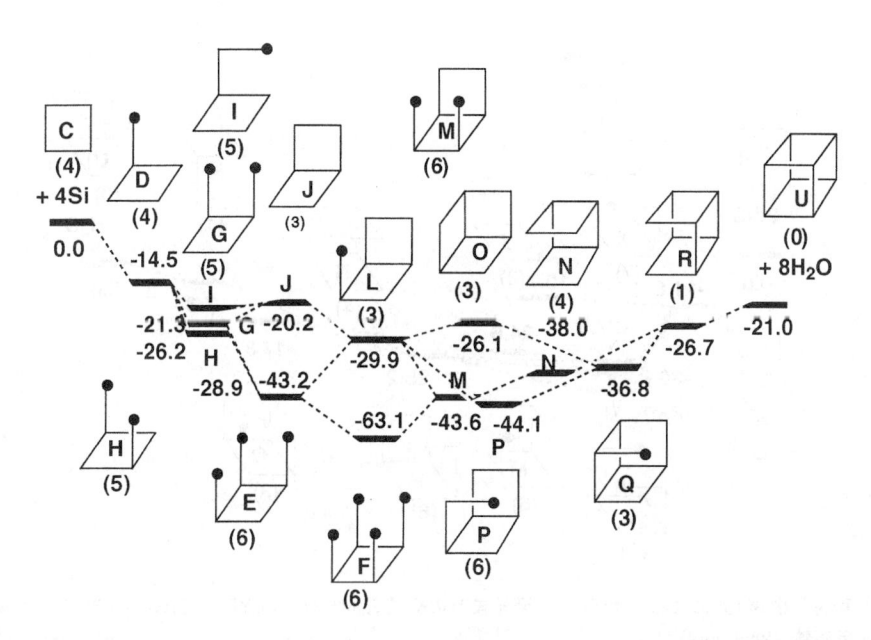

第 3 章　シルセスキオキサン生成の分子軌道法計算

図6　角付加機構 (a) による C から U へ至るまでの経路と MP2//B3LYP/6-31G(d)＋ZPC レベルでの反応熱（kcal/mol）
4Si は $4 \times HSi(OH)_3$ を表す[2(a)]。

ン単位（ケイ素原子は 2 つずつ）で骨格が形成されていく稜付加機構（edge addition mechanism）（図 7），そして最後は (c) D_4 環単位で T_8 骨格を形成する面付加機構（plane addition mechanism）である（図 8）。そして，今回は問題を単純化するため 3 つの混合タイプの可能性は除外する。

まず，(a) の経路では C から D が出来た後，H（又は G）→ E → F と続き，F では T_8 骨格を形成する 8 つのケイ素が全て揃ったことになる（図 6 参照）。8 つのケイ素を持つ異性体は F の他にも M や P があり，それらは面が増えた中間体 J や L を経て出来る可能性もある。図でも明らかな様に H（又は G）→ E → F の経路では反応熱は単調に減少（負に大）していくが，J や L を経る場合は一時的に増加する。これは，環形成によるひずみの発生のためと考えられる。尚，この図に登場する O は他の様々な新しい POSS 形成のための出発物質として盛んに研究されており，最近では実験的にもその存在を確認されている[5]。F では縮合していない OH 基が多く，それらが水素結合を形成できるために特に安定で，このポテンシャルエネルギー面の極小点に位置する。そして，これから T_8 に至るためにはそれぞれの角同士が稜や面を形成する必要があり，この図にある様にそれらは全て吸熱反応となる。それでも，F の安定性が大きいが故に，C と 4 つのシラノールを反応系とした時の生成系である T_8 および八分子の水へ至る過程は 21.0 kcal/mol の発熱反応となる。また，F から見ると 42.1 kcal/mol の吸熱反応である。

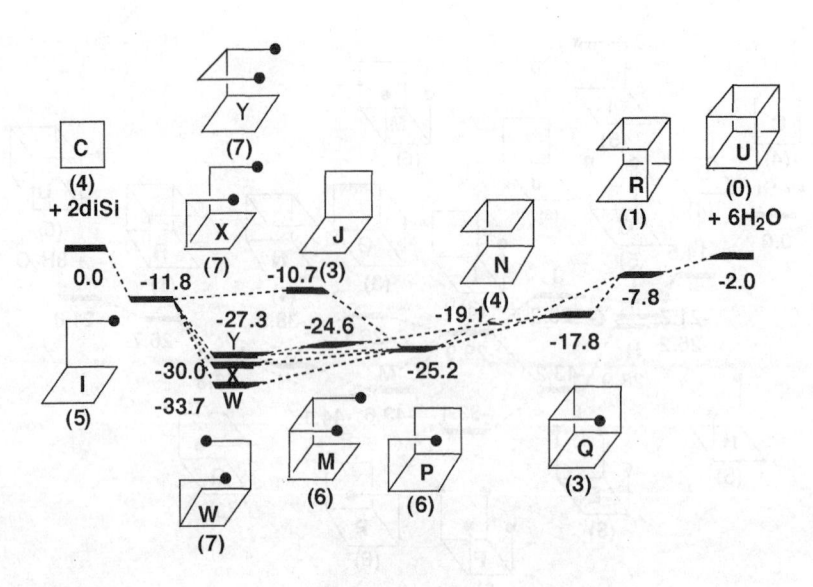

図7 稜付加機構 (b) による C から U へ至るまでの経路と MP2//B3LYP/6-31G(d)+ZPC レベルでの反応熱 (kcal/mol)

2diSi は 2×H(OH)$_2$SiOSi(OH)$_2$H を表す[2(a)]。

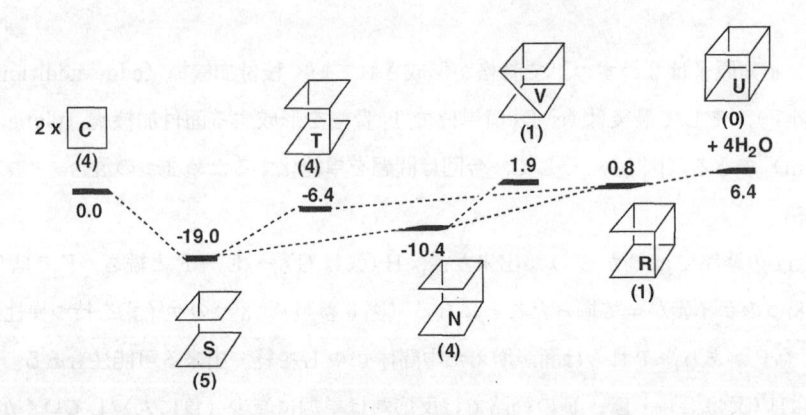

図8 面付加機構 (c) による C から U へ至るまでの経路と MP2//B3LYP/6-31G(d)+ZPC レベルでの反応熱 (kcal/mol)[2(a)]

一方，(b) の稜付加機構による経路で（図7参照）は C から I が形成された後に，前項で安定性の比較をした W と X や Y 等を経て T$_8$ への吸熱反応経路を辿る。また，(a) の角付加機構で述べたのと同じ理由で I から J になる過程は吸熱反応となる。この機構で最も安定なのは7つの水素結合を持つ W で反応系より 33.7 kcal/mol 安定で，ここから生成系（T$_8$＋6H$_2$O）へは 21.7 kal/mol の吸熱反応になる。また，(b) の経路自体は 2.0 kcal/mol の発熱反応であるが，その発熱性は (a) の 21.0 kcal/mol と比較するとかなり小さい。

第3章　シルセスキオキサン生成の分子軌道法計算

　最後の (c) の面付加機構は図8に示す様に非常に単純である。面が増えていくので生成系へ至るステップ数も少ない。この経路で最も安定なのは，D_4(C) 二分子が一つの角で縮合した構造のSであり反応系より 19.0 kcal/mol 安定である。これから T_8 へ至る可能な経路は前の2つの機構と比べて限られており，Sから生成系（T_8+4H_2O）へは 12.6 kcal/mol の吸熱反応，また，この反応経路も 6.4 kcal/mol の吸熱反応である。

　以上3つの機構をまとめると，(a) と (b) は発熱反応で (c) のみがわずかに吸熱反応である。そしてここで考慮したほとんどの中間体が反応系よりは安定である。その意味で，これら3つの反応経路は熱力学的には起こりうることになる。そこで，次に調べるべきことは速度論的な立場からの反応の可能性であり，そのために脱水縮合反応に要するエネルギー障壁について述べる。

2.4　脱水縮合反応の遷移状態

　環状シロキサンのCから出発する脱水縮合反応の遷移状態を前項の反応経路 (a)-(c) に合わせて3つのタイプに分けて考える。まず (i) 角付加機構の例として，Cに一つのトリシラノールが縮合してDができる場合，次に (ii) 稜付加機構の例では，Cにひとつのジシロキサン（B）が縮合してIができる場合，そして最後に (iii) 面付加機構の最初の段階の，二分子のCが縮合してSが出来る場合である（図9）。

　(i) と (ii) の場合は図9に示す様な二通りの遷移状態構造が存在する。TS1 はトリシラノールやジシロキサンが環の D_4 中の一つの OH 基の水素を引き抜く反応の遷移状態，また，TS2 は逆に環がトリシラノールやジシロキサン中の OH 基の水素を引き抜く反応の遷移状態である。尚，図の中央には分子内水素結合のネットワークが存在する D_4(C) の最適化構造をあげた。この図との比較からも明らかな様に，TS2 では TS1 と比べて環構造の変形が大きい。分子のサイズが比較的小さいトリシラノールやジシロキサンがより変形を強いられる TS1 より構造的な制約が大きく分子内水素結合により安定化された D_4 がより変形する TS2 の方がエネルギー的に不安定であることはその数字にも表れている。TS1 同士を比べると，(i) の場合のトリシラノールが脱水縮合するためのエネルギー障壁がやや低いことが分かった。しかし，TS2 では逆に (ii) の方がエネルギー的に有利となっており，(i) と (ii) との間で明確な優位性を認めることは出来なかった。

　図9にはC二分子からSが出来る遷移状態構造も示した。この場合は一通りしかない。この構造では同じ方向に向いた OH 基が有効な水素結合を形成するのに都合が良いため，前述の2つの場合に比べてエネルギー障壁は大きく低下している。このことより (iii) 面付加機構の最初の段階が有意な差で他の角付加や稜付加機構より有利であることが予想される。そこで，次にここで考えている脱水縮合の基本反応であるトリシラノールからジシロキサンへ至る過程が，水触媒によりほとんどバリアーフリーになる事実を踏まえて[2(b)]，Sが出来る反応に水一分子を介

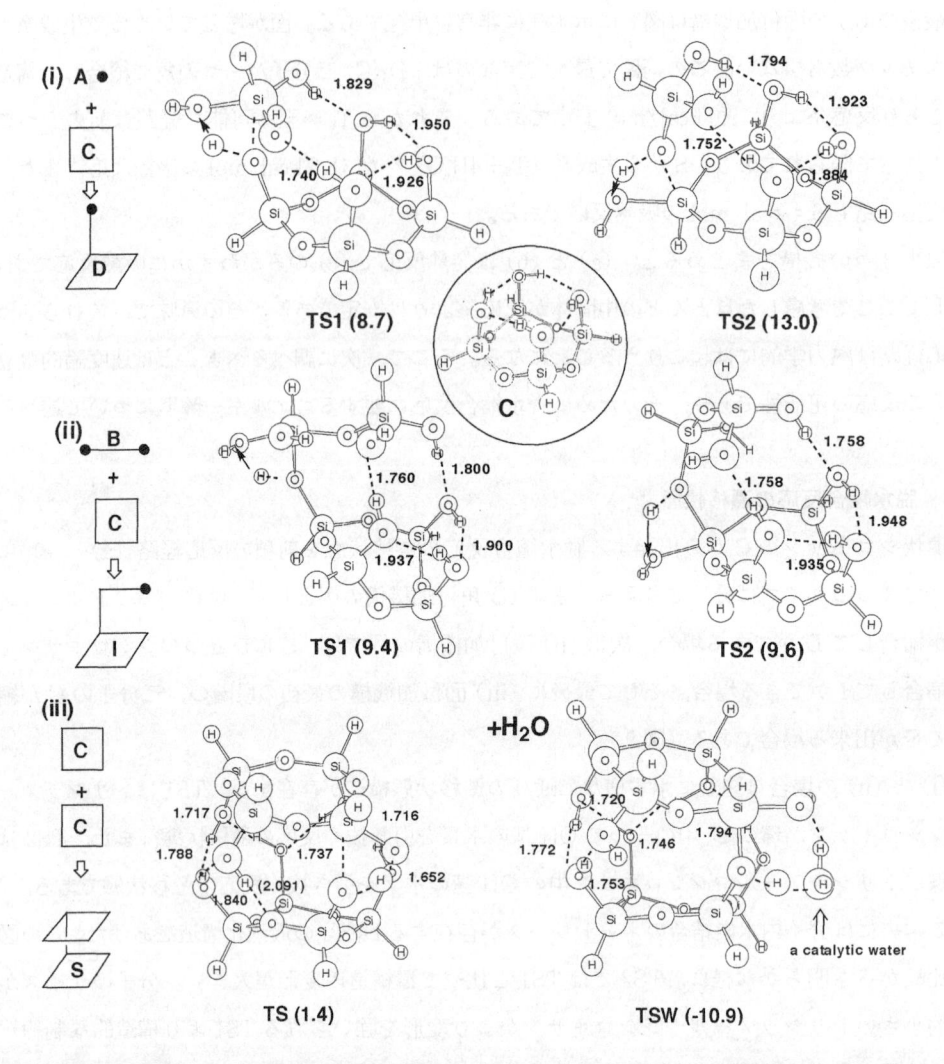

図9 B3LYP/6-31G(d) レベルでの (i) C+A→D と (ii) B+C→I の反応の二通りの遷移状態と (iii) C+C→S の遷移状態および水分子存在下での遷移状態の構造
括弧内の数字はそれぞれの反応系からの MP2//B3LYP/6-31G(d)+ZPC レベルでのエネルギー障壁 (kcal/mol)[2(a)]。

在させた時の反応を考えてみた。その遷移状態構造を同じ図に示した。ここでも反応中心は六中心構造で，エネルギー障壁は予想どおり負の値を示した。このことから，大きな系でも小さな系における基本反応と同じ水触媒の効果が見られることが明らかとなった。

2.5 T_8形成の反応機構とそのポテンシャルエネルギー面

これまで述べてきた様に，ここで考えた3つの経路は熱力学的にはどれも容易であり，更に反

第3章　シルセスキオキサン生成の分子軌道法計算

応の容易さを決定するエネルギー障壁については，少なくとも最初の段階では（c）の面付加機構が最も有利であることが分かった。これは，遷移状態構造を安定化する水素結合の数が多いことが原因である。また，（c）の機構では他の2つの機構と比べて最安定化構造から生成系のT_8までに要（吸収）するエネルギーが最も小さくステップ数も少ない。そこで，（c）の面付加機構における全ての段階の遷移状態を含むポテンシャルエネルギー面を求めることにした。

AからCまでの経路をも含みこのポテンシャルエネルギー面に存在する全ての中間体と遷移状態のエネルギーを図10に示す。反応系のトリシラノールから見て生成系のT_8へ至る反応は最終的に11.5 kcal/mol の発熱反応となる。また，反応全体では，VとR間およびRと最終生成物のT_8(U) 間のエネルギー障壁が特に高いことが分かる。R⇔Uの反応は省けないにせよ，Vを経由しないでRへ至る経路がエネルギー的には有利と考えられる。しかし，前述した様に実験的には不安定な異性体のVのメチル置換体の方が観測されており，その理由の一つとしてこの図で見られる速度論的安定性が考えられる。図11にV⇔RおよびR⇔Uの遷移状態の構造を示す。V⇔R間の遷移状態はこれまでの脱水縮合とは異なり，対角ケイ素間のシロキサン結合と立方体の一つの辺であるシロキサン結合間での水素の移動の遷移状態で，より歪みのかかった構造を持つ。このため，エネルギー障壁は突出して高いものと考えられる。これに対して，R⇔U間の遷移状態は他の多くの場合と同様の四中心の遷移状態構造である。これら二つの反応のエネルギー障壁が高い理由としては，①最終生成物直前の反応で系の安定化に寄与する水素結合を形成できる OH 基が殆ど残っていない，および，②立方体骨格がほぼ完成していることによる構造上の制約から来る歪み，が上げられる。次に，これらについて前述した水触媒の効果を調べた。その反応の遷移状態の構造を同じ図に示した。反応中心では有効な水素結合も増え構造上の歪み

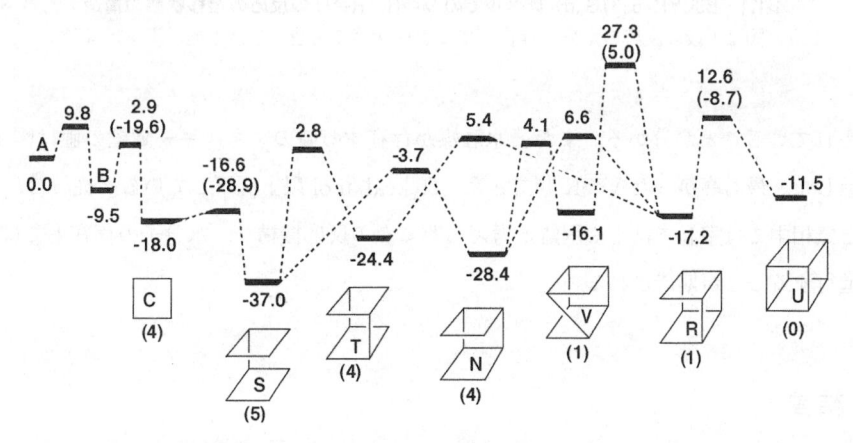

図10 AからUまでの面付加機構による MP2//B3LYP/6-31G(d)＋ZPC レベルでのポテンシャルエネルギー面（kcal/mol）
括弧内の数字は水分子存在下の場合のエネルギー値[2(a)]。

V <-> R　　**R <-> U**

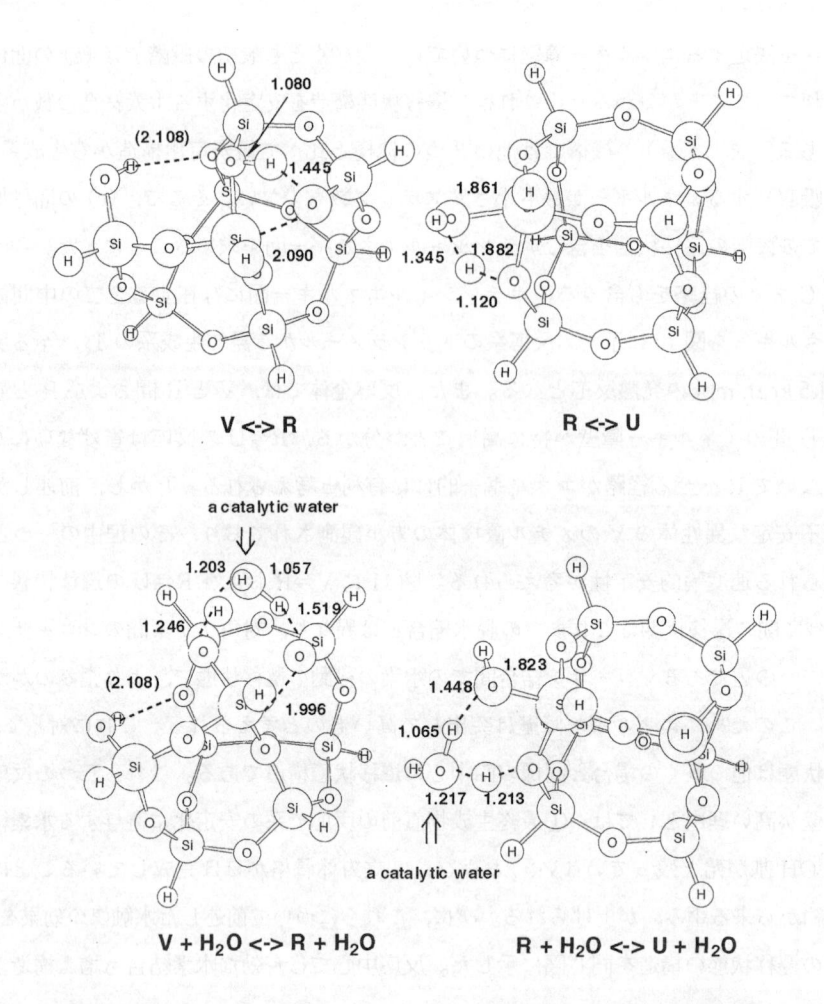

V + H₂O <-> R + H₂O　　**R + H₂O <-> U + H₂O**

図11　B3LYP/6-31G(d) レベルでの V⇔R, R⇔U の反応の遷移状態の構造
下段の図は上段の反応の水分子存在下での遷移状態の構造。結合距離の単位はÅ[2(a)]。

も解消されていることが分かる。また，水触媒が存在する時のエネルギー障壁の値は図10の括弧内に示した。最も高かったV⇔R間でさえ，20 kcal/mol 以上低下している。従って，Vを経由すると気相中では室温ではやや困難と考えられるこの反応機構も，水分子の存在下では比較的容易に進行することが期待される。

3　結言

　以上，トリシラノールから T_8 へ至る生成経路を調べる上で，多くの中間体や各段階のエネルギー障壁を求めた。反応熱はトリシラノール単位が増えるごとに減少（負に大）し，逆にそれら

第 3 章　シルセスキオキサン生成の分子軌道法計算

の間で脱水縮合が起こってシロキサン結合が生成し稜や面が増えるごとに増大することが分かった。また，それぞれに中間体や遷移状態構造の安定性にとって OH 基間で形成される水素結合がとても重要な役割を果たしていること，また面を形成する環状シロキサンの D_4 の安定性も重要因子であることが明らかとなった。この研究では，可能性のある経路の中から，ケイ素単位が 1 つ（トリシラノール）あるいは 2 つずつ（ジシロキサン）という様に少しずつ増えていくのではなく，より大きなケイ素単位である D_4 で骨格が形成される面付加機構がエネルギー的に有利である結果となった。今回はケイ素単位最大 4 までの付加を主とした生成機構のみで，また T_8 以外の POSS からの変形の機構は考慮しなかったが，先にも述べた通り D_4 生成機構中の D_3 の環拡張反応が最も有利であったことから考えても，勿論これらの機構で T_8 が生成される可能性は十分に考えられる。また，水触媒反応機構の結果から水溶液中では更に容易に進むと予想されるが，水溶液中の反応については水一個だけでは不十分で更に多くの水分子の影響を調べる必要がある。ここでの結果では水一個だけでもその脱水縮合反応に対する触媒効果は非常に大きなものであったが，その位置によっては反応を阻害する方向に働く水分子も存在するはずである。我々はごく最近，この研究で見て来た様に反応系に最も近く反応を触媒する水分子の他に，少し離れた位置で水素結合により系を安定化している数個の分子，更にその外側で静電的な安定性をもたらす集合体の水の存在下で，基本反応の脱水縮合反応を調べた結果，気相中より非常に容易に進行することを見出している。しかし，より実際の系に近い状況を再現するためには，もっと多くの水分子の動的挙動を考慮する必要があることは言うまでもない。今回の比較的単純な機構の研究で見出した結果を基に，より複雑な系と生成機構に関する検討が望まれる。

謝辞

この研究の共同研究者である米国アイオワ州立大学の M. S. Gordon 教授に厚く感謝します。また，この問題に関して常に多くのご助言を下さり，また快くディスカッションに応じて下さったダウ・コーニング社の伊藤真樹博士に心からお礼申し上げます。更に，中間体 T に関する情報を頂いた群馬大学の松本英之教授に深く感謝致します。

文　献

1) (a) M. G. Voronkov *et al.*, *Top. Curr. Chem.*, **102**, 199 (1982) ; (b) R. H. Baney, M. Itoh *et al.*, *Chem. Rev.*, **95**, 1409 (1995) ; (c) 伊藤真樹ほか, 第 21 回無機高分子研

究討論会, 東京, 2002年11月7-8日(予稿集, p. 56); (d) K. Jug and I. P. Gloriozov, *Phys. Chem. Chem. Phys.*, **4**, 1062 (2002); (e) K. Jug and I. P. Gloriozov, *J. Phys. Chem. A*, **106**, 4736 (2002)

2) (a) T. Kudo *et al.*, *J. Phys. Chem. A*, **109**, 5424 (2005); (b) T. Kudo and M. S. Gordon, *J. Am. Chem. Soc.*, **120**, 11432 (1998); (c) T. Kudo and M. S. Gordon, *J. Phys. Chem. A*, **104**, 4058 (2000); (d) T. Kudo and M. S. Gordon, *J. Phys. Chem. A*, **106**, 11347 (2002)

3) (a) K. Yoshida, H. Matsumoto *et al.*, *Polym. Prep. Jpn.* (*Soc. Polym. Sci. Jpn.*), **52**, 316 (2003); (b) K. Ohgunma, H. Matsumoto *et al.*, *Polym. Prep. Jpn.* (*Soc. Polym. Sci. Jpn.*), **52**, 1317 (2003); (c) 吉田一浩, 第22回無機高分子研究討論会, 東京, 2003年11月13-14回(予稿集, p.49); (d) D. W. Lee and Y. Kawakami, *Polymer. J.*, **39**, 230 (2007)

4) 岡富久代, 伊藤真樹ほか, 第18回無機高分子研究討論会, 東京, 1999年11月11-12日(予稿集, p. 45)

5) P. P. Pescarmona *et al.*, *J. Phys. Chem. A*, **107**, 8885 (2003)

第4章　かご型および精密合成ラダーシルセスキオキサン

海野雅史[*]

1　はじめに

　シルセスキオキサンの合成原料は，従来トリアルコキシシランまたはトリハロシランに限定されており，その加水分解と脱水縮合により目的物が合成される。ところで，反応点が一分子あたり3ヵ所存在するため，図1に示したように，生成物の構造は多岐にわたる。これらの中で，目的とする構造をいかにして合成するかがポイントとなる。先に述べたように，原料は限定されているため，これまでは反応条件を変えることによって生成物を作り分ける試みが成されてきた。ところが，この方法では選択的に目的物を得ることが困難で，また，生成物の構造決定も行いにくく，決まった構造を得るための指針もはっきりしない。そこで我々は，シルセスキオキサン合成の反応中間体とされてきたシラノールを単離し，種々のシラノールを合成することで，決まった骨格を有するシルセスキオキサンを合成してきた。本章ではその方法について，簡単にまとめる。一般的な合成法については，成書および総説も多く出ているので，そちらを参照されたい[1]。また，キーワードとしてシルセスキオキサンを含む化学文献は，1997年には100件足らずであったが，現在では7000件を超える。応用研究が中心であるが，文献の検索も有効である。

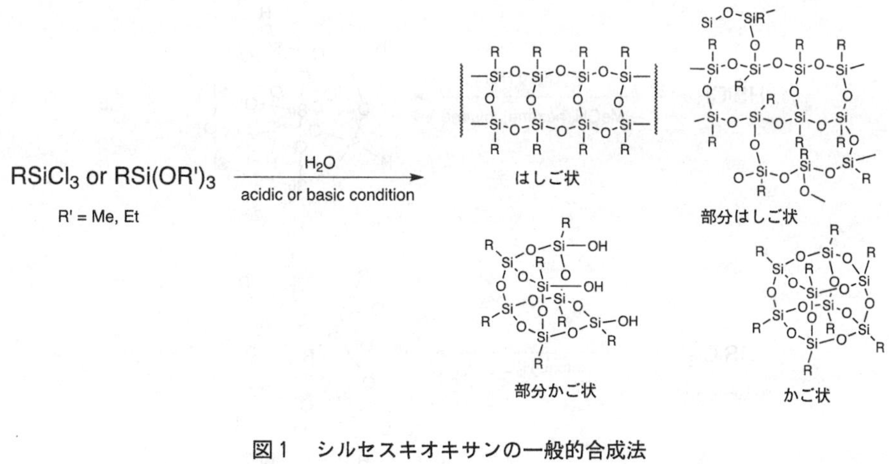

図1　シルセスキオキサンの一般的合成法

　＊　Masafumi Unno　群馬大学　大学院工学研究科　応用化学・生物化学専攻　教授

2 シルセスキオキサン合成

2.1 一般的合成法

かご状シルセスキオキサンの合成では，基本的にシロキサンの合成法が，そのまま原料を替えて当てはめられており，トリクロロシランまたはトリアルコキシシランの加水分解／脱水縮合によって合成されることが多い。具体的には，トリクロロシラン，有機溶媒（アセトン，ベンゼン，トルエン，THF，メタノール）と水の混合物を室温で撹拌あるいは静置し，生成してくるシルセスキオキサンを結晶として分離する。簡便で，特に大スケールでの合成に適しているため最も広く用いられている。この場合，置換基の大きさによって生成物が異なる。一般に，かさ高い置換基を持つ原料を用いると小さなかごが生成し，小さな置換基を持つ原料からは大きなかごが生成する。骨格として安定なのは，ケイ素原子8つからなるT_8であり，多くの場合これが主生成物になる。図2に一例を示す。トリクロロシランからは，T_8を主生成物とする混合物が得られ[2]，シクロヘキシルトリクロロシランからはT_6が得られる[3]。

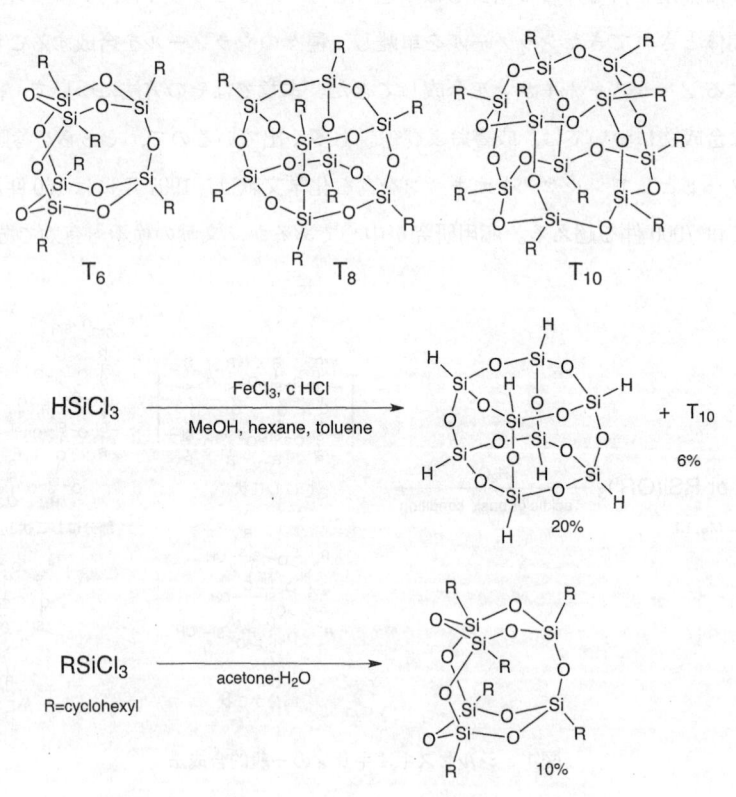

図2 かご状シルセスキオキサンの構造および合成法

第4章 かご型および精密合成ラダーシルセスキオキサン

2.2 シラノールの脱水縮合によるかご状シルセスキオキサンの合成

通常シラノールは不安定であり簡単に脱水縮合してしまうが，置換基を大きくしたり，条件を検討することにより単離することも可能である。分子間で水素結合が可能なので，その結晶構造（多くは2量体から多量体のクラスターとして知られている）にも興味が持たれ，報告例がある[4]。このシラノールを縮合剤と反応させることによりシルセスキオキサンを合成することができる。縮合剤としてはKOH，あるいはDCC（ジシクロヘキシルカルボジイミド）が用いられる。DCCは一般の有機合成，特にペプチド合成で日常的に用いられているが，シラノールへの応用はほとんど知られていなかった。我々はDCCを用い，従来法よりずっと短時間で種々のかご状シルセスキオキサンを合成することができた。また，DCCはラダー状ポリシロキサンの合成にも用いられている[5]。

図3にDCCを用いたヘキサシルセスキオキサン（T_6）の合成を示す。T_6は前述のように，クロロシランの加水分解でも合成できるが，シクロヘキシルトリクロロシランのアセトン溶液に水を加え，4カ月放置して生成した結晶をろ過して得る方法により単離されている。我々は，かさ高い置換基を導入することにより，より簡便にこの骨格を構築することを目的として研究を行っ

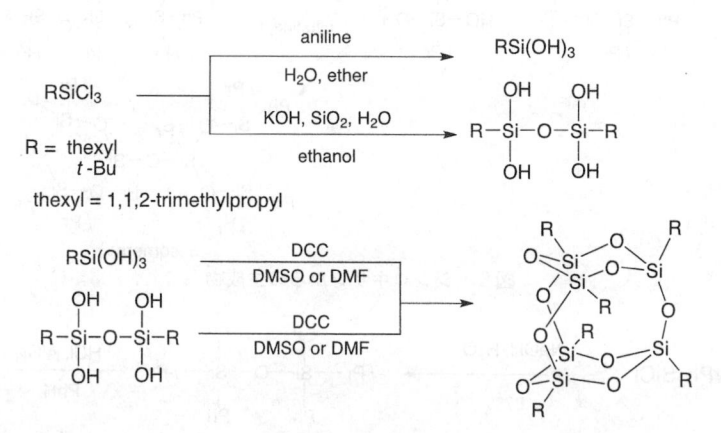

図3 シラノールからのヘキサシルセスキオキサン合成

図4 シラノールからのオクタシルセスキオキサン合成

てきた。その結果，t-ブチル基とテキシル基（1,1,2-トリメチルプロピル基）を有するT$_6$を以下に示した方法で合成することができた[6]。

すなわち，トリクロロシランを加水分解してトリオール，またはテトラオールを得る。エーテル／アニリン／水で反応させるとトリオールが，エタノール／シリカゲル／水酸化カリウム／水と反応させるとジシロキサンテトラオールが得られる。これらをDMSOまたはDMF中，DCCと反応させ，T$_6$を41％の収率で得た。構造はX線結晶構造解析により決定した。この方法により，従来法（反応時間：4カ月）と異なり3日の反応でT$_6$を収率よく合成することができた。また，この手法を適用し，種々のかご状およびはしご状シロキサンの合成を行っている。シクロヘキシル基を有するT$_8$についても同様の反応で，比較的よい収率で合成することができた[7]。

2.3 シラノールを基軸としたラダーシロキサンの精密合成

ラダー（はしご）状シルセスキオキサンは1960年にBrownがその文献の中で構造を例示し

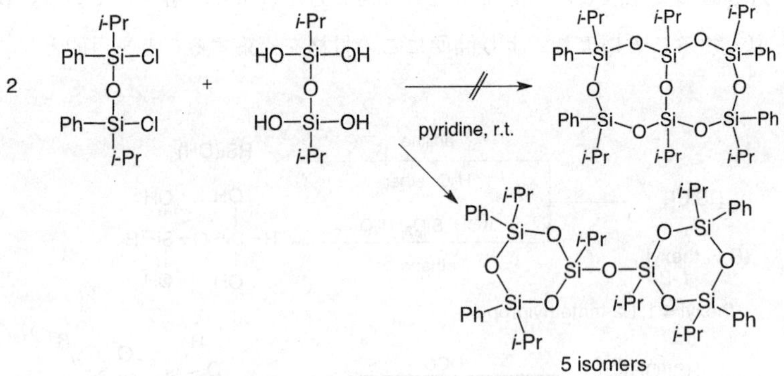

図5 ジシロキサンからの生成物

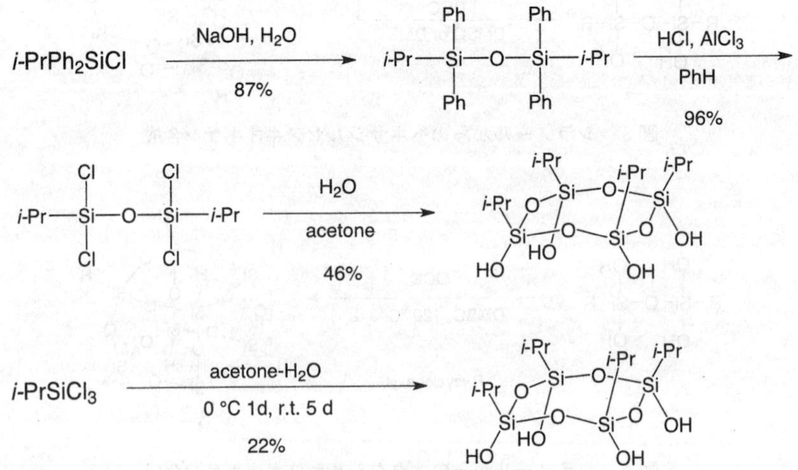

図6 環状シラノール合成法

第4章 かご型および精密合成ラダーシルセスキオキサン

て以来[8]，T単位を多く持つポリマーとして，特に耐熱性の見地から注目されてきた。いくつか，ラダー構造を含むと考えられるポリマーの合成例も報告されているが，いずれも確かな構造に関する情報はなく，構造が決定されたはしご状シルセスキオキサンは，我々が研究を始めた時点で三環式が最大であった。

我々は全く新しいアプローチとして，トリクロロシラン，トリアルコキシシランを，条件をコントロールして反応させるのではなく，ラダー構造のみを与える原料を設計，合成し，反応させることで更に多環式のシルセスキオキサンへ導くことを考えた。そのためには，原料になる化合物はモノシランではなく，環状のものであり，その立体構造はきっちりと決定されている必要があった。我々はこの時点で，安定性に問題があり，結晶にもなりにくいクロロシランを捨て，結晶内では水素結合によるクラスターを形成し，良好な構造解析の結果を与えることが多いシラノールを用いることにした。当初，ジシロキサンテトラオールを用いることで，簡便にラダー構造ができないか検討したが，生成物はすべてラダー構造ではなく，D_3環が二つながったもののみ

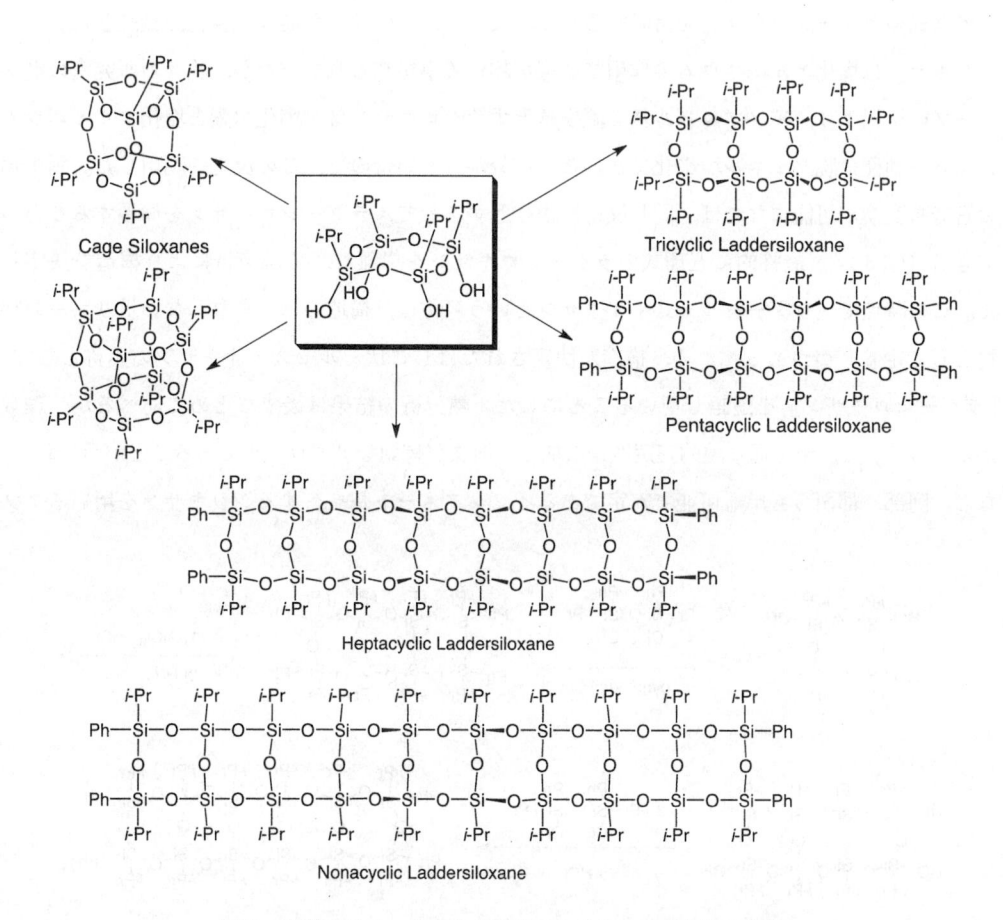

図7 環状シラノールからの種々のシルセスキオキサン合成

であった（図5）。このことからも，モノシランやジシロキサンからでは，ラダー構造は非常に得にくいことが分かる。

環状シラノールについては，先のかご状シルセスキオキサンの原料探索の段階でいくつか単離しており，置換基がある程度のかさ高さがある場合，安定に取り出せることが分かっていた。最終的に，ラダーポリシラン[9]を最もよい収率で与えるイソプロピル基を選択した。図6に環状シロキサンの合成経路を記す。最初は段階反応により合成していたが，生成物が得られた後，条件検討により，トリクロロシランから一段階で合成できることを見出した。

生成物の立体構造については，スペクトルからは区別できない3つの立体異性体が存在するため，X線結晶構造解析で行った。興味深いことに，この反応では，可能な4つの異性体のうちAll-*cis*体のみが得られる。この環状シラノールは非常に有用なシロキサンの合成原料であり，図7に示した各種シルセスキオキサンのよい前駆体となりうる。

2.3.1 五環式ラダーシロキサンの合成

多環式のラダーシロキサンを合成するため，反応により伸長が可能な化合物を設計した。通常シロキサンは塩化アルミニウムの作用で開環が起こる事が知られていたが，我々の研究室の別グループの結果より，イソプロピル基を置換基とするシロキサンは，塩化水素と塩化アルミニウムにより，簡便に脱フェニル塩素化できることが分かっていたので，この反応を利用した。両末端の官能基変換が可能になれば，同じ反応を繰り返すことで，ラダーシロキサンを伸長することができる（図8）[10]。最終的に五環式のラダーシロキサンを単離し，X線解析により構造を決定した。この時点で，ラダーシルセスキオキサンという名称は，構造のはっきりしないポリマーの呼称として定着しつつあったため，構造が決定されたはしご状シルセスキオキサンの名称として，「ラダーシロキサン」を造語し用いることにした。熱分析の結果は後でまとめて述べるが，環数が増えることで，予想通り熱的安定性は増加し，増環が有効なアプローチであることが示された。なお，阿部，郡司らも単離可能で安定であるイソシアネート基を有するシロキサンを用いるアプ

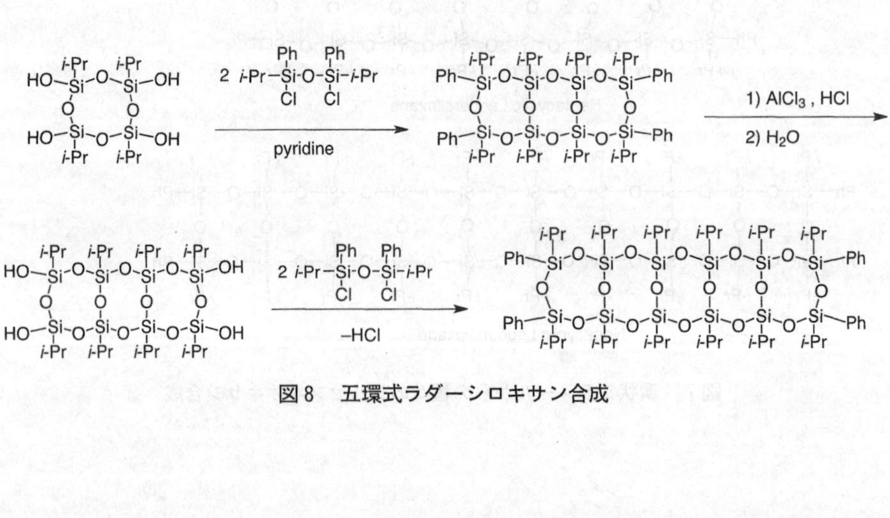

図8 五環式ラダーシロキサン合成

第4章　かご型および精密合成ラダーシルセスキオキサン

ローチで，構造が決定されたラダーシルセスキオキサンを得ている[11]。

2.3.2　選択的ラダーシロキサン合成

　原理的には先に述べた方法により，増環はいくつでも可能なはずであるが，ここでひとつの問題が生ずる。先の合成において，三環式ラダーシロキサンは 85 % という良好な収率で得られているのに対し，五環式ラダーシロキサンは 37 % に過ぎない。これは，ラダーシロキサンに増環できない異性体が生成することに起因する。図 9 に示したように，増環反応では，両端の反応点がシス型のみがラダーを与え，トランス体は骨格的にラダー構造を与えることができず，原料として用いることができない。図 9 に示したように，増環を行うためには，両端がシス体であることが必要である。また，ラダーが丸まらず，一方向に伸長するためには，シクロテトラシロキサン環それぞれにおいても，*cis-trans-cis* 体であることが必要になる。これら，シス－アンチ要件を満たすことができれば，ラダーポリシロキサンの合成が可能になる。

　そこで次に，以下に示した合成を行った。反応点がシスになるためには，増環の際のジシロキサンについて，RR 体および SS 体ではなく，RS 体のジアステレオマーを用いることが必要である。ジアステレオマーの分離は再結晶あるいはカラムクロマトグラフィーにより可能であるが，いずれも先の合成で用いたジクロロジシロキサンについては適用できない。そこでいくつか候補化合物を検討したが，最終的にジシロキサンジオールについて，再結晶または HPLC により，

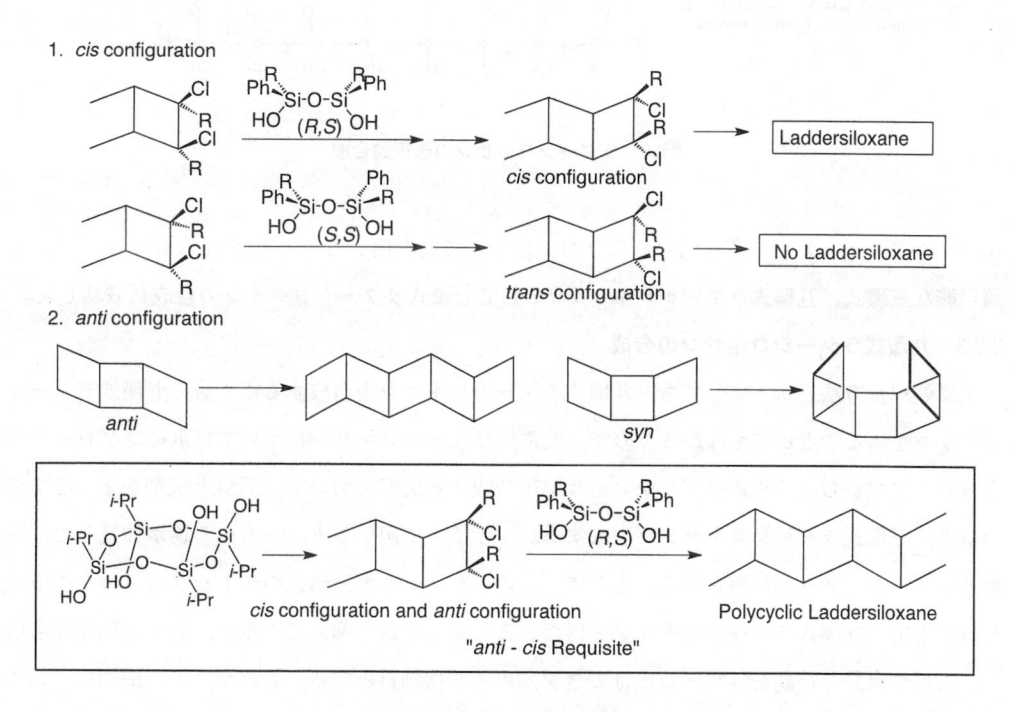

図 9　選択的合成法の必要性

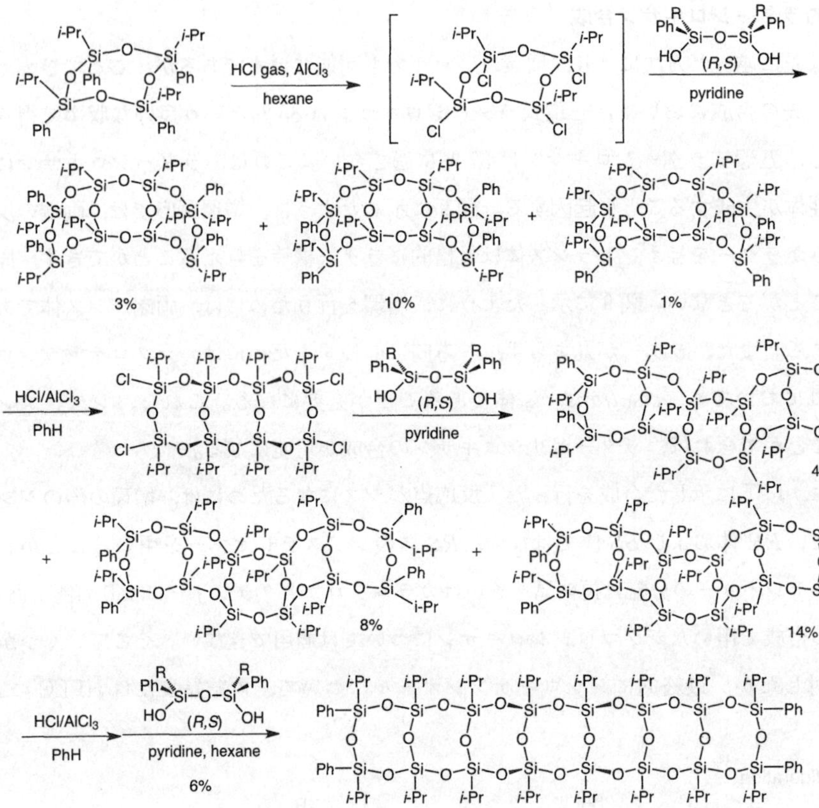

図10 ラダーシロキサンの選択的合成

単一のジアステレオマーを単離することができた。これを用いることで図10に示すように，増環可能な三環式，五環式ラダーシロキサン[12]そして七環式ラダーシロキサンの合成に成功した。

2.3.3 九環式ラダーシロキサンの合成

上に述べた方法をもってしても，九環式ラダーシロキサンを合成するに十分の七環式ラダーシロキサンを得ることができなかったので，九環式ラダーシロキサンについては別のアプローチをとった。すなわち，三環式ラダーシロキサンを合成する反応において，原料と試剤を1：2で用いると，三環式ラダーシロキサンが生成するが，1：1で用いると，一方のみ環が伸長した，二環式ラダーシラノールが得られる。そこで，このシラノールと三環式のテトラクロロ体を反応させることで，九環式ラダーシロキサンを得た。ここまで環数が増えてくると，分子の自由度も増し，もはや良好な結晶を与えることはできず，オイル状物質となる。したがって，構造については各種スペクトルと，反応経路から別の異性体が生成しないことをもとに決定した。

第4章　かご型および精密合成ラダーシルセスキオキサン

図11　九環式ラダーシロキサンの合成

2.3.4　酸化によるラダーシロキサンの合成

　一般にポリシランは酸化されやすく，酸化剤により簡単にシロキサンを与える。久新，松本らにより単離，構造決定されている一連のアンチ型ラダーポリシラン[9]を酸化することで，五環式までのアンチ型ラダーシルセスキオキサンを得ることができる。環状ポリシランの酸化については古くからメタクロロ過安息香酸（mCPBA）が用いられるが，酸化が進むにつれて反応速度は急激に減少する。アミンオキシド等，他の酸化物も検討したが，最終的に大過剰の mCPBA を用いることで合成を行った（図12）[13]。

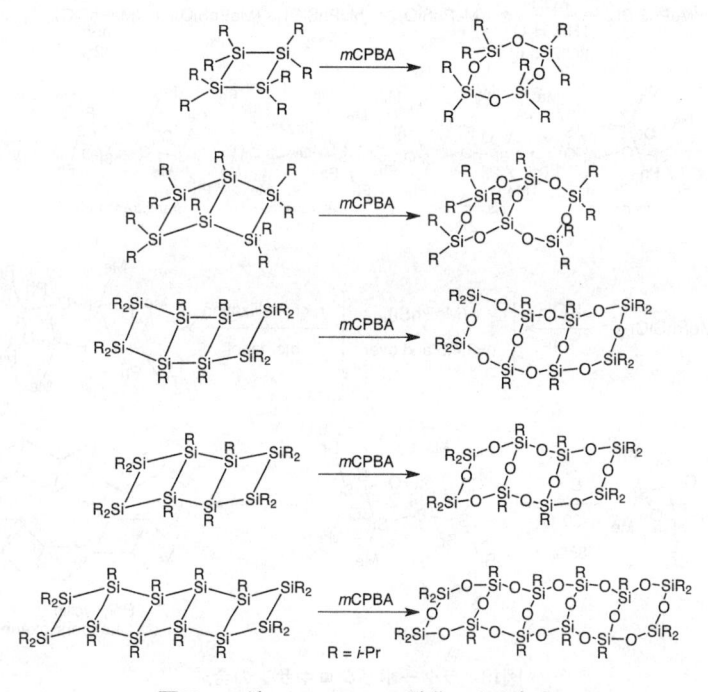

図12　ラダーシロキサンの酸化による合成

2.3.5 ラダーポリシロキサンの合成

材料としての応用が期待されるラダーポリマーについては，工業的合成を視野に入れ，これまでと異なった以下のようなアプローチをとった．

① 置換基はメチル基とすること
② できるだけ HPLC など，精密合成の手法によらず，分離精製を行うこと

ポリシロキサンについてはフェニル置換のものもメチル置換体についでよく用いられ，熱的安定性は高いが，官能基変換の関係でメチル基のみの検討を行った．図13にその結果を示す[14]。

重要な前駆体となる *cis-trans-cis*-(MePhSiO)$_4$ については，生成する D$_3$, D$_4$, D$_5$ およびそれぞれの異性体合計 10 化合物の中のたったひとつの生成物であり，単離は困難であることが予想された．当初はリサイクル型 HPLC を用いて分離をしていたが，この異性体の結晶性がいいことが文献より分かっていたので，反応混合物を直接再結晶する方法を検討した結果，目的とする

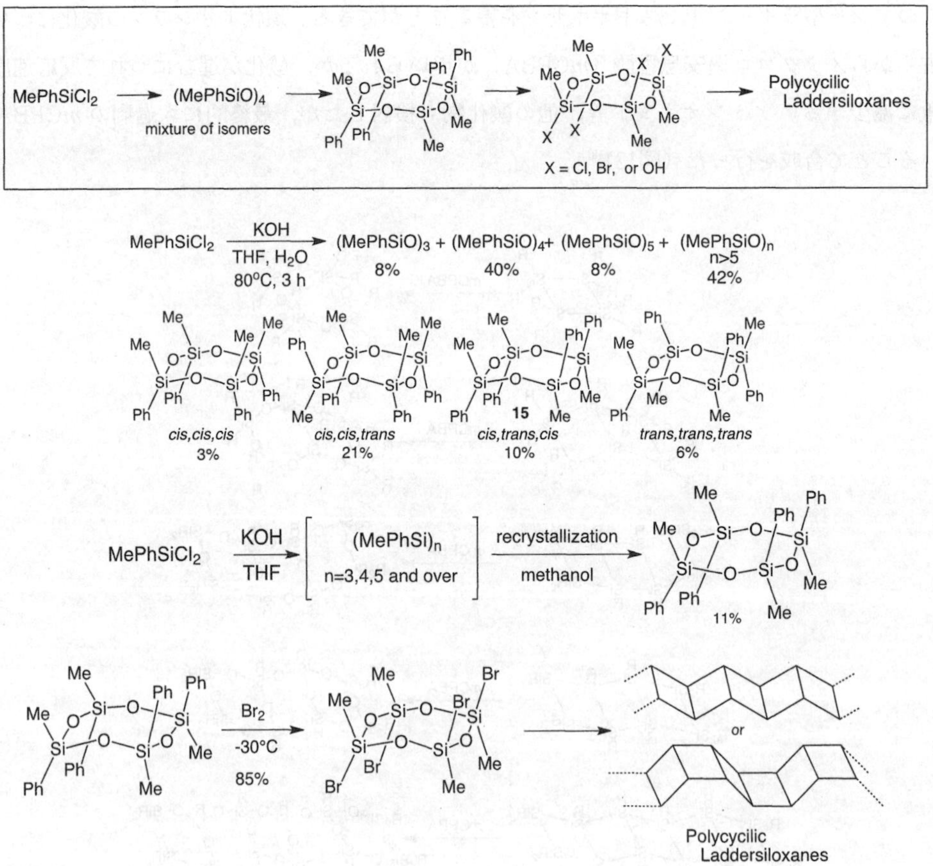

図13 ラダーポリシロキサンの合成

第4章　かご型および精密合成ラダーシルセスキオキサン

異性体のみを結晶として得ることができた。

また，脱フェニルハロゲン化については，従前の塩化水素／塩化アルミニウムでは，おそらく環開裂のため立体特異的に反応が進行しなかったため，無溶媒で臭素と低温で反応させ[15]，テトラブロモ体を得た。このものは反応により三環式ラダーシロキサンへ導くことで，*cis-trans-cis* の立体構造であることは確認した。テトラブロモ体を加水分解したテトラオールの段階で単離を試みたが，不安定であり不可能であった。テトラブロモ体を空気中に取り出すと，瞬時に反応して，白い固体を与える。各種スペクトルの解析により，この白い固体がラダーポリシロキサンであることを決定した。残念ながら有機溶媒に不溶のため，分子量等の測定はまだできていない。現在置換基の変更，条件検討によるラダーオリゴシロキサン合成の2面から検討を行っている。

3　ラダーシロキサンの物性

ここまで合成したラダーシロキサンのIRスペクトル並びにNMRスペクトルの結果を図14，表1に示す。以前から指摘されているとおり，ラダーシロキサンは，IRスペクトルにおいて 1050 および 1150 cm^{-1} 付近に二つの吸収を持つ点が，同領域に一つの吸収を示すかご状のシルセスキオキサンと対比的である。ただし，他の部分構造が混じっている場合は区別できないところに注意が必要である。ラダー構造に乱れが少ないほど，二つのピークはシャープに観測されることも分かる。

NMRについても，アルキル置換体では，T単位のケイ素の化学シフトが－64から－67ppm

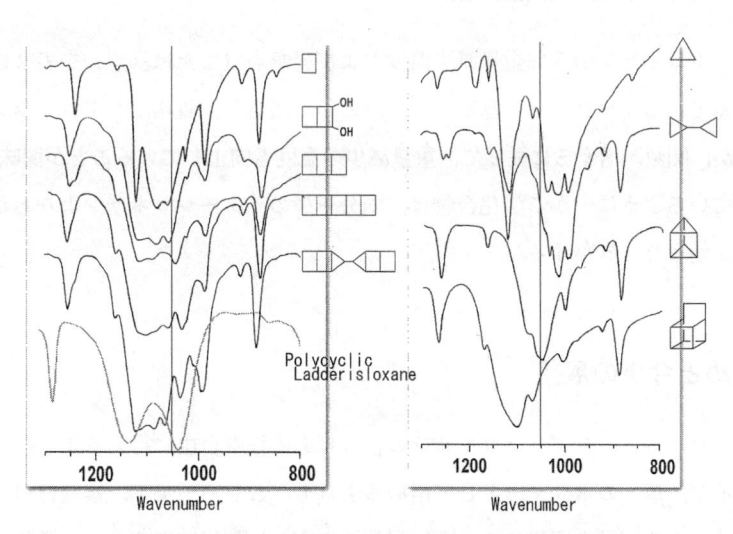

図14　各種シルセスキオキサンのIRスペクトル
簡略化のため，(Si-O)$_4$ ユニットを四角形で表してある。

表1　ラダーシロキサンのケイ素 NMR 化学シフト

Compounds	^{29}Si NMR Chemical shift/ppm
Bicyclic laddersiloxane	−72.0
syn-Tricyclic laddersiloxane	−67.2
syn-Tricyclic laddersiloxanes	−67.1〜−65.8
anti-Tricyclic laddersiloxane	−66.8
all-*anti*-Pentacyclic laddersiloxane	−65.8, −65.2
Pentacyclic laddersiloxanes	−66.0〜−63.4
anti-syn-anti-Pentacyclic laddersiloxanes	−66.4〜−64.9
Polycyclic laddersiloxane (solid state)	−64.5

表2　ラダーシロキサンの熱的特性

Compounds	Td_5/°C	Comments
Cyclotetrasiloxane	205	Sublimed at 345 °C
syn-Tricyclic laddersiloxane	260	Sublimed at 390 °C
Pentacyclic laddersiloxane	296	Sublimed at 423 °C
Hexa (isopropylsilsesquioxane)	190	Sublimed at 252 °C
Octa (isopropylsilsesquioxane)	200	Sublimed at 282 °C
Polycyclic laddersiloxane	645	12% Weight loss at 1000 °C

の狭い範囲に収まっており，構造決定の指標となりうる。

4　ラダーシロキサンの熱特性

一連のラダーシロキサンの5％重量減少温度および昇華点（または沸点）を表2に示す。分解過程は，置換基であるイソプロピル基がプロペンとして脱離し，骨格がヒドロシランとして残ると予想されるが，関数が増えるに従って，重量減少の温度も向上していることが興味深い。また，一般に知られているように，かご状化合物は，同分子量のラダーシロキサンよりもかなり低い温度で重量減少が始まり，昇華する。

5　まとめと今後の展望

以上述べてきたように，ラダーシロキサンの合成はある程度自由に行えるようになった。材料への展開であるが，単一のポリマーとして用いるよりも，むしろ添加剤，複合材料として用いることで，結晶性などの問題を忌避でき，高い耐熱性を有効に利用できることが予想される。今後のラダーシロキサンを利用した材料設計の発展を期待したい。

第4章　かご型および精密合成ラダーシルセスキオキサン

文　献

1) "シリコーン 広がる応用分野と技術動向", 小野義昭編著, 化学工業日報社 ; "シリコンの科学", 松本信雄著, 電子情報通信学会 ; "シリコーンの最新応用技術", 熊田誠, 和田正監修, シーエムシー出版 ; "ケイ素化合物の選定と最適利用技術", 技術情報協会編 ; "21世紀の有機ケイ素科学－機能性物質科学の宝庫", 玉尾皓平監修, シーエムシー出版 ; F. J. Feher, in Silicon Compounds: Silanes & Silicones, Gelest Catalog 3000-A, pp55-71 (2004) ; R. H. Baney, M. Itoh, A. Sakakibara, and T. Suzuki, *Chem. Rev.*, **95**, 1409 (1995)
2) P. A. Agaskar, *Inorg. Chem.*, **30**, 2707-8 (1991)
3) H. Behbehani, B. J. Brisdon, M. F. Mahon, and K. C. Molly, *J. Organomet. Chem.*, **469**, 19 (1994)
4) Lickiss, P. D., *Adv. Inorg. Chem.*, **42**, 147 (1995) ; Lickiss, P. D., The Chemistry of Organic Silicon Compounds, Rappoport, Z. & Apeloig, Z. Eds., Wiley: Chichester, Vol. 3, Chapter 12 (2001) ; Silicon Chemistry, Jutzi, P. & Schubert, U. Eds., WILEY-VCH: Weinheim, Chapter III (2003)
5) M. Unno, B. A. Shamsul, H. Saito, and H. Matsumoto, *Organometallics*, **15**, 2413-2414 (1996)
6) M. Unno, B. A. Shamsul, K. Takada, M. Arai, R. Tanaka, and H. Matsumoto, *Appl. Organomet. Chem*, **13**, 1-8 (1999)
7) H. Yamane, Y. Kimura, and T. Kitao, *Poly. Mater. Sci. and Eng.*, **67**, 300 (1992)
8) J. F. Brown Jr., L. H. Vogt Jr., A. Katchman, J. W. Eustance, K. M. Kaiser, and K. W. Krantz, *J. Am. Chem. Soc.*, **82**, 6194 (1960)
9) S. Kyushin and H. Matsumoto, *Adv. Organomet. Chem.*, **49**, 133-166 (2003)
10) M. Unno, A. Suto, and H. Matsumoto, *J. Am. Chem. Soc.*, **124**, 1574-1575 (2002)
11) K. Suyama, T. Gunji, K. Arimitsu, and Y. Abe, *Organometallics*, **25**, 5587-5593 (2006)
12) M. Unno, T. Matsumoto, and H. Matsumoto, *J. Organomet. Chem.*, **692**, 307-312 (2007)
13) M. Unno, R. Tanaka, S. Tanaka, T. Takeuchi, S. Kyushin, and H. Matsumoto, *Organometallics*, **24**, 765-768 (2005)
14) J. F. Harrod and E. Pelletier, *Organometallics*, **3**, 1064 (1984)
15) M. Unno, S. Chang, and H. Matsumoto, *Bull. Chem. Soc. Jpn.*, **78**, 1105-1109 (2005)

第5章 自己組織化によるメソ構造体の合成

下嶋 敦[*1], 黒田一幸[*2]

1 はじめに

シルセスキオキサンの構造を様々なスケールで制御することは，基礎化学的な興味ばかりでなく，機能，物性制御など応用の観点からも重要である。かご型オリゴマーやラダーポリマーに関する研究は古くから行われてきたが，近年，メソスケール（ミクロとマクロの中間のスケールを意味する）の周期構造をもつ，いわゆる「メソ構造体」の合成が注目されている。大きく分けて二つのアプローチがあり，一つは，界面活性剤などの有機分子集合体を鋳型として利用した系である。1990年代から無機多孔体の合成法として活発に研究され，組成制御の一環としてシルセスキオキサン系への展開が進んでいる。一方，比較的新しいアプローチとして，分子設計されたオルガノアルコキシシラン，あるいはオルガノクロロシランの加水分解・縮重合過程での自己組織化を利用する系がある。分子間の比較的弱い相互作用（疎水性相互作用，水素結合，芳香環のスタッキングなど）を駆動力として多様なメソ構造体が形成され，従来のシルセスキオキサンとは異なる新しい材料として期待されている。界面活性剤を利用したメソ多孔体の合成についてはすでにいくつもの総説[1,2]があるので省略し，本稿では，オルガノシラン系分子の自己組織化によるメソ構造体の合成について，筆者らの研究を含めて紹介する。

2 層状シルセスキオキサンの合成

2.1 両親媒性アルキルシランの利用

長鎖アルキル基などの疎水基を持つ3官能性シラン化合物（R'SiX$_3$, X = OR or Cl）は，加水分解により親水性のシラノール基が形成され，両親媒性分子となる。したがって，界面活性剤などの両親媒性分子と同様に，ミセルやリオトロピック液晶相などの分子集合体を形成することが期待できる。シラノール基の縮合によってシロキサン骨格が形成され，構造が固定化されるのが通常の「有機系」両親媒性分子との大きな違いである。

[*1] Atsushi Shimojima 東京大学 大学院工学系研究科 助教
[*2] Kazuyuki Kuroda 早稲田大学 理工学術院 教授

第5章 自己組織化によるメソ構造体の合成

1980年代から,アルキルシラン分子の親水性固体表面への吸着,自己組織化によりアルキル鎖が密にパッキングした単分子膜（Self-Assembled Monolayers, SAMs）が形成されることが知られている[3]。隣接する分子間,あるいは分子と基板表面との間でシロキサン結合の形成が可能であることから,脂肪酸などの単分子膜と比較して高い化学的,熱的安定性を有する。また,このプロセスを利用して多層膜を得ることも可能であり,SAMの疎水基末端を化学処理によりカルボキシル基などの親水基に変換し,その表面に再び単分子膜を析出させるという手法などが提案されている。

均一溶液中から直接多層構造のハイブリッドを析出させることも可能である。筆者らは,アルキル鎖炭素数12～18のアルキルトリエトキシシラン（図1, 1）の酸性条件下での加水分解・縮重合反応により,層状組織体が生成することを見いだした（図1(a)）[4,5]。このとき,溶媒として用いたエタノールに対する水のモル比が重要であり,水のモル比が小さいと生成物の構造規則性が著しく低下する。この事実は,アルキル鎖の疎水性相互作用が自己組織化の駆動力であることを強く示唆している。

生成物は板状のマクロ形態を有しており（図1(b)）,X線回折（XRD）パターンにおいては層の繰り返し周期に対応するピークが複数の高次回折ピークを伴って出現する（図1(c)）。また,

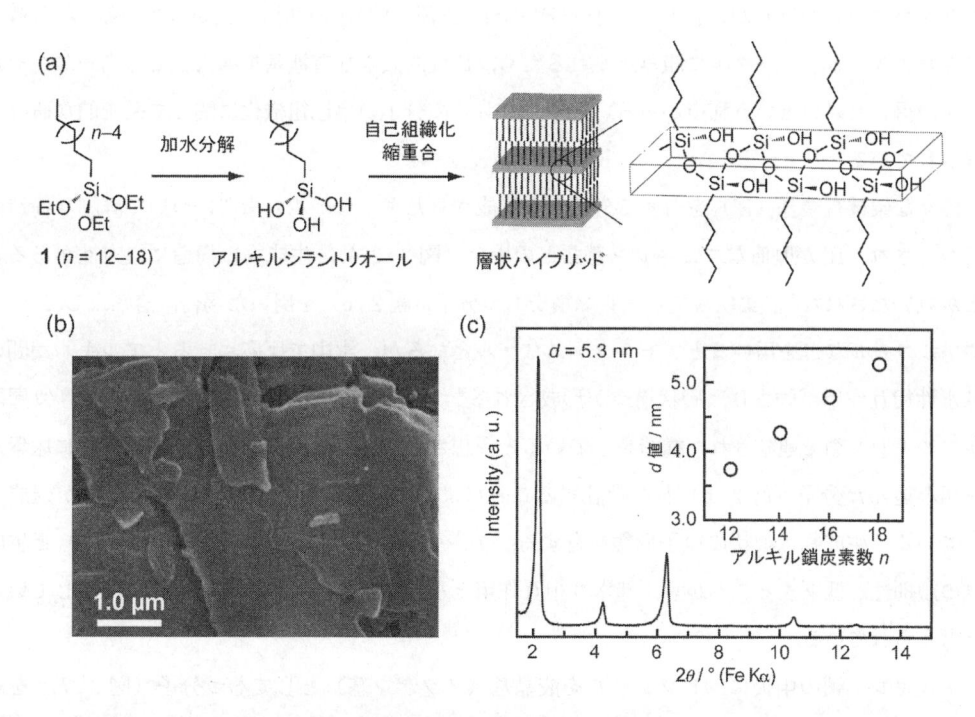

図1 アルキルトリエトキシシランの加水分解・縮重合反応による層状ハイブリッドの生成スキーム(a)と生成物（$n = 18$）のSEM像(b)およびXRDパターン(c)[4,5]

アルキル鎖炭素数と基本面間隔のプロットは直線関係を示し，その傾きからアルキル鎖はシロキサン層に対して垂直配向の二分子層を形成していると推定された。一般に，アルコキシシランのゾル－ゲルプロセスでは，アルコキシ基の加水分解と並行して縮重合も進行する。しかし，この系ではまずアルコキシ基がすべて加水分解されてアルキルシラントリオールが生成し，その自己組織化により沈殿が生成する。シラノール基間の縮重合は乾燥過程で徐々に進行し，シロキサン骨格が形成されることが確認された。生成物の固体 ^{29}Si NMR スペクトルにおいては，二つの Si-O-Si 結合を形成したユニット（CSi(OSi)$_2$(OH)）に帰属されるピークが主に観測され，縮合に関与しないシラノール基が多数残っていることが示された。これは，アルキル鎖の立体障害により，末端の -Si(OH)$_3$ 基の反応が抑制されているためと考えられる。アルキル鎖の占有体積と Si-O-Si 結合距離を考慮すると，各層は鎖状のシロキサンネットワークで構成され，かつアルキル鎖は層に対して交互に逆向きに配列していると推定される（図1(a)）。同様の層状ハイブリッドは，オクタデシルトリクロロシランを水中で加水分解・縮重合させても得られる[6]。

2.2 有機架橋型アルコキシシランの利用

シルセスキオキサン合成の出発分子として，有機基の両端にトリアルコキシシリル基（またはトリクロロシリル基）が結合した分子 [(RO)$_3$Si-R'-Si(OR)$_3$] の利用が広がっている[7]。有機基はシロキサンネットワーク中に組み込まれるため，比較的大きな有機基を導入しても均一なキセロゲルが得られ易いという利点がある。近年，これらの分子の自己組織化に関して系統的な研究がなされている。

様々な架橋有機基（R'）を有する分子から形成されたキセロゲルの構造について詳細な構造解析がなされ，R' が剛直なフェニレン基などの場合（図2, 2-4），生成物の構造に異方性があることが見いだされた[8]。柔軟なアルキレン鎖をもつ分子（図2, 5）を用いた場合，溶媒として THF やアルコールなどを用いるとアモルファスなゲルとなるが，水中で反応させるとアルキル鎖間の疎水性相互作用が強まり，層状構造が形成される[9]。XRD により求めた d 値から，シリカ層間がアルキレン鎖で連結された構造をしていると予想される。また，アルキレン鎖の途中に尿素基を組み込んだ分子（図2, 6）[10,11] を設計することによって，高規則性の層状物質の合成が達成されている。生成物は板状の粒子形態を有する。アルキレン鎖の炭素数が少ない（$n = 6$）と生成物の規則性が低下することから，疎水性相互作用と水素結合の両者が自己組織化に寄与していると考えられている。

アルキレン鎖の中央に，ビフェニルを液晶基（メソゲン基）としてもつ分子（図2, 7）[12] を設計することによって，同様に長周期の規則性をもつキセロゲルが得られる。さらに，この分子は室温で結晶性の固体であるため，気相での加水分解，縮重合反応により，分子配列をある程度維

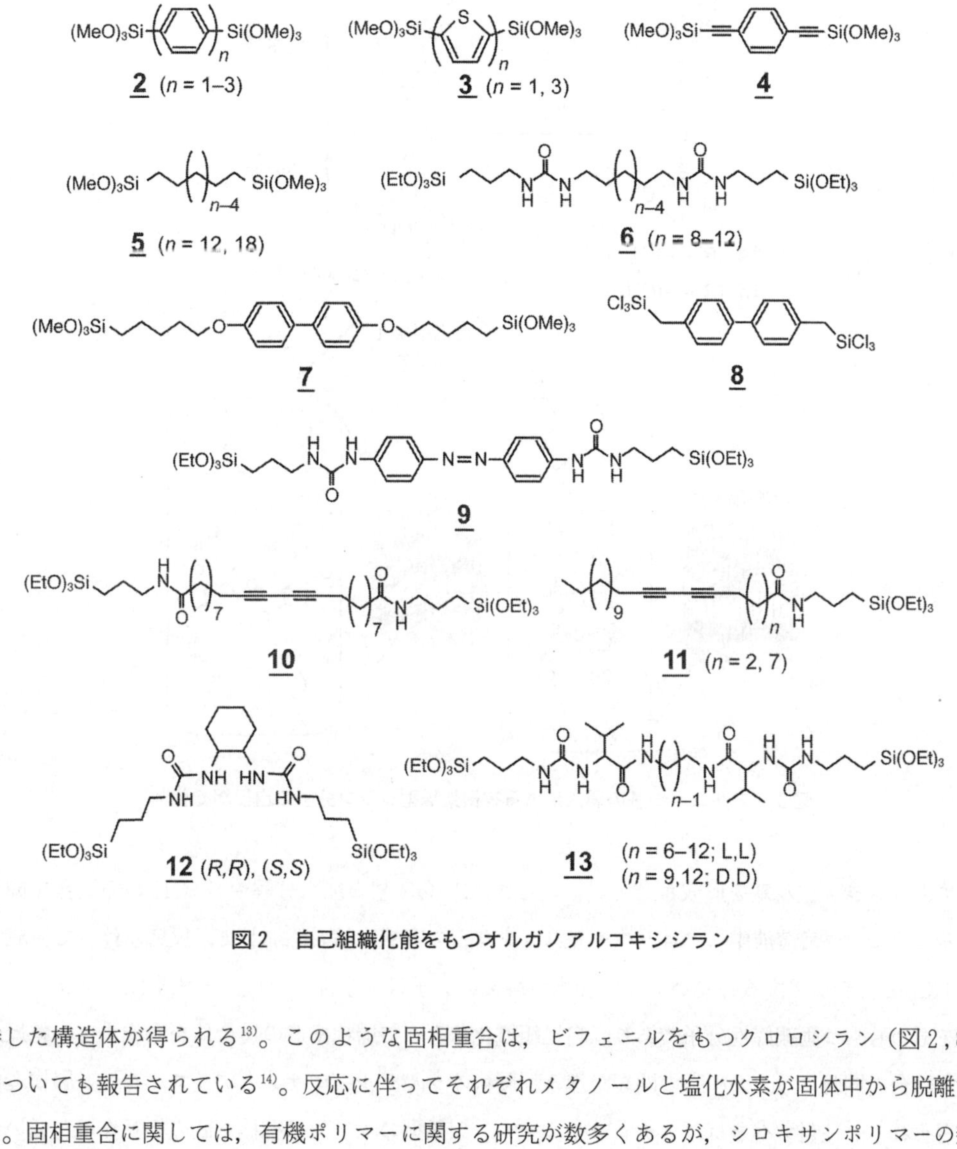

第5章　自己組織化によるメソ構造体の合成

図2　自己組織化能をもつオルガノアルコキシシラン

持した構造体が得られる[13]。このような固相重合は，ビフェニルをもつクロロシラン（図2, **8**）についても報告されている[14]。反応に伴ってそれぞれメタノールと塩化水素が固体中から脱離する。固相重合に関しては，有機ポリマーに関する研究が数多くあるが，シロキサンポリマーの新しい制御方法として興味深い。

2.3　長鎖アルコキシ基の導入による自己組織化

筆者らは，新しいアプローチとして，長鎖アルキル基をSi-O-C結合を介して有機架橋型クロロシラン [Cl_3Si-R'-$SiCl_3$] に結合し，自己組織化能を付与することに成功した[15]。その模式図を図3に示す。メチレン基，エチレン基で架橋された分子（図3, **14**, **15**）を用い，はじめに，Si-Cl基の反応性がSi-OR基と比較して非常に高いことを利用し，Si-Cl基の優先的な加水分解反

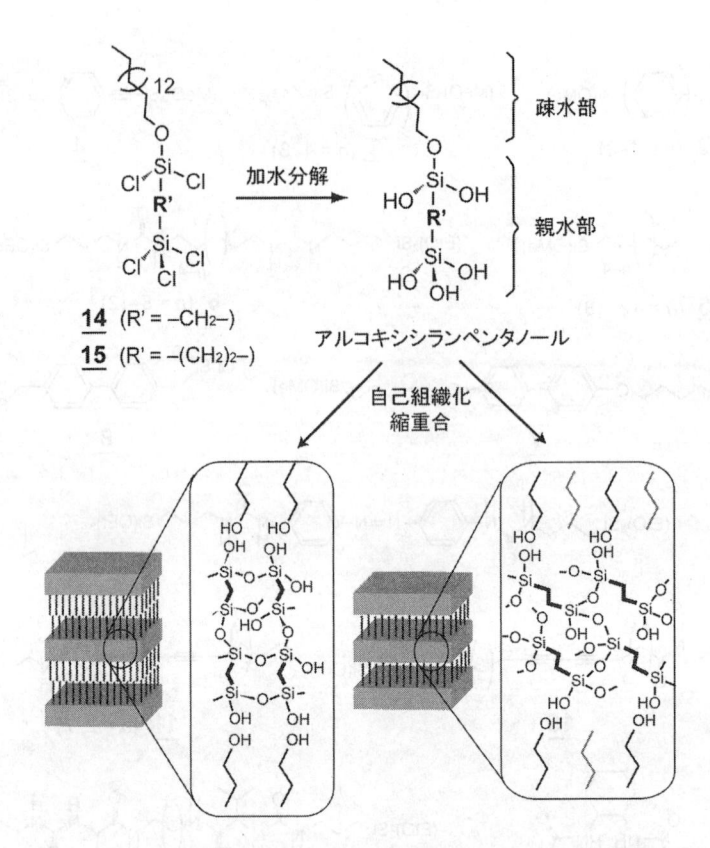

図3 アルコキシ基の導入による有機架橋型シラン分子の自己組織化[15]

応によりシラノール基を形成させる。このとき，Si-OR 基の加水分解や Si-OH の縮重合を抑制するために，反応溶液中にアニリンやピリジンなどの有機塩基を添加して，反応に伴って生成する HCl をトラップする必要がある。加水分解後の分子は疎水性の有機基と親水性のシラノール基をあわせもつ両親媒性分子であり，自己組織化によって層状構造の複合体を形成する。乾燥過程で縮合と同時に Si-O-R 基の開裂が進み，層状のシルセルキオサンとアルコールの多層構造体が得られる。注目すべきは，メチレンやエチレン架橋型のシランは有機基間の相互作用が弱いためにそれ自体自己組織化能を持たないという点である。すなわち本手法は，所望の有機シランを用いてメソ構造を形成するための一般的なアプローチといえる。

3 有機基の設計による機能性付与

3.1 層状シルセスキオキサンへの有機官能基の導入

新しい機能，物性付与を目的として，様々な官能基をもつ層状シルセスキオキサンの設計が試

第5章 自己組織化によるメソ構造体の合成

みられている。カルボキシル基，アミノ基，チオール基は代表的な官能基であり，触媒，吸着・分離，生体分子の固定化などへの応用が期待できる。しかしながら，これらの官能基は親水的であるため疎水性相互作用による自己組織化を阻害する。そこで，この問題を克服するための様々なアプローチが提案されている。

Corriu らのグループはカルボキシル基をもつ層状ハイブリッドの合成を報告している（図4(a)）[16]。末端に-CN 基をもつオルガノトリアルコキシシランを出発分子として用い，硫酸酸性条件下において，CN 基の-COOH 基への変換と同時に，アルコキシ基の加水分解，縮重合反応を進行させる。その過程で，-COOH 基同士の水素結合によって自己組織化が起こる。また，アミノ基をもつトリアルコキシシランからも層状ハイブリッドを得ることに成功している（図4(b)）[17]。この場合，CO_2 ガスの導入により自己組織化が起こる。すなわち，第一級あるいは第二級アミン部位が CO_2 と反応し，カルバメートを形成する。この反応は可逆的に進行するため，自己組織化により層状ハイブリッドが形成されたのち加熱すると，CO_2 が脱離してフリーなアミノ基をもつ層状物質が得られる。さらに，チオール基の導入も達成されている[18]。アルキレン鎖の中央にジスルフィド結合をもつ有機架橋型アルコキシシランを用い，自己組織化により層状組織体を形成した後，ジスルフィド結合を還元してチオール修飾型の層状ハイブリッドが得られる（図4(c)）。さらに，チオール基を過酸化水素と硫酸で処理することによって，スルホン酸基に変換することも可能である。

光機能性の有機基を導入する試みも始まっている。アゾベンゼンユニットを有する分子（図2, 9）を用いて層状構造を形成すると，紫外－可視光照射によるシス－トランス異性化によって層

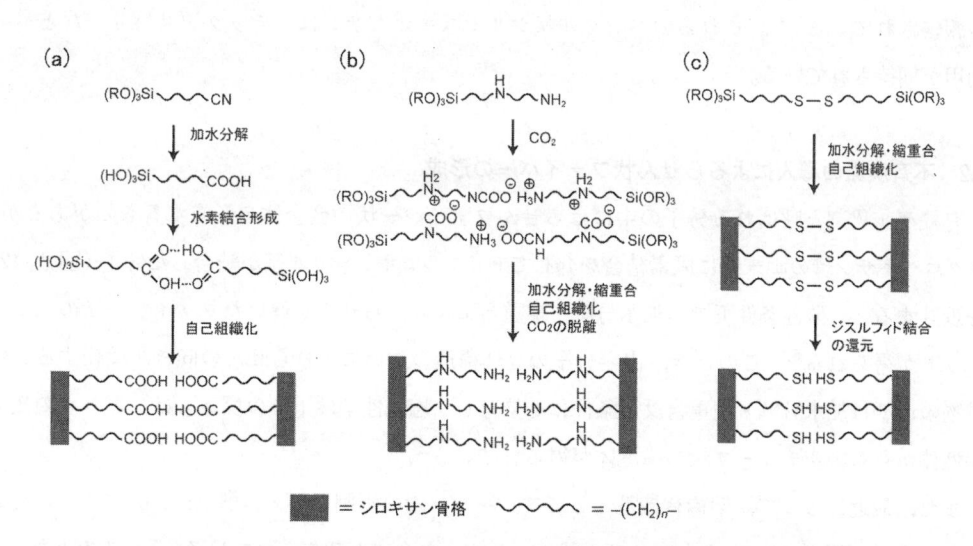

図4 (a) カルボキシル基, (b) アミノ基, (c) チオール基をもつ層状シルセスキオキサンの合成スキーム[16〜18]

間隔の可逆的変化が起こることが報告されている[19]。また，有機鎖中にジアセチレンユニットをもつ分子を用い，サーモクロミズムを示す薄膜も合成されている[20]。基板上にメソ構造体の薄膜を形成した後，紫外光を照射することによって，シリカーポリジアセチレンハイブリッドが得られる。有機ユニットの両末端にトリアルコキシシリル基が結合した分子（図2，10）からは層状構造が形成され，一方，片側にのみ結合した分子（図2，11）からはキュービック構造が形成される。有機基の末端がシロキサン骨格に固定化されていることから，従来のシロキサン結合を含まないジアセチレンポリマーと比較して，耐熱性が向上するという。

4 構造，形態の多様化

4.1 ベシクル型シルセスキオキサンの形成

片桐らは，二本鎖の合成脂質分子にトリエトキシシリル基が結合したオルガノアルコキシシランを分子設計し，加水分解・縮重合反応過程での超音波処理によってベシクル状集合体「セラソーム」が生成することを報告している[21,22]。有機基の立体障害のために発達したシロキサンネットワークは持たないが，従来のベシクルと比べて高い安定性を示す。さらに，有機部分の設計によってカチオン性，およびアニオン性のセラソームを合成し，基板上に Layer-By-Layer 法によって交互に積層することによって三次元の集積体の構築に成功している。

また，両親媒性ブロックポリマーの一方のセグメントにトリアルコキシシリル基をグラフトさせることによって，水中に分散，自己組織化させた後，中空のハイブリッド粒子が得られることも報告されている[23,24]。これらのベシクル状シルセスキオキサンはドラッグデリバリーなどへの利用が期待されている。

4.2 不斉炭素の導入によるらせん状ファイバーの形成

有機ゲル化剤と呼ばれる分子の中にはらせんファイバー状の会合体を形成するものがあるが，シクロヘキサン環の両末端に尿素結合を介してトリアルコキシシリル基が結合した分子（図2，12）を設計すると，酸性条件下での加水分解・縮重合により，らせんを巻いたファイバー状のハイブリッドが得られる[25]。このとき，出発分子の立体構造の違いによりらせんの向きが反転する。生成物の形態は加水分解・縮重合反応条件にも依存し，塩基性条件下での反応では，どちらの光学異性体からも中空チューブ状の構造体が得られている[26]。

また，最近になって，架橋有機基としてアルキレン鎖の両側にアミノ酸（D-, L-バリン）を導入した分子（図2，13）からも，らせん状ファイバーの合成が報告されている[27,28]。このとき，アルキレン鎖の炭素数が偶数か奇数かによってらせんの向きが逆になり，その挙動は，アミノ酸部

第5章　自己組織化によるメソ構造体の合成

分がD体かL体かによっても逆になることが示された。これらの材料はキラル触媒などへの応用が考えられる。

4.3　親水性ロッド状シルセスキオキサン

金子らは，ユニークなメソ構造体の合成を報告している[29]。アミノプロピルトリアルコキシシランは代表的なシランカップリング剤の一つであるが，塩酸あるいは硝酸共存下での加水分解・縮重合反応により，直径1ナノメートル程度のロッド状のシロキサンポリマーがヘキサゴナルにスタッキングした構造体を形成する。アミノ基と酸との間のイオンコンプレックス形成がロッドの形成と配列に重要な役割を果たしていると考えられている。このようにして得られる構造体は，3次元のシロキサンネットワークを持たず，かつ各ロッドの表面がアミノ基で覆われているため，水に溶解する。さまざまな材料の構造単位として有用であり，有機ポリマー（ポリアクリルアミド）との複合化よるヒドロゲルの作製など幅広い展開が試みられている[30]。

さらに最近，忠永らは硫酸存在下でのアミノプロピルトリアルコキシシランの反応により得られる同様のロッド状シルセスキオキサンについて，乾燥雰囲気下で高いイオン導電性を示すことを見出している[31]。このとき，プロトンはロッド状ポリマーの外側に沿って移動すると考えられている。

4.4　充填パラメータの制御によるメソ構造制御

これまで述べたような有機部分（疎水基）の設計ばかりでなく，親水基部分の設計もメソ構造制御の重要なファクターである。2.1項で紹介したように，アルキルトリアルコキシシラン(1)は自己組織化により層状構造を形成するが，筆者らは，アルキルシランに3つのトリアルコキシシリル基が結合したオリゴマー（図5, 16）を新しく設計し，アルキル鎖炭素数によって，層状構造と二次元ヘキサゴナル構造のメソ構造体が生成することを見いだした[32]。二次元ヘキサゴナル構造の形成は，一般に両親媒性分子の集合形態がその分子形状に基づく充填パラメータ[33]に依

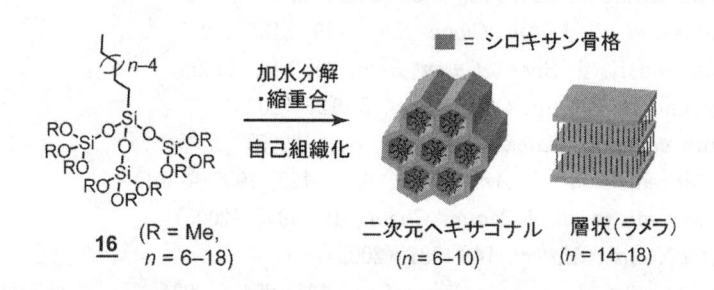

図5　アルキルシロキサンオリゴマーの設計によるメソ構造制御

存し，疎水部（アルキル鎖など）に対する親水部（ヘッドグループ）の占める面積が増大するにつれ，層状から，シリンダー状，球状と集合形態が変化することによって説明される。また，層状構造についても，アルキル鎖は指組み型の単分子層を形成しており，分子1が形成する二分子層とは異なっている。二次元ヘキサゴナル構造は，焼成による有機基の除去後も構造が保持されるため，ミクロ，あるいはメソ多孔体の新しい前駆物質としても有用である。分子16はSiO_4ユニットを含むため，生成するメソ構造体はシルセスキオキサンには分類されないが，充填パラメータの制御によってメソ構造の制御が可能であることを示した重要な成果であり，シルセスキオキサン系においても同様の設計指針が有効であると思われる。

5 おわりに

以上，有機シラン系分子の自己組織化によるシルセスキオキサン系メソ構造体の合成について概説した。これは界面活性剤を用いない新しいアプローチであり，出発分子の精緻な設計によって，今後も新しいメソ構造体が多数合成されると予想される。従来のシルセスキオキサンにはない特徴を活かした応用に向けて，構造－物性相関の理解をより一層深めることが今後の大きな課題であろう。

文　献

1) A. Sayari and S. Hamoudi, *Chem. Mater.*, **13**, 3151 (2001)
2) F. Hoffmann *et al.*, *Angew. Chem. Int. Ed.*, **45**, 3216 (2006)
3) A. Ulman, *Chem. Rev.*, **96**, 1533 (1996)
4) A. Shimojima *et al.*, *Bull. Chem. Soc. Jpn.*, **70**, 2847 (1997)
5) A. Shimojima and K. Kuroda, *Chem. Rec.*, **6**, 53 (2006)
6) A. N. Parikh *et al.*, *J. Am. Chem. Soc.*, **119**, 3135 (1997)
7) D. A. Loy and K. J. Shea., *Chem. Rev.*, **95**, 1431 (1995)
8) B. Boury and R. Corriu, *Chem. Rec.*, **3**, 120 (2003)
9) J. Alauzun *et al.*, *J. Mater. Chem.*, **15**, 841 (2005)
10) J. J. E. Moreau *et al.*, *J. Am. Chem. Soc.*, **123**, 7957 (2001)
11) J. J. E. Moreau *et al.*, *J. Mater. Chem.*, **15**, 4943 (2005)
12) F. Ben *et al.*, *Adv. Mater.*, **14**, 1081 (2002)
13) H. Muramatsu *et al.*, *J. Am. Chem. Soc.*, **125**, 854 (2003)

第5章 自己組織化によるメソ構造体の合成

14) B. Boury et al., *Angew. Chem. Int. Ed.*, **40**, 2853 (2001)
15) Y. Fujimoto et al., *J. Mater. Chem.*, **15**, 5151 (2005)
16) J. Alauzun et al., *Chem. Commun.*, 347 (2006)
17) J. Alauzun et al., *J. Am. Chem. Soc.*, **127**, 11204 (2005)
18) R. Mouawia et al., *J. Mater. Chem.*, **17**, 616 (2007)
19) N. Liu et al., *J. Am. Chem. Soc.*, **124**, 14540 (2002)
20) H. Peng et al., *J. Am. Chem. Soc.*, **127**, 12782 (2005)
21) K. Ariga, *Chem. Rec.*, **3**, 297 (2004)
22) K. Katagiri et al., *J. Am. Chem. Soc.*, **124**, 7892 (2002)
23) K. Koh et al., *Angew. Chem. Int. Ed.*, **42**, 4194 (2003)
24) J. Du et al., *J. Am. Chem. Soc.*, **125**, 14710 (2003)
25) J. J. E. Moreau et al., *J. Am. Chem. Soc.*, **123**, 1509 (2001)
26) J. J. E. Moreau et al., *Chem. Eur. J.*, **9**, 1594 (2003)
27) Y. Yang et al., *Chem. Mater.*, **16**, 3791 (2005)
28) Y. Yang et al., *J. Mater. Chem.*, in press (2007)
29) Y. Kaneko et al., *Chem. Mater.*, **16**, 3417 (2004)
30) Y. Kaneko et al., *J. Mater. Chem.*, **16**, 1746 (2007)
31) T. Tezuka et al., *J. Am. Chem. Soc.*, **128**, 16470 (2006)
32) A. Shimojima et al., *J. Am. Chem. Soc.*, **127**, 14108 (2005)
33) J. N. Israelachvili et al., *J. Chem. Soc., Faraday Trans. I*, **72**, 1525 (1976)

第6章　ブリッジドシルセスキオキサンの多孔構造制御

中西和樹*

1　はじめに

　複数のケイ素原子を炭化水素鎖でつないだ架橋型アルコキシシランを用いたゾル-ゲル反応は，1990年代前半から，Corriuら[1]，Loyら[2]によって，多数の前駆体のゲル化挙動が報告されてきた。界面活性剤を用いたメソポーラス材料への応用は，Inagakiら[3,4]，Meldeら[5]，Ozinら[6~8]によって報告されて，現在まで様々な化学組成や材料形態に関する報告が続いている。架橋型アルコキシシランは，アルキルアルコキシシランと化学組成は非常に近くても，加水分解・重縮合反応はかなり異なり，その結果生成するゲルの性質にも大きな差異が生じる。たとえばエチレン架橋されたビス（トリメトキシシリル）エタンBTMEとメチルトリメトキシシランMTMSは，どちらもケイ素原子あたり1つのケイ素-炭素結合をもち，前者はシリカと同程度に親水性のゲルを与えるが，後者から得られるゲルは疎水性が高い。架橋型前駆体では，後述するように架橋部の炭素数が増えて6以上になっても，ゲルの細孔表面は高い親水性を示す。

　筆者らはテトラアルコキシシランと水溶性高分子あるいは界面活性剤の共存系で，重合反応に誘起される相分離現象を研究してきた[9]。階層的なマクロ孔とメソ孔をもつシリカゲルは，HPLCの分離媒体をはじめとして，様々な有用な応用分野をもつことが分かってきた[10]。純粋なシリカゲルは最も広く使われている分離媒体であるが，比表面積の大きいゲルの状態であるため塩基性水溶液に対する耐久性が低く，特に生化学分野で要求される強塩基条件に耐える基材が必要とされている。架橋型シランはケイ素-炭素結合を有するために，加水分解・重縮合反応後に形成されるシロキサン-炭化水素ネットワークは，純シリカよりも塩基性条件ではるかに安定である。また，架橋部の長さや構造を変えることにより，シロキサン網目と炭化水素網目としての性質を任意に混合することが可能と考えられ，分離媒体や触媒担体として興味深い。本稿では，架橋型アルコキシシランを前駆体として用いるゾル-ゲル反応のうち，50 nm以上のいわゆるマクロ孔を生じる相分離の起こる条件で作製された，有機無機ハイブリッド多孔体を紹介する。

---

*　Kazuki Nakanishi　京都大学　大学院理学研究科　化学専攻　准教授

2　加水分解・重縮合反応

　架橋型アルコキシシランのゲル形成に関しては，塩基性条件での報告が比較的多い[2]。塩基性条件下では，通常のアルコキシシラン系と同様，架橋密度の高い重合体が急速にしかし不均一に成長するので，ゲル化時間は短くなるがゲル網目の均一性は低くなる。重合誘起相分離によってマクロ多孔構造を制御するためには，酸性条件で分子量分布の狭い重合体が成長することが望ましい。MTMS と BTME を比べると，酸性条件下での加水分解は前者が速いが，いったん加水分解された後の重合・ゲル形成は BTME もかなり早く，0.1 M 硝酸程度の触媒でも1時間程度でゲルが得られる。非架橋型のアルコキシシランと同様，架橋炭化水素鎖が長くなるほど，概ね加水分解速度は遅くなる。したがって架橋部の最も短いビス（トリメトキシシリル）メタンがもっともゲル化し易いが，これは比較的コンパクトな分子サイズに形式的に6つの官能基をもつと考えれば当然である。

　以下では，架橋型アルコキシドとして，架橋部にメチレン，エチレン，プロピレンおよびヘキシレンをもつビス型トリメトキシシラン（以下ではそれぞれ BTMM，BTME，BTMP，および BTMH と略称する）を用いて，極性溶媒および水溶性高分子あるいは界面活性剤の共存下で加水分解・重縮合させ，重合誘起相分離の起こる条件を見出すとともに，形成される多孔構造の解析を行った。ゲル形成は 40〜60℃ の温和な条件で行い，溶媒の蒸発乾燥により，あるいは架橋炭化水素が分解しない程度の熱処理を行って，多孔体試料を得た。

3　極性溶媒系の相分離

　MTMS など3官能性アルコキシシランが疎水性のゲルを生じるのに比べて，架橋アルコキシシランからは親水性の高い重合体およびゲルが形成する。これは，後者では架橋部の疎水性官能基が，重合体の内部に包み隠されるように重合体が成長し，溶媒と接触する重合体の外周部には常に高い濃度のシラノール基が存在するためと考えられる。MTMS に対して化学量論（ケイ素に対してモル比で3倍）よりも若干少ない水で加水分解するか，溶媒中の水の濃度を十分高くすると，水・アルコール溶媒に対して相分離を起こすゲルが生成するが，BTME では水の濃度を広く変化させても相分離は起こらない。架橋部をヘキシレンまで伸ばした BTMH でようやく相分離する出発組成が出現するが，ケイ素に対する水のモル比は約 60 倍と，非常に溶媒極性の高い領域である。架橋部がジエチルベンゼン程度に長くなっても，相分離の起こる出発組成はそれほど変わらず，高濃度の水が必要である。

　図1に BTMH-MeOH-0.1 M 硝酸系における相分離挙動を出発組成に対して示した。メタノー

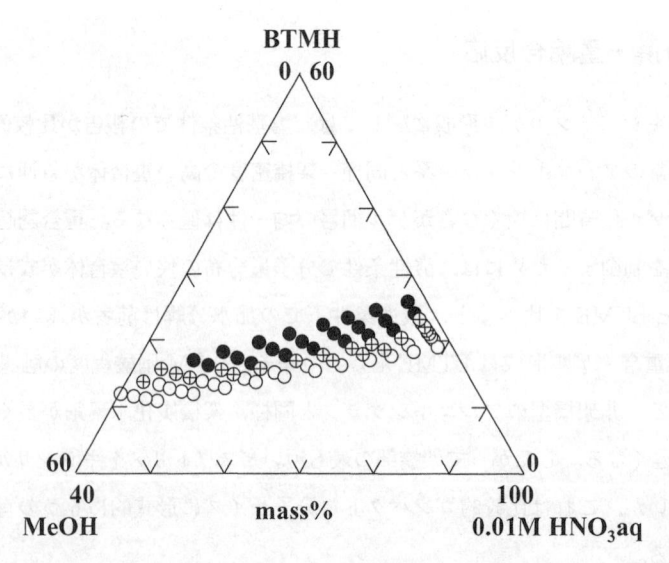

図1 BTMH-MeOH-0.01M 硝酸系の出発組成とゲルのモルフォロジーの関係
反応温度 60 ℃, ●：マクロ孔なし, ⊕：共連続マクロ孔, ○：球状粒子凝集体

ルは共通溶媒として作用するので，相分離を抑制するが，他方で反応系を希釈してゾル-ゲル転移を遅らせるので，結果的に相分離傾向に強い影響は与えず，相分離傾向はほぼ水の濃度によって決まることが分かる。水の濃度を数％変化させるだけで，得られるマクロ多孔構造の細孔径は1桁以上変化するが，いずれの場合も細孔径分布は非常に狭い（図2）。

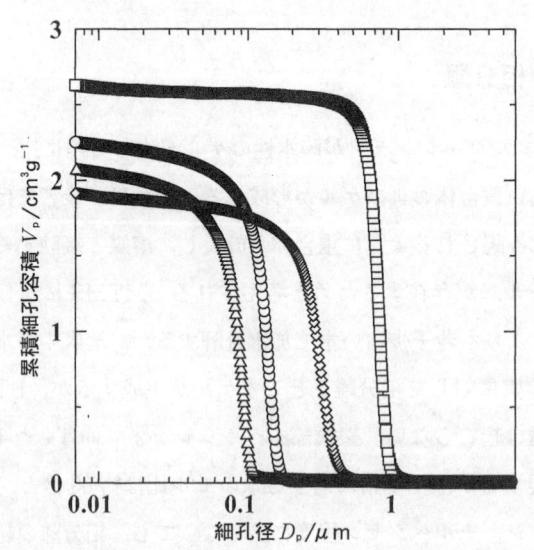

図2 BTMH-MeOH-0.01M 硝酸系で得られたゲルの，水銀圧入法による細孔径分布
出発組成は BTMH：MeOH：0.01M 硝酸＝1：1：58〜64（モル比）。0.01M 硝酸のモル比；△：58，○：60，◇：62，□：64。

第 6 章　ブリッジドシルセスキオキサンの多孔構造制御

　低分子溶媒の共存下で作製される BTMH あるいはより架橋鎖の長いアルコキシシランから得られるゲルは，整ったマクロ孔はもつものの，通常の乾燥と 300 ℃程度の熱処理ではほとんどメソ孔をもたず，したがって比表面積も無視できる程度である。また，より高温の熱処理によって架橋炭化水素を分解すると，ほぼマイクロ孔のみをもつシリカゲルとなる。この点は 3 官能性アルコキシシランのゲル網目と類似した性質と言えよう。水素結合性の親水部をもつ界面活性剤を添加することにより，ある程度表面積を増やすことはできるが，後述する BTME 系ほどにメソ孔をテンプレートすることは困難である。

4　水素結合性共存物質による相分離

　極性溶媒共存系では 4 官能アルコキシドと同様な相分離傾向を示す BTMM および BTME は，重合体の表面にシラノール基を十分高い密度で有するため，純シリカ系で知られている水溶性高分子や界面活性剤の共存によって，相分離を誘起することができる。実験的にポリオキシエチレンのホモポリマーや，アルキルエーテル型界面活性剤による相分離の誘起は容易であるが，純シリカ系でメソ構造のテンプレートや相分離誘起能が知られているカチオン性界面活性剤（厳密にはアルキルトリメチルアンモニウム塩）の場合だけは，奇妙なことに相分離誘起ができない。界面活性剤の親水部と重合体のシラノール基との引力的相互作用が十分に強いことが，メソ構造テンプレートや相分離誘起の要件と考えられる。しかし，酸性条件下でのシラノールとカチオン性界面活性剤の相互作用は，プロトン化したシラノールと対イオンを介した，長距離にわたると考えられており，重合体表面の水和構造の差異などを敏感に反映するものと推察される。

　疎水性ポリエーテル鎖（オキシプロピレン：PO）の両端に親水性ポリエーテル（オキシエチレン：EO）が結合した，トリブロック共重合構造をもつ界面活性剤は，サイズの大きいミセルを形成することから，メソポーラス酸化物の構造制御剤（Structure directing agent）として広く利用されている。この種の界面活性剤によっても重合誘起相分離が起こり，適当な親水－疎水バランスと分子量をもつ数種類のトリブロック共重合体によって整ったマクロ多孔性ゲルを作製することができる。BASF 社のコードで Pluronic P123 と呼ばれる $(EO)_{20}(PO)_{70}(EO)_{20}$ および同 F127 と呼ばれる $(EO)_{106}(PO)_{70}(EO)_{106}$ を用いた場合，酸性触媒下で比較的広い範囲の出発組成から狭いメソ孔分布をもつゲルを得ることができるが，メソ孔の形態や長距離秩序は制御されていない。連続したマクロ孔構造を形成するゲル骨格の内部に整ったメソポーラス構造を作製するためには，後述するようにもう一段の工夫が必要となる。

　図 3 に，P123 を共存させた BTMM，BTME，BTMP および BTMH 系における，ゲルのマクロ孔構造と出発組成の関係を示す[11]。メチレン架橋をもち親水性の最も高い BTMM では，溶

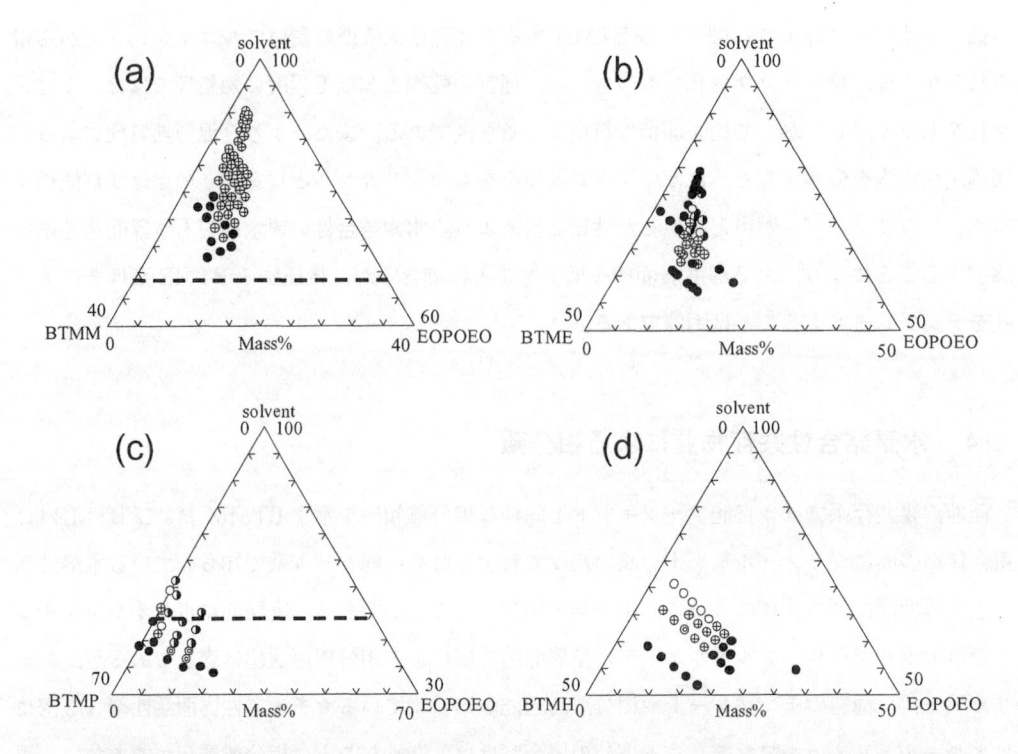

図3 架橋アルコキシド－0.1M 硝酸－ブロックポリマー（P123）系の，出発組成とゲルのモルフォロジーの関係
反応温度60℃。プロットされた組成は，完全加水分解・重縮合を仮定した計算値。溶媒はメタノールと硝酸の混合溶液。図中の破線は溶媒とそれ以外とが質量比で50%となる組成を示している。記号は図1に同じ。◎：独立したマクロ孔，◐：巨視的2相分離

媒（水）濃度の比較的高い領域で，広い出発組成にわたって共連続マクロ孔構造が得られる。架橋アルキル鎖が長くなるにつれて，共連続マクロ孔構造の得られる出発組成は溶媒濃度の低い領域に移動すると共に，狭い組成範囲に限定される。BTMP は塩基性条件では，環状重合体の形成が優勢となって3次元架橋したゲルが得られないと報告されている例もあるが，酸性では限られた範囲ではあるが均一かつマクロ多孔性のゲルが得られる。ところがヘキシレン架橋をもつ BTMH では，再び溶媒濃度の高い領域で相分離によるマクロ孔構造が得られ，この傾向はジェチルベンゼン架橋アルコキシドでも同様となった。

しかし BTMM から BTMP で得られる多孔体は，比較的大きく高い気孔率のメソ孔をもつのに対して，BTMH より長い架橋部をもつアルコキシドではほぼマイクロ孔しか存在せず，酸性触媒下で得られる MTMS 系ゲルに類似したメソーマイクロ孔構造を示す。架橋部の短いアルコキシドでは，重合体のシラノール基とトリブロック共重合体が強く相互作用し，一種の水素結合錯体のような状態になって共存する溶媒との間に相分離を起こす。これに対して，BTMH より

長い架橋部をもつアルコキシドでは，重合体そのものが相分離を誘起する程度の疎水性を有するため，界面活性剤は相分離誘起よりもむしろ重合体と溶媒の反発相互作用を緩和する働きをする。したがって架橋部の長いアルコキシド系に共存する界面活性剤は，メソーマイクロ孔領域に対する構造制御能力を示さない。

5 分離カラムとしての細孔表面特性評価

BTMMやBTMEから形成される重合体が，テトラアルコキシシランから得られるシリカ重合体と類似した性質を示すことは，上述の相分離の挙動から推測される。ゲル網目として，また細孔表面のシラノールの状態に注目した場合に，どの程度純粋なシリカゲルとの差異が生じるのかは興味深い。エチレン架橋型のアルコキシシランは，最近ではHPLCカラムの充填に用いられるシリカゲルビーズの原料の一部としても用いられており，耐アルカリ性を向上させたシラノール表面が得られる。純シリカ組成の階層的マクロ－メソ多孔性ゲルは，円柱状に成形して側面に耐圧性のクラッドをつけると，HPLCカラムとしてそのメソ孔表面の化学的親和性を評価することができる。比較的連続性が高く，HPLC評価に適したマクロ孔構造が得られたBTME系のゲルを用いて，極性物質の分離挙動を純シリカと比較した。

ポリエチレンオキシドを共存させてマクロ孔を形成したBTME系の湿潤ゲルを，弱塩基性溶媒中150℃で24時間水熱処理することにより，10 nm程度のメソ孔をゲル骨格内に形成させた。このゲルを乾燥させ，ポリエチレンオキシドが分解するがエチレン架橋がほぼ影響を受けない300℃で2時間熱処理して，HPLCカラムに成形した。図4にTMOS，MTMSおよびBTMEから得られた同様なカラムを用いた，トルエン，2,6-ジニトロトルエン，1,2-ジニトロベンゼンのクロマトグラムを示す。溶質分子はこの順に極性が高くなっており，カラム表面の極性が高いと保持が強くなり，各ピークの間隔が広くなる。トルエンを基準とした相対保持比をαとしてそれぞれのカラムの極性を比較すると，MTMSから作製されたカラムではメチル基の存在によって極性が低く，α値は純シリカの半分程度になる。これに対してBTMEから作製されたカラムでは，純シリカよりもさらに高いα値が得られた。これは酸性触媒でBTMEから形成されたエチレン架橋シロキサン網目が，少なくとも数ナノメートル以上の細孔表面を見る限りでは，純シリカと同等なあるいはわずかに高い密度のシラノールを有していることを示している。上述したメソ孔形成のための水熱処理条件は純シリカの場合よりもかなり強いものであり，BTME由来のゲル網目が塩基性条件下でシリカよりも極性の高いシラノール表面を維持しつつ，同時に高い耐塩基性をもつ分離媒体となっていることが分かる。近年需要の増加している生化学分野の分析には，強塩基条件が要求されるものもあり，純シリカの弱点となっている耐塩基性を改善した一

TMOS

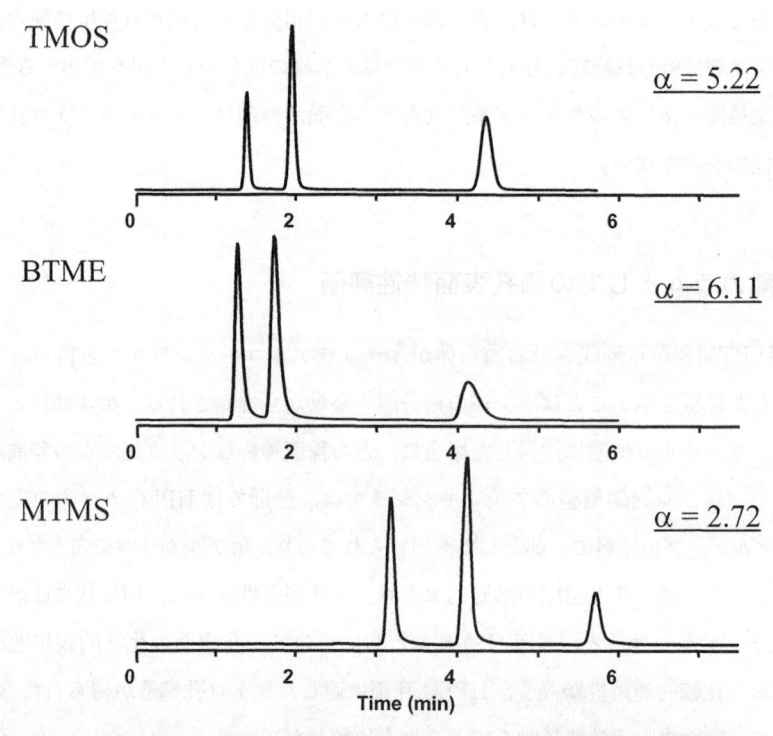

α = 5.22

BTME

α = 6.11

MTMS

α = 2.72

Time (min)

図4 TMOS，MTMS および BTME から得られたマクロ－メソ多孔体による，液体クロマトグラフィー法による極性物質の分離（クロマトグラム）
溶質はトルエン，2,6-ジニトロトルエン，1,2-ジニトロベンゼン，移動相は hexane/2-propanol（98：2, v/v）。

体型分離媒体として応用できる可能性が高い。

6 長距離秩序をもつメソ孔と共連続マクロ孔の階層構造

　微粒子や薄膜の形態で得られる多くのメソポーラス酸化物は，アルコキシドを出発物質とする場合，水溶媒系の比較的希薄な条件で作製される。これは，アルコキシドの加水分解によって生じる短鎖アルコールが，主に界面活性剤ミセルを不安定にすることによって，界面活性剤と酸化物オリゴマーの協奏的自己組織化を阻害するためである。溶媒蒸発を含む成膜や噴霧乾燥によるビーズの作製では，ゲル網目の形成以前に短鎖アルコールを効率よく蒸発除去する工夫がなされている。重合誘起相分離によるマクロ多孔構造は，三次元的に連続した自立的なゲル網目を形成する必要から，非常に低い酸化物濃度の反応溶液から形成することや，部分的な溶媒蒸発をプロセスとして組み合わせることは困難である。以下と次節では，界面活性剤とシロキサン重合体の協奏的自己組織化を添加溶媒によって促進する方法と，比較的高い界面活性剤濃度において酸化

第6章　ブリッジドシルセスキオキサンの多孔構造制御

物の希薄な条件でも三次元的に自立したゲル網目を形成させる方法とを紹介する[12]。

　1,3,5-トリメチルベンゼン（以下 TMB と略記）はほぼ無極性溶媒であり，界面活性剤ミセルの疎水性コア部分に可溶化してミセルを膨潤させる。したがって界面活性剤ミセルとの協奏的自己組織化によって形成されるメソポーラス物質のメソ孔サイズは，TMB を添加することによって拡大することができる。図5は共連続マクロ孔の得られる P123 と BTME を含む出発組成に，TMB を加えていった際のゲルのモルフォロジーの変化であり，対応する試料の窒素吸着等温線を図6に示す。TMB の添加と共に，共連続マクロ孔構造を形成しているゲル骨格は繊維状に変形し，これとともに吸着等温線はランダムなサイズと形状によるヒステリシスから，シリンダー状細孔によるヒステリシス形状を示すようになる。このとき，細孔径分布は狭くなるとともに，X線回折にも六方対称に帰属される回折線が現れ，ゲル骨格断面のメソ孔は FE-SEM によって直接観察することができる（図7）。X線回折から求められる面間隔は，FE-SEM による細孔径と壁厚を加えた値に良く一致するので，ゲル骨格中にシリンダー状のメソ孔が長距離秩序をもって形成していることがわかる。

　シリンダー状のメソ孔を形成する条件よりもさらに高濃度に TMB を加えた系では，吸着等温線は吸着分枝の立ち上がりが緩やかな，広いヒステリシスをもつ形状に変化する。これに伴って細孔径分布はその中心径を増しながら広がってゆき，X線の回折は再び弱くなりメソ孔の長距

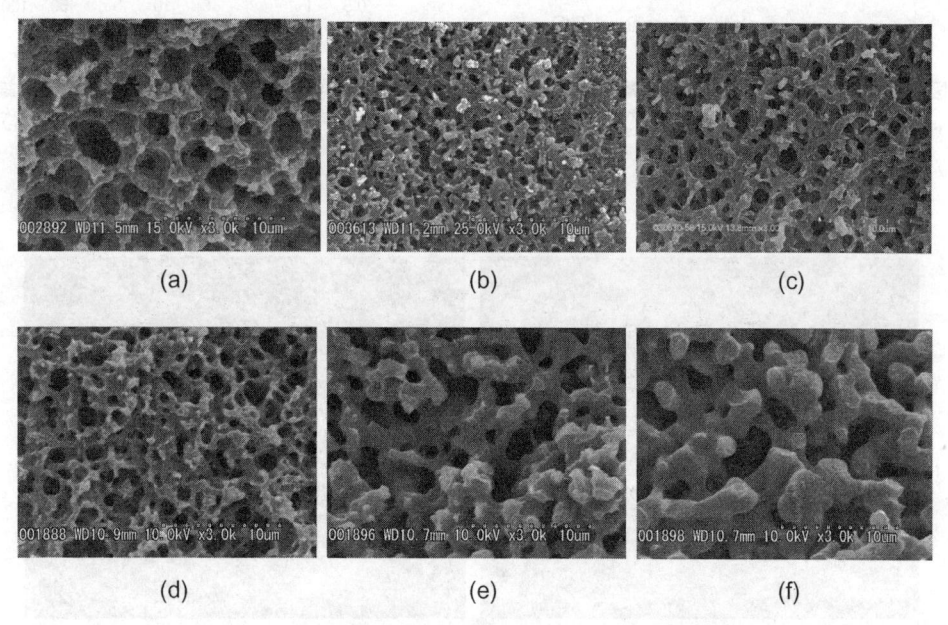

図5　BTME-P123-0.1M 硝酸-TMB 系で得られたゲルの SEM によるモルフォロジー
反応温度 60 ℃。出発組成（質量：g）は BTME：P123：0.1M 硝酸＝2.12：1.90：6.07 に TMB を 0.05～0.40 g まで加えた。(a) 0.05, (b) 0.20, (c) 0.25, (d) 0.30, (e) 0.35, (f) 0.40g

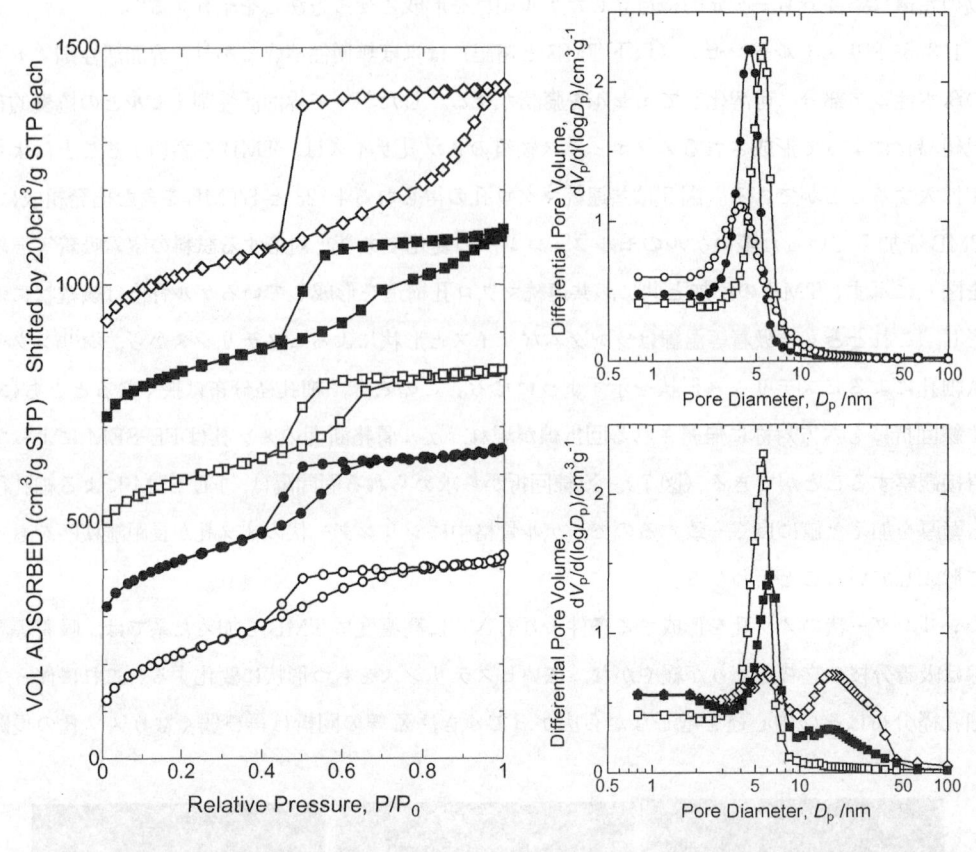

図6 図5に示したゲルの窒素吸着等温線とBJH（Barrett-Joyner-Halenda）法による細孔径分布曲線
(a) ○, (b) ●, (c) □, (d) ■, (f) ◇ ((d) の細孔径分布データは上下のグラフともプロットされている)

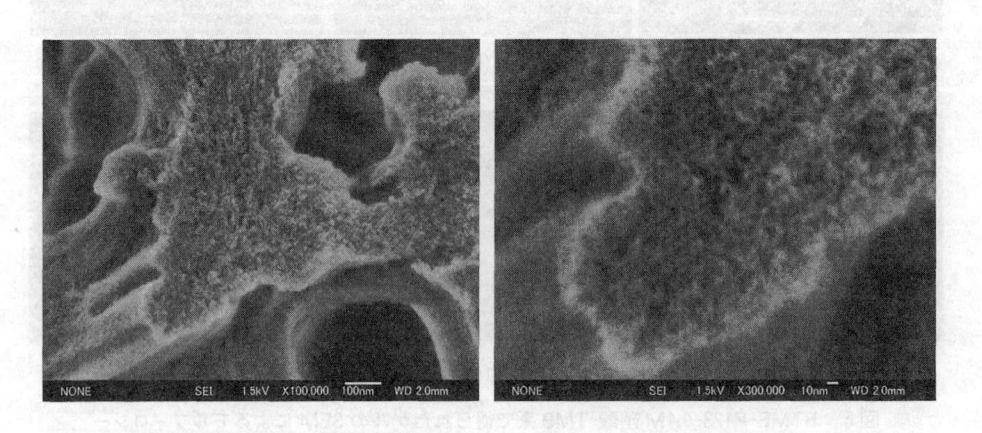

図7 図5 (c) の組成から得られたゲルの骨格破断面のFE-SEM像
骨格内にシリンダー状のメソ孔が2次元六方対称に配列している。

離秩序は失われる。ゲル骨格断面の FE-SEM 観察より，この際のメソ孔はシリンダー状から球状へと変化しており，Mesostructured Cellular Foam（MCF）と呼ばれる[13]，連結した多数の泡のような形態をもつことが分かった。

　界面活性剤に対する TMB の添加は，比較的低濃度の領域では疎水コア内の引力相互作用を高める働きを示し，ミセルの形成を阻害する短鎖アルコールの共存下でも，長距離秩序をもつ棒状ミセルとシロキサン重合体との協奏的自己組織化を促すことが分かる。しかしながら，さらに TMB の濃度を増加させてゆくと，ミセル内の TMB の増加に伴って，安定な可溶化のためにはミセル形態を球状に変化させる必要が生じ，その結果 MCF 構造が形成されると考えられる。MCF の得られる領域を大幅に超えて TMB を添加した出発組成は，もはや成分間の均一な混合が達成されず，一部遊離した TMB 液滴が巨視的なサイズで分散したゲルとなる。

7　界面活性剤－両親媒性溶媒系の挙動

　界面活性剤の集合状態に影響を与える添加物として，ミセルの形成を妨害する短鎖アルコールおよび促進する TMB 以外に，中間的な働きをもつものとして長鎖アルコールなどの両親媒性溶媒がある。疎水コアと強く相互作用する十分長い炭化水素鎖と極性の水酸基を有するため，ミセル中では疎水コアと親水コロナの間の領域に多く分布して，溶媒中におけるミセルの曲率やサイズを変化させる。特定の界面活性剤との組合せによって特異な分子集合挙動を示すこともあるため，両親媒性溶媒は一種の co-surfactant と見做すこともできる。

　BTME の加水分解による階層的マクロ－メソ多孔性物質の作製において，界面活性剤として Pluronic F127 を，非極性添加物として TMB を，両親媒性溶媒としてベンジルアルコール（BzOH）を用いると，図 8 に示すような特異な骨格構造をもった，マクロ多孔性モノリスを得ることができる[11,14]。F127 を構造制御剤として用いた反応系においては，TMB の添加のみではシリンダー状メソ孔の形成は困難であった。これは P123 よりも親水鎖が格段に長い F127 では，シロキサン重合体との相互作用に比べて，疎水部の引力相互作用が相対的に弱くなり，棒状ミセルの形態を保つことができないためと考えられる。BzOH の添加により，シリンダー状のメソ孔が六方対称に長距離秩序をもった構造が形成されるが，BzOH 濃度と骨格形態の間に興味深い関係が見られる。すなわち，比較的 BzOH 濃度の低い領域から，薄い平板状の構造単位をもったマクロ相分離構造が発現するが，この平板の厚さ方向に長距離秩序をもったシリンダー状メソ孔が，六方対称で既に配列している。BzOH 濃度の増加とともに，各々の平板の広さ方向を縮め長さ方向を伸ばしたような，短い柱状の構成単位が形成するが，この場合も柱構造の高さ方向にシリンダー状メソ孔が六方対称で配列している。さらに BzOH 濃度が増加すると，P123 系で見

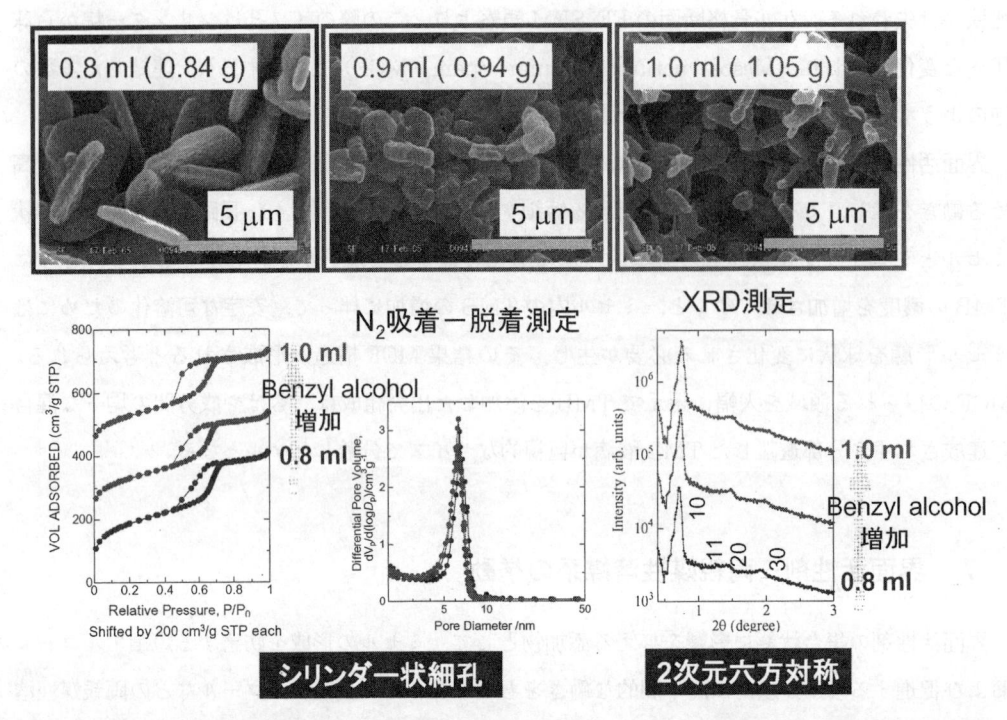

図8 BTME-F127-0.1M 硝酸-TMB-BzOH 系で得られたゲルの SEM によるモルフォロジーと，対応する試料の窒素吸着等温線（下段左），細孔径分布曲線（中央），X 線回折プロファイル（右）
ベンジルアルコール以外の出発組成は，BTME=2.15 g，F127=1.40 g，TMB=0.35 g，0.1M HNO_3 aq=10.8 g。反応温度 60 ℃

られたのと同様な繊維状あるいはまっすぐな枝状の構造単位となる。

　このような骨格形状の変化は，F127 とシロキサン重合体の形成する自己組織化構造形成過程において，BzOH の濃度によってミセルの長さが制限されることによって起こると考えられる（図9）。すなわち，限られた濃度範囲で BzOH が増加するほどより長い棒状ミセルが安定（しかも長さの分布が極めて狭い）となるため，短いミセルからは平板状構造単位が，少し長いミセルからは短い柱状，そして十分長いミセルから細長い枝状，と骨格形態が移り変わると考えられる。溶媒組成などの反応条件によって，粒状に析出するメソポーラス物質の形態が制御されることは知られているが，連続した骨格構造を与える合成系においても，メソ孔の配列を制御した局所構造が得られることは興味深い。平板状骨格内のメソ孔内部へは，他の形態に比べて外部からの物質のアクセスが容易であり，メソポーラスなゲル骨格の形態制御によって，細孔表面に修飾された触媒などとの接触時間を制御できる可能性もある。

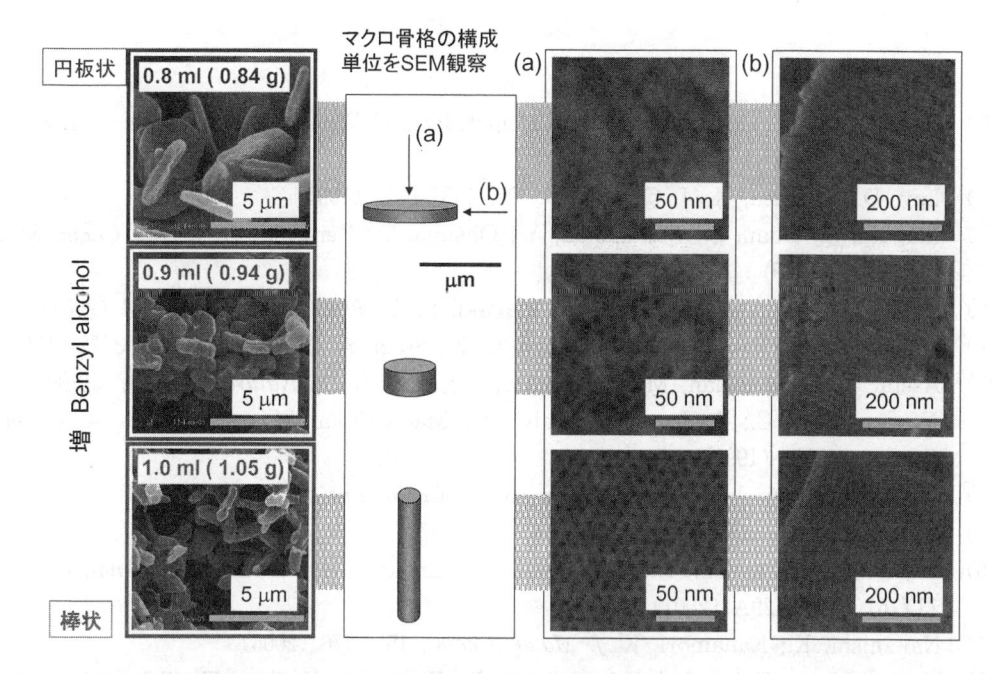

図9 BTME-F127-0.1M 硝酸-TMB-BzOH 系で得られたゲルの SEM によるモルフォロジーと，対応する試料の FE-SEM によるメソ孔の配列の観察
中央左は骨格の構成単位に対する，FE-SEM 観察の方向を示す。

8 おわりに

ブリッジドシルセスキオキサンを前駆体とする相分離を伴うゾル-ゲル反応により，純シリカ系と同等な階層的マクロ-メソ多孔性物質を合成することができた。すべてのケイ素原子に架橋点として存在するケイ素-炭素結合は，純シリカ系に比べて高い耐塩基性をもつシロキサン骨格を構成するとともに，純シリカと同等なシラノール表面を提供する。シリカ系モノリスカラムで既に実証されている高性能高速分離媒体としての特徴が，バイオ分析により適応した形で応用展開されることを期待したい。同時に，界面活性剤でテンプレートされた長距離秩序をもつメソ孔や，さまざまな形態のゲル骨格は，触媒や酵素の担体としてこの種のモノリス多孔材料を応用していく上で，最適の機能を発揮させるために重要な制御パラメーターとなりうる。架橋部の化学組成や構造に基づく機能化と組み合わせた，新規な分離・反応担体として発展させてゆきたい。

文　献

1) Corriu, R. J. P.; Moreau, J. J. E.; Thepot, P.; and W.-C. Man, M. *Chem. Mater.*, **4**, 1217-1224 (1992)
2) Loy, D. A.; Shea, K. J. *Chem. Rev.*, **95**, 1431-1442 (1995)
3) Inagaki, S.; Guan, S.; Fukushima, Y.; Ohsuna, T.; Terasaki, O. *J. Am. Chem. Soc.* **121**, 9611 (1999)
4) Kruk, M.; Jaroniec, M.; Guan, S.; Inagaki, S. *J. Phys. Chem. B*, **105**, 68 (2001)
5) Melde, B. J.; Holland, B. T.; Blanford, C. F.; Stein, A. *Chem. Mater.* **11**, 3302 (1999)
6) Asefa, T.; MacLachlan, M. J.; Coombs, N.; Ozin, G. A. *Nature*, **402**, 867 (1999)
7) Yoshina-Ishii, C.; Asefa, T.; Coombs, N.; MacLachlan, M. J.; Ozin, G. A. *Chem. Commun.* 2539 (1999)
8) MacLachlan, M. J.; Asefa, T.; Ozin, G. A. *Chem. Eur. J.* **6**, 2507 (2000)
9) Nakanishi, K. *J. Porous Materials*, **4**, 67 (1997)
10) Tanaka, N.; Kobayashi, H.; Nakanishi, K.; Minakuchi H.; Ishizuka, N. *Anal. Chem.*, **73**(15), 420A-429A (2001)
11) Nakanishi, K.; Kanamori, K. *J. Mater. Chem.*, **15**, 3776 (2005)
12) Nakanishi, K.; Kobayashi, Y.; Amatani, T.; Hirao, K.; Kodaira, T. *Chem. Mater.* **16**, 3652 (2004)
13) Schmidt-Winkel, P.; Lukens, W. W., Jr.; Yang, P.; Margolese, D. I.; Lettow, J. S.; Ying, J. Y.; Stucky, G. D. *Chem. Mater.* **12**, 686 (2000)
14) Yano, S.; Nakanishi, K.; Hirao, K.; Kodaira, T. 投稿中

第 II 編
ナノハイブリッド材料にむけて

第1章　有機－無機ハイブリッドのプラットホームとしての多面体シルセスキオキサン

長谷川　功[*]

1　多面体シルセスキオキサン

多面体シルセスキオキサン（polyhedral silsesquioxanes）とは，$RSi(O^-)_{3/2}$という繰返し単位によってできた多面体状のシロキサン骨格構造を持つ化合物群のことである。このため，かご状シロキサン化合物（cage-like siloxane compounds）と呼ばれることもある。

また，多面体とは言うものの，骨格構造を作るSi-O-Si結合の角度は180°ではないため，実際には球状，あるいはそれに近い形をしている。このため，スフェロシロキサン（spherosiloxanes）とも呼ばれる。ただし，立方体型とか五角柱型というように記述した方が構造を認識し易いので，本稿でもこうした言葉を使って表記する。

図1に2種類の立方体型骨格構造を持つ多面体シルセスキオキサンを示す。古くからシロキサン化合物の記述に使われているM，T及びQという記号を使ってこれらの化合物を表すと，図1(a)に示した化合物はT^H_8，(b)に示したものは$Q_8M^H_8$となる。ここで，T^Hは$HSi(O^-)_{3/2}$，Qは$Si(O^-)_{4/2}$，M^Hは$H(CH_3)_2Si(O^-)_{1/2}$というシロキサン骨格構造単位を表す。下付き文字の「8」は，1分子中にある各骨格構造単位の個数を，上付き文字の「H」は，その構造単位にSi-H結合が1つあることを示す。本稿では，T^H_8のように酸素原子が3配位したケイ素原子によって

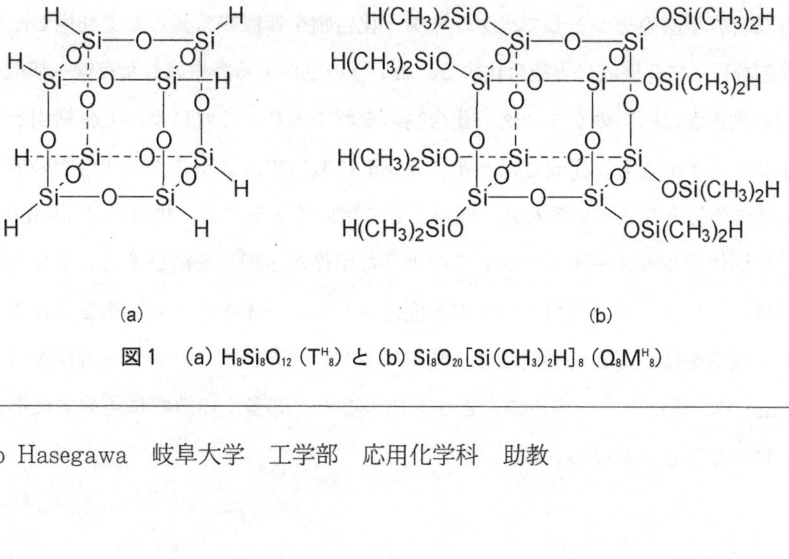

図1　(a) $H_8Si_8O_{12}$ (T^H_8) と (b) $Si_8O_{20}[Si(CH_3)_2H]_8$ ($Q_8M^H_8$)

---

*　Isao Hasegawa　岐阜大学　工学部　応用化学科　助教

骨格構造が形成された多面体シルセスキオキサンを T 型ケージ，$Q_8M^H_8$ のように酸素原子が 4 配位したケイ素原子で骨格が形成された化合物を Q 型ケージと呼ぶ。Q 型ケージをシルセスキオキサンに含めることに抵抗を感じる方もいらっしゃるかもしれないが，Voronkov と Lavrent'yev によって書かれた多面体シルセスキオキサンに関する総説[1]などでも，Q 型ケージは多面体シルセスキオキサンとして取り扱われている。

　筆者はたまに，「T 型ケージと Q 型ケージでは，どちらの方が役に立つのか？」という質問を受けることがある。これは，かなりの愚問である。なぜならば，有機化学の研究者に向かって，「アルカンとエーテル（あるいは，エステル）では，どちらの方が役に立つのか？」と質問する人はほとんどいないだろうからだ。つまり，異なる化合物なのだから，場合によって使い分けるべきものであり，どちらが有用というものではない。

2　多面体シルセスキオキサンを有機－無機ハイブリッドの合成に利用するメリット

　有機－無機ハイブリッドと単なる有機物と無機物の混合物の違いはどこにあるのかといえば，有機成分と無機成分がどのくらいよく混ざっているかという点にある。つまり基準は，有機，無機成分の分散状態がどのくらい緻密であるかということにあり，もし定量的に分類する必要があるのなら，有機，無機成分の界面の大きさ（広さ）を求めてやればいいことになる。当然，より緻密に有機，無機成分が分散した状態を持つ物質が，有機－無機ハイブリッドである。

　ところが，合成する度に生成物中の有機，無機成分の界面がどのようになっているのかを調べるというのは，非常にめんどうなことである。しかしながら，合成する度に複合状態が違う物質が生成してしまうのであれば，それは再現性が低いということである。よって，生成物について詳しく調べなくても，複合状態が担保されるような合成手法が重要となる。

　そのような合成手法の一つとして，クラスター化合物を無機成分源として利用し，その構造を壊さずに反応を行って有機成分と複合化する，という方法がある。生成した有機－無機ハイブリッドの無機相の大きさは原料のクラスター化合物のそれであり，これによって有機相との界面の広さを担保することができる。生成したハイブリッドにおいて，クラスター化合物の構造はハイブリッドの構造の単位となっているため，原料として用いるクラスター化合物は「building block」と呼ばれ，多面体シルセスキオキサンもこのような用途から脚光を浴びることとなった。

　有機－無機ハイブリッドの原料としての多面体シルセスキオキサンの特徴をあげると，①ディスクリートな構造を持つこと，②例えば，図 1 に示した立方体型シロキサン骨格を持つ化合物の直径は 1.2 nm で，正にナノレベルの大きさを持つこと，③多くの溶媒に可溶で反応に供しやすいこと，といったことがあげられる。

第1章 有機-無機ハイブリッドのプラットホームとしての多面体シルセスキオキサン

これらの中でも，構造がはっきりしているという点が特に重要である。その理由は，O-Si-O 結合角が狭くなるとSi-O原子間距離は長くなり，その結果，酸による攻撃を受けて解裂しやすくなるといったように，同じSiとOという原子でできたシロキサン結合であっても，結合の角度，あるいは長さが変わると，性質が変化するからである。大きさの違いもさることながら，粒径がそろっていても，各粒子を構成するシロキサン構造が同じであるという保証がないコロイダルシリカと多面体シルセスキオキサンは，この点で大きな違いがある。

3 多面体シルセスキオキサンの合成

3.1 T型ケージの合成

最初に合成されたT型ケージはT^H_8で，トリクロロシラン（$HSiCl_3$）を単純に加水分解することによって合成された[2]（収率：1%）。その後，全くこうした化合物に関する研究が行われない暗黒時代を経て，少しずつ研究は進み，いくつかの合成方法が報告された。それらの中でT^H_8の合成方法として最も優れた方法と筆者が考えているものは，Agaskarによって開発された，$FeCl_3$の存在下で$HSiCl_3$の加水分解を行うという方法である[3]（T^H_8の収率：17.5%）。実際には，T^H_8と同時に五角柱型化合物（T^H_{10}）も生成するが，溶解度の違いを利用して分離することができる。また，Size Exclusion Chromatographyなどを利用して分離することも可能である。

この合成法のよいところは，反応後，T^H_8あるいはT^H_{10}として回収された以外のオリゴ及びポリシルセスキオキサンが溶けた溶液に原料の$HSiCl_3$を加えて反応を行うと，再びT^H_8を合成することができる点である（この時のT^H_8の収率：16.8%）。つまり，この方法を用いてT^H_8を合成し続ける限り，半永久的に原料の$HSiCl_3$は無駄にはならないのである。

トリクロロシランやトリアルコキシシラン（$RSiX_3$，X = Clあるいはアルコキシル基）を加水分解すると，通常，加水分解生成物はランダムに重合する[4]。このため，T^H_8やT^H_{10}以外に，

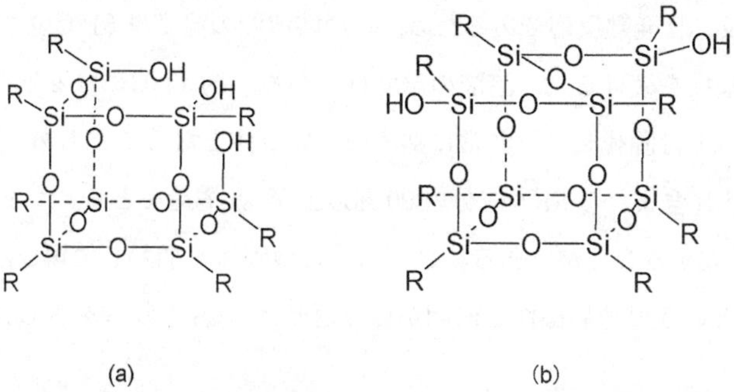

(a)   (b)

図2 (a) $R_7Si_7O_9(OH)_3$ と (b) $R_8Si_8O_{11}(OH)_2$

三角柱型や六角柱型などの多面体シルセスキオキサン[1]，さらには，図2に示すように，立方体型シルセスキオキサンの一部が欠損した化合物[5]やT^H_8と同様に8個のT単位からできているものの，シロキサン結合の連結様式が異なる化合物[6]の生成も報告されている。また，さらに面数が多い多面体シルセスキオキサンの合成報告もある[7]。このように構造の多様性がT型ケージの特徴であるが，混合物として得られるため，単離操作が必要不可欠となるのが欠点である。

3.2 Q型ケージの合成
3.2.1 多面体構造を持つケイ酸アニオンの合成

Q型ケージは，まず多面体構造を持つケイ酸アニオンを合成し，次にそのシリル化を行って合成する。

多面体ケイ酸アニオンは，有機第四アンモニウムイオンが存在するケイ酸溶液中で生成させることができる。テトラメチルアンモニウムイオン[$N^+(CH_3)_4$]や(2-ヒドロキシエチル)トリメチルアンモニウムイオン[$N^+(CH_3)_3(C_2H_4OH)$，コリンイオン]のような3つのメチル基を持つ有機第四アンモニウムイオンが存在する溶液中では，立方体型のケイ酸アニオン(Q_8)[8,9]が，テトラエチルアンモニウムイオン[$N^+(C_2H_5)_4$]が存在する系では，三角柱型ケイ酸アニオン(Q_6)[10]が生成する。有機カチオンやSiの濃度を調節すれば，これらのケイ酸アニオンをほぼ定量的に合成することができる。また，テトラn-ブチルアンモニウムイオン[$N^+(n$-$C_4H_9)_4$]を用いると，五角柱型ケイ酸アニオン(Q_{10})を生成させることができる[11]。しかしこの化合物の場合，他の多面体ケイ酸アニオンと比べて生成条件がかなり狭く，また収率も低い。

$Q_8M^H_8$の骨格部分であるQ_8の最も簡便な合成方法は，同体積のテトラエトキシシラン[$Si(OC_2H_5)_4$，TEOS]と50％水酸化コリン水溶液を混ぜる，というものである[12]。料理の作り方のような話だが，この割合でこれらの試薬を混ぜると，コリンイオンとSiのモル比が1になる。

出発溶液は，上層がTEOS，下層が水酸化コリン水溶液というように2層に分離している。この混合物を室温で2，3時間攪拌すると，突然TEOSの加水分解が起きて，一層の溶液となる。TEOSの加水分解反応は発熱反応であるため，この時溶液の温度は61℃位まで上昇する。

その後も室温で攪拌を続けると，溶液の温度は下がり，約44℃になると液体は完全に固化する(攪拌速度によっては固化せず，非常に粘度の高い液体となることもある)。この固体，あるいは粘度の高い液体に含まれるSiO_2成分の90％以上がQ_8構造をとる。つまり，TEOSからほぼ定量的にQ_8を合成することができる。さらに，この固体を加熱して再び液体とし，その後冷やして固体にするという再結晶操作を何回か繰り返せば，Q_8の収率をさらに高めることもできる。

この反応のよいところは，短時間で，また高収率でQ_8を合成できる点である。溶液中のケイ

第1章 有機-無機ハイブリッドのプラットホームとしての多面体シルセスキオキサン

酸アニオンは，液温が上昇すると解重合する方向に平衡がずれるため，TEOS の加水分解によって激しく発熱することでポリメリックなケイ酸種の生成が抑制され，この結果，短時間で Q_8 を生成させることができる。また，系に存在する水の量が少なく，水和水として固定化されるため，生成物は室温で固体となる。加熱すると液体，冷やすと固体になるという変化は，ケイ酸ナトリウムなど，ケイ酸塩にみられる特徴的な現象である。

この反応では TEOS をシリカ源として用いているが，TEOS は Q_8 の合成のための必須アイテムではない。ポリメリックなシリカ源を使って合成することもでき，実際，Q_8 が初めて合成された時にはシリカ粉末が使われている[8]。また最近では，稲の籾殻中のシリカを使って合成する方法[13]も報告されている。Na^+ イオンのような金属イオンは Q_8 の生成を阻害する[14]が，籾殻を熱分解した際に生成する多孔質の炭素が籾殻に含まれている金属イオンを吸着してくれるため，金属イオンの影響を防ぐことができる。こうして，かなり安価に Q_8 を合成することができる。

Q_8 はモノケイ酸から生成するため[15]，ポリメリックなシリカ源を用いる場合，そこからモノケイ酸が溶出する反応が律速段階となり，Q_8 の生成に時間がかかる。一方 TEOS は，加水分解によってモノケイ酸を与えるため，短時間で Q_8 を生成させることができる（ただし，$N^+(CH_3)_4$ イオンの存在下でも TEOS の加水分解生成物の一部はランダムに重合し，ポリメリックな分子種が生成する[16]）。このように，シリカ源の種類は，Q_8 の生成にかかる時間にだけ影響する。

現在のところ，なぜ Q_6 や Q_8 を選択的に生成させることができるのかはわかっていない。しかし，Wiebcke と Hoebbel は $[N(CH_3)_4]_{16}(Si_8O_{20})(OH)_8 \cdot 116H_2O$ という非常にたくさんの水和水を持つ化合物について，その単結晶構造解析の結果を元に，$N^+(CH_3)_4$ イオンの周りを多数の水分子が取り囲んでできた巨大な水和イオンが並んだ隙間に Q_8 が存在するような構造を持つ，一種のホスト-ゲスト化合物であると指摘している[17]。このことを元に考えると，溶液状態でも，巨大な有機第四アンモニウムの水和イオンがひしめく「隙間」にしかケイ酸アニオンの居場所はなく，その結果，「隙間」の大きさを反映する Q_6 とか Q_8 という構造のケイ酸アニオンしか生成しないのではないかと，筆者は考えている。

3.2.2 多面体ケイ酸アニオンのシリル化

ケイ酸アニオンのシリル化とは，

$$\equiv Si\text{-}O^- \rightarrow \equiv Si\text{-}O\text{-}SiR_3$$

というようにシリル基（$-SiR_3$）を導入する反応である。この反応はもともと，ケイ酸塩鉱物や溶液中のケイ酸アニオンの構造や分布状態を分析するための前処理の手段として Lentz によって開発された[18]。このため，多面体ケイ酸アニオンのシリル化も Lentz の方法を応用して行うことができ，実際，$Q_8M^H_8$ の合成に利用されている[19]。

しかし，分析の前処理というのは，多くの場合，分析しようとする物質（ここでは，ケイ酸アニオン）に対して大過剰量の試薬（シリル化剤）を用いるため，合成という観点から考えると，かなり効率の悪い反応である。そこで筆者らは，Q_8とモノクロロシラン（R_3SiCl）の反応について研究を行い，その結果，ギ酸のような有機酸の存在下で反応を行うと，

$Q_8 + 8H(CH_3)_2SiCl \rightarrow Q_8M^H_8$（収率：74％）

というように，化学量論量の$H(CH_3)_2SiCl$を用いるだけで，高収率で$Q_8M^H_8$を合成できることを見出した[20]。ただし，R_3SiClはR基の種類によってかなり反応性が異なるため[21]，どんなR_3SiClを用いる場合でも，有機酸を用いることで化学量論反応に近い条件でシリル化反応を行える，というものではない。

またQ_8とR_3SiClの反応では，溶媒の量がQ_8のシリル誘導体の収率に大きく影響する。このため，Q型ケージを大量に合成しようとする場合，単純に反応をスケールアップすると収率が下がってしまう。例えば，Q_8とトリメチルクロロシラン[$(CH_3)_3SiCl$]の反応の場合，溶媒（ヘキサン）の量を$(CH_3)_3SiCl$の量の1.33倍にするようにしてスケールアップを行うと，収率の低下を防ぐことができる[22]。

4　ヒドロシリル化反応

ヒドロシリル化反応は，多面体シルセスキオキサンを使った有機－無機ハイブリッドの合成において最も頻繁に利用されている反応である。この反応は，≡Si-H基を持つ化合物にC＝CあるいはC≡C結合を持つ化合物が，

≡Si-H + C＝C（あるいは，C≡C）→ ≡Si-C-C（あるいは，≡Si-C＝C）

というように付加し，新たにSi-C結合が生成するという反応である。多面体シルセスキオキサンのヒドロシリル化反応では触媒としてPt系触媒が使われることが多く，Ptのジビニルテトラメチルジシロキサン錯体，シクロペンタジエニル錯体，塩化白金酸などが利用されている。触媒の種類によってかなり活性に違いがあり，ジビニルテトラメチルジシロキサン錯体が最も高い活性を示すようである。

多面体シルセスキオキサン中の≡Si-H基のヒドロシリル化反応は，主に反マルコフニコフ則に従う[23]。つまり，この反応によって生成する有機－無機ハイブリッドの有機成分もまた一定の構造をとるため，多面体シルセスキオキサンのヒドロシリル化という手法により，有機，無機両成分の構造が制御されたハイブリッドを合成することができるといえる。

第1章　有機－無機ハイブリッドのプラットホームとしての多面体シルセスキオキサン

　こうした基礎的な研究を元に，ヒドロシリル化反応は様々な有機基を多面体シロキサン骨格上に導入できる手法として広く利用されており，さらには，分子設計という観点から有機－無機ハイブリッドの開発を行うこともできるようになった。ところがヒドロシリル化反応も万能ではなく，思わぬ副反応が起きることがある。

　例えば，一部にアリルアセトアセテート基が結合したZrのアルコキシドと$Q_8M^H_8$のヒドロシリル化反応を行うと，$Q_8M^H_8$のシロキサン骨格が壊れることが報告されている[24]。つまり，何のために多面体シルセスキオキサンを使ったのかがわからなくなってしまうようなことが起きてしまうのである。このため，当然のことではあるが，生成物のシロキサン構造を何らかの手段で確認することが必要である。

　なお，上記の反応では合成できない化合物は，まず$Q_8M^H_8$とアリルアセトアセテートを反応させ，次にこれによって得られる化合物をZrのアルコキシドと反応させることで合成できる。

　また，ヒドロシリル化反応において，T^H_8と$Q_8M^H_8$はわずかに異なる反応性を示す[25]。1分子中に存在する8個の$\equiv$Si-H基をヒドロシリル化しようとする場合，T^H_8では立方体ケージを構成するSi原子に$\equiv$Si-H基が存在するため，ケージの部分が立体障害となり，8個の$\equiv$Si-H基全てを反応させることができないことがある。一方，$Q_8M^H_8$では，立方体ケージからO-Si結合分だけ遠い位置に$\equiv$Si-H基が存在するため，立体障害が起こらない。よって，八置換物を容易に合成することができる。

5　シロキサン結合は安定なのか？

　前節で，ヒドロシリル化反応の際に$Q_8M^H_8$のシロキサン骨格が壊れることを述べたが，他にもシロキサン結合が切断される例がある。それは，$Q_8M^H_8$の$\equiv$Si-O-Si(CH$_3$)$_2$H結合の加水分解，また加アルコール分解反応である[26]。

　例えば，1gの$Q_8M^H_8$に126 cm^{3}のメタノールを加えると，最初は容器の底に$Q_8M^H_8$の白色粉末が沈殿しているが，室温で約30分撹拌すると，透明な溶液が得られる。この現象だけをみると，誰もが$Q_8M^H_8$がメタノールに溶けたと思うだろうが，実はそうではない。$Q_8M^H_8$が加アルコール分解してQ_8が生成したため，透明な溶液が生じたのである。

　同様に，水を含むTHF溶液に$Q_8M^H_8$を加えると，$\equiv$Si-O-Si(CH$_3$)$_2$H結合の加水分解が起きる。酸やアルカリ触媒を加えなくても反応が起きることを考えると，$\equiv$Si-O-Si(CH$_3$)$_2$H結合はTEOSの$\equiv$Si-O-C$_2$H$_5$よりも加水分解しやすいといえる。ただし，$Q_8M^H_8$の立方体骨格を構成するシロキサン結合，またQ_8のトリメチルシリル誘導体{Si$_8$O$_{20}$[Si(CH$_3$)$_3$]$_8$}の$\equiv$Si-O-Si(CH$_3$)$_3$結合は，$\equiv$Si-O-Si(CH$_3$)$_2$H結合が切断されるような条件下でも，安定に存在する。

このように，シロキサン結合の安定性，あるいは反応性は，Si原子に結合する官能基の種類によって大きく異なる。このため，シロキサン結合の安定性を過大評価すると，大きなけがをすることにもなりかねない。

ただし，負の側面ばかりでない。≡Si-O-Si(CH$_3$)$_2$H結合が容易に加水分解や加アルコール分解を受けるということは，有機合成において水酸基の保護基としてt-ブチルジメチルシリル基［-Si(CH$_3$)$_2$C(CH$_3$)$_3$］が使われるのと同様に，ジメチルシリル基がシラノール基の保護基として利用できることを示唆している。この反応を利用すると，さらに多様な材料の合成が可能になるだろう。

6 将来展望

多面体シルセスキオキサンのような合成に金がかかるものなんか，実用化できやしないなどといういやみを，筆者もずいぶん聞かされてきた。よく調べたり，考えればわかることなのだが，多面体シルセスキオキサンを製造しているメーカーは，それを使って自社でもハイブリッドの開発を行っている。つまり，多面体シルセスキオキサンを販売するというのは，ある意味，敵に塩を売る行為でもあるのだから，売値を高く設定するのは当たり前のことである。ついでにいえば，売値というものは原価に関係なく付けるものだし，高く売れればもうけも多いのだから，黎明期にわざわざ安く売ろうとする会社なんてないのが当然である。

それで手を引いた研究者を突き放すがごとく，すでに様々な有機－無機ハイブリッドが多面体シルセスキオキサンから合成されており，海外ではその一部はすでに製品として販売されている。光照射で架橋するような官能基を持つ多面体シルセスキオキサンが溶けた溶液が，スピンコーティングして光を当てれば薄膜が作れますよ，なんていう宣伝文句を付けられて市販され，多面体シルセスキオキサンの合成方法を知らない人でも薄膜を作成し，物性を研究している。20年以上前，筆者がQ$_8$の研究を始めたころには全く考えられない状況である。

このため筆者が将来を展望するのもおこがましい話ではあるが，いくらか述べると，多面体シルセスキオキサンの強みは，何といってもbuilding blockとして利用できる点である。

筆者自身，1990年代にQ$_8$とジメチルジクロロシラン［(CH$_3$)$_2$SiCl$_2$］の反応により有機－無機複合多孔体を合成するという研究を行っていた[27]。性能のよい多孔体ができれば何よりであったが，それよりも，Q$_8$を連結させて高次構造を作ることで，特定の物性を発現させるということが研究のメインテーマであり，これがbuilding blockの概念である。この研究は日本ではさっぱりだったが，アメリカでは不思議なくらいうけた。そして2000年以降になって「bottom-up approach」という名前で日本に逆輸入されると，不思議なことに日本の研究者がたくさん飛び

第1章　有機-無機ハイブリッドのプラットホームとしての多面体シルセスキオキサン

つき，苦笑したものである。

　それはいいとして，なぜ多孔体がターゲットだったのかといえば，材料の高次構造と物性の関係を簡単に示すことができるからである。ところが，同じ手法で多孔体を合成しようとしていたAgaskarは，多孔体を合成することができなかった[28]。そしてその後，Hoebbelらの研究で，立方体ケージ間の分子鎖長が長すぎても短すぎても，多孔性を示さないことが示された[29]。つまり，ケージをつなぐ分子鎖長によりケージの連結様式が変わると，多孔性を示すような網目構造からラメラ構造やカラム（柱状）構造のような別の高次構造に変化するものと理解することができる。

　こうして考えてみると，多孔体ができた，できないというのはかなり近視眼的な見方で，あまり重要なことではなく，様々な高次構造を組み立てることができ，その組み換えが比較的簡単に行えるということこそが重要であるといえる。このことは，まだ多くの可能性が眠っていることを示唆している。

　ただし，building blockをどう使うか？　などと大上段に構えてしまうと，どちらかというと哲学的な思考の世界に入ってしまって，なかなか手が出にくくなってしまいがちである。このため，多面体シルセスキオキサンを架橋性のある無機フィラーぐらいに考えて，応用分野を考える方が健全な材料開発の方法かもしれない。

　また例えば，立方体シロキサン骨格構造を持つ多面体シルセスキオキサンの場合，最大8種類の異なる反応性を示す官能基を導入することができる。これらを位置選択的に導入し，それぞれの官能基でそこでしか行うことができない反応を行うことができれば，分子設計を元にした合理的な材料合成の道も開けることと思う。ところが残念ながら，本稿でも述べたとおり，多面体シルセスキオキサンに利用できる反応は，ヒドロシリル化ぐらいしかないのが現状である。多面体シルセスキオキサンに対して適応できる反応の"底上げ"が必要であり，その分，課題がたくさん残されている研究分野であるということもできる。

文　　献

1) M. G. Voronkov and V.I. Lavrent'yev, *Top. Curr. Chem.*, **102**, 199 (1982)
2) R. Müller, F. Köhne, and S. Sliwinski, *J. Prakt. Chem.*, **9**, 71 (1959)
3) P. A. Agaskar, *Inorg. Chem.*, **30**, 2707 (1991)
4) I. Hasegawa, S. Sakka, Y. Sugahara, K. Kuroda, and C. Kato, *J. Ceram. Soc. Jpn.*, **98**, 647 (1990)
5) J. D. Lichtenhan, Y. A. Otonari, and M. J. Carr, *Macromolecules*, **28**, 8435 (1995)

6) J. D. Lichtenhan, N. Q. Vu, J. A. Carter, J. W. Gilman, and F. J. Feher, *Macromolecules*, **26**, 2141 (1993)
7) P. A. Agaskar, V. W. Day, and W. G. Klemperer, *J. Am. Chem. Soc.*, **100**, 5554 (1987)
8) D. Hoebbel and W. Wieker, *Z. Anorg. Allg. Chem.*, **384**, 43 (1971)
9) I. Hasegawa, K. Kuroda, and C. Kato, *Bul. Chem. Soc. Jpn.*, **59**, 2279 (1986)
10) D. Hoebbel, G. Garzó, G. Engelhardt, R. Ebert, E. Lippmaa, and M. Alla, *Z. Anorg. Allg. Chem.*, **465**, 15 (1980)
11) D. Hoebbel, A. Vargha, G. Engelhardt, and K. Újszászy, *Z. Anorg. Allg. Chem.*, **509**, 85 (1984)
12) I. Hasegawa and S. Sakka, *Chem. Lett.*, **17**, 1319 (1988)
13) M. Z. Asuncion, I. Hasegawa, J. W. Kampf, and R. M. Laine, *J. Mater. Chem.*, **15**, 2114 (2005)
14) I. Hasegawa, S. Sakka, K. Kuroda, and C. Kato, *Bull. Inst. Chem. Res., Kyoto Univ.*, **65**, 192 (1988)
15) D. Hoebbel, P. Starke, and A. Vargha, *Z. Anorg. Allg. Chem.*, **530**, 135 (1985)
16) I. Hasegawa, S. Sakka, Y. Sugahara, K. Kuroda, and C. Kato, *J. Chem. Soc., Chem. Commun.*, 208 (1989)
17) M. Wiebcke and D. Hoebbel, *J. Chem. Soc., Dalton Trans.*, 2451 (1992)
18) C. W. Lentz, *Inorg. Chem.*, **3**, 574 (1964)
19) P. A. Agaskar, *Inorg. Chem.*, **29**, 1603 (1990)
20) I. Hasegawa, R. M. Laine, M. Z. Asuncion, and N. Takamura, US Patent 2005/0142054 (June 30, 2005)
21) I. Hasegawa, T. Niwa, and T. Takayama, *Inorg. Chem. Commun.*, **8**, 159 (2005)
22) I. Hasegawa, K. Ino, and H. Ohnishi, *Appl. Organomet. Chem.*, **17**, 287 (2003)
23) I. Pitsch, D. Hoebbel, H. Jancke, W. Hiller, *Z. Anorg. Allg. Chem.*, **596**, 63 (1991)
24) D. Hoebbel, T. Reinert, K. Endres, and H. Schmidt, 'Proceedings of the 1st European Workshop on Hybrid Organic-Inorganic Materials,' ed. by C. Sanchez and F. Ribot, Bierville, France,1993, pp. 319-323
25) I. Majoros, T. M. Marsalko, and J. P. Kennedy, *Polym. Bull.*, **38**, 15 (1997)
26) I. Hasegawa, W. Imamura, and T. Takayama, *Inorg. Chem. Commun.*, **7**, 513 (2004)
27) I. Hasegawa, M. Ishida, and S. Motojima, 'Proceedings of the First European Workshop on Hybrid Organic-Inorganic Materials', ed. by C. Sanchez and F. Ribot, Bierville, France,1993, pp. 329-332
28) P. A. Agaskar, *J. Am. Chem. Soc.*, **111**, 6858 (1989)
29) D. Hoebbel, K. Endres, T. Reinert, and I. Pitsch, *J. Non-Cryst. Solids*, **176**, 179 (1994)

第2章　シルセスキオキサンを用いた有機－無機ハイブリッド材料

岩村　武[*1]，坂口眞人[*2]，中條善樹[*3]

1　はじめに

近年，シルセスキオキサンに対する関心は様々な研究分野で高まってきている。特にシルセスキオキサンの構造は多様であり，図1のようにランダム構造，ラダー構造，かご構造，不完全縮合かご構造が知られている[1]。その中でもかご構造のシルセスキオキサンは，完全に閉じた構造であるために，シリカモデルとしての単一構造を有しているというだけでなく，その構造のユニークさからも研究者の興味をかき立てる魅力を持っている。かご型シルセスキオキサンの場合，その大きさは1～3nmであることからナノスケールフィラーとしての検討が行われている[2,3]。このようなシルセスキオキサン誘導体はクロロシランとの反応[4]，ヒドロシリル化反応[5]，Suzukiカップリング[6]などの反応により容易に官能基を導入することができるために，溶媒に対する溶解性や有機ポリマーに対する分散性を制御しやすい。このような特徴の活用により，構造材料，光学材料，電子材料などの様々な分野で新しい特性を有する材料が創製されると考えられる。現在のところ，かご構造を用いることでかご構造特有の物性を発現した例は見出されていないようであるが，かご内部の空間を利用することにより，低誘電率材料が得られる可能性が考えられる。本章では，かご型シルセスキオキサンのように形が明らかなものをビルディングブロックとした高分子合成ならびに材料合成を中心に述べる。

2　シルセスキオキサン骨格を有する有機－無機ハイブリッドポリマー

シルセスキオキサンに重合性官能基を導入後，単独重合あるいは共重合を行うことにより，シルセスキオキサン骨格を有する有機－無機ハイブリッドポリマーの合成が検討されている。

---

*1　Takeru Iwamura　静岡県立大学　環境科学研究所　反応化学研究室　助教
*2　Masato Sakaguchi　静岡県立大学　環境科学研究所　反応化学研究室　教授
*3　Yoshiki Chujo　京都大学　大学院工学研究科　高分子化学専攻　重合化学研究室　教授

ランダム構造　　　　　　　　　ラダー構造

かご構造　　　　　　　　　不完全縮合かご構造

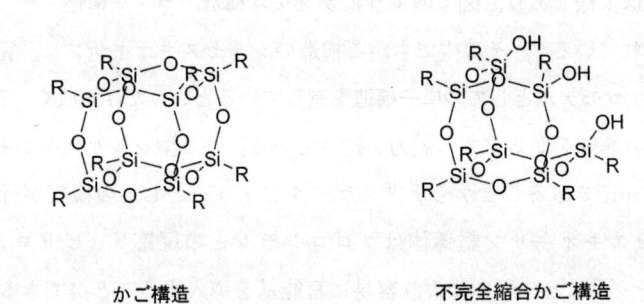

図1　シルセスキオキサンの構造

Haddadらは不完全縮合かご構造のシルセスキオキサンにスチリルエチルトリクロロシランを反応させ，スチレンにシルセスキオキサン骨格を導入したモノマー（2a, 2b）を合成し，ラジカル重合により単独重合体（3a, 3b）および共重合体（4a, 4b）を得ている。これらのポリマーはシルセスキオキサンの導入により耐熱性が向上している。例えば，4-メチルスチレンの単独重合体の10％重量減少温度（T_{d10}）は388℃であるが，かご型シルセスキオキサンが導入された単独重合体 3a は $T_{d10} = 445$ ℃になる（図2）[4]。

不完全縮合かご構造のシルセスキオキサンと重合性官能基を有するクロロシランを反応させることにより，メタクリル酸メチル系モノマー[7]，オレフィン系モノマー[8]，エポキシ系モノマー[9]，ノルボルネン系モノマー[10]などが合成され，それぞれ重合が検討されている（図3）。

上記の方法を活用することにより，シルセスキオキサンユニット（xユニット）と液晶ユニット（yユニット）を有する共重合体が合成されている。この系では，シルセスキオキサンユニットが10％以下の共重合体でスメクチック相を示し，yユニットからなる単独重合体と比較して熱安定性も向上している（図4）[11]。

ビピリジン，シルセスキオキサン，N,N-ジメチルアクリルアミドユニットからなるターポリ

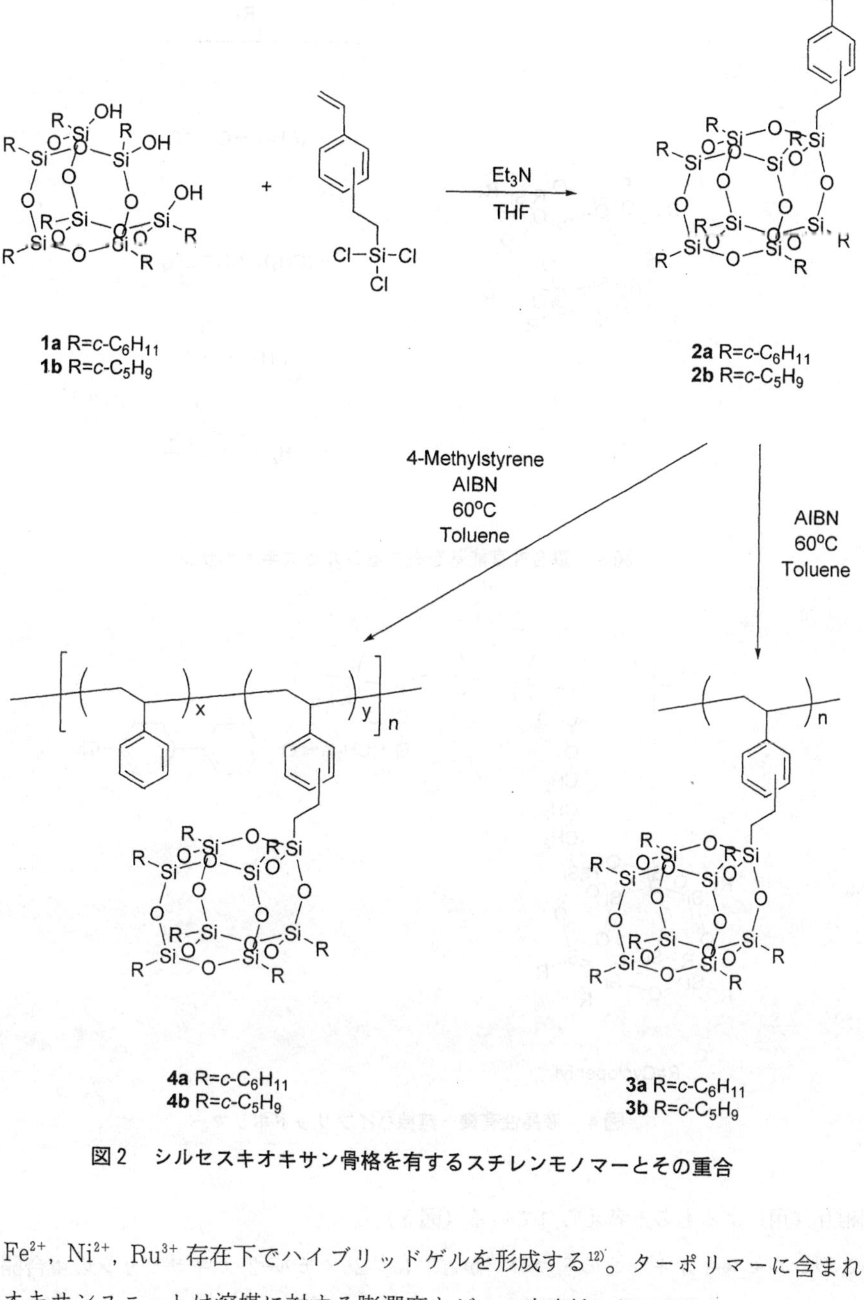

第2章 シルセスキオキサンを用いた有機−無機ハイブリッド材料

図2 シルセスキオキサン骨格を有するスチレンモノマーとその重合

マーは，Fe^{2+}，Ni^{2+}，Ru^{3+} 存在下でハイブリッドゲルを形成する[12]。ターポリマーに含まれるシルセスキオキサンユニットは溶媒に対する膨潤度とゲルの安定性に深く関与している。例えば，メタノール中ではシルセスキオキサンユニットの有無に関わらず溶媒に対する膨潤度に大きな変化は認められないが，水中ではシルセスキオキサンユニット比が高くなるにつれて溶媒に対する安定性が増す。これはシルセスキオキサンユニットが有するシクロペンチル基同士の疎水的な分

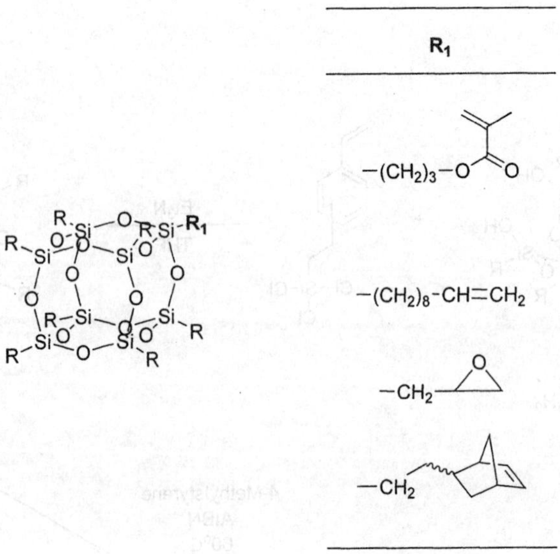

図3 重合性官能基を有するシルセスキオキサン

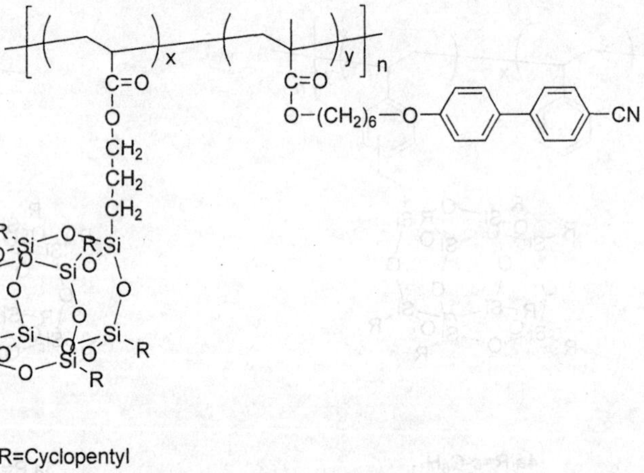

図4 液晶性有機－無機ハイブリッドポリマー

子間相互作用によるものと考えられている（図5）。

かご型シルセスキオキサンの8つの"かど"に，2-メチル-2-オキサゾリンの重合開始活性を有する官能基を導入した8官能性開始剤を合成し，これを開始剤として2-メチル-2-オキサゾリンのリビング重合を行うことによりスターポリマーを合成している。リビング重合を利用していることによりスターポリマーの高分子鎖長の制御が可能であるので，スターポリマーの熱物性の制御が容易である（図6）[13]。

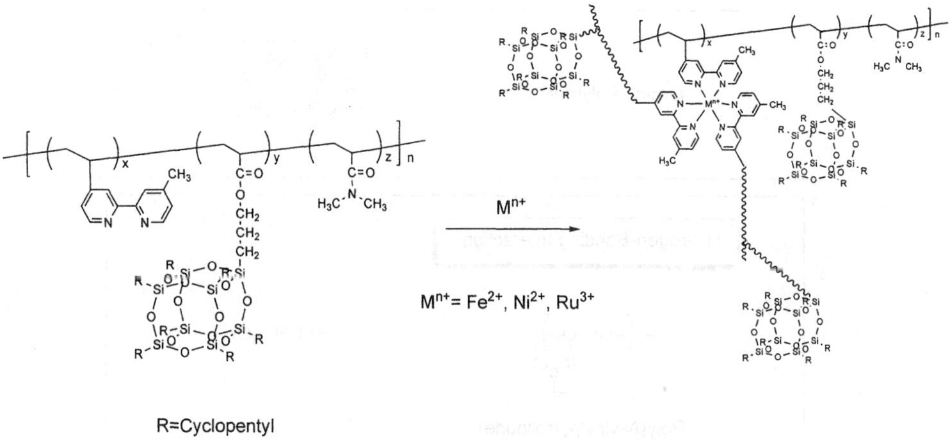

第 2 章　シルセスキオキサンを用いた有機－無機ハイブリッド材料

図5　有機－無機ハイブリッドゲル

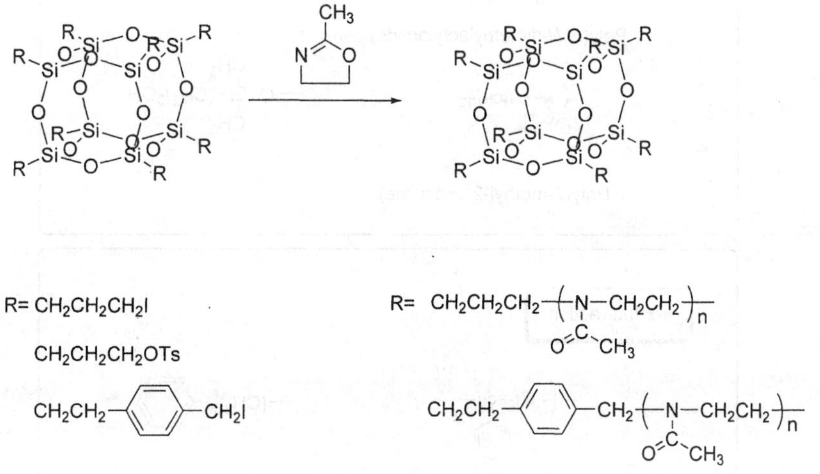

図6　シルセスキオキサン骨格を利用したスターポリマー

3　ナノフィラーとしてシルセスキオキサンを利用した有機－無機ポリマーハイブリッド

　有機－無機ポリマーハイブリッド材料を合成するには有機ポリマーと無機物間の適切な分子間相互作用を設定しないと透明かつ均一な材料を得ることができない。かご型シルセスキオキサンをポリマーハイブリッド材料の無機成分として用いる場合，8つの"かど"に種々の官能基を導入することにより，閉じた構造のガラスとも言えるシルセスキオキサンをナノフィラーとして利用することが可能となり，結果として有機－無機ポリマーハイブリッド材料を合成することがで

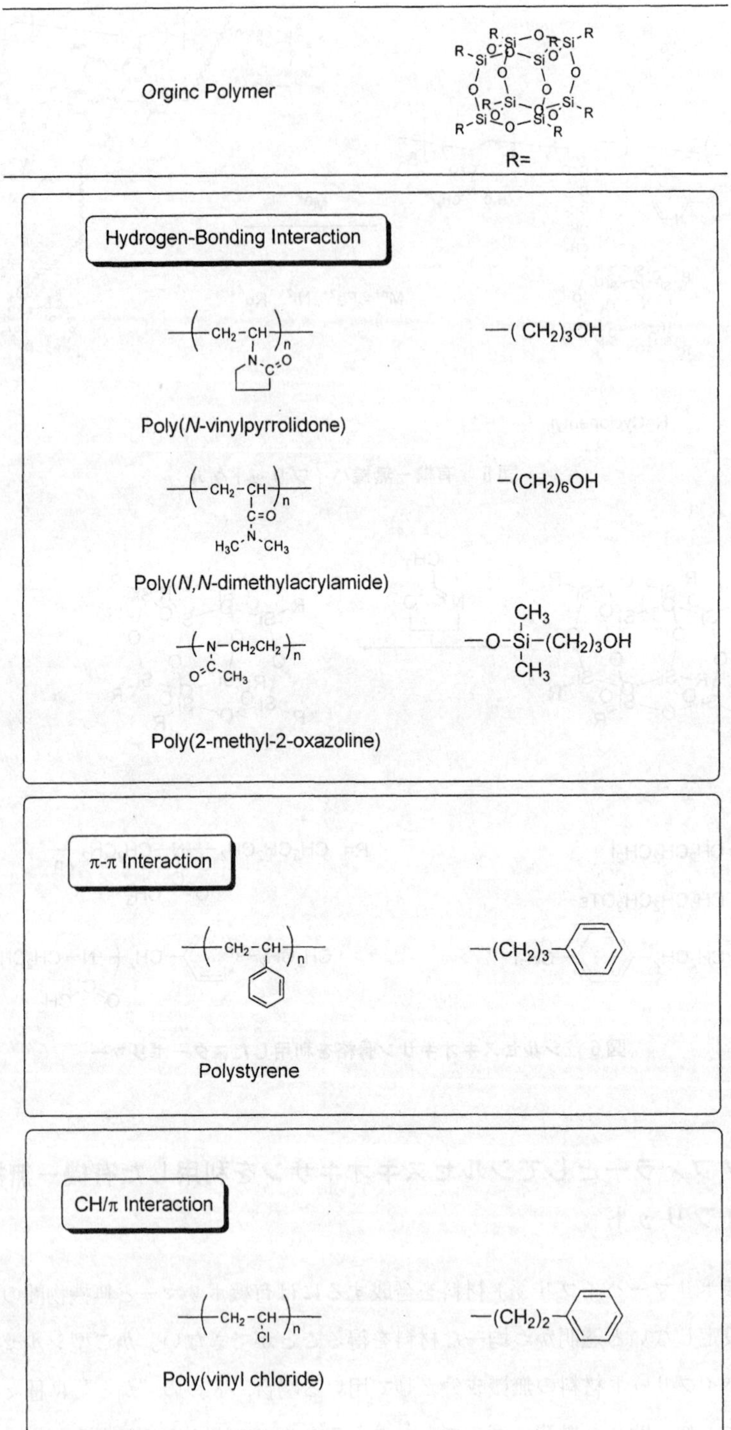

図7 有機ポリマーとシルセスキオキサンの有機−無機ポリマーハイブリッド

第2章 シルセスキオキサンを用いた有機−無機ハイブリッド材料

きる。例えば，ポリ（*N*-ビニルピロリドン）（PVP），ポリ（*N,N*-ジメチルアクリルアミド）（PDMAAm），ポリ（2-メチル-2-オキサゾリン）（POZO）などの有機ポリマーと水酸基を有するかご型シルセスキオキサンのポリマーハイブリッドの場合には，有機ポリマー側鎖のカルボニル基とかご型シルセスキオキサンの水酸基との間で水素結合を形成し，透明かつ均一なポリマーハイブリッドが得られる[14]。他にもπ-π相互作用[15]やCH/π相互作用[16]を有機−無機成分間の相互作用として利用することにより，ポリスチレンやポリ塩化ビニルとのポリマーハイブリッドを合成することができる。

4 シルセスキオキサンとアルコキシシランのゾル−ゲル反応を利用した有機−無機ポリマーハイブリッド

ゾル−ゲル反応により合成した有機−無機ポリマーハイブリッド材料は透明・均一な特性を有するだけでなく，一般的に非常に緻密で機械的強度に優れている。しかし，ゾル−ゲル反応で形成される無機酸化物は無秩序で精密な制御が困難なマトリックスであるのに対し，かご型シルセスキオキサンは閉じた構造を有するシリカ類似体であることから，比較的容易に無機マトリックスの制御が可能になり，結果として諸物性の制御ができるようになる。例えばPOZO-シリカハイブリッドをメタノールで抽出するとPOZOが抽出されるが，POZO-アミノプロピルシルセスキオキサン-シリカハイブリッドはメタノールに対して耐溶剤性を示す。これはアミノプロピル

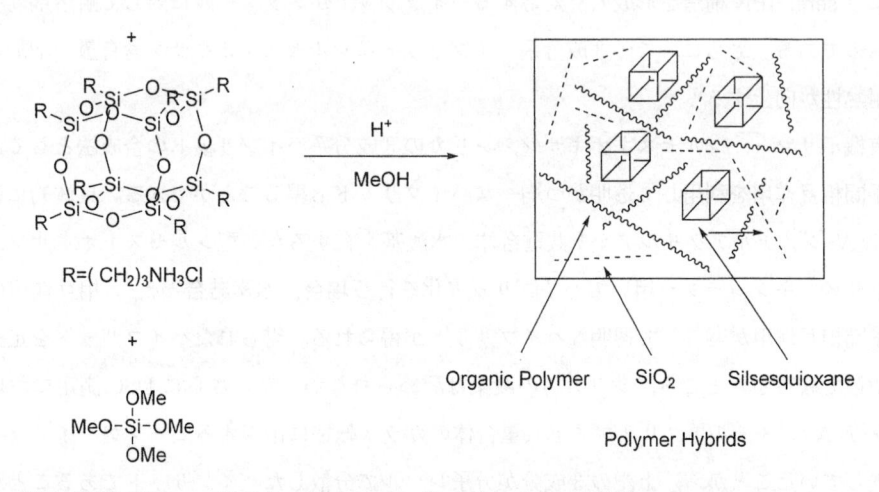

図8 有機ポリマー／シルセスキオキサン／シリカの有機−無機ポリマーハイブリッド

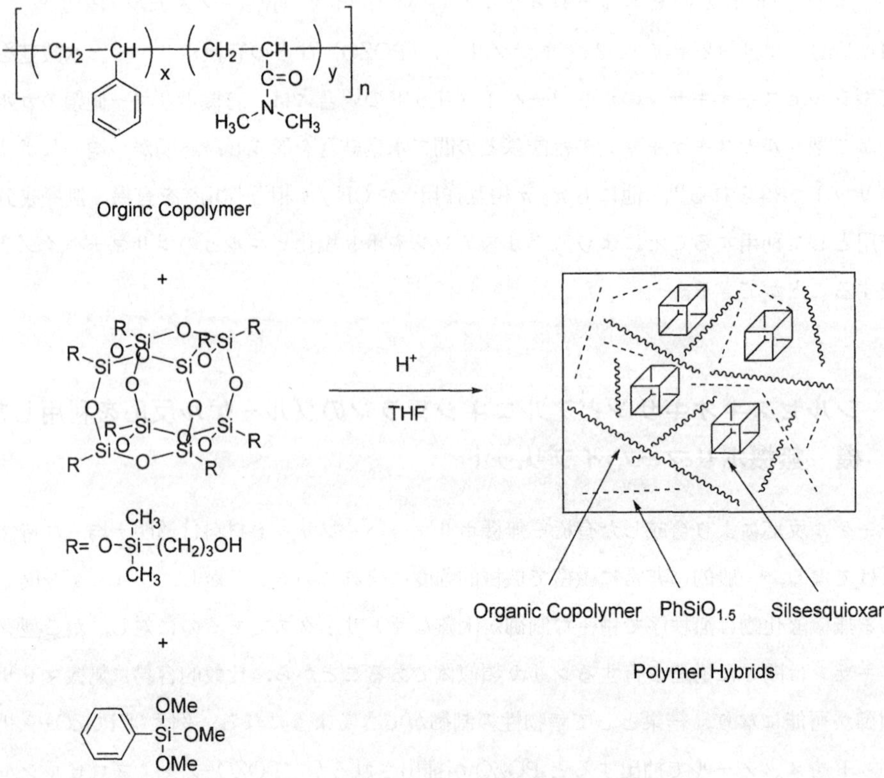

図9 有機コポリマー／シルセスキオキサン／シリカの有機－無機ポリマーハイブリッド

シルセスキオキサンがPOZOおよびシリカの両マトリックスに対して水素結合を形成することによりsemi-IPN構造を形成し，対応するハイブリッドがメタノールに対して耐溶剤性を獲得したものである。さらに，この3成分系ハイブリッドはシルセスキオキサン含有量の増加にともない耐熱性が向上する[17]。

有機ポリマー，シルセスキオキサン，シリカの3成分系ハイブリッドの合成法として，2種の分子間相互作用を利用して透明かつ均一なハイブリッドも得ることができる。具体的にはスチレン-N,N-ジメチルアクリルアミド共重合体，水酸基を有するかご型シルセスキオキサン，フェニルトリメトキシシランを用いてハイブリッド化を行う場合，水素結合とπ-π相互作用の二種の分子間相互作用が関与して透明なハイブリッドが得られる。得られたハイブリッドを走査型電子顕微鏡で観察したところ，シリカ等の凝集は認められなかった。さらにDSC測定においてスチレン-N,N-ジメチルアクリルアミド共重合体のガラス転移に由来するピークがハイブリッドでは消失していたことから，上記の3成分が分子レベルで分散したハイブリッドであることが明らかになった[18]。

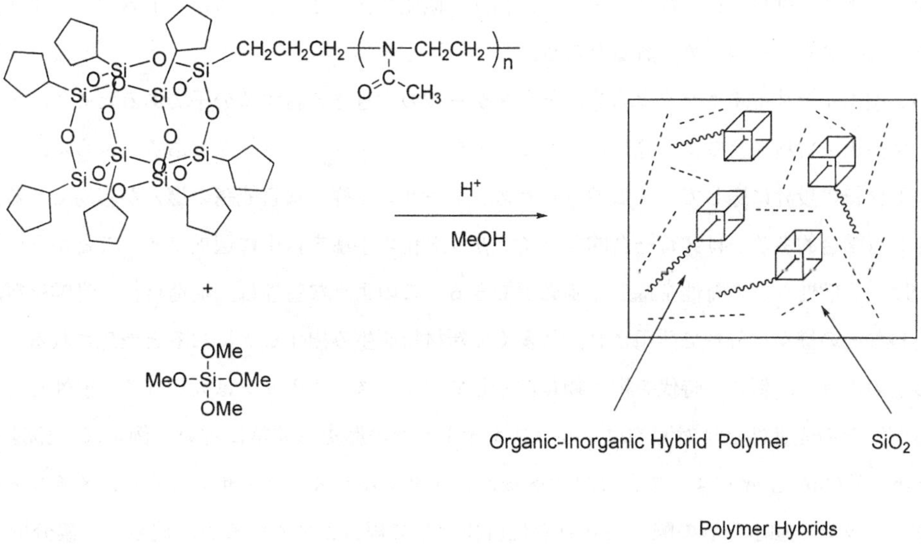

第2章 シルセスキオキサンを用いた有機－無機ハイブリッド材料

図10 有機－無機ハイブリッドポリマー／シリカの有機－無機ポリマーハイブリッド

シクロペンチル基などの疎水的な官能基を有するシルセスキオキサンをハイブリッド化させる方法として，シルセスキオキサンをPOZOなどの極性ポリマーの末端に導入したポリマーとして利用することにより，シリカとのハイブリッドを合成することができる。具体的には，7つのシクロペンチル基を有するシルセスキオキサンをPOZOの末端に導入したポリマー存在下，テトラメトキシシラン（TMOS）のゾル－ゲル反応を行うことにより透明かつ均一なポリマーハイブリッドが得られる。末端にシルセスキオキサンを導入していないPOZOとTMOSを用いて合成したハイブリッドではメタノール抽出により有機ポリマーであるPOZOを70.7％回収したが，これに対して末端にシルセスキオキサンを導入したPOZOとTMOSを用いて合成したハイブリッドでは回収率は3.5％となり優れた耐溶剤性を有することが明らかになった[19]。

5 おわりに

2000年に米国のクリントン大統領が提起したNNI（国家ナノテクノロジー計画）により，米国のみならず，我が国でもナノテクノロジー分野の研究は飛躍的な発展を遂げた。特に，量子サイズ効果など，ナノスケールで発現する興味深い現象が多数報告されるようになり，今後のナノテクノロジー研究の益々の発展が期待される。今日，ナノテクノロジーは様々な産業分野の共通基盤技術としての地位を確立し，情報技術（IT）やバイオテクノロジー等の分野では，今後ナノテクノロジーを抜きにして十分な成長は見込めない状況になってきた。これからは，トップダウ

ン手法による微細化とは異なる，意図した物性・機能を発現させるためのボトムアップ手法によるナノテクノロジーが求められるだろう。

　かご型シルセスキオキサンは自身がナノスケールの大きさを有する分子であるために，ボトムアップ型ナノ材料を合成する際には極めて有力なビルディングブロックである。さらに，ハイブリッド材料の設計に際して，かご型シルセスキオキサンは様々な官能基の導入が容易であるために非共有結合的あるいは共有結合的なハイブリッド化の手法を自由に選択できることから，材料の密度や分散性などの特性を幅広く制御ができる。このような特性は，構造材料，光学材料，電子材料などの様々な分野で活用され，数多くの新材料を生み出すことになると予想される。

　以上のように，新しい時代を担う物質群としてシルセスキオキサンは大いなる可能性を持っているが，その先進性とは対照的にシルセスキオキサンの歴史は非常に古い。例えば，1954年にSprungとGuentherによって，オクタメチルオクタシルセスキオキサン（T_8）はメチルトリエトキシシランの加水分解の際に得られる化合物として報告されているが，彼らは元素分析，IRスペクトル，分子模型を用い，その構造が"かご型"であることを指摘している[20]。先人は豊かな想像力と限られた分析法を活用し，かご構造を指摘した。今日，私達は様々な分析機器を活用し構造解析を行っているが，これらの分析機器の活用に加えて先人の豊かな創造力から学ぶことにより，さらなるシルセスキオキサン化学の発展と，これを基盤とした新材料の創製が実現するものと確信している。

文　献

1) R. H. Baney, M. Itoh, A. Sakakibara, and T. Suzuki, *Chem. Rev.*, **95**, 1409 (1995)
2) C. U. Pittman, Jr., G.-Z. Li, and H. Ni, *Macromol. Symp.*, **196**, 301 (2003)
3) Y. Zhao, and D. A. Schiraldi, *Polymer*, **46**, 11640 (2005)
4) T. S. Haddad, and J. D. Lichtenhan, *Macromolecules*, **26**, 7302 (1996)
5) C. Zhang and R. M. Laine, *J. Am. Chem. Soc.*, **122**, 6979 (2000)
6) C. M. Brick, Y. Ouchi, Y. Chujo, and R. M. Laine, *Macromolecules*, **38**, 4661 (2005)
7) J. D. Lichtenhan, Y. A. Otonari, and M. J. Carr, *Macromolecules*, **28**, 8435 (1995)
8) A. Tsuchida, C. Bolln, F. G. Sernetz, H. Frey, and R. Mulhaüpt, *Macromolecules*, **30**, 2818 (1997)
9) A. Lee, and J. D. Lichtenhan, *Macromolecules*, **31**, 4970 (1998)
10) P. T. Mather, H. G. Jeon, and A. Romo-Uribe, T. S. Haddad, and J. D. Lichtenhan, *Macromolecules*, **32**, 1194 (1999)

11) K.-M. Kim, and Y. Chujo, *J. Polym. Sci. :Part A: Polym. Chem.*, **39**, 4035 (2001)
12) K.-M. Kim, and Y. Chujo, *J. Mater. Chem.*, **13**, 1384 (2003)
13) K.-M. Kim, Y. Ouchi, and Y. Chujo, *Polym. Bull.*, **49**, 341 (2003)
14) K.-M. Kim, T. Inakura, and Y. Chujo, *Polym. Bull.*, **46**, 351 (2001)
15) 玉城亮, "New Preparative Methods for Organic-Inorganic Polymer Hybrids", 京都大学院工学研究科平成10年度博士論文, p.167 (1998)
16) T. Iwamura, K. Adachi, and Y. Chujo, *Polym. Prep. Jpn.*, **54**, 525 (2005)
17) K.-M. Kim, K. Adachi, and Y. Chujo, *Polymer*, **43**, 1171 (2002)
18) K.-M. Kim, and Y. Chujo, *J. Polym. Sci. :Part A: Polym. Chem.*, **41**, 1306 (2003)
19) K.-M. Kim, D.-K. Keum, and Y. Chujo, *Macromolecules.*, **36**, 867 (2003)
20) M. M. Sprung, and F. O. Guenther, *J. Am. Chem. Soc.*, **77**, 3990 (1954)

第3章 不完全縮合型シルセスキオキサンの合成と応用展開

山廣幹夫[*1]，及川尚夫[*2]

1 はじめに

　有機－無機ナノハイブリッド材料は，それぞれの性質の単なる重ね合わせを超える効果が期待されていることから，基礎研究のみならず実用化レベルに達したものまで，様々なステージにおいて研究開発が進められている。特にシリカやシリコーンなどに代表されるケイ素－酸素化合物は，分子設計の簡便性に加え，有機材料単独では見られない特異的な機能を発現することから，有機－無機ナノハイブリッド材料の無機成分として多く利用されている[1]。トリクロロシランやトリアルコキシシラン類の加水分解・縮合によって得られるカゴ型シルセスキオキサンは，シロキサン結合（Si-O-Si）から成るカゴ型の無機骨格を有し，且つ各ケイ素原子に有機基が結合した構造体である。ケイ素原子に結合する有機基として，反応（重合）性基や極性置換基など幅広い有機基を選択出来る利点があることから，各種の高分子材料との親和性の制御や，反応性を付与することが可能であり，格好の研究対象となっている[2]。

　筆者らは，各種トリアルコキシシランを用いた加水分解縮合反応によって，フルオロアルキル基やフェニル基などを有機基（R）とする，不完全縮合型シルセスキオキサン化合物（$T^R_4D^R_3(ONa)_3$，$T^R_4D^R_4(ONa)_4$）の選択的な合成に成功し，各種クロロシラン類との反応による官能基導入の簡便性と，有機－無機ナノハイブリッド材料の前駆体としての有用性について報告してきた[3,4]。

　本稿では，まず筆者らが検討してきた新規シルセスキオキサン化合物の種類とその合成法について述べる。さらに，当該化合物を前駆体とした各種有機－無機ナノハイブリッド型高分子への応用例についても紹介する。

[*1] Mikio Yamahiro　チッソ石油化学㈱　五井研究所　研究第3センター　第33Gグループサブリーダー

[*2] Hisao Oikawa　チッソ石油化学㈱　五井研究所　研究第2センター　第21G　研究員

第3章 不完全縮合型シルセスキオキサンの合成と応用展開

2 新規シルセスキオキサン誘導体の合成

シルセスキオキサンとは，ケイ素原子の4本ある結合手のうち，1本に有機基（あるいは水素原子）が結合し，残る3本に酸素原子が結合した，T単位から成る有機ケイ素化合物の総称である。その構造は，一定の構造式で表すことの出来ないランダム構造から，構造式で正確に構造を示すことの出来るラダー構造やケージ構造，さらにケージ構造のシロキサン結合の一部分が開裂した部分ケージ構造など，様々な構造体が知られている（図1）[5]。

これらのシルセスキオキサン類は，一般的にジアルキル型のシリコーンと同様に有機溶剤に可溶であるが，シリコーンと比較すると無機成分であるシロキサン結合部を多く含むことから，耐熱性や耐候性に優れた素材としての利用が期待できる[2]。特に，構造の明確な低分子のシルセスキオキサンは，LichtenhanやLaineらによって精力的に研究が進められており，残存するシラノールとクロロシランとの反応で，各種の官能基が導入できることが報告されている[2,6]。

著者らは，構造の明確なシルセスキオキサンの創製を目指し，図2に示すようなシルセスキオキサン化合物を選択的に合成することに成功した[3,4]。得られたシルセスキオキサン化合物は，各種の官能基を容易に導入することが出来，重合開始機能を有する官能基を導入すれば，シルセ

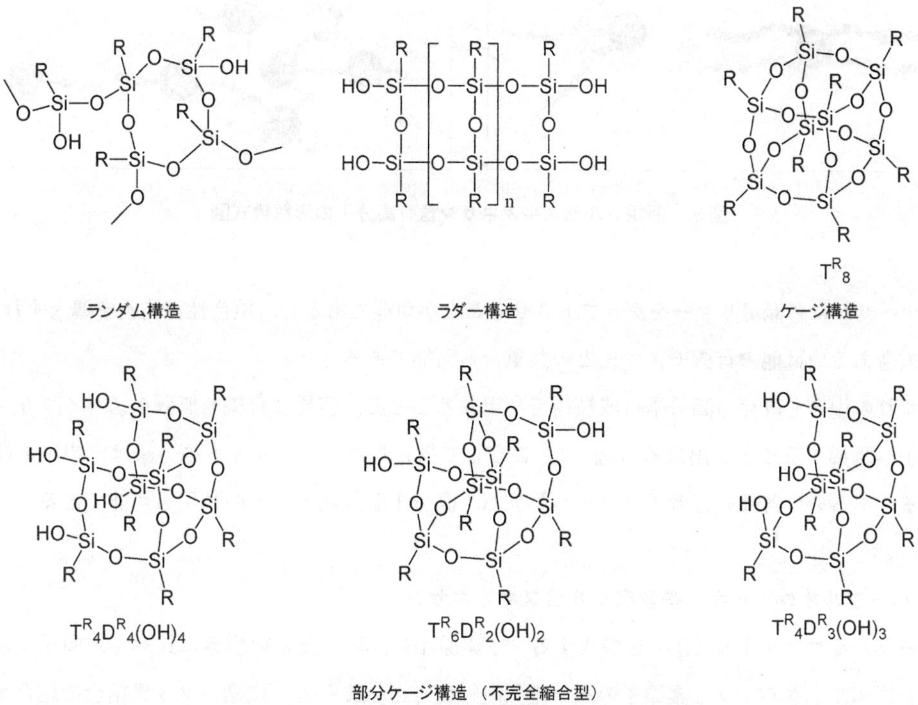

ランダム構造　　　ラダー構造　　　ケージ構造 T^R_8

$T^R_4 D^R_4 (OH)_4$　　　$T^R_6 D^R_2 (OH)_2$　　　$T^R_4 D^R_3 (OH)_3$

部分ケージ構造（不完全縮合型）

図1　シルセスキオキサン化合物の種類と構造

図2 新規シルセスキオキサン化合物の種類と構造

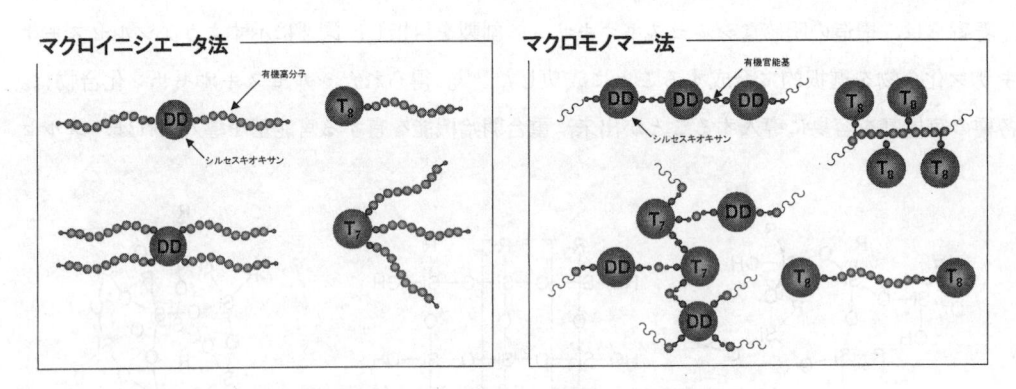

図3 新規シルセスキオキサン含有高分子の形態模式図

スキオキサンに有機ポリマーをグラフトさせることが可能であるし，重合性官能基を導入すれば，単独重合あるいは他の有機モノマーとの共重合も可能である。

いずれの場合も既存の高分子合成技術を利用することで，容易に有機－無機ナノハイブリッド高分子へ誘導することが出来る（図3）。こうして得られたハイブリッド高分子は，単独で機能させる，あるいは各種の有機ポリマーへ添加し，高分子改質剤としての利用も可能である。

2.1 パーフルオロアルキル基含有シルセスキオキサン

パーフルオロアルキル（R_f）を構成するフッ素原子は，同族元素の塩素に比べて，原子半径および分極率が小さく，フッ素原子の高い電気陰性度とあいまって，炭素－フッ素結合の結合エネルギーが大きいために，結合距離が短くなり，炭素鎖の周囲をフッ素原子が隙間無く埋め尽くし

第3章 不完全縮合型シルセスキオキサンの合成と応用展開

た構造となっている。その際、分子内のフッ素原子同士の反撥によって、縄をより合わせた様な剛直分子を形成しており、結果的に優れた耐熱性、耐候性、耐薬品性が実現できる。炭素-フッ素の分極率は、塩素の場合と比較して極めて低く、結果として、分子間凝集力が小さくなり表面自由エネルギーの低い表面、すなわち優れた撥水・撥油性、防汚性、非粘着性を得ることができる[7]。

筆者らは、カゴ型シルセスキオキサンの表面・界面での利用に鑑み、界面における自由エネルギーに対して支配的であるエンタルピー項およびエントロピー項のバランスを考慮した材料設計に想到した。すなわちエンタルピーの寄与を大きく（表面自由エネルギーの低減）し、エントロピー項の寄与を小さくする（外部環境に対する分子運動性の低減）ためには、適切な R_f 基の選択に加え、バルキーなシルセスキオキサン骨格との複合化が最も理想的であると考えられる。スキーム1にパーフルオロアルキル基含有シルセスキオキサン化合物（$T^{Rf}_4 D^{Rf}_3 (ONa)_3$, R_f:-$C_2H_4CF_3$）の合成例を示す[3]。

本手法により得られた加水分解物を単離し、トリメチルシリルクロライド（TMS-Cl）を用いてシリル化を行った後、各種の分光学的手法（IR, ^{1}H, ^{13}C, ^{29}Si NMR, EI-MS, X線結晶構造解析）によって構造確認を行った。その結果、定量的、且つ高純度（99 %）の $T^{Rf}_4 D^{Rf}_3 [OSi(CH_3)_3]_3$ が得られていることが判った。この結果は、シリル化前の化合物である $T^{Rf}_4 D^{Rf}_3 (ONa)_3$ が定量的且つ高純度で得られていることを示している。

次に、γ-メタクリロキシプロピルトリクロロシラン（MOPS）を用いたコーナーキャッピング反応により得られる、メタクリル基含有パーフルオロアルキルシルセスキオキサン化合物（T^{Rf}_7

スキーム1

T^{MA})の誘導例について述べる(スキーム1)。$T^{Rf}_4D^{Rf}_3(ONa)_3$ と MOPS との反応は,TMS-Clの場合と同様に求核反応で進行する。しかしながら MOPS の様な3官能型のクロロシランの場合,O-Na と Si-Cl との反応をよりパーフェクトに進行させることが困難となってくる。キャッピング不足のシルセスキオキサン化合物は化学的に不安定であり,メタノールなどのプロトン性溶媒によって容易に分解される。この性質を利用した洗浄法によって,高純度の $T^{Rf}_7T^{MA}$ を得ることが可能であるが,如何に反応率をアップさせるかが工業化の鍵となってくる。筆者らは,収率向上のための反応条件設定に多くの工夫を重ねた結果,高収率且つ高純度の $T^{Rf}_7T^{MA}$ 製造が実現している。

筆者らは,アゾビスイソブチロニトリルを開始剤として,$T^{Rf}_7T^{MA}$ とメタクリル酸メチル(MMA)とのラジカル共重合を行い,非線形最小二乗法(Nonlinear least squares method)を用いて $T^{Rf}_7T^{MA}$ のモノマー反応性評価を行った(表1)[8]。モノマー反応性比の積からも判る様,

表1 $T^R_7T^{MA}$ のモノマー反応性

$T^R_7T^{MA}$	r_1(シルセスキオキサン)	r_2(MMA)	$r_1 \cdot r_2$
$T^{Rf}_7T^{MA}$	0.59	1.61	0.95
$T^{CyP}_7T^{MA}$ [8]	0.84	1.47	1.23
$T^{i-Bu}_7T^{MA}$ [8]	0.58	1.61	0.94
$T^{i-Oc}_7T^{MA}$ [8]	0	1.87	0
$T^{Ph}_7T^{MA}$ [8]	0.25	1.29	0.32

CyP:Cyclopentyl, i-Bu:i-butyl, i-Oc:i-octyl

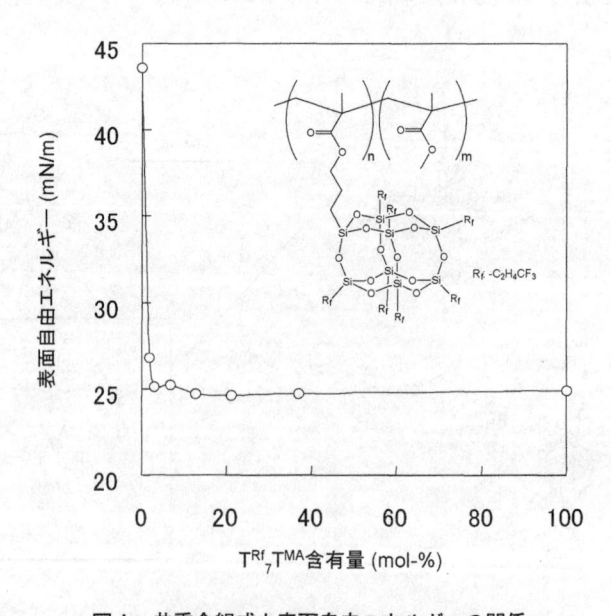

図4 共重合組成と表面自由エネルギーの関係

第3章　不完全縮合型シルセスキオキサンの合成と応用展開

ほぼ理想共重合で反応が進行していることが示唆され，他の有機基を有するメタクリル官能カゴ型シルセスキオキサンと比べても，$T^{Rf}_7T^{MA}$ は良好な反応性を有していることが判る。

ここでは，得られた共重合体を用い，ガラス基板上へスピンキャスト法による薄膜を形成させ，接触角法による表面特性の解析を行った。その結果，わずかな $T^{Rf}_7T^{MA}$ の導入量であるにも係わらず，表面自由エネルギーの著しい低下が見られた（図4）。これらの結果は，$T^{Rf}_7T^{MA}$ と有機モノマーとの共重合による分子レベルでのハイブリッド化が容易であり，且つ，少量で大きな機能を発揮する表面改質目的のモノマーとして有用であることを示している。またフッ素系重合体であるにもかかわらず，汎用的な有機溶剤（アセトン，酢酸エチルなど）に可溶であり，撥水・撥油剤として幅広い用途展開が期待される。

2.2 ダブルデッカー型フェニルシルセスキオキサン

有機ポリマーの主鎖へのシルセスキオキサン導入は，耐熱高分子材料の設計を行う上で，極めて興味深い。直鎖状高分子へのカゴ型シルセスキオキサンの導入に関する報告例[9]は少なく，前駆体となる2官能型シルセスキオキサンマクロモノマーの合成が極めて困難であることが，背景の一つとしてあげられる。

このような背景の中で，著者らは，水酸化ナトリウムの存在下，フェニルトリメトキシシランの加水分解・縮合により，ダブルデッカー型シルセスキオキサン（$T^{Ph}_4D^{Ph}_4(ONa)_4$）の合成に，世界で初めて成功した[4]。当該化合物の構造は，前述の手法（TMS-Cl法）によって決定されたものであり，反応速度論的に安定化された骨格を有する化合物であると考えられるが，その生成

スキーム2

のメカニズムについては未だ不明確な点も多い。ダブルデッカー型フェニルシルセスキオキサンは，用いるクロロシランによって官能基の種類，数をコントロール出来るため，ポリマー主鎖へのシルセスキオキサンの導入が容易で，制御された直鎖状ポリマーを合成することが出来る。たとえばスキーム2に示す様な，ヒドロシリル化重合によって，熱分解温度：518℃の耐熱高分子への誘導も可能である[10]。当該材料は，有機溶媒に可溶であり，溶媒キャスト法によって，極めて透明な連続膜を得る事ができる。またスピンコートによる薄膜コーティングも可能であり，耐熱性を有する透明材料としての利用が期待されている。

3 リビングラジカル重合法を用いたシルセスキオキサン含有高分子の合成

リビングラジカル重合（LRP）の基本概念は，スキーム4に示すように，成長ラジカル種を可逆的に安定な共有結合種（ドーマント種）に導くことにある。この共有結合を，熱，光，あるいは化学的刺激により開裂させることでラジカルを再生し，一時的な成長反応を経てドーマント種に戻る。このドーマントモデルに相当する低分子化合物を開始剤とし，ドーマント－活性－ドーマントの変換頻度が十分高ければ，速い開始と成長速度の均一化が実現され，系は狭い分子量分布と高い末端活性率を特徴とする理想的なリビング重合に近づく。代表的なLRPとしてはニトロキシド媒介重合（NMP, Nitoxide-Mediated Polymerization）[11]，原子移動ラジカル重合

$$P\text{—}X \underset{k_{deact}}{\overset{k_{act}}{\rightleftharpoons}} P\cdot + M \;(k_p)$$

（ドーマント種）　　　　（活性種）

(a) 解離-結合 (dissociation-combination)機構

$$P\text{—}X \underset{k_c}{\overset{k_d}{\rightleftharpoons}} P\cdot + X\cdot \qquad 例）X: \text{—O—N}\diagup$$

(b) 原子移動 (atom transfer)機構

$$P\text{—}X + A \underset{k_{da}}{\overset{k_a}{\rightleftharpoons}} P\cdot + XA \qquad 例）X: \text{—Br}\quad A: 遷移金属錯体$$

(c) 交換連鎖移動 (atom transfer)機構

$$P\text{—}X + P'\cdot \underset{k_{ex'}}{\overset{k_{ex}}{\rightleftharpoons}} P\cdot + X\text{—}P' \qquad 例）X: \text{—S—C=S}\atop\;\;\;\;\;\;\;\;\;\;Z$$

スキーム3

第3章 不完全縮合型シルセスキオキサンの合成と応用展開

$$P_n\text{-}X + M_t^n\text{-}Y/\text{Ligand} \underset{k_{deact}}{\overset{k_{act}}{\rightleftarrows}} (P_n^* + M)\, k_p + X\text{-}M_t^{n+1}\text{-}Y/\text{Ligand}$$

ドーマント種　　　　　　　　活性種　　　k_t → P_{n+m}　二分子停止

スキーム4

(ATRP, Atom Transfer Radical Polymerization)[12]，可逆的付加－開裂連鎖移動重合 (RAFT, Reversible Addition-Fragmentation Chain Transfer)[13]が挙げられる（スキーム3）。

Matyjaszewskiら[14]によって見出されたLRPの一つであるATRP法は，原理的簡便性，モノマー汎用性に優れ，高いリビング重合性を発現することから，「構造の明確な」高分子を得る為の手段として，様々な分野で検討されている（スキーム4）[15]。

筆者らはATRP法の優れた特徴に着目し，独自の技術により得られる「構造の明確な」シルセスキオキサン化合物を用いることにより，構造が厳密に制御された有機－無機ナノハイブリッド高分子を得ることに成功した[16]。具体的には，シルセスキオキサンにATRP開始基を導入し，これを起点とした付加重合性単量体のLRPにより，グラフト鎖の分子量が厳密に制御された「構造の明確な」ハイブリッド高分子を得ることが出来る。本手法によって得られた複合材料は，分子構造と機能との相関性，特にシルセスキオキサンの存在意義の明確化に加え，各種構造制御技術（分子量のコントロール，共重合組成変化など）により，その特性を任意に変化させることも可能である。

3.1 リビングラジカル重合法を用いたパーフルオロアルキル基含有シルセスキオキサン含有高分子の精密合成

パーフルオロアルキル基含有シルセスキオキサンの応用として，ATRP開始基であるα-ブロモエステルを有するシルセスキオキサン化合物（$T_7^{Rf}T^{Br}$）の合成を行い，これを用いたメタクリル酸メチルのリビングラジカル重合によって，構造の明確なお玉じゃくし型高分子（$T_7^{Rf}T^{pMMA}$）を得ることに成功した（スキーム5）[16(b)]。

表面集積化材料としての応用を検討するため，得られた$T_7^{Rf}T^{pMMA}$とマトリックス樹脂（ポリメタクリル酸メチル）とをジオキサンに溶解させ，コーティング剤を調製した。これをシリコンウェハー上へスピンキャストし，180℃，5日間，減圧条件下でアニールさせることで，ハイブリッド薄膜を形成させた。X線光電子分光法（XPS），中性子反射法等による薄膜のデプスプロ

スキーム5

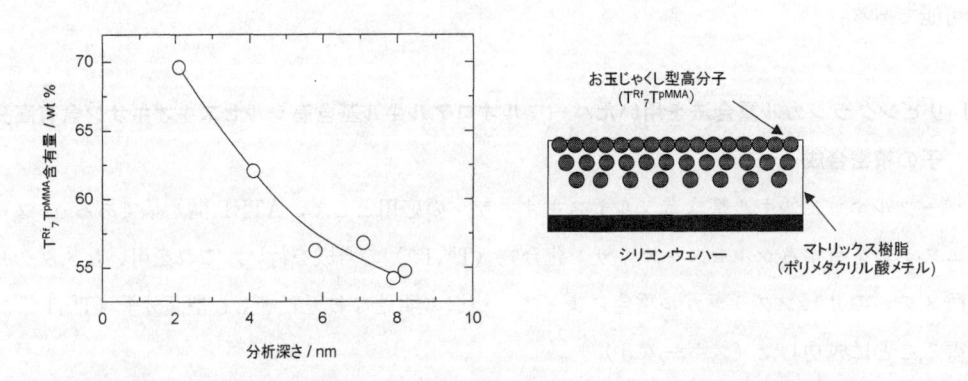

図5 XPSによるデプスプロファイリングとハイブリッド薄膜の形態模式図

ファイリングを行った結果，表面層から数ナノメーターの領域において $T^{Rf}_7T^{pMMA}$ が集積したハイブリッド薄膜が得られていることが判った（図5）。フッ素原子の表面配向にもとづく表面自

第 3 章　不完全縮合型シルセスキオキサンの合成と応用展開

由エネルギーの低下，化学的に安定なシルセスキオキサン構造の存在によるアルゴンエッチング耐性の向上など，薄膜中のパーフルオロアルキル基含有シルセスキオキサンの存在量（2.0 %）が極めて低いのにもかかわらず，様々な機能を発現している点が興味深い。このように，パーフルオロアルキル基含有シルセスキオキサンは優れた表面集積能力を有し，且つ，表面層において高密度で集合状態を形成することで機能発現するといった大変ユニークな材料である。

3.2 リビングラジカル重合法を用いたダブルデッカー型フェニルシルセスキオキサン含有高分子の精密合成

ダブルデッカー型フェニルシルセスキオキサンは，シルセスキオキサン骨格におけるフェニル基が，内部回転できない程に立体的に込み合った構造をしている。そのため，他の有機ポリマーとの複合化の際にはフェニル基との相溶性に期待することが極めて困難である。そこで筆者らは，相分離を積極的に利用することで，新規自己組織化材料の創製を試みた。前記と同様の開始基であるα-ブロモエステルを有するダブルデッカー型フェニルシルセスキオキサン化合物（$T^{Ph}_8D^{Br}_2$）の合成を行い，これを用いたメタクリル酸メチルの ATRP を行った（スキーム 6）[16(c)]。

得られたダブルデッカー型フェニルシルセスキオキサン含有高分子（$T^{Ph}_8D^{pMMA}_2$）の THF 溶液を調製し，ガラスプレート上に塗布した。室温，真空下で THF をゆっくりと揮発させることで得られる薄膜の電子顕微鏡写真像（SEM 像）を図 6 に示す。いずれの薄膜においても多孔質

スキーム 6

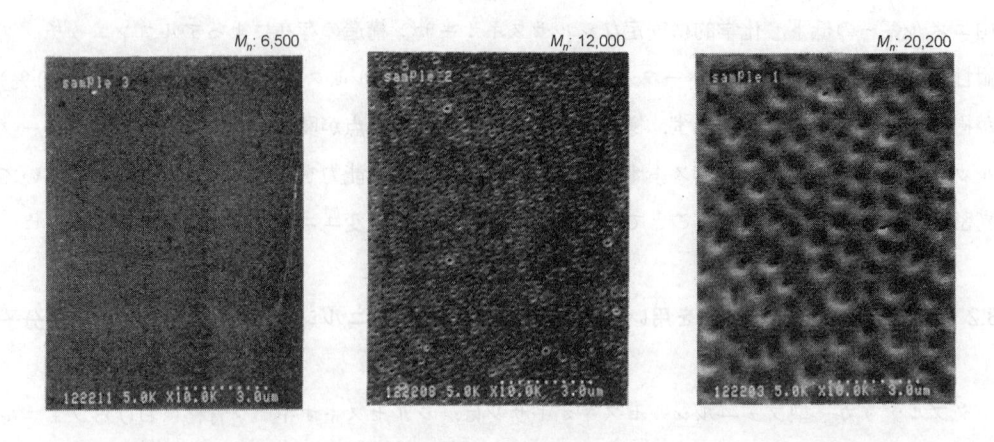

図6 ダブルデッカー型シルセスキオキサン含有高分子（$T^{Ph}_8D^{pMMA}_2$）のSEM像

状の構造体が観察され，分子量の増加とともに，そのサイズは増加する傾向を示した。より詳細な構造解析が必要であるが，本結果は，ダブルデッカー型フェニルシルセスキオキサンの相分離誘起の可能性を示唆しており，今後，自己組織化を用いたケイ素系多孔質材料への応用範囲が広がるものと期待している。

4　おわりに

シルセスキオキサンという素材は，シリコーンレジンとして古くから知られている化合物である。また，筆者らが見出した新規シルセスキオキサン化合物も，所詮は過去の革新的な研究者の技術を発掘している最中に，偶然手にした物である。であるにも係わらず，何故ここ最近になって脚光を浴びるようになったのか？　後発である筆者らは，「均一分散型から相分離を積極的に利用した不均一な形態へ」，という従来のハイブリッドの概念とは逆のコンセプトで研究を開始した。新しいものを生み続ける時代は過ぎ，これからの時代は，新しいコンセプトのもと，手にした新材料を如何にして使いこなすか？　といった部分に研究開発の難しさがある。地道な努力が功を奏してか，ようやくカゴ型シルセスキオキサンの特長が見え始め，今般，当社より有機－無機ナノハイブリッドコーティング剤：サイラマックス®を上市することとなった[17]。形あるものには総じて表面・界面が存在する。シルセスキオキサンの新たな機能・用途の発掘に，本稿が僅かでも役立てば幸いである。

最後に，本研究を遂行するに当たり，多大なご指導，ご鞭撻を賜りました京都大学化学研究所・福田猛教授，辻井敬亘准教授，大野工司助教，東北大学多元物質科学研究所・宮下徳治教授に，この場をお借りして，厚く御礼申し上げます。

第3章　不完全縮合型シルセスキオキサンの合成と応用展開

文　　献

1) (a) S. J. Clarson *et al.*, "Synthesis and Properties of Silicones and Silicone-Modified Materials; ACS Symposium Series 838", American Chemical Society, Washington, DC, (2003); (b) S. J. Clarson *et al.*, "Silicones and Silicone-Modified Materials; ACS Symposium Series 729", American Chemical Society, Washington, DC, (2000); (c) R. G. Jones *et al.*, "Silicone-Containing Polymers: The Science and Technology of Their Synthesis and Applications", Kluwer Academic Pub, Dordrecht, (2000)
2) (a) Y. Abe *et al.*, *Prog. Polym. Sci.*, **29**, 149 (2004); (b) Gelest, inc., "Silicon Compounds: Silanes and Silicones", p.55-71, (2004); (c) Hybrid Plastics inc., "Proceedings of POSS Nanotechnology Conference", (2002); (d) R. H. Baney *et al.*, *Chem. Rev.* **95**, 1409 (1995); (e) K.-M. Kim *et al.*, *Macromolecules*, **36**, 867 (2003); (f) J. Pyun *et al.*, *Polymer*, **44**, 2739 (2003); (g) R. O. Costa *et al.*, *Macromolecules*, **34**, 5398 (2001)
3) (a) K. Ito *et al.*, U.S. Patent 7,053,167, May 30, 2006; *Chem. Abstr.* (2004), 140, 304720; (b) Y. Morimoto *et al.*, U.S. Pat. Appl. 2004030084, February 12, 2004; *Chem. Abstr.* (2004), 140, 164688; (c) H. Oikawa *et al.*, *Polym. Prep. Jpn.*, **51**, E783 (2002); (d) H. Oikawa *et al.*, *Polym. Prep. Jpn.*, **52**, 316 (2003)
4) (a) K. Yoshida *et al.*, PCT Int. Appl. WO 2004024741, May 25, 2004; *Chem. Abstr.* (2004), 140, 272044; (b) Y. Morimoto *et al.*, PCT Int. Appl. WO 2003024870, May 27, 2003; *Chem. Abstr.* (2003), 138, 255640; (c) K. Yoshida *et al.*, *Polym. Prep. Jpn.*, **52**, 316 (2003); (d) K. Ohguma *et al.*, *Polym. Prep. Jpn.*, **52**, 1318 (2003)
5) (a) R. G. Jones *et al.*, "Silicone-Containing Polymers: The Science and Technology of Their Synthesis and Applications", p.157, Kluwer Academic Pub, Dordrecht, (2000); (b) J. F. Brawn, *J. Am. Chem. Soc.* **87**, 4317 (1965); (c) F. J. Feher *et al.*, *Organometallics*, **10**, 2526 (1991); (d) F. J. Feher *et al.*, *Organomet. Chem.*, **373**, 153 (1989); (e) A. J. Barry *et al.*, *J. Am. Chem. Soc.*, **77**, 4248 (1955); (f) M. Unno *et al.*, *J. Am. Chem. Soc.*, **124**, 1574 (2002)
6) (a) J. D. Lichtenhan *et al.*, *Appl. Organomet. Chem.*, **12**, 707 (1998); (b) J. D. Lichtenhan *et al.*, *Macromolecules*, **28**, 8438 (1995); (c) J. D. Lichtenhan *et al.*, *Macromolecues*, **29**, 7302 (1996)
7) (a) D. G. Castner *et al.*, "Fluorinated Surfaces, Coatings, and Films; ACS Symposium Series 787", American Chemical Society, Washington, DC, (2001); (b) 平野二郎ほか, 含フッ素有機化合物－その合成と応用, 技術情報協会 (1991); (c) 沢田英夫ほか, 有機合成化学協会誌, **57**, 291 (1999)
8) (a) Hybrid Plastics inc., "POSS®-Methacrylates Product Description" in Technical Data Sheet; (b) J. Xiao *et al.*, *Abstracts of Papers*, 223rd ACS National Meeting, POLY-120, American Chemical Society, Washington, DC, (2002)
9) (a) J. D. Lichtenhan *et al.*, *Macromolecules*, **26**, 2141 (1993); (b) J. D. Lichtenhan *et al.*, *J. Inorg. Organomet. Poym.*, **5**, 237 (1995); (c) M. Tanaka *et al.*, *Chem. Lett.*,

8, 763 (1998)
10) M. Seino et al., *Macromolecules*, **39**, 3473 (2006)
11) M. K. Georges et al., *Macromolecules*, **26**, 2987 (1993)
12) (a) K. Matyjaszewski et al., *Macromolecules*, **28**, 2093 (1995); (b) M. Kato et al., *Macromolecules*, **28**, 1721 (1995)
13) J. Chiefari et al., *Macromolecules*, **31**, 5559 (1998)
14) (a) K. Matyjaszewski et al., "Handbook of Radical Polymerization", p.523, John Wiley & Sons, Hoboken (2002); (b) K. Matyjaszewski et al., *Chem. Rev.* **101**, 2921 (2001); (c) V. Coessens et al., *Prog. Polym. Sci.*, **26**, 337 (2001)
15) (a) M. Ejaz et al., *Macromolecules*, **33**, 2870 (2000); (b) K. Ohno et al., *Macromolecules*, **35**, 8989 (2002); (c) H. Mori et al., *Langmuir*, **18**, 3682 (2002); (d) Y. Ma et al., *Macromolecules*, **36**, 3475 (2003)
16) (a) K. Ohno et al., *Macromolecules*, **37**, 8517 (2004); (b) K. Koh et al., *Macromolecules*, **38**, 1264 (2005); (c) H. Oikawa et al., Eur. Pat. Appl. 1686133, August 2, 2006; *Chem. Abstr.* (2006), 145, 189335
17) (a) 日本経済新聞社プレスリリース, 2006年7月20日;(b) 日経BP社 Tech-ON, 2006年7月20日;(c) 化学工業日報, 2006年7月21日;(d) 日経ナノビジネス, **43**, 19 (2006);(e) ポリファイル, **43**, 58 (2006);(f) 山廣幹夫, ケイ素化合物の選定と最適利用技術-応用事例集, 技術情報協会, p.404 (2006)

第4章　シルセスキオキサン微粒子を用いた
　　　有機−無機ハイブリッド

森　秀晴[*]

1　はじめに

　シルセスキオキサンは，ケイ素原子に1個の有機成分と3個の酸素原子が結合したTユニットからなるケイ素系化合物の総称で，骨格はSi-O結合であり，無定形，ラダー状，及びかご状のものが知られている。本章では，ナノ領域の大きさを有し且つ多機能・多官能性といった特性を併せ持つシルセスキオキサン微粒子に着目し，このケイ素系微粒子を基盤とした有機−無機ハイブリッドに関する最近の研究について紹介する。

　ナノ特有の機能や物性を利用した新規先端材料の開発には，安定したナノ構造体の構築や形状・サイズ・化学構造の精密制御が重要な基盤技術となる。次世代型電子・バイオ関連機能材料の設計戦略を考えた場合，ナノサイズの大きさを有する無機・金属・半導体微粒子の合成手法の開発や粒径，形状，組成制御ならびに3次元的な空間配列技術は重要な課題であり，基礎研究から工業的な応用展開に至るまで国内外でさまざまな取り組みが行われている。また，これら微粒子と

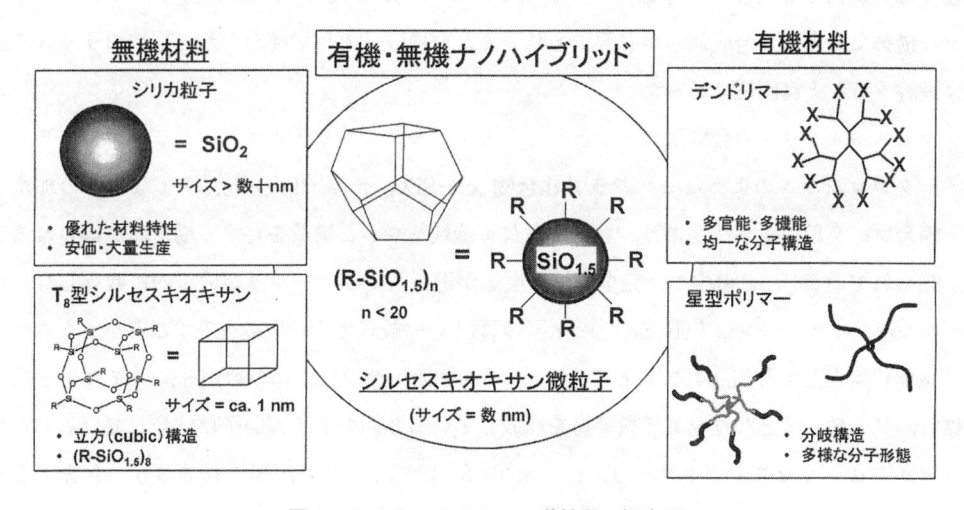

図1　シルセスキオキサン微粒子の概念図

---

*　Hideharu Mori　山形大学　大学院理工学研究科　准教授

有機成分とが分子レベルで複合化されたハイブリッド微粒子の調製や特性に関する研究も活発に展開されている。本章で紹介するシルセスキオキサン微粒子は，多数の表面官能基を持つナノサイズのケイ素系微粒子であり，従来のケイ素系材料とは異なる特異なサイズ・形状をした新しいナノマテリアルとみなすことができる。また，最表面に多数の官能基を有する均一な球状構造体であり多様な分岐構造が構築可能なことから，デンドリマーや星型ポリマーなどの分岐ポリマーとシリカ粒子に代表されるケイ素系無機材料の優れた材料特性を兼ね備えたハイブリッド材料として期待される（図1）。このシルセスキオキサン微粒子の基本構造「$(R-SiO_{1.5})_n$，R＝有機成分」を考えると，それ自身でも有機－無機ハイブリッド材料とみなすことができるが，さらに有機ポリマーとのハイブリッド化も可能であり，コンプレックス形成を利用する方法や粒子表面からの重合反応を用いる手法などが報告されている。このハイブリッド化の手法や有機ポリマー成分の化学構造により生成ハイブリッド材料の特性・機能も大きく異なる。以下，これらの詳細について述べる。

2　シルセスキオキサン微粒子の合成

通常，ナノ基盤材料として注目されているシルセスキオキサンは，かご状のT_8型タイプのもので無機骨格の周囲に有機残基が結合したcubic構造の化合物（粒子径：約1nm）である。この材料は，従来の無機ケイ素系材料とは異なる新しい機能性材料として幅広い応用が期待され，現在では大量合成も可能であり販売も始まっている。しかしながら，通常T_8型シルセスキオキサンの構築には煩雑な合成過程が必要であり，また有機成分の化学構造やかご構造のサイズを任意に設計することは困難であった。

シルセスキオキサンの合成法の一つとして，モノアルキルトリアルコキシシランやモノアルキルトリクロロシランのようなモノシラン化合物（$R-SiX_3$，X＝Cl, OMe, OEtなど）の加水分解・縮合反応を用いる手法があり，さまざまな有機残基やかご構造を有する構造体が得られることが知られている[1]。その中で，完全に縮合反応が進行しシラノール基が分子内に残存しないかご状シルセスキオキサンは「$(R-SiO_{1.5})_n$，n＝偶数」の一般式でその構造を表すことができる[1,2]。ナノ基盤材料として注目されているT_8型シルセスキオキサンは，nの数が8，つまり分子内の有機官能基の数は8となり全て無機骨格を形成している8個のケイ素原子に結合している。このようなかご状シルセスキオキサンは，n＝4, 6, 8, 10, 12のものが知られており，さまざまな有機成分を有する構造体が報告されている[1,3,4]。一方，n＞12のシルセスキオキサンは一般的ではないものの，幾つかの報告例がある[5~7]。これらの合成の際に用いられるモノシラン化合物の分子構造は最終生成物であるシルセスキオキサンの構造や特性を決定する重要な因子の1つで

第4章　シルセスキオキサン微粒子を用いた有機-無機ハイブリッド

ある。例えば，モノシラン化合物の有機成分の立体的なかさ高さ，あるいは電荷や水素結合がかご構造の形成に大きく影響することが報告されている[8～10]。また，特定のサイズや形状を持つシルセスキオキサンを合成するためには，加水分解・縮合反応の際に適切な反応条件を選択する必要がある。

　近年，モノシラン化合物の加水分解・縮合反応を水溶液中で行うことでコロイド状あるいは粒子状のケイ素系化合物が得られることが報告されており，これらの生成物はポリシルセスキオキサンコロイドやポリ有機シロキサン微粒子と呼ばれている。例えば，Brosteinらは N-(6-アミノヘキシル)アミノプロピルトリメトキシシランの加水分解・縮合反応によるポリシルセスキオキサンコロイドの合成を検討し，初期条件を中性付近に設定し縮合反応を行うことにより粒径が30～50 nm のコロイドが得られる事を報告している[11]。Maらはトリクロロフェニルシランとトリクロロメチルシランの共加水分解により得られた化合物を乳化重合することにより，直径30～250 nm のポリ(フェニル/メチルシルセスキオキサン)微粒子を合成している[12]。また，トリクロロフェニルシランの加水分解反応により形成されるフェニルシラントリオールの乳化重合により30～110 nm の粒子サイズを有するポリ(フェニルシルセスキオキサン)が合成されている[13]。一方，メチルトリメトキシシランとジエトキシジメチルシランとの共縮合を界面活性剤存在下で行うことより2～50 nm のサイズを有するコロイド状粒子が合成可能であることが報告されている[14]。これらの粒子は，いずれも有機成分と無機成分が分子レベルで複合化した有機-無機ハイブリッド粒子であり多様な応用展開が期待される。また，モノシラン化合物の分子構造や反応条件と生成する粒子の粒径・粒径分布との相関に関する検討が進められている。これらの研究結果から，モノシラン化合物の構造や加水分解・縮合反応の条件を適切に選択することで数十ナノメートル領域の粒径制御は可能であり，さらにはナノメートルオーダーのより小さい微粒子構築の可能性が推察される。

　一般的なナノ微粒子の合成上の課題として，①粒径制御，特に10 nm 以下の領域での均一性の獲得，②形態・界面制御された安定なナノ粒子の構築，③安価・大量生産の技術の確立などが挙げられる。金属アルコキシドの加水分解とそれに続く縮合反応により金属酸化物を得る反応であるゾル-ゲル法に基づいて合成される有機-無機ハイブリッドでは，無機成分の構造や形状の制御は困難とされている。しかしながら，筆者らはシルセスキオキサン微粒子の前駆体であるトリアルコキシシラン化合物の分子構造を適切に選択し，且つ加水分解・縮合反応を均一系で行うことで比較的均一な微粒子が簡便に得られることを見出した。具体的には，3-(アミノプロピル)トリエトキシシランとグリシドールの付加反応で得られるトリアルコキシシラン中間体をフッ化水素(HF aq.)存在下，メタノール中，室温で2時間反応後，溶媒を減圧下で除去することにより水溶性のハイブリッド微粒子が得られる(式1(a))[15]。この生成物は約3 nm のナノサイズ

式1 シルセスキオキサン微粒子の合成

を有し，且つその粒径が比較的均一に揃ったシルセスキオキサン微粒子であることが TEM や AFM 観察の結果から確認された（図2）。また，MALDI-TOF MS の結果からも粒径が揃った微粒子であることが示唆されている（分子量分布：$M_w/M_n = 1.08$）[16]。このシルセスキオキサン微粒子は，粒子表面に水酸基が多数存在するため，水，アルコール，DMF，DMSO 等に溶解し均一な溶液を与える。また，有機残基に含まれる3級アミノ基がカチオンサイトとして作用し，次節で紹介するコンプレックス形成の際に重要な役割を果たす。一方，MALDI-TOF MS から算出された数平均分子量（$M_n = 3760$）から，本微粒子は T_{14} タイプが主成分「$(R-SiO_{1.5})_n$, $n = 12-18$」のシルセスキオキサンであることが見出されている（図2）[16]。さらに，Reflector mode を用いた MALDI-TOF MS の詳細な解析結果から，Si-O-C 結合の形成が確認されている。この結果は，縮合反応の際に前駆体であるトリアルコキシシラン化合物の有機成分上に存在する多数の水酸基の一部がシラノール基（Si-OH）と反応し Si-O-C 結合を形成することを示唆している。

このトリアルコキシシラン化合物の加水分解・縮合反応による水溶性シルセスキオキサン微粒子の合成で粒径分布（分子量分布）が非常に狭いナノサイズの微粒子が得られる理由は明確になっ

第4章　シルセスキオキサン微粒子を用いた有機－無機ハイブリッド

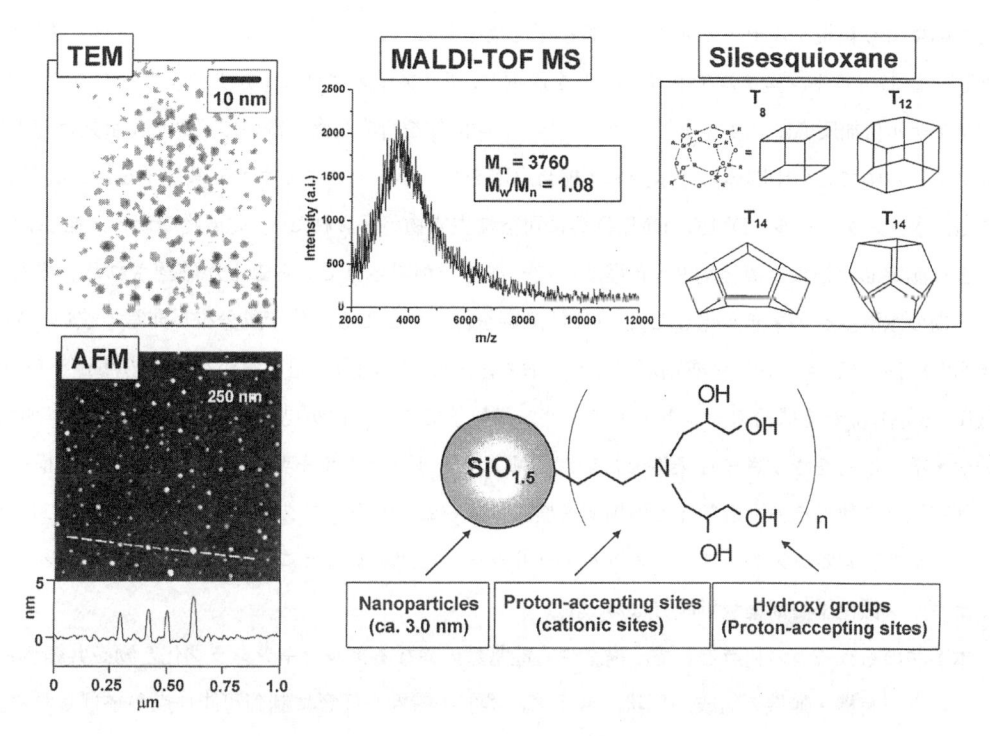

図2　シルセスキオキサン微粒子の構造解析と特徴

ていないものの，①有機成分の立体効果のため3次元ネットワークの形成が抑制されかご型構造の形成が優先的に起こる，②前駆体及び生成するシルセスキオキサンが両者とも反応溶媒であるメタノールに可溶なため反応が常に均一系で進行する，③シルセスキオキサンの形成反応中にトリアルコキシシラン化合物に存在する水酸基の一部がSi-OHと反応しSi-O-C結合を形成することで反応が制御される，といった理由・要因が考えられる。

　トリアルコキシシランやトリクロロシランなどのモノシラン化合物の加水分解・縮合反応（ゾル－ゲル反応）を利用した有機－無機ハイブリッドの研究において，目的とする構造・サイズ・性能を発現させるには，その反応挙動を十分に理解したうえで構造設計する必要がある。本手法の利点の一つとして，トリアルコキシシラン中間の有機成分の化学構造やかさ高さを任意に制御することで加水分解・縮合反応に選択性を付与することが可能であり，シルセスキオキサン微粒子のサイズ・構造・機能を自由自在に設計・構築可能である点が挙げられる。この際，水溶性且つ比較的かさ高い有機成分を持つトリアルコキシシラン化合物を中間体として用い，均一系で縮合反応を行うことにより比較的均一なサイズを有する微粒子の構築が可能であると予想される。この点を確認するために，アミノ基を有するトリアルコキシシラン化合物とアクリラート誘導体の付加反応によって水酸基を複数有する前駆体を合成し，そのトリアルコキシシラン中間体の縮

合反応により新規シルセスキオキサン微粒子を構築した（式1(b)）。まず，アクリラート誘導体として2-ヒドロキシエチルアクリラートを選択し，3-(アミノプロピル)トリエトキシシランとのマイケル付加反応によりトリアルコキシシラン中間体を合成した。続いて，フッ化水素存在下，メタノール中でこの中間体の加水分解・縮合反応を行いシルセスキオキサン微粒子を合成したところ，水，メタノール，DMF，DMSO等に可溶な生成物が得られた[17]。生成物のサイズをAFMにより測定した結果，直径約2 nm程度の均一な粒子が得られていることが確認された。また，生成物の水酸基をエステル化した後，GPC測定を行ったところ，分子量分布が非常に狭い（M_n = 3300, M_w/M_n = 1.10）生成物が得られており，また数平均分子量の値から生成物はn = 6-10「$(R-SiO_{1.5})_n$」が主成分のシルセスキオキサン微粒子であることが見出された。さらには，加水分解・縮合反応をさまざまな条件で行い，得られるシルセスキオキサン微粒子のサイズ，構造，表面官能基の数とその反応条件との相関を検討している。一方，アクリラート誘導体として3級アミノ基を有するジメチルアミノエチルアクリラートを用いることによりカチオン性のシルセスキオキサン微粒子の構築が可能となる[18]。

本手法のもう一つの利点として，構造や官能基数の異なるアルコキシシラン化合物を共縮合させることで有機・無機の組成，形状，サイズ，機能・特性を任意に制御可能な点が挙げられる。例えば，有機部位を有する3官能のトリアルコキシシラン化合物「$R-Si(OR')_3$」と4官能のテトラアルコキシシラン「$Si(OR'')_4$」との共縮合において，トリアルコキシシラン化合物により各種材料との親和性の制御や機能の付与が可能であり，また，テトラアルコキシシランの組成により無機成分としての強度や硬さを調整できる。さらに，その仕込み組成や共加水分解・縮合反応の条件を適切に選択することによりサイズや形状の制御が可能となりナノマテリアルとしての特性が期待できる。例えば，2-ヒドロキシエチルアクリラートと3-(アミノプロピル)トリエトキシシランとから合成したトリエトキシシラン中間体（$R-Si(OEt)_3$）とテトラエトキシシラン（TEOS）との共縮合をさまざまな条件で行い，その相関を詳細に検討している（式2）[17]。仕込み組成が$R-Si(OEt)_3$：TEOS = 100：0 - 30：70 (mol ratio) の条件下で反応を行うと水に可溶な共縮合体が得られる一方で，TEOS含量が70％を超えるといずれの溶媒にも不溶になる。

式2　トリエトキシシラン中間体とテトラエトキシシランとの共縮合

第4章 シルセスキオキサンに微粒子を用いた有機-無機ハイブリッド

また,いずれの共縮合体も700℃程度で有機成分が消失し残存重量は理論値とほぼ一致するものの,その熱安定性は仕込みの組成比に大きく依存することがTGA測定の結果から確認されている。一方,AFMにより共縮合体のサイズ,形状,集合状態等を観察したところ,共縮合体(R-Si(OEt)$_3$:TEOS = 50:50)においてもナノサイズの微粒子が形成されていることが示唆されている。

このような水酸基を含むかさ高い有機成分を持つトリアルコキシシラン化合物の加水分解・縮合反応によるかご状シルセスキオキサンの合成は他のグループからも報告されている。例えば,Williamsらは,水酸基を有し立体的にかさ高い有機残基含有トリアルコキシシランを用いた縮合反応により,8～10個のケイ素原子から成るシルセスキオキサンの合成を報告している[10, 19]。また,かご構造を形成するためには,トリアルコキシシランの有機残基に存在する3級アミンのβ位に水酸基が存在することが重要な要因になることも主張している[20, 21]。

現在のところ,粒径分布が揃ったシルセスキオキサン微粒子が得られる機構・要因は明確になっていないものの,シルセスキオキサン微粒子を構築する条件や粒径制御の手法,ならびに構造や特性に関する知見が集まりつつある。本シルセスキオキサン微粒子は,温和な条件下(室温付近,短時間)で合成することが可能であり,特別な精製も必要としないことから生産技術面で優れており,また特定の官能基を任意に導入しその選択的加水分解・縮合反応により安定的なナノ粒子を構築できる点で注目される。現在,新規機能性シルセスキオキサン微粒子の合成とその特異な構造・サイズに起因する新物性・新機能の探索に関する研究が展開されている。

3 シルセスキオキサン微粒子のコンプレックス形成を利用したハイブリッド

本章で紹介するシルセスキオキサン微粒子は無機骨格の周囲に多数の有機成分を持つ有機-無機ハイブリッド微粒子とみなすことができ,さまざまな分野への応用展開が可能である。一方で,シルセスキオキサン微粒子を無機成分として,高分子材料を有機成分として捉えその分子レベルでのハイブリッド化を目指した研究も行われている。これは,軽量で柔軟性や加工性に優れるといった高分子材料の特長を活かしつつ,無機材料とのハイブリッド化により無機材料の剛性や耐熱性といった機能を付加させたり,難燃性,ガスバリア性を実現するといった一連の研究に属するものである。しかしながら,多様な官能基を粒子表面に導入可能なシルセスキオキサン微粒子ならではの取り組みも推進されている。その一例として,シルセスキオキサン微粒子の有機残基に存在する3級アミノ基をカチオンサイトとして,pH値により水中でのイオン解離の度合いが異なるポリアクリル酸を高分子弱電解質として用いた有機-無機ハイブリッドの構築が挙げられる。このハイブリッドは,水溶液中のpH値によりシルセスキオキサン微粒子とポリアクリル酸

(a) pH-応答性ハイブリッド　　　　　　**(b) pH-応答性表面**

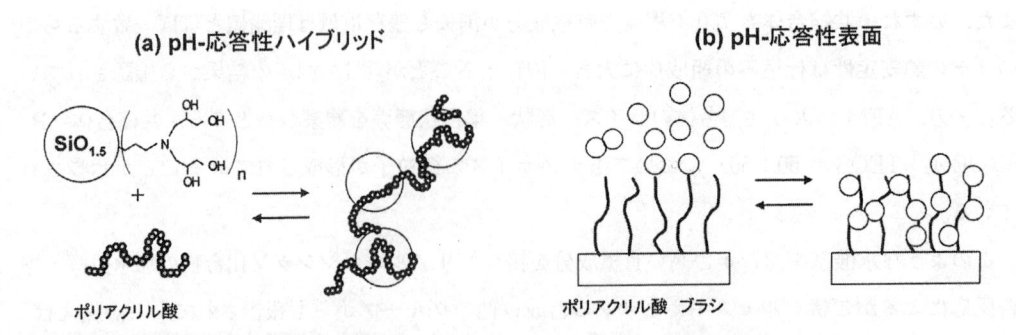

図3　シルセスキオキサン微粒子を用いたpH-応答性材料

とのコンプレックスの形成・解離が制御できるもので，刺激応答性の有機−無機ハイブリッド材料といえる（図3(a)）[15, 22]。

このハイブリッド材料の基盤となるシルセスキオキサン微粒子（直径約3nm）は，3-(アミノプロピル) トリエトキシシランとグリシドールから得られるトリアルコキシシラン中間体の加水分解・縮合反応（式1(a)）から得られたものであり，粒子表面に水酸基が多数存在するため水に溶解（均一に分散）し透明な溶液を与える。このシルセスキオキサン微粒子の水溶液にポリアクリル酸を添加すると，pH = 2.5～5.3では白濁しているがpH < 2.3あるいはpH > 8.5で系は透明な均一系へと変化する。これは，pH = 2.5～5.3の領域では水素結合及びイオン結合によりシルセスキオキサン微粒子とポリアクリル酸の錯形成が起こるが，pH < 2.3ではシルセスキオキサン微粒子表面に存在する3級アミンがプロトン化するため，またpH > 8.5ではポリアクリル酸のカルボン酸部位がカルボキシレートアニオンとなるため錯形成は解消され均一な溶液に変化する（図4）[15]。また，このようなpH値の変化に伴う水溶液の相転移は可逆的に起こる。さらに，この水溶性シルセスキオキサン微粒子を用いた有機−無機ハイブリッド材料の刺激応答機能を詳細に検討した結果，系中のpH値，温度，塩の添加，溶媒の種類によってその応答性や集合構造を任意に制御できることを明らかにしている[22]。

このような水溶性シルセスキオキサン微粒子を用いた刺激応答性有機−無機ハイブリッドの構築には高分子弱電解質であるポリアクリル酸部位が必要である。近年のリビングラジカル重合の発展に代表される精密重合手法を利用することにより，このポリアクリル酸を含む多様な高次構造体やハイブリッドの合成が可能となってきている[23, 24]。このポリアクリル酸含有高次構造体と水溶性シルセスキオキサン微粒子の組み合わせによりさまざまな刺激応答性有機−無機ハイブリッドの構築が可能となる。例えば，金表面に原子移動ラジカル重合（ATRP; Atom Transfer Radical Polymerization[25]）の開始部位を結合させ，その表面からの重合（「grafting from」法）により得られるポリアクリル酸ブラシを利用した刺激応答性表面の構築が報告されている（図

第4章 シルセスキオキサン微粒子を用いた有機－無機ハイブリッド

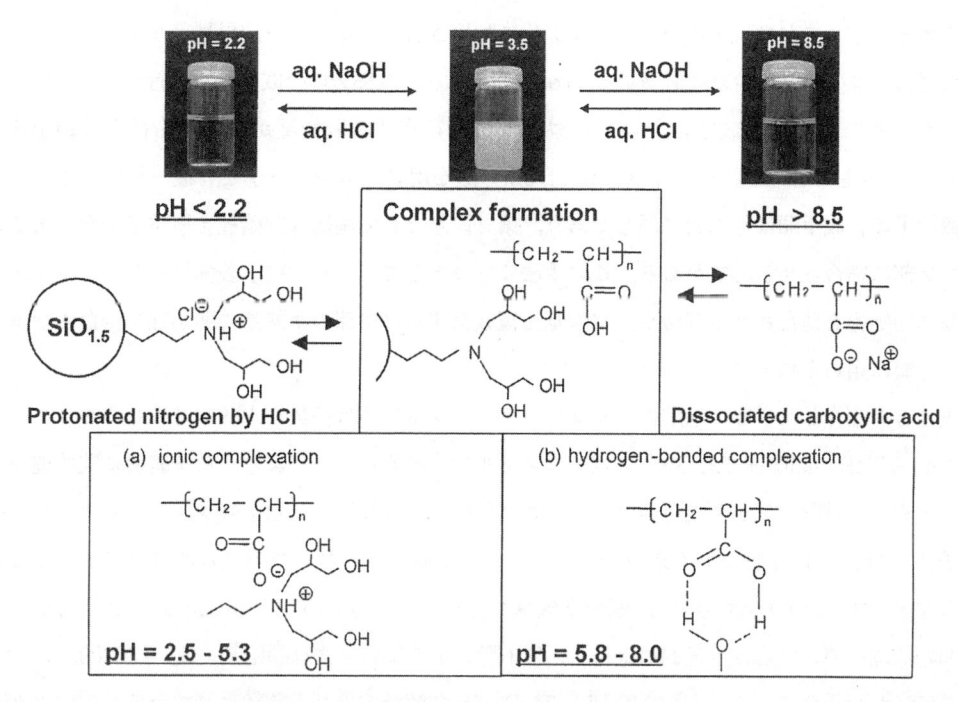

図4 シルセスキオキサン微粒子とポリアクリル酸からなる pH-応答性ハイブリッドにおける会合解離機構

3(b))[26]。この金表面上にグラフト化された高分子弱電解質と3級アミノ基含有シルセスキオキサン微粒子のコンプレックスの形成は pH = 5.3 で最大となり，水溶液中と同様に pH 値を変化させることより解離する。このように，固体表面上においても pH 値の変化に伴うコンプレックスの解離・形成は制御可能であり，インテリジェントといえる機能を有するハイブリッド表面の構築に成功している。

4 シルセスキオキサン微粒子をコア部位として利用した星型ハイブリッド

近年，リビングラジカル重合の開始種で修飾された無機や金属微粒子表面からの精密重合を用いた有機－無機ハイブリッド微粒子の合成が多数報告されている。一般に固体表面に高分子材料を付与する方法は高分子と材料表面の相互作用を利用する方法と両者間に化学結合を導入する化学的手法があり，後者の方法は「grafting from」法と「grafting to」法とに分かれる。この「grafting from」法は，固体表面に化学的に固定化された開始種からの重合反応により高分子鎖を構築する手法であるが，リビング重合系を利用した場合，有機層の厚さは生成ポリマーの分子量と密度に依存する。つまり，生成する有機－無機ハイブリッド微粒子の粒径はコア部に存在する無機微粒子のサイズと重合条件によって制御することが可能であり，シリカや金微粒子を始

めとするさまざまな微粒子のハイブリッド化に利用されている。一方、星型ポリマーの合成を考えた場合、コア部位を始めに構築する「core-first」法と腕部分の合成を始めに行う「arm-first」法とがあり、前者の合成法においてはコア部位に存在する開始種から重合を行う「grafting from」法が主に用いられる。「grafting from」法を用いた星型高分子と有機－無機ハイブリッド微粒子の合成手順は基本的に同じであり、第一段階として適切な開始種を微粒子表面、あるいはコア部に結合させる必要がある。この手法の一つとして、シリカ粒子表面に存在するシラノール基に開始種を結合させる方法や、水酸基を複数有するコア部の水酸基に開始種を結合させる方法が頻繁に用いられている。

先ほども紹介したように水溶性シルセスキオキサン微粒子は多数の水酸基を有しており、この部位を ATRP の開始種である α-ブロモエステルで修飾することにより、粒子表面に開始種を多数有するマクロ開始剤が合成可能である。コア部位として利用した水溶性シルセスキオキサン微粒子は平均して 14.6 個のケイ素原子から構成されており、これが有機残基数に対応することから 1 粒子（コア分子）当たり約 58 個の水酸基が存在する（hydroxyl functions = 58 ± 18）。また開始部位の導入反応は定量的に進行し、分子量分布の狭いマクロ開始剤（M_n = 10200, M_w/M_n = 1.25）が得られていることが MALDI-TOF MS の解析結果から確認されている。このマクロ開始剤を用いて水酸基を保護した糖誘導体を側鎖に有するメタクリレートをリビングラジカル重合することにより分子量分布が比較的狭い（M_w/M_n < 1.25）有機－無機ハイブリッド型スターポリマーを合成している（式3）[27]。重合後、保護基を加水分解することにより糖誘導体から成る水溶性ポリマーを腕分子に持つ有機－無機ハイブリッドを得ている。また、腕分子をコア部位から切り離し、そのポリマーを詳細に検討した結果、1 分子内に約 25 本の腕分子を有する星型ハイブリッドであることを確認している。

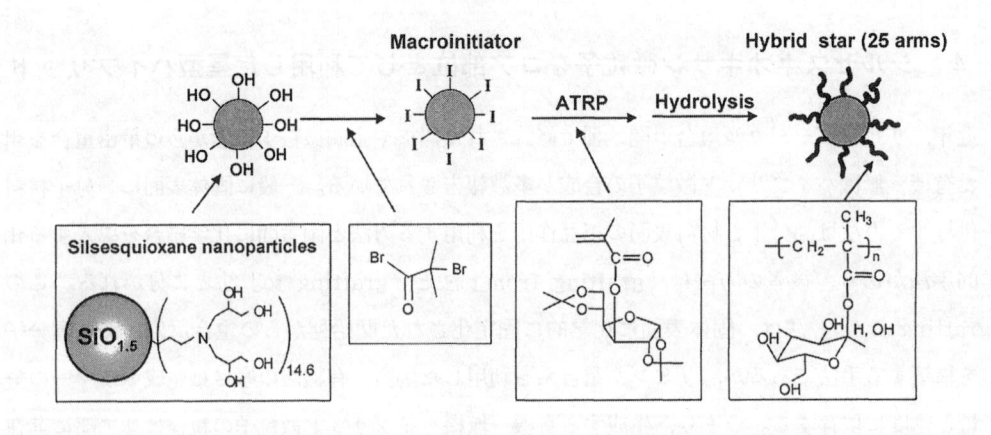

式3　シルセスキオキサン微粒子を用いた星型ハイブリッドの合成

第4章　シルセスキオキサンを用いた有機－無機ハイブリッド

このATRPの開始種に修飾されたシルセスキオキサン微粒子をマクロ開始剤として用い，tert-ブチルアクリレートの重合及び加水分解を行うことにより，シルセスキオキサン微粒子の周りが高分子弱電解質であるポリアクリル酸で覆われた有機－無機ハイブリッド材料が合成されている。この材料は歯科材料として非常に優れた特性を有する[28]。また，シルセスキオキサン微粒子表面に存在する多数の水酸基を開環重合の開始種として使用した星型ハイブリッドの合成も報告されている[29]。

5　おわりに

以上，本章ではこれまでに報告されているシルセスキオキサン微粒子を用いた有機－無機ハイブリッドについて紹介した。これらの機能性シルセスキオキサン微粒子は，T_8型シルセスキオキサンとは異なり均一なcubic構造体ではないものの，粒径分布（分子量分布）が比較的均一なナノサイズの微粒子である。また，T_8型よりも合成が容易でさまざまな機能性官能基が導入可能であるといった特徴を持ち，さらには有機官能基の分子設計に由来した多様なハイブリッド化も可能である。現在，新物性・新機能を有するシルセスキオキサン微粒子を開発すると共に，先端材料としての実用化に向けた技術の体系化を目指した研究・開発が進められている。これらの検討と共に基礎研究を推し進めさまざまな技術・知見を集積することで次世代の有機－無機ハイブリッド材料の基盤材料を提供できると期待される。

謝辞

本稿で紹介した筆者らの研究は，Axel Müller教授（ドイツ，バイロイト大学），遠藤剛先生（現近畿大学副理事）らとの研究であり，この場を借りて深く感謝申し上げたい。

文　献

1) P. P. Pescarmona, T. Maschmeyer, *Aust. J. Chem.*, **54**, 583 (2001)
2) P. Eisenberg, R. Erra-Balsells, Y. Ishikawa, J. C. Lucas, A. N. Mauri, H. Nonami, C. C. Riccardi, R. J. J. Williams, *Macromolecules*, **33**, 1940 (2000)
3) F. J. Feher, T. A. Budzichowski, *Polyhedron*, **14**, 3239 (1995)
4) L. H. Vogt, Jr., J. F. Brown, Jr., *Inorg. Chem.*, **2**, 189 (1963)
5) M. G. Voronkov, V. I. Lavrent'yev, *Top. Curr. Chem.*, **102**, 199 (1982)

6) P. A. Agaskar, V. W. Day, W. G. Klemperer, *J. Am. Chem. Soc.*, **109**, 5554 (1987)
7) C. L. Frye, W. T. Collins, *J. Am. Chem. Soc.*, **92**, 5586 (1970)
8) W. E. Wallace, C. M. Guttman, J. M. Antonucci, *Polymer*, **41**, 2219 (2000)
9) L. Matjka, O. Dukh, D. Hlavatá, B. Meissner, J. Brus, *Macromolecules*, **34**, 6904 (2001)
10) D. P. Fasce, R. J. J. Williams, F. Mechin, J. P. Pascault, M. F. Llauro, R. Petiaud, *Macromolecules*, **32**, 4757 (1999)
11) L. M. Bronstein, C. N. Linton, R. Karlinsey, E. Ashcraft, B. D. Stein, D. I. Svergun, M. Kozin, I. A. Khotina, R. J. Spontak, U. Werner-Zwanziger, J. W. Zwanziger, *Langmuir*, **19**, 7071 (2003)
12) C. Ma, I. Taniguchi, M. Miyamoto, Y. Kimura, *Polym. J.*, **35**, 270 (2003)
13) C. Ma, Y. Kimura, *Polym. J.*, **34**, 709 (2002)
14) N. Jungmann, M. Schmidt, M. Maskos, *Macromolecules*, **34**, 8347 (2001)
15) H. Mori, A. H. E. Müller, J. E. Klee, *J. Am. Chem. Soc.*, **125**, 3712 (2003)
16) H. Mori, M. G. Lanzendörfer, A. H. E. Müller, J. E. Klee, *Macromolecules*, **37**, 5228 (2004)
17) H. Mori, Y. Miyamura, T. Endo, *Langmuir*, accepted.
18) M. Yamada, H. Mori, *Polym. Prep. Jpn.*, **56** (1), 655 (2007)
19) D. P. Fasce, R. J. J. Williams, R. Erra-Balsells, Y. Ishikawa, H. Nonami, *Macromolecules*, **34**, 3534 (2001)
20) I. E. dell'Erba, D. P. Fasce, R. J. J. Williams, R. Erra-Balsells, Y. Fukuyama, H. Nonami, *J. Organomet. Chem.*, **686**, 42 (2003)
21) D. P. Fasce, I. E. dell'Erba, D. J. Williams, *Polymer*, **46**, 6649 (2005)
22) H. Mori, M. G. Lanzendörfer, A. H. E. Müller, J. E. Klee, *Langmuir*, **20**, 1934 (2004)
23) H. Mori, A. H. E. Müller, *Prog. Polym. Sci.*, **28**, 1403 (2003)
24) J. Bohrisch, C. D. Eisenbach, W. Jaeger, H. Mori, A. Müller, M. Rehahn, C. Schaller, S. Traser, P. Wittmeyer, *Adv. Polym. Sci.*, **165**, 1 (2004)
25) K. Matyjaszewski, J. Xia, *Chemical Reviews*, **101**, 2921 (2001)
26) M. Retsch, A. Walther, K. Loos, A. H. E. Müller, *ACS Polym. Prepr.*, **48**, 795 (2007)
27) S. Muthukrishnan, F. Plamper, H. Mori, A. H. E. Müller, *Macromolecules*, **38**, 10631 (2005)
28) J. E. Klee, S. Brugger, C. Weber, A. H. E. Müller, H. Mori, Eur. Pat. Appl., EP1600 142 A1 (2004)
29) J. Xua, W. Shi, *Polymer*, **47**, 5161 (2006)

第5章　フラーレン分散有機−無機ハイブリッドの合成

郡司天博[*1], 阿部芳首[*2]

1　はじめに

　C_{60}は60個の炭素原子が12個の五員環と20個の六員環からなるサッカーボールの形状に共有結合した化合物であり，そのユニークな形状と特異な物理的および化学的性質のためにニューマテリアルとしての興味が高まっている。たとえば，これまでに水素貯蔵体[1]，超潤滑剤[2]，医薬品[3]としての用途開発が進められている。一方，エレクトロニクス分野では，C_{60}にカリウムをドープした化合物が超伝導体として[4]，また，ポリビニルカルバゾール[5]やポリフェニレン，ポリチオフェンおよびポリシラン[6,7]とC_{60}の複合体が光導電体として，さらに，フタロシアニン／C_{60}複合体が太陽電池[8,9]として，応用研究が進められている。このように，C_{60}を工業材料として利用するためには，C_{60}を無機高分子や有機高分子のマトリックスに分散すると有利である。しかし，C_{60}は有機溶媒への溶解度が低く，無機高分子のみならず有機高分子との混和が難しいので，複合材料として利用する上で障害になっている。

　シリカをマトリックスとする有機−無機ハイブリッドとしてもC_{60}は興味ある対象となっている。特に，C_{60}の溶解度パラメーターは$\delta=85$程度であり，シリカ（SiO_2）$\delta=25$との差が大きいので，C_{60}をシリカガラスに分散させることは難しく，チャレンジングな材料といえる。C_{60}を埋入したシリカガラスは，C_{60}存在下でアルコキシシランをゾル−ゲル反応させることにより調製される。即ち，C_{60}やC_{70}をテトラエトキシシラン（TEOS）と混合して，超音波照射下でゾル−ゲル反応させることによりC_{60}やC_{70}がシロキサンマトリックスへ分散したハイブリッドが調製される[10]。また，C_{60}をTEOSとメチルトリエトキシシラン（MTES）を混合したゾル−ゲル反応によりハイブリッドが調製される[11]。さらに，C_{60}の有機誘導体をTEOSやMTESと混合することにより[12,13]，もしくはC_{60}とフェニルトリエトキシシランおよびTEOSの混合物[14]からハイブリッドが調製される。しかし，ゾル・ゲル反応の過程でC_{60}の凝集を抑制してC_{60}が均質に分散したハイブリッドを調製するには，C_{60}の濃度を0.01〜0.1 mol％と低濃度にする必要がある[15,16]。

---

*1　Takahiro Gunji　東京理科大学　理工学部　工業化学科　准教授
*2　Yoshimoto Abe　東京理科大学　理工学部　教授

C_{60} を高濃度に含有する C_{60}-シロキサン系ハイブリッドを調製するには，C_{60} へケイ素官能性基を付加して有機溶媒への溶解性を向上させ，さらに，ケイ素官能性基を通じて C_{60} とシロキサンネットワークに共有結合を形成する方法が有効と考えられる。そこで本章では，C_{60} のトリエトキシシランによるヒドロシリル化反応により合成したトリエトキシシリル化 C_{60}（TES-C_{60}，$H_3C_{60}[Si(OEt)_3]_3$）とアルコキシシラン類のゾル-ゲル反応による C_{60}-シロキサン系ハイブリッドの調製，および，その物性評価の例を紹介する。

2　C_{60}-ケイ素誘導体の合成

　C_{60} 誘導体の合成には置換反応と付加反応が利用される。たとえば，C_{60} とアゾビスイソブチロニトリルを反応すると，6員環と6員環の縮環部（6-6縮環部）にイソブチロニトリルラジカルが2つ付加した誘導体が生成する。一方，白金触媒によるヒドロシリル化によりケイ素誘導体を合成することができる。

　エタノールに溶解した塩化白金酸をトルエンと混合し，さらに C_{60} とトリエトキシシラン（TES）を加え，室温で4日間撹拌した。その後，ろ過して固体成分を分離してから濃縮し，これにジエチルエーテルを加えてろ過，濃縮することにより，約30％の収率で茶褐色粘性液体を得た。TES-C_{60} の FAB MASS により m/z = 1213（M+1）のシグナルがみられたが，$m/z =$ 1049や1377にはシグナルがみられなかったことから，C_{60} に TES が3分子付加したことがわかる。また，TES-C_{60} の ^{13}C NMR スペクトルには，18.8 ppm（CH_3CH_2O）と59.0 ppm（CH_3CH_2O）に加えて，新たに63.9 ppm（C_{60}-H）にシグナルがみられ，144-149 ppm には C_{60} に帰属される多数の弱いシグナルがみられた。TES-C_{60} のモル吸光係数は $\lambda = 3500$（$\lambda_{max} = 324$ nm）であり，C_{60} のモル吸光係数 $\lambda = 56700$（$\lambda_{max} = 330$ nm）よりも低下しており，これは C_{60} に TES が付加することにより C_{60} の π 共役が崩れたためであると考えられる。また，TES-C_{60} には435 nm に新たな吸収が観測された。これは C_{60} の6-6縮環部に付加した構造に特有の吸収であり[17]，TES-C_{60} は C_{60} の6-6縮環部に TES が付加していると考えられる。

3　C_{60}-PEOS系ハイブリッド

　筆者らは TEOS の加水分解重縮合反応の条件を厳密に制御することで，簡便な方法により，ポリエトキシシロキサン（PEOS）を合成することを報告した[18]。この PEOS は高粘性液体であり，室温で数ヶ月保存しても大きな分子量の変化が見られない。また，PEOS のエタノール溶液をシャーレにキャストして80℃で数週間加熱することにより，寸法安定性の高い柔軟な自己支

第5章 フラーレン分散有機−無機ハイブリッドの合成

表1 PEOS-C_{60} の調製結果[a]

Run	試料	モル比 Si/C_{60}	収量/ g	ゾル 分子量[b]		
				M_w	M_n	M_w/M_n
1	PEOS	−	1.10	3440	1780	1.91
2	PEOS-C_{60}	1000	1.08	3500	1790	2.04
3		500	1.02	4170	1900	2.23
4		300	0.99	5010	2140	2.35
5		100	0.94	5900	2280	2.54
6		50	0.89	6240	2410	2.69
7		10	0.84	7090	2620	2.79

a) 反応規模: TEOS; 2.00 g (0.0096 mol)。モル比: H_2O/Si=1.6, $EtOH/Si$=2.0, HCl/Si=0.1. 窒素流量: 360 mL/min. 温度: 80 ℃. 時間: 4 h. 撹拌速度: 150 rpm.
b) GPCにより,標準ポリスチレン換算として算出.

持膜が調製される。そこで,TEOS と TES-C_{60} の共加水分解重縮合によりそれらの共重合体である PEOS-C_{60} を合成し,それから C_{60}-PEOS 系ハイブリッドの調製を検討した。

四つ口フラスコに撹拌羽根,窒素導入管,平栓をつけ,エタノールに溶解させた TES-C_{60} と TEOS を氷冷しながら加え,さらに塩酸を滴下した。その後室温で 10 分放置した後,撹拌速度 150 rpm,窒素流量 360 ml/min の下で 80 ℃の油浴中,4 時間開放系で加水分解を行うことで,PEOS-C_{60} を得た。

Run 1 ではブランク実験として TEOS のみの加水分解重縮合により PEOS を合成した。即ち,氷冷した 4 つ口フラスコに TEOS とエタノール,塩酸を入れ,氷冷下で撹拌したあと,窒素を 360 mL/min で流通させながら 80 ℃で 4 h 加熱撹拌して,重量平均分子量 (M_w) が 3440 の無色高粘性液体を得た。この方法では,反応系内に流通する窒素により,塩化水素や水,エタノールが系外へ排出され,加水分解重縮合の最終過程において PEOS の高分子量化によるゲルの生成が抑制されるので,PEOS が高粘性液体として単離される。

Run 2〜7 では Si/C_{60} = 1000〜10 として,茶褐色粘性液体の C_{60}-PEOS を合成した。Si/C_{60} を減少すると収量が減少し,M_w は 3500〜7090 と増加した。一方,数平均分子量 (M_n) はほとんど変化しないので,分子量分散度 (M_w/M_n) は緩やかに増加した。水のモル比を Run 1 と同じにしているにもかかわらず Run 2〜7 では Si/C_{60} の減少とともに M_w が増加したことから,TES-C_{60} が架橋点となって,TEOS と TES-C_{60} が共重合していると示唆される。

PEOS および PEOS-C_{60} の ^{29}Si NMR スペクトルの Q 構造単位 (Q^n: $Si(OSi)_n(OR)_{4-n}$,n = 0-4,R = H, alkyl) を図 1 に,また,それらの割合を表 2 に示す。PEOS および PEOS-C_{60} は主に Q^2 および Q^3 構造からなり,Si/C_{60} の減少に伴って Q^1 および Q^1 構造が減少し,Q^3 および Q^4

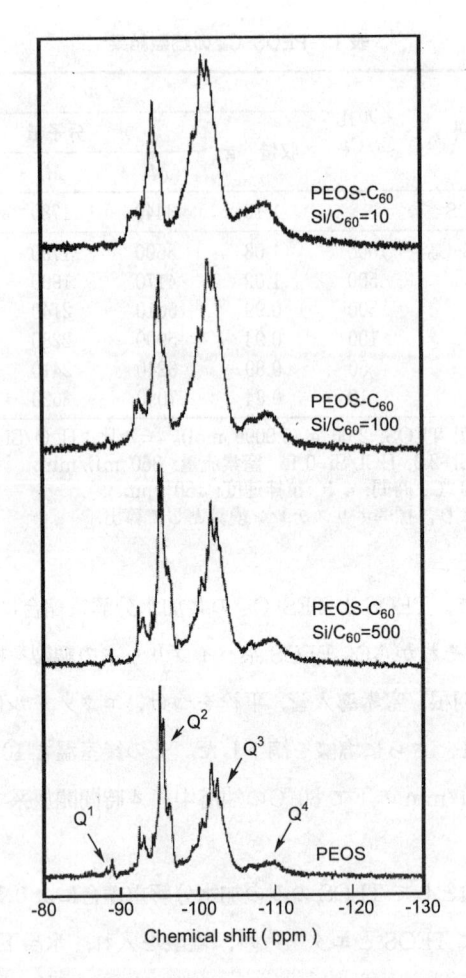

図1 PEOS および PEOS-C_{60} の ^{29}Si NMR スペクトル

構造が増加し、TEOS と TES-C_{60} が共重合していることを支持する。

PEOS-C_{60} および C_{60}-PEOS 系ハイブリッドゲルフィルムの調製結果を表3に、また、PEOS-C_{60} ハイブリッドゲルフィルムの写真を図2に示す。Run 1～7 で調製した PEOS および PEOS-C_{60}(Si/C_{60}= 1000～10) のエタノール溶液をアクリル製シャーレにキャストし 80 ℃で加熱すると、約7日でゲル化し、柔軟な自己支持膜である C_{60}-PEOS ハイブリッドゲルフィルムが得られた。Si/C_{60} を減少すると C_{60} の濃度が増加するので褐色に着色した。

PEOS-C_{60} ハイブリッドゲルフィルムでは 300 ℃付近にエトキシ基の脱離による重量減少がみられたが、850 ℃付近に C_{60} の昇華による重量減少はみられない。また、1100 ℃における PEOS-C_{60} ハイブリッドゲルフィルムのセラミック収率は 64.4 %（Si/C_{60}= 1000)、65.7 %（Si/C_{60}= 500)、67.1 %（Si/C_{60}= 300)、75.5 %（Si/C_{60}= 10) と増加した。いずれも C_{60} の昇華がみられ

第5章 フラーレン分散有機－無機ハイブリッドの合成

表2 PEOS-C_{60}およびPEOSのシロキサン構造単位比[a]

試料	モル比 Si/C_{60}	シロキサン構造単位比[b]/%			
		Q^1	Q^2	Q^3	Q^4
PEOS	—	4	41	46	7
PEOS-C_{60}	1000	4	40	48	8
	500	4	38	51	9
	300	3	32	54	11
	100	2	24	59	15
	50	1	22	61	16
	10	1	17	64	18

a) 反応規模: TEOS：2.00g (0.0096 mol). モル比：
  H_2O/TEOS=1.6, EtOH/TEOS=2.00, HCl/TEOS=0.10.
b) ^{29}Si NMRスペクトルの面積比から算出.

表3 PEOS-C_{60}ハイブリッドゲルフィルムの調製結果[a]

Run	試料	モル比 Si/C_{60}	ハイブリッドゲルフィルム	
			熟成時間/day	性状
1	PEOS	—	8	無色透明
2	PEOS-C_{60}	1000	8	均質, 無色透明
3		500	7	均質, 淡黄色
4		300	6	均質, 黄色
5		100	7	均質, 褐色
6		50	7	均質, 濃褐色
7		10	7	均質, 濃褐色

a) 溶液：50 wt%エタノール. 温度: 80 ℃.

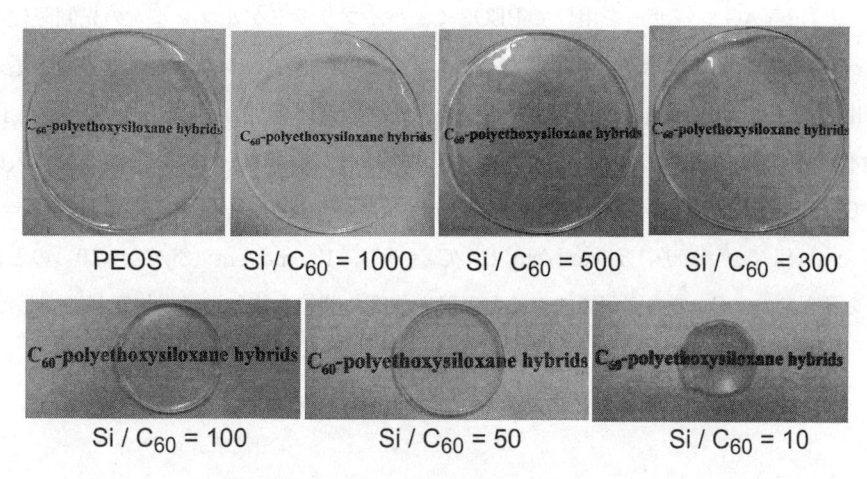

図2 PEOSおよびPEOS-C_{60}ハイブリッド

表4 PEOSおよびPEOS-C_{60}ハイブリッドゲルフィルムの機械的性質[a]

Run	試料	モル比 Si/C_{60}	引張強度/ MPa	ヤング率/ MPa	伸び率/%
1	PEOS	—	1.80	39.5	4.4
2	PEOS-C_{60}	1000	1.89	44.2	4.1
3		500	2.13	69.9	3.0
4		300	2.17	73.4	2.9
5		100	2.19	74.9	2.7

a) 試料形状：試料長：40 mm, 幅：2 mm, 厚さ：0.2 mm.

ないことから，C_{60}分子がシリカセラミックス中に含有されていることがわかる。

PEOSフィルムとPEOS-C_{60}ハイブリッドゲルフィルムの機械的強度を表4に示す。PEOS-C_{60}ハイブリッドゲルフィルムは，Si/C_{60}を減少すると引張強度およびヤング率が増加し，伸び率が減少した。これはSi/C_{60}が小さく，即ちTES-C_{60}の含有量が多いほどPEOS-C_{60}のシロキサン縮合度が増加していることと合致する。

4 PEOS-C_{60}ハイブリッドゲルフィルムの光制限性

C_{60}はπ電子共役構造を有する超微粒子であるので，光制限性（非線形光学効果）を有し，C_{60}溶液の可視光領域に光制限性を発現すると報告されている[19~24]。また，C_{60}の光制限性は既存物質の中で最も優れると報告されている[25,26]。しかし，C_{60}の光制限性を工業的な用途に応用するためには液体試料ではなく固体試料が望まれる[27,28]。

そこで，Nd:YAGレーザーを用いてPEOS-C_{60}ハイブリッドゲルフィルムの光制限性を測定し[29,30]，その結果を図3に示す。PEOS-C_{60}ハイブリッドゲルフィルムは入射光強度と透過光強度が高出力側でLambert-Beerの法則に従わず，光制限性を発現した。C_{60}を$Si/C_{60}=1000\sim10$で含有するPEOS-C_{60}ハイブリッドゲルフィルムは透過率が89～11％と減少し，入射光強度が1163 mJ/cm^2 ($Si/C_{60}=1000$), 990 mJ/cm^2 ($Si/C_{60}=500$), 644 mJ/cm^2 ($Si/C_{60}=300$), 534 mJ/cm^2 ($Si/C_{60}=100$), 340 mJ/cm^2 ($Si/C_{60}=50$), 130 mJ/cm^2 ($Si/C_{60}=10$)のときに光制限性を発現した。C_{60}の濃度が増加すると入射光強度の閾値と飽和透過光強度が減少した。

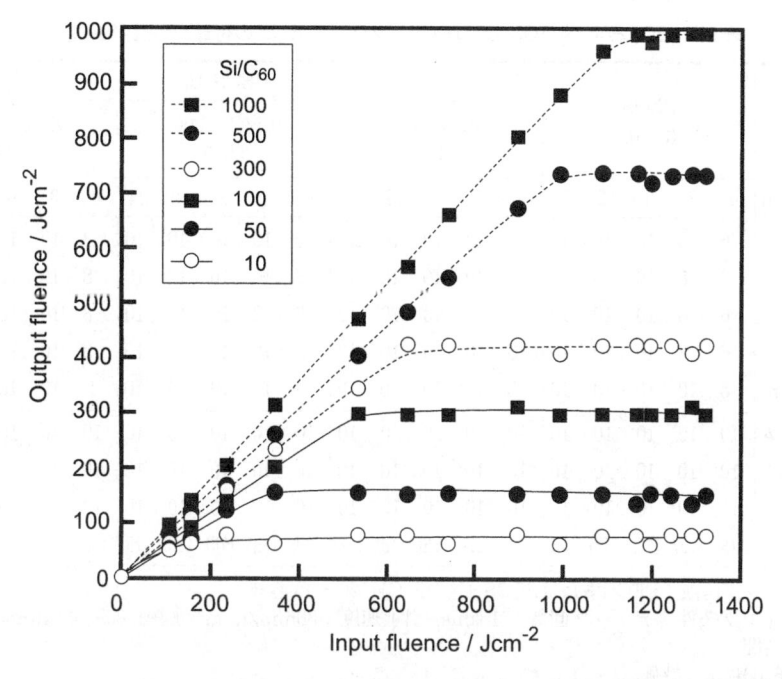

第 5 章　フラーレン分散有機－無機ハイブリッドの合成

図 3　PEOS-C_{60} ハイブリッドゲルフィルムの光制限性

5　ディップコーティングによる PEOS-C_{60} ハイブリッドコーティングフィルムの調製

　PEOS および PEOS-C_{60} のエタノール溶液を有機および無機基板（ポリプロピレン（PP），高密度ポリエチレン（HDPE），ポリカーボネート（PC），6-ナイロン，ポリエチレンテレフタラート（PET），SUS304，アルミニウム，ソーダライムガラス）へ浸漬してから 80 mm/min で引き上げ，80 ℃で 24 h，その後 100 ℃で加熱することによりコーティングフィルムを調製した。コーティングフィルムの付着力および鉛筆硬度は JIS K5400 により，それぞれ引き剥がし法および手かき法により評価した。その結果を表 5 に示す。

　PEOS および PEOS-C_{60} のコーティングフィルムは基板の種類によらず良い付着力を示し，加熱時間の増加とともに増加した。また，PEOS および PEOS-C_{60} の M_w を増加すると，より短時間で硬化した。これは，PEOS および PEOS-C_{60} の M_w を増加すると，基板とのファンデルワールス力が増加することにより，特に，有機基板へのコーティングにおいて顕著にみられる。一方，無機基板の方が有機基板よりも明らかに短時間で高い付着力を示すのは，PEOS および PEOS-C_{60} のエトキシ基と無機基板表面の水酸基がメタロキサン型の結合を形成するためと考えられる。

　ソーダライムガラス上に形成したコーティングフィルムについて鉛筆硬度を評価した。鉛筆硬度は加熱時間の増加に伴って増加した。また，PEOS および PEOS-C_{60} の M_w を増加すると，よ

表5 PEOSおよびPEOS-C_{60}コーティングフィルム[a]の付着力[b]と鉛筆硬度[c]

試料 (M_w)	PEOS (3440)					PEOS-C_{60}														
						Si/C_{60}=500 (4170)					Si/C_{60}=300 (5010)					Si/C_{60}=100 (5900)				
加熱時間/ h	0	3	6	12	24	0	3	6	12	24	0	3	6	12	24	0	3	6	12	24
PP	6	8	10	10	10	6	8	10	10	10	8	10	10	10	10	8	10	10	10	10
HDPE	6	8	10	10	10	6	10	10	10	10	8	10	10	10	10	8	10	10	10	10
PC	6	8	10	10	10	6	10	10	10	10	8	10	10	10	10	8	10	10	10	10
PET	6	8	10	10	10	6	8	10	10	10	8	10	10	10	10	8	10	10	10	10
6,6-Nylon	8	10	10	10	10	8	10	10	10	10	8	10	10	10	10	10	10	10	10	10
アルミニウム	10	10	10	10	10	10	10	10	10	10	10	10	10	10	10	10	10	10	10	10
SUS304	10	10	10	10	10	10	10	10	10	10	10	10	10	10	10	10	10	10	10	10
ガラス	10	10	10	10	10	10	10	10	10	10	10	10	10	10	10	10	10	10	10	10
	(2H)	(2H)	(3H)	(4H)	(5H)	(2H)	(2H)	(3H)	(4H)	(5H)	(3H)	(3H)	(5H)	(6H)	(7H)	(3H)	(4H)	(5H)	(6H)	(7H)

a) コーティング溶液：PEOSまたはPEOS-C_{60}のEtOH 20 wt%溶液．
 コーティング条件：ディップ回数：1 time，引上速度：80mm/min.，加熱：80℃で24hその後100℃で所定時間．
b) JIS K5400により評価．
c) 括弧内に表記．

り短時間で硬化した。これは，加熱時に空気中の水分によりPEOSやPEOS-C_{60}の加水分解重縮合が進行し，より強固なシロキサンネットワークを形成することによる。

文　　献

1) J. Withers, R. Loutfy, T. Lowe, *Fullerene Sci. Technol.*, **5**, 1 (1997)
2) 特開平 7-235045, インターナショナル・ビジネス・マシーンズ・コーポレイション
3) Y. Lai, W. Chiou, L. Chiang, *Fullerene Sci. Technol.*, **5**, 1057 (1997)
4) R. Hebard, *Nature*, **350**, 600 (1991)
5) Y. Wang, *Nature*, **356**, 585 (1992)
6) K. Yoshino, H. Xiao, K. Nuro, S. Kiyomatsu, S. Morita, A. Zakihdov, T. Noguchi, T. Ohnishi, *Jpn. J. Appl. Phys.*, **32**, 1357 (1993)
7) B. Kraabel, D. McBranch, N. Sariciftci, *Phy. Rev. B.*, **50**, 18543 (1994)
8) K. Murata, S. Ito, K. Takahashi, B. Hoffman, *Appl. Phys. Lett.*, **68**, 427 (1996)
9) R. C. Haddon. A. F. Hebard, M. J. Rosseinsky, D. W. Murphy, S. J. Duclos, K. B. Lyons, B. Miller, J. M. Rosamilia, R. M. Fleming, A. R. Kortan,

S. H. Glarum, A. V. Makhija, A. J. Muller, R. H. Eick, S. M. Zahurak, R. Tycko, G. Dabbagh, F. A. Thiel, *Nature*, **350**, 320 (1991)
10) S. Dai, R. N. Compton, Y. P. Young, G. Mamatov, *J. Am. Ceram. Soc.*, **75**, 2865-2866 (1992)
11) M. Maggini, G. Scorrano, M. Prato, G. Brusatin, P. innocenzi, M. Guglielmi, A. Renier, R. Signorini, M. Meneghetti, and R. Bozio, *Adv. Master.*, **7** (4), 404-406 (1995)
12) J. -M. Planeix, B. Coq, L. -C. deMenorva and P. Medina, *Chem. Comm.*, 2087 2088 (1996)
13) A. Kraus, M. Schneider, A. Gugel and K. Mullen, *J. Mater. Chem.*, **7** (5), 763-765 (1997)
14) I. Hasegawa, K. Shibusa, S. Kobayashi, S. Nanomura and S. Nitta, *Chem. Lett.*, 995-996 (1997)
15) 永島英夫, 神野清勝, 伊藤健児, 日化誌, 91-99 (1997)
16) T. W. Zerda, A. Brodka, J. Coffer, *J. Non-Crystal. Solids*, **168**, 33 (1994)
17) H. Steven, J. Molstad, D. Dilettato, *J. Org. Chem.*, **57**, 5069-5071 (1992)
18) Y. Abe, R. Shimano, K. Arimitsu, and T. Gunji, *J. Polyml. Sci.Part A: Polym. Chem.*, **41**, 2250-55 (2003)
19) 篠原久典, 斉藤弥八, "フラーレンの化学と物理", 名古屋大学出版会, p. 123 (1997)
20) F. Henari, J. Callaghan, H. Stiel, W. Blau, D. Cardin, *Chem. Phys. Lett.*, **199**, 14 (1992)
21) D. Mclean, R. Sutherland, *Opt. Lett.*, **18**, 858 (1993)
22) C. Li, L. Zhang, R. Wang, *J. Opt. Soc. Am. B*, **11**, 1356 (1994)
23) S. Couris, E. Koudoumas, A. Ruth, S. Leach, *J. Phys. B*, **28**, 4537 (1995)
24) C. Li, J. Si, M. YangR. Wang, *Phys. Rev. A*, **51**, 569 (1995)
25) L. W. Tutt, A. Kost, *Nature*, **356**, 225 (1992)
26) F. Kajzar, C. Taliani, R. Danieli, *Chem. Phys. Lett.*, **217**, 418 (1994)
27) R. Dagani, *Chem. Eng. News*, **74**, 24 (1996)
28) Materials for Optical limiting, eds. R. Crane, K. Lewis, E. Vanstryland, Materials Research Society, Pittsburgh, PA (1995)
29) L. Chao, L. Chunling, L. Fushan, G. Qihuang, *Chem. Phys. Lett.*, **380**, 201-205 (2003)
30) 小島由継, 豊田中央研究所 R&Dレビュー, **32-1**, 65-74 (1997)

第6章 光学活性シルセスキオキサンとセルロース誘導体シルセスキオキサンハイブリッドの合成

小畠邦規[*1], 林 蓮貞[*2]

1 はじめに

カゴ型構造または部分開裂カゴ型構造を持つ酸化ケイ素系化合物であるポリシルセスキオキサン (polysilsesquioxane, [$RSiO_{1.5}$]$_n$) は, 新しい有機－無機ハイブリッド化合物として, 基礎研究から材料開発に至るまで近年急速に研究が進められている化合物群である。図1に, 構造から見たポリシルセスキオキサンのバリエーションを示す。

ポリシルセスキオキサンは, 三（四）官能アルコキシシラン・ハロシランなどを原料として合成する[1〜5]ことから, 同じ原料から合成するゾルーゲル法生成物と比較されることが多いが, ポリシルセスキオキサンは以下の点でゾルーゲル法生成物とは異なっている。

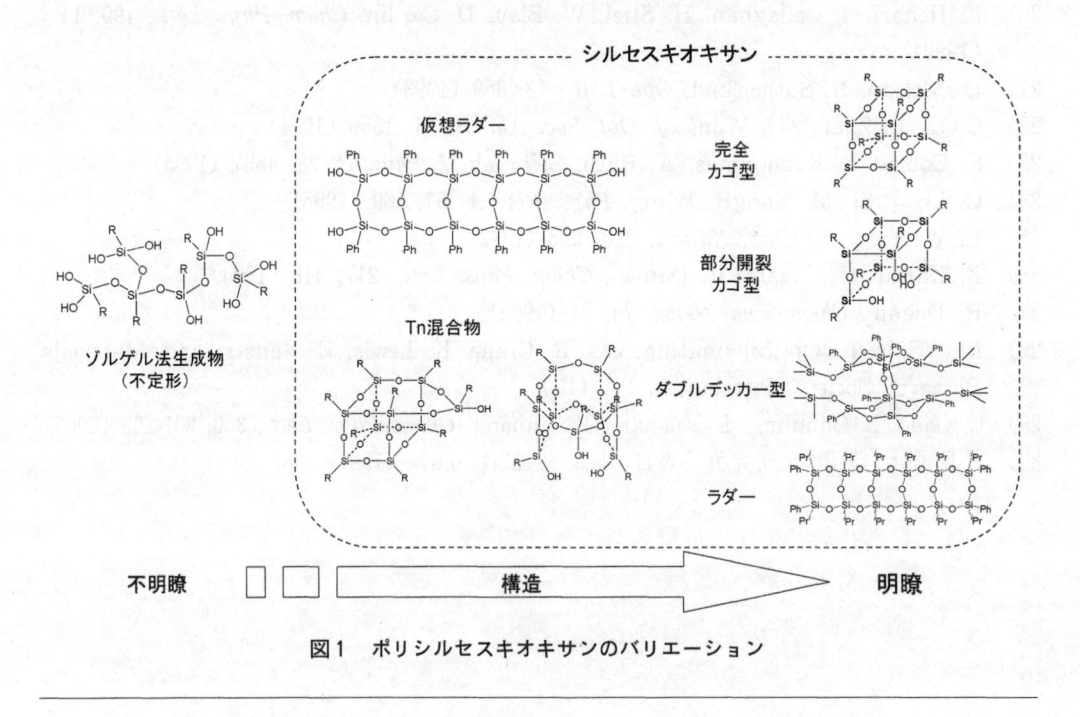

図1 ポリシルセスキオキサンのバリエーション

[*1] Kuninori Obata ㈱KRI ナノ材料研究部 主任研究員
[*2] Lianzhen Lin ㈱KRI ナノ材料研究部 研究員

第6章 光学活性シルセスキオキサンとセルロース誘導体シルセスキオキサンハイブリッドの合成

　まずポリシルセスキオキサンは，分子構造を分光学的に決定もしくは推定することができるため，構造と物性との間の関係を議論しやすい。またポリシルセスキオキサンは，シラノール基をまったく含まないか，もしくは残存シラノール基の比率を少なくすることができるため，保存安定性が良好でかつ取り扱いが容易である。また分子設計が可能なため他の有機モノマーとの相溶性や共重合性などの機能性付与が比較的容易にできる（これらのことは，材料開発ばかりではなく，基礎研究の観点からも重要な点であるが，従来のいわゆるゾルーゲル型の有機－無機ハイブリッド化合物ではいずれも困難なことであった）。

　このため，もともと無機化学の分野で研究されていたポリシルセスキオキサンが，近年有機化学や高分子化学の分野からも注目されるようになり，基礎研究から新機能材料への応用に至るまで，研究が盛んに行われるようになってきた。

　筆者が勤務する会社は，他の企業および研究機関などからの受託研究を行うことを主業務としている。これまでにも有機－無機ハイブリッド材料の分野に関する仕事を数多く手がけてきたが，ここ数年，特にポリシルセスキオキサンをベースとした材料開発の研究受託が増加しており，ポリシルセスキオキサンに対する期待が高まっていることがわかる[6]。

2　ポリシルセスキオキサンに何を期待するか？

　図2は，ポリシルセスキオキサンとの複合化により期待される有機系高分子材料の高機能化について要約したものである。新規材料として考えた場合，そのシリカ骨格に由来する透明性ならびに耐熱性への期待が高く，それに加えて他の特性を付与するかたちとなる。

　ポリシルセスキオキサンのコアは無機のシリカ骨格であるが，その周囲を有機官能基で修飾すること（すなわち分子設計）が容易であり，また分子サイズも比較的コンパクトなものが多いの

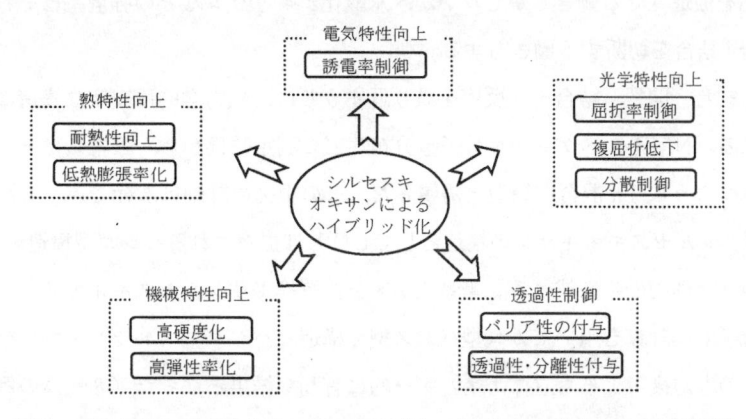

図2　ポリシルセスキオキサンとのハイブリッド化による有機材料の高性能化

で，既存のモノマー，有機系樹脂，金属酸化物微粒子などの無機材料，との混合もしくは共重合による複合化を容易に行うことができる。このため，材料開発にあたってはポリシルセスキオキサン単独または主剤として用いるケースから，既存の材料をベースとしその改良を目的として少量添加するケースまで，幅広い組み合わせが考えられる。

3　ポリシルセスキオキサンのバリエーション

図1に示したように，ポリシルセスキオキサンの構造にはいくつかのバリエーションがある。筆者らはこれまでに，それらのほぼ全てにわたり有機化合物・無機化合物・天然高分子とのハイブリッド化の検討を行ってきた。

このうち分光学的に構造決定可能な，規則構造を持つポリシルセスキオキサンは，その構造と物性との関係を詳細に議論する場合や，単独もしくは他の樹脂とのハイブリッド化による性能向上を明確に見極めたい場合には有力な選択肢ではあるが，想定される用途は材料コストの面から，ハイエンド材料（low-k，レジスト材料等）に限定される（但し，T7トリシラノール体およびその誘導体の一部は，比較的低コストで合成可能である）。

よって筆者らがポリシルセスキオキサンベースの有機−無機ハイブリッド材料を開発するにあたっては，製造プロセスならびにコストを考慮して，カゴ型もしくは部分開裂カゴ型構造を持つポリシルセスキオキサンの混合物（以下，Tn混合体，と略）を検討の対象とする場合が多い（図1の中央下の構造）。

このTn混合体は，水酸化ナトリウムなどの強塩基を触媒としたトリアルコキシシランの加水分解−重縮合反応により合成するが，ここで触媒として強塩基を用いる理由について説明する。

通常のゾル−ゲル法で用いられる塩酸などの酸触媒やアミンなどの弱塩基触媒は加水分解および重縮合反応を促進させる働きしかしないが，水酸化ナトリウムなどの強塩基はそれらの働きに加え，Si-O-Si結合を切断する働きもする。

このため，結合−開裂−結合…と反応を繰り返すうちに，熱力学的に安定な構造に収斂するものと推定される。NMRスペクトルや分子量分布などの測定結果から，筆者らはその生成物の構造を図1に示すようなTn混合体構造と帰属した。その根拠の詳細は次節で述べるが，ここでは一点だけ，ポリシルセスキオキサンの構造としてしばしば提案されるハシゴ型構造（ラダー構造）に帰属しなかった理由のみを述べる。筆者らがメチル置換ポリシルセスキオキサンをモデル化合物として，分子力場計算を用いてカゴ型（シス型）構造とハシゴ型（トランス型）構造とを比較したところ，前者が後者よりも立体エネルギー的に有利な結果となった（8量体の例を図3に示す）。この結果から，少なくとも重合度が比較的低い場合には，カゴ型もしくは部分開裂カゴ型

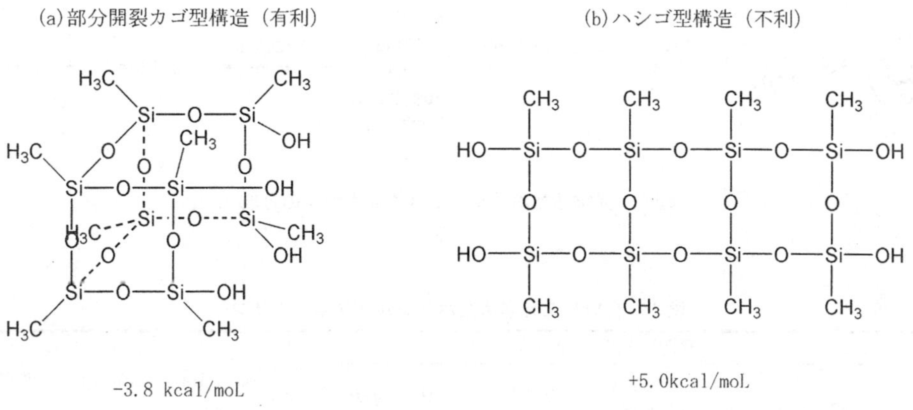

第6章 光学活性シルセスキオキサンとセルロース誘導体シルセスキオキサンハイブリッドの合成

(a)部分開裂カゴ型構造（有利）　　　　　　　(b)ハシゴ型構造（不利）

−3.8 kcal/mol　　　　　　　　　　　　　　+5.0kcal/mol

図3　ポリシルセスキオキサンの構造と立体エネルギー
(a)部分開裂カゴ型構造，(b)ハシゴ型構造（MM2力場計算）

構造が有利であると推定した。

4　ポリシルセスキオキサンを用いた有機−無機ハイブリッド材料作成

これまでに筆者らが行ったポリシルセスキオキサンに関連した研究のうち，二例紹介する。いずれも Tn 混合体をベースとした内容である。

4.1　光学活性基を持つ重合性ポリシルセスキオキサン[7]

4.1.1　序

ポリシルセスキオキサンの分子上に様々な官能基を任意の比率で導入することにより，必要な機能に応じた分子設計が可能である点に着目し，ポリシルセスキオキサン分子上に比率を変えて光学活性基を導入した化合物のシリーズを合成し，それらの光学活性を旋光光度計により評価した。

後述するように，ここで合成したポリシルセスキオキサンのシリーズは，いずれもほぼ同じ重合度と構造（Tn 構造体）とを併せ持つため，類似の基礎物性（粘度，溶解性，硬化性など）を持つ。その上で，それらのポリシルセスキオキサンが，導入した光学活性基の比率に対応した光学活性を示すことを期待して検討を行った。

また，同じポリシルセスキオキサン上に重合性置換基であるメタクリル基を持たせ，これを重合させることにより成膜検討を行った。

4.1.2　合成

光学活性基であるピネニル基，重合性置換基である3-メタクリロイルプロピル基，アルキル

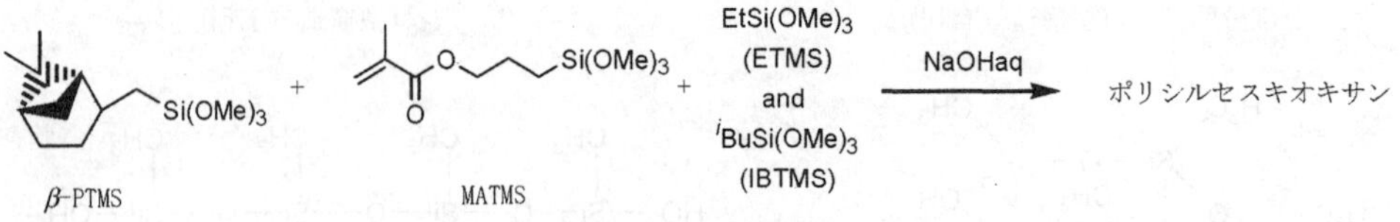

図4　光学活性ポリシルセスキオキサンの合成

表1　合成した光学活性ポリシルセスキオキサン

No.	置換基比率（moL%）				収率(%)	Mn	Mw/Mn	T^2/T^3
	ピネニル基（光学活性基）	3-メタクリロイルプロピル基	エチル基	イソブチル基				
1	4.0	27	38	31	62.5	1200	1.3	10/90
2	8.0	29	40	23	68.4	1300	1.4	11/89
3	26	33	42	—	65.4	1400	1.4	8/92

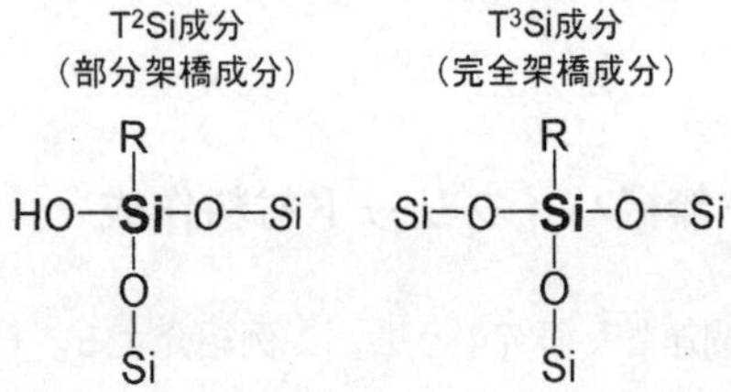

T^2Si成分
（部分架橋成分）

T^3Si成分
（完全架橋成分）

基を有するトリアルコキシシランを原料とし，テトラヒドロフラン溶媒中水酸化ナトリウム水溶液存在下で加熱しつつ加水分解－重縮合反応を行った（図4）。反応後に精製し，高粘度液状化合物を得た（表1）。これらの化合物は，^{1}H-NMRスペクトル測定結果から，仕込み比にほぼ対応した置換基組成を持つことを確認した。

4.1.3　構造推定

次にこれらのポリシルセスキオキサン骨格の構造を，以下の考察に基づいて，Tn混合体と推定した。

構造推定のため，次の三種類のデータを用いた。

a．ポリシルセスキオキサンの有機置換基比（^{1}H-NMR）
b．ポリシルセスキオキサンのT^2，T^3比率（^{29}Si-NMR）
c．ポリシルセスキオキサンの数平均分子量（GPC）

ここでは表1にあるNo.3の生成物のデータを基にし，以下の手順で構造を推定した。

(1)　^{1}H-NMRスペクトル測定よりケイ素ユニット1つ当たりの平均分子量を算出

まずポリシルセスキオキサン骨格を構成するケイ素ユニット（$RSiO_{1.5}$）1つあたりの平均分子量を計算する。^{1}H-NMRから，β-ピネニル/3-メタクリロイルプロピル/エチル基のモル比

第6章 光学活性シルセスキオキサンとセルロース誘導体シルセスキオキサンハイブリッドの合成

率は，25/40/35と推定されるため，次式により，このポリシルセスキオキサンの1ケイ素ユニット当たりの平均分子量は147.5となる。

$$(\beta\text{-ピネニル}SiO_{1.5}) \times 0.25 + (3\text{-メタクリロイルプロピル}SiO_{1.5}) \times 0.40 + (C_2H_5SiO_{1.5}) \times 0.35$$
$$= 189.4 \times 0.25 + 179.3 \times 0.40 + 81.2 \times 0.35$$
$$= 147.5 \text{（1ケイ素ユニットあたりの平均分子量）}$$

(2) GPC測定よりポリシルセスキオキサン1分子当たりのケイ素ユニット数を算出

表1のNo.3の生成物で，GPC測定から得られたポリシルセスキオキサン1分子当たりの数平均分子量1400を，上式で得られた1ケイ素ユニットあたりの平均分子量147.5で割ると，このポリシルセスキオキサン1分子当たりの平均重合度すなわち，ポリシルセスキオキサン1分子を構成するケイ素ユニット数は次式より9.5個と推定できる。

数平均分子量／平均分子量 = 1400/147.5 = 9.5（個）

(3) ^{29}Si-NMRスペクトル測定よりケイ素骨格の構造を推定

表1に示したT^3，T^2は，ポリシルセスキオキサン骨格中のケイ素原子の結合状態を示す記号である。T^3とは三本のSi-Oが全て架橋に使われているケイ素原子を指し，T^2とは2本のSi-Oが架橋に使われているが残りの1本がフリーであるケイ素原子を指す。これら二つの成分の比率から，ポリシルセスキオキサン骨格のおおまかな構造が推定できる。たとえば，全てがT^3成分の場合には，完全に閉じたカゴ型構造以外はありえないが，T^2成分が共存する場合には部分開裂カゴ型構造を考える必要が出てくる（なお，1本のSi-Oが架橋に使われ，残りの2本がフリーであるケイ素原子はT^1と記述するが，ポリシルセスキオキサンではほとんどの場合検出されないため，このような構造推定が可能なのである。これに対しゾル－ゲル法生成物では多くの場合T^1成分が検出されるので，構造推定は困難である）。

表1のNo.3に示すように，この生成物のT^3／T^2モル比は92/8であることが測定からわかった。(2)の計算から，仮にケイ素ユニット数9のポリシルセスキオキサンを考えると，8個のT^3

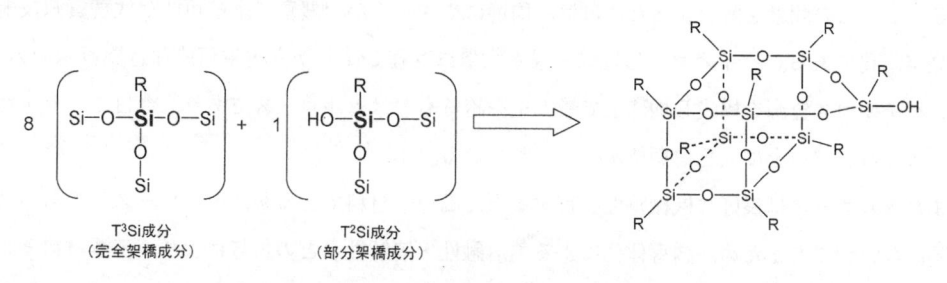

図5 分析データから推定したTn混合体構造の1つ

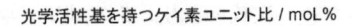

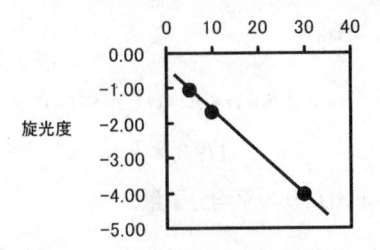

図6 光学活性基を持つケイ素ユニット比と旋光度との関係（テトラヒドロフラン中，20℃）

成分と1個のT^2成分からなるものと推定でき，この組み合わせから図5に示したカゴ型構造が推定できる。

もちろん，このポリシルセスキオキサンは分子量分布を持つので他の構造も存在するが，基本的にはカゴ型構造もしくはその部分開裂体構造の混合物と推定できる。

4.1.4 光学活性・成膜

これらのポリシルセスキオキサンについて溶液中での旋光度を測定し，光学活性基比率との関係を調べた。その結果，ポリシルセスキオキサン中の光学活性基の比率と旋光度とは比例関係にあり，合成条件により旋光度を制御できることが分かった（図6）。またこれらポリシルセスキオキサンをスピンコートにより成膜・光硬化させたところ，無色透明のコーティング膜を得，TG-DTA測定からこの硬化物の熱分解開始温度は約250℃と中程度の耐熱性を持つことがわかった。現在，光学分割に適した光学活性基を持つポリシルセスキオキサンの合成と，光学活性と硬化性とを併せ持つ分子構造を利用し，その精密成形により新規な形状（多孔質体など）をもつ光学分割材料への応用を検討中である。

4.2 酢酸セルロース／ポリシルセスキオキサンハイブリッド材料[8]

4.2.1 序

化石資源の枯渇や地球温暖化問題などの資源・環境問題は21世紀における最も重大な問題である。これらの問題を解決するためには，環境にやさしくかつ豊富で永続可能な代替資源技術の確立が急務である。バイオマスは地球上最も大量に存在し，しかも再生可能な有機資源である。このバイオマス資源を構成し地球上で最大量を誇るものはセルロースであり，今日このセルロースにはこれまで以上に大きな期待が寄せられている。

またセルロースは良好な機械特性を有する天然高分子材料であるが，セルロースそのものは不融不溶な材料であるため，誘導体化による熱溶融性・溶解性などの付与により，工業材料として数多くのセルロース誘導体が工業的に製造されている。このうち樹脂として最も大量に使用され

第6章 光学活性シルセスキオキサンとセルロース誘導体シルセスキオキサンハイブリッドの合成

ているのは酢酸セルロースに代表されるセルロースエステル誘導体だが，近年ではこれらの樹脂は液晶テレビ・ノートパソコン・携帯電話など，液晶ディスプレイに不可欠な偏光板保護フィルムにも活用されている。

しかし，現行のセルロースエステル誘導体は溶融加工性，耐溶媒性，耐水性などがまだ不十分であり，電子・光学材料など厳しい性能が要求される高機能化材料への展開には新しい改質方法が必要である。

セルロース誘導体の溶融加工性を改善するため，大量の低分子量可塑剤を添加する方法（外部可塑化）と，セルロース誘導体をグラフト反応させるなどして熱流動性を向上させる方法（内部の可塑化）とが開発されている[9]。このうち，外部可塑化は材料の耐熱性及び機械特性の低下，可塑剤のブリードアウトなどの引き起こし，また内部可塑化も，セルロース誘導体オリジナルの優れた物性（機械的特性など）を大きく低下させるなどの問題がある。

ケイ素化合物によるセルロース誘導体の変性に関しては，アルコキシシランを原料として調製したゾルゲル生成物をセルロース誘導体に配合し，セルロース誘導体の透湿度及び複屈折率を低下させることが提案されている[10]。しかし，ゾルゲル生成物は大量のシラノール基を含むため，特に保存安定性に問題点が残る。

筆者らは，セルロース誘導体の添加剤として，保存安定性に優れたポリシルセスキオキサンを用いることにより，加工性改善ならびに高機能化を達成できるのではないかと考え，検討を行った。無機シリカ成分をコアとするポリシルセスキオキサン誘導体は，光学特性・耐熱性・耐候性・耐擦傷性・絶縁特性を有すると同時に，分子設計により有機ポリマーとの複合化や共重合が容易に行え，これを有機ポリマーとハイブリッド化させることによりその機能向上や各種の新機能を付与することができると考えた。

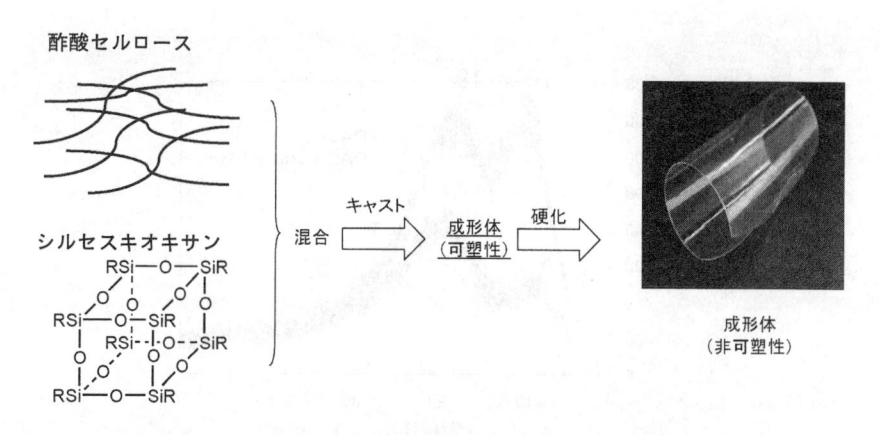

図7 シルセスキオキサンによる酢酸セルロースの加工性改良

4.2.2 実験

図7にハイブリッド化と成形の流れを図示した。すなわち各種官能基を持つポリシルセスキオキサンを合成し、セルロースジアセテート（DAC）ならびに光重合開始剤と共に溶剤に溶かし、ワニスとする。これを適当な基板上にキャスト後、溶剤を風乾等により除去する（この時点では熱可塑性を持つので熱流動温度を測定する）。最後にUV光により硬化させて成形体とする。

このようにして作成したハイブリッドフィルムについて、機械特性、耐熱性、光学特性、耐水性などの物性評価を行った。

4.2.3 結果

ポリシルセスキオキサンと他のポリマーとを複合化させる場合、両者の相溶性を確保するために、ポリシルセスキオキサン上の置換基を工夫する必要がある。筆者らは各種官能基を持つポリシルセスキオキサンとDACとのハイブリッド化を検討したところ、エポキシ官能基を持つポリシルセスキオキサンを用いた場合に相溶性が現れることを見出した。そして、これらのハイブリッド材料について各種評価を行った。結果を表2に要約する。

ハイブリッド化による効果が最も顕著に現れたのがUV硬化前の熱流動温度である。オリジナルのDACの熱流動温度は249℃と高いが、ポリシルセスキオキサンとハイブリッド化させる

表2 DAC／シルセスキオキサンハイブリッド材料

| No. | シルセスキオキサン添加量 (wt%) | 熱流動温度 (℃)[注] | 引張試験結果 | | | 鉛筆硬度 (H) | CTE (ppm) | THF溶出率 (wt%) | 吸水率 (wt%) | 透明性 | |
			引張強度 (MPa)	伸び率 (%)	弾性率 (MPa)					ヘイズ	透過率 (%)
1	20	205.1	78.5	21.5	2569	2	58	0	4.6	0.1	92
2	30	193.8	70.8	6	3151	3	64	0	5	0.1	92
3	0	249.2	82.6	23.2	2991	1	46	溶解	12.2	0.1	92

注）これのみUV硬化前のデータ

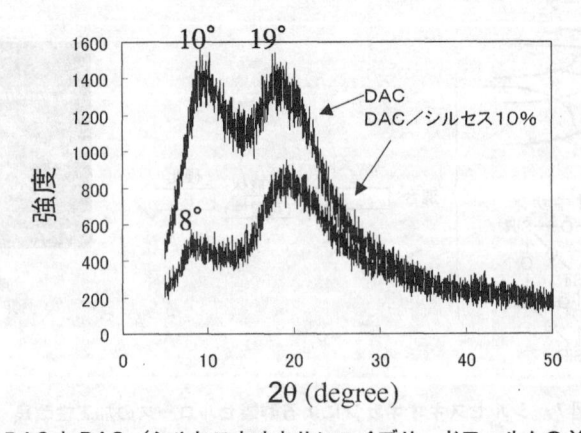

図8 DACとDAC／シルセスキオキサンハイブリッドフィルムのXRD比較

第6章 光学活性シルセスキオキサンとセルロース誘導体シルセスキオキサンハイブリッドの合成

ことにより，200 ℃近辺まで約50 ℃も低下し，溶融成形が可能な材料となった。すなわち，ポリシルセスキオキサンがDACに対して可塑剤としてはたらくことにより，DACの結晶性が低下していることが推定できた。またXRDを用いて結晶性を評価したところ，図8に示したようにハイブリッド化前後では10°におけるピークが大きく減少し8°にシフトしていることが明らかになったことも上の仮説を支持する結果となった（19°におけるピークにはほとんど変化は無かった）。

DACなどの酢酸セルロースの加工性向上を目的とした可塑剤の添加はこれまでにもいくつか検討されてきたが，いずれも可塑性は現れるものの，耐熱性など他の重要な物性が低下することが知られている。

今回，従来の可塑剤との違いを示すことを目的とし，DAC／ポリシルセスキオキサンハイブリッドフィルムの熱変形挙動について評価を行った。DACのみから作成したフィルムと，UV硬化後のDAC／ポリシルセスキオキサンハイブリッドフィルムとを，送風乾燥機を用いて200 ℃で1時間加熱したところ，DACフィルムは顕著な熱変形をおこすが，ハイブリッドフィルムは全く変化が無いことがわかった（写真1）。

また他の物性については，引っ張り強度や線膨張係数は若干低下するものの，表面硬度，耐有機溶媒性，疎水性が向上することが明らかになり，透明性に関してもオリジナルのDACでの全光線透過率およびヘイズ値を維持することが示された。すなわち今回検討に用いたポリシルセスキオキサンはDACの持つ優れた透明性を維持しつつも，一成分で可塑性・架橋性・耐熱性など複数の機能を付与できる優れた添加剤とみなすことができる。

現在，ポリシルセスキオキサンとDAC以外の酢酸セルロース誘導体および他の樹脂とのハイブリッド化に検討範囲を広げ，新規光学材料ならびに電子材料への検討を受託研究として行っている。

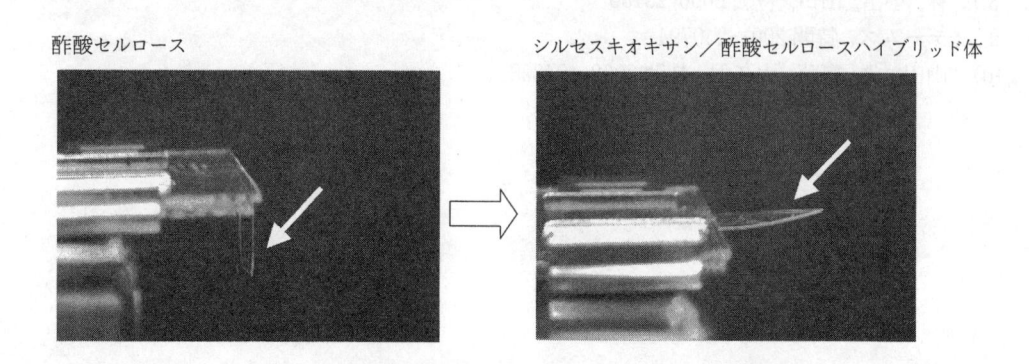

写真1　ハイブリッド化による酢酸セルロースの耐熱性向上（熱処理条件：送風乾燥機，200 ℃×1時間）

5 おわりに

ゾル-ゲル法から発展してきた有機-無機ハイブリッド材料は，構造推定や分子設計が可能なポリシルセスキオキサンの登場により，有機化学や（有機）高分子化学からのアプローチが容易になった。このため，より精密な分子設計ができるようになったばかりではなく，従来の材料では達成できなかった材料特性が現れることが期待されはじめている。

しかし課題もある。よく指摘されるのは，原料ならびに合成コストが高い点である。また，ポリシルセスキオキサンのカゴ型構造を材料特性向上に結びつけるためには，無機成分の分子設計だけではなく，成型プロセスや有機成分の構造制御も重要であるが，これらの研究はまだこれからである。筆者らは今後，これらの課題を念頭に研究を進めていく考えである。

文献

1) P. Agaskar, *Inorg. Chem*. **30**, 2707 (1991)
2) I. Hasegawa, K. Ino, and H. Ohnishi, *Appl. Organomet. Chem*., **17**, 287 (2003)
3) J. D. Lichtenhan, J. J. Schwab, Yi-Zong An, W. Reinerth, M. J. Carr, F. J. Feher, and R. Terroba, United States Patent Application 2005/0239985 A1.
4) K. Yoshida, K. Ito, H. Oikawa, M. Yamahiro, Y. Morimoto, K. Ohguma, K. Watanabe, and N. Ootake, United States Patent Application 2004/0249103 A1.
5) M. Unno, A. Suto, and H. Matsumoto, *J. Am. Chem. Soc*., **124**, 1574 (2002)
6) 小畠，ネットワークポリマー，**25**, 204 (2004)
7) 小畠，林，和田，特開 2006-282725
8) 林，小畠，山口，特願 2006-25180
9) テームズ，特開 2001-240794
10) 山田，北，齋藤，大久保，特開 2002-194228

第7章 位置選択的ハイブリッドによる光学用材料の創製

福田 猛[*]

1 シルセスキオキサン類について

　本章では，シルセスキオキサン類を用いた有機−無機ハイブリッド材料について解説する。本章でいうシルセスキオキサン類とは，$R\text{-}SiO_{3/2}$ で表される単位構造を持つ，かご型，ラダー型などの特定の構造を持つ厳密な意味でのシルセスキオキサンだけでなく，不完全な構造を持つランダム型シルセスキオキサンや，$R\text{-}SiO_{3/2}$ だけでなく $R_{0\sim3}SiO_{(4\sim1)/2}$ で表される単位構造を含むもの，ケイ素以外の金属種を単位構造に含むものを指している。

　シルセスキオキサン類を用いるメリットは，特定の構造を作り分ける必要がないため合成が非常に簡便であり，低コストで大量に製造することができることである。また一般に，ランダムゆえに結晶性が低く，オイル状で工業的な取り扱いが容易であることが多い。

2 有機−無機ハイブリッド材料への展開

　シルセスキオキサンの代表的な利用方法は，有機−無機ハイブリッド材料への応用であろう。有機−無機ハイブリッド材料は，有機材料（プラスチック）の軽い，壊れにくい，加工性がよい

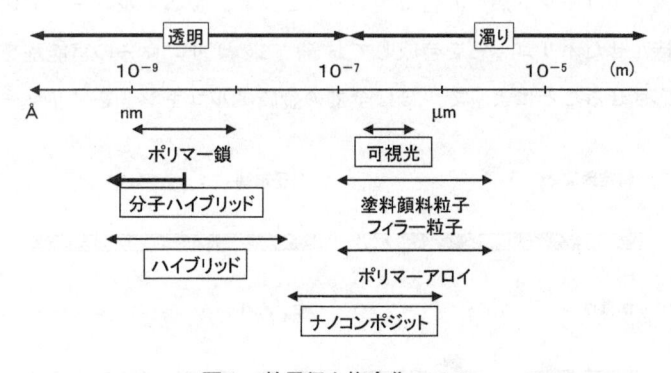

図1　粒子径と複合化レベル

---

[*] Takeshi Fukuda　荒川化学工業㈱　光電子材料事業部　研究開発部　HBグループ

などの特徴と，無機材料（セラミック）の硬い，熱に強いなどの特徴とを併せ持つ材料である。プラスチック中にセラミックを分散させる（連続層がプラスチックとなる）方法で複合材料を得る場合には，セラミックの粒子径が小さければ小さいほど複合化の効果が顕著になる。セラミック粒子が可視光波長より充分に小さくなれば，見かけ均質な透明材料となり，混合材料といった印象を受けなくなる。この様な材料は，従来型のコンポジット材料と区別し，ハイブリッド材料と呼んでいる（図1）。ハイブリッド材料はコンポジット材料と異なり，プラスチックの性質とセラミックの性質を足して2で割った，平均的な物性を持つ材料となることが多い。

2.1 位置選択的分子ハイブリッド法とは

では，プラスチックの性質とセラミックの性質を足して2で割るのではなく，長所のみを集め，短所を最小限に抑え込むことはできないだろうか。セラミックのサイズが数nm～数十nmとなる場合，図1を参照すると，粒子径がポリマー分子の長さと同等，あるいはそれより小さいことがわかる。このように，セラミックの粒子径がポリマー分子の長さよりも十分に小さい時には，あたかもセラミックがポリマーの構造の一部，モノマーのひとつであるかのように考えることができる。つまり，ポリマーのどの部位にセラミックの影響を持たせるか，そしてどの位置をセラミックの影響を受けないままにするか，を選択すること，つまり分子設計ができるようになる。この分子設計をうまく行うことによって，プラスチックとセラミックの長所のみを組み合わせた材料を得ることができるようになる。分子設計の類型としていくつかの例が考えられるが（図2），目的とする性能に合わせてこれらを適宜選択しなければならない。

弊社ではこのような手法を位置選択的分子ハイブリッド法と名づけ，ゾル－ゲルハイブリッド法を応用したハイブリッド材料を種々商品化している[1]。本商品は，従来のゾル－ゲルハイブリッド法のように金属アルコキシド類を混合で用いることなく，金属アルコキシド類をあらかじめ縮合して官能基を持たせたオリゴマーを合成しておき，このオリゴマーの官能基をポリマーの特定の部位のみに反応させることによって，ほぼ全ての金属アルコキシドをポリマーの特定の位置に

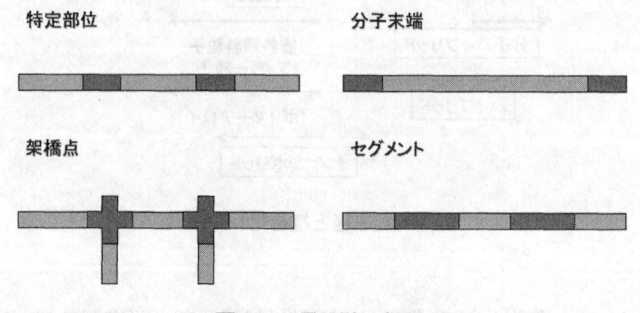

図2　分子設計の類型

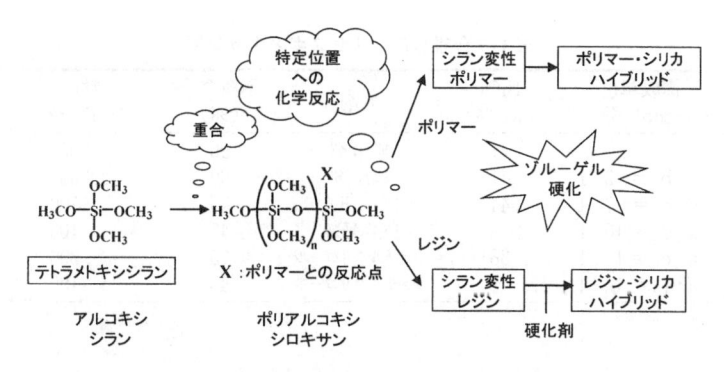

第7章　位置選択的ハイブリッドによる光学用材料の創製

図3　位置選択的分子ハイブリッドの作製

のみ導入することができる[2]（図3）。またこのような手法では，金属アルコキシドと相互作用を持たないポリマー系に対しても，ポリマーが持つ置換基を利用してハイブリッド化することもできる。さらにポリマー／セラミックの重量比，用いる溶剤，濃度，膜厚，硬化方法も任意に選ぶことができる特徴も持つ。この位置選択的分子ハイブリッド法を，エポキシ樹脂，フェノール樹脂，ウレタン，ポリイミド，ポリアミドイミド，アクリル，ポリフェニレンエーテルなどに適用し，開発，販売を行っている。

2.2　シルセスキオキサン類への適用

　シルセスキオキサン類を用いる有機－無機ハイブリッド材料においても，この分子設計の概念は重要である。図2に挙げた4つの類型のうち，特定部位型，分子末端型は特定の官能基数を持つものが必要であるため，官能基数を作り分けることができないシルセスキオキサン類を適用することは難しい。残る2つのうち，架橋点型を用いた例について以下で紹介していく。架橋点型は，用いる有機成分の特性を硬化物の特性に反映させやすい，軟化温度の点から見た耐熱性が向上するなどの特徴がある。一方で，熱膨張率，熱分解温度の点から見た耐熱性は向上しないことが多い。このような特性を考慮した上で，得られる硬化物の特性が最大限向上するよう，用いるシルセスキオキサン類，有機成分を選定していく必要がある。

3　シルセスキオキサン類を用いた有機－無機ハイブリッド

　シルセスキオキサン類としては，チオール基を持つアルコキシシラン類を加水分解，縮合して得られる縮合物を用いた（表1，Run 1）[3]。無溶剤でも粘度が比較的低く，取り扱いやすい。また，チオール基だけでなく，フェニル基，メチル基などの非反応性の置換基，図4(d)のような2官能性の構成単位，あるいはジルコニウム，チタンなどのケイ素以外の金属種をもつ縮合物も得

表1　合成したシルセスキオキサン類

Run	構成単位 (mol %)	SiO$_2$ (wt %)	溶剤	不揮発分 (%)	粘度 (mPa・s)	チオール当量 (g/eq)
1	a	41	無溶剤	99	20000	135
2	a:b = 2:1	41	無溶剤	99	200000	205
3	a:c = 7:1	44	PGMEA	85	1100	170
4	a:d = 10:1	38	PGMEA	47	100	320
5	a:e = 12:1	38	ジメチルグリコール	75	300	190
6	a:f = 16:1	43	ジメチルグリコール	45	100	480

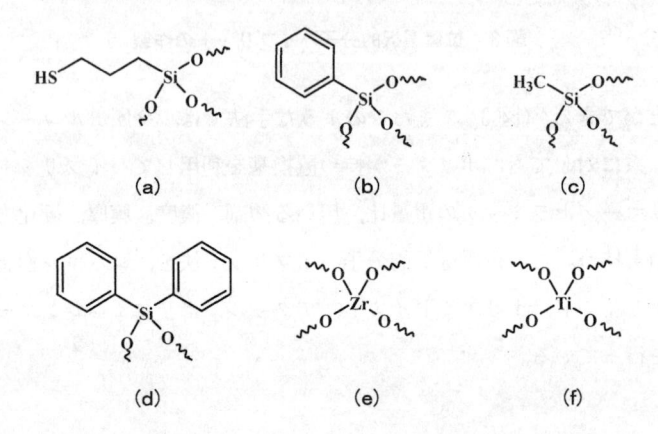

図4　シルセスキオキサン類の構成単位

ることができる（図4，表1）。

　非反応性の置換基を併用することでチオール当量を大きくし，得られる硬化物中のSiO$_2$の割合を高めることができる。また，2官能性の構成単位を導入することで，得られる硬化物の弾性率を調整することができる。また，ジルコニウム，チタンを併用することで，得られる硬化物の屈折率を高めることができる。

　反応性の官能基としてチオール基を採用したのは，チオール基はオレフィン類とUV硬化でき，またエポキシ基，イソシアネート基と熱硬化できるなど，反応性に優れているためである。

3.1　光硬化による有機－無機ハイブリッド硬化物の作製

　チオール基とオレフィン類とは，エン－チオール反応を利用したUV硬化が可能である。エン－チオール反応とは，チオール基と炭素－炭素2重結合とが，UV照射によって1：1で付加する反応である（図5）。古くから知られる反応[4]であるものの，チオールの臭気の問題などから工業的な利用は進んでいなかったが，ラジカル重合によるUV硬化では成しえない特徴を持つことから再度注目を浴びている。

第7章　位置選択的ハイブリッドによる光学用材料の創製

図5　エン-チオール反応

エン-チオール反応は，光開始剤を用いない，あるいは少量用いるだけでUV硬化反応を進行させることができる特徴がある。また，酸素による反応阻害を受けないこと，硬化収縮が少ないことより，厚膜の硬化物が作製可能であるという特徴も持つ。

多官能チオールと多官能オレフィンとを用いてエン-チオール反応させることで架橋構造ができ，多官能チオールとしてシルセスキオキサン類を用いれば，架橋点型の有機-無機ハイブリッド硬化物を作製することができる。

反応性を評価するため，Run 1のシルセスキオキサン類に1当量のトリアリルイソシアヌレート（以下，TAIC）を配し，光開始剤を用いずにUV硬化（膜厚 $30\mu m$，254 nmでの積算光量 $250\,mJ/cm^2$）させた。照射前後のラマン分光分析のチャート（図6）を比較したところ，2600 cm^{-1} 付近のチオール基のピーク，1650 cm^{-1} 付近の炭素-炭素2重結合のピークがほぼ消失しており，エン-チオール反応が進行していることが示される。

硬化収縮を評価するため，Run 1のシルセスキオキサン類に1当量のTAICを配したもの，ジペンタエリスリトールヘキサアクリレートに光開始剤を5 wt%配したものとをそれぞれPETフィルム上に $10\mu m$ コーティングし，UV硬化（254 nmでの積算光量 $250\,mJ/cm^2$）させた。結果，ラジカル重合反応型のジペンタエリスリトールヘキサアクリレートでは硬化収縮のためフィルムが大きくカールしたが，エン-チオール反応型ではそれほどカールが見られず，硬化収縮が

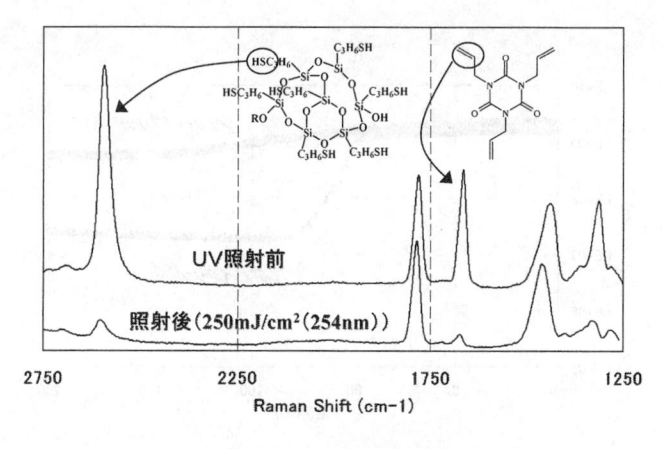

図6　UV硬化性の評価

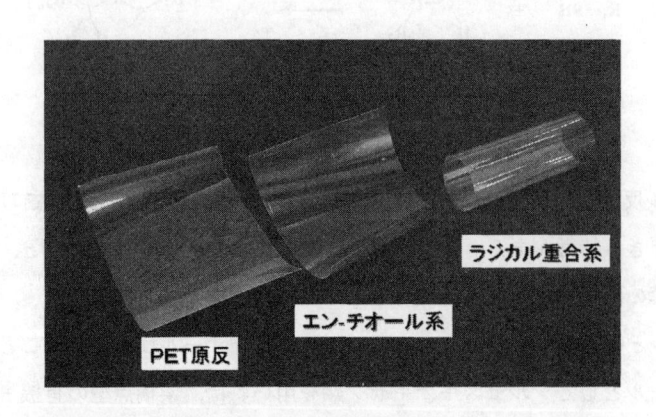

図7 硬化収縮の評価

少ないことが示される（図7）。

3.2 光硬化による有機－無機ハイブリッド硬化物の諸物性

Run 1のシルセスキオキサン類に対し、1当量のTAICを配し、UV硬化（膜厚1 mm、254 nmでの積算光量2000 mJ/cm^2）させた。比較として、チオール基を持つシルセスキオキサン様縮合物にかわってペンタエリスリトールテトラキス（3-メルカプトプロピオネート）（以下、PEMP）を用いた非ハイブリッド硬化物も作成した。

動的粘弾性を測定したところ、Run 1の有機－無機ハイブリッド硬化物は非ハイブリッド硬化物対比Tgが向上しており、かつTg後の弾性率低下が抑えられていた（図8）。このことより、有機－無機ハイブリッド硬化物は熱による軟化が抑えられ、耐熱性が高いことが示される。

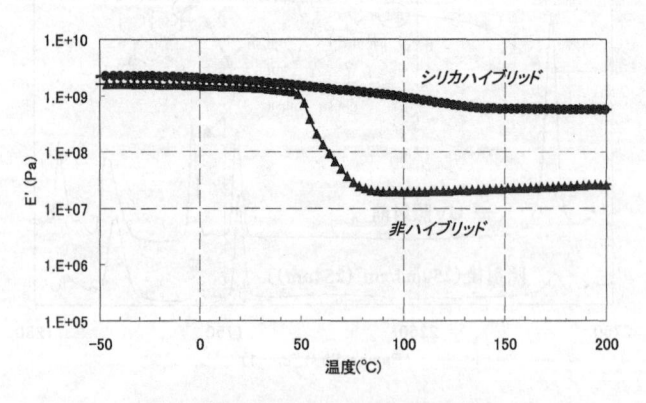

図8 動的粘弾性による耐熱性の評価

第7章　位置選択的ハイブリッドによる光学用材料の創製

表2　熱分解温度

チオール	硬化剤	5％重量減少温度 (℃)	10％重量減少温度 (℃)
Run 1	TAIC	374（368）	384（380）
PEMP	↑	363	373

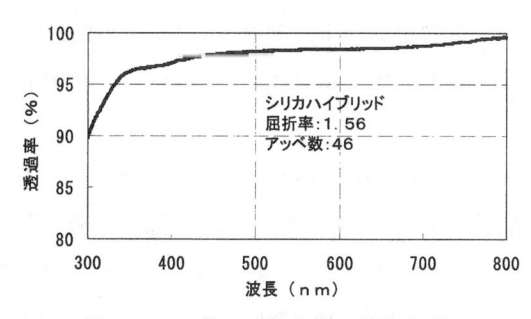

図9　ハイブリッド硬化物の光線透過率

　一方，熱分解温度は，カッコ内のシリカ分を考慮した値で比較すると，あまり向上していないことが示される（表2）。これは先述したとおり，架橋点型のハイブリッドでは熱分解温度の向上は見込めないためである。

　Run 1の有機－無機ハイブリッド硬化物の透明性を評価するため，光線透過率を測定した（膜厚30μm，254 nmでの積算光量500 mJ/cm^{2}でUV硬化）（図9）。結果，可視光域で95％以上の透過率を示し，透明性に優れることが示された。また，屈折率も1.56と，シリカ（屈折率1.45）を25 wt％程度含む硬化物としてはかなり高い値となる。

　本ハイブリッド硬化物は耐薬品性や密着性にも優れており，透明コーティング剤，耐熱プラスチックレンズ，耐熱透明接着剤等，特に光学関係の用途に有用と推察される。ハイブリッド硬化物をレンズ状に成型した例を図10に示す。下の文字が拡大されており，かつ曇り等ないことが見てとれる。

図10　レンズ状に成型したハイブリッド硬化物

3.3 熱硬化による有機－無機ハイブリッド硬化物の作製とその諸物性

Run 1のシルセスキオキサン類に対し，1当量のエポキシ樹脂（JER 828：ビスフェノールA型，エポキシ当量185 g/eq）を配し，80℃で2時間硬化させることで，無色透明の有機－無機ハイブリッド硬化物を得た。同様に，Run 1のシルセスキオキサン類に対し，1当量のイソホロンジイソシアネート（以下，IPDI）および触媒としてジブチルスズジラウレートを配し，80℃で2時間硬化させることで，無色透明の有機－無機ハイブリッド硬化物を得た。比較として，シルセスキオキサン類にかわってPEMPを用いた非ハイブリッド硬化物についてもそれぞれ作製した。

エポキシ樹脂で硬化させた硬化物の動的粘弾性を測定したところ，有機－無機ハイブリッド硬化物は非ハイブリッド対比 T_g が向上しており，かつ T_g 後の弾性率低下が抑えられていた（図11）。IPDIで硬化させた硬化物に関しても，T_g が向上し，T_g 後の弾性率低下が抑えられている（図12）。このことより，熱による有機－無機ハイブリッド硬化物も，光硬化と同様に耐熱性が高いことが示される。

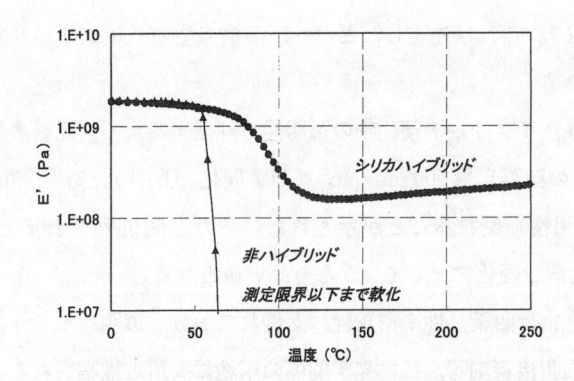

図11 動的粘弾性による耐熱性の評価（エポキシ硬化系）

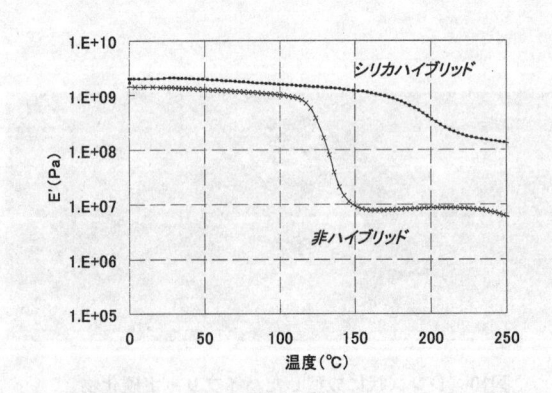

図12 動的粘弾性による耐熱性の評価（イソシアネート硬化系）

第7章 位置選択的ハイブリッドによる光学用材料の創製

　また，熱硬化によるハイブリッド硬化物も，光硬化同様高い透明性，高い屈折率，耐薬品性，密着性に優れており，機能性コーティング剤，耐熱プラスチックレンズ，透明基板，耐熱透明接着剤など，光学関係を中心とする用途への応用が期待される。

4　おわりに

　現在弊社では本稿にあげたシルセスキオキサン類およびその組成物をサンプル提供しており，クライアント様のご評価をいただいております。今後も更なるレベルアップを図り，皆様の様々なご用途に対してお応えしていけますよう，研鑽に努めてまいる所存です。

文　　献

1) 荒川化学工業, 技術カタログ, 有機・無機ハイブリッド「コンポセラン®」について
2) 荒川化学工業, WO01-05862, EP1123944, CN1318077T, TW483907, US6506868
3) 福田猛ほか, 第14回ポリマー材料フォーラム講演予稿集, 高分子学会, p.60 (2005)
4) 大野惇吉, 有機化合物における硫黄化合物の役割, 三共出版 (1981)

第8章　光硬化型シルセスキオキサンと超耐熱性シルセスキオキサン

鈴木　浩*

1　はじめに

シルセスキオキサン（以後 SQ と記す）は，3つの加水分解性基を持つシラン化合物［例えば $RSiCl_3$, $RSi(OMe)_3$, $RSi(OEt)_3$］の加水分解・縮重合により合成される。SQ には様々な有機基を導入することができるため，その機能を反映させた分子設計が可能である[1〜7]。

筆者らは，オキセタニル基（OX：カチオン系）やアクリル基（AC：ラジカル系）などの重合性基を SQ 骨格に多官能的に導入した「光硬化型 SQ 誘導体」を創製，製品化し，ハードコーティング材料やオプトエレクトロニクス材料を始めとした，高度な機能が要求される分野に向けた用途展開を図っている[8]。しかしながら，このような特殊な重合性基を持つ多官能型の SQ 誘導体の場合，カゴ型立方体構造の T_8 体（cage-T_8）を効率よく製造・量産化するのは容易ではなく，仮に製品化に至ったとしても，非常に高価な物となるため，産業上現実的ではない。弊社ではコスト的な面を考慮し，Mixture 型（ランダム構造やカゴ型構造などの混成物）の SQ 誘導体で製品開発を進めている。

SQ と言えば，cage-T_8 が代表的ではあるが，Sil-sesqui-oxane という名称由来（sesqui = 1.5）からすれば，T 単位（$RSiO_{1.5}$）の骨格構造を有するシロキサン系の化合物は，すべて SQ（cage-T_8 はあくまでもその一例）と称される。

本章では，弊社製品である光硬化型 SQ シリーズ（OX-SQ, AC-SQ）および，超耐熱性材料として期待できる熱硬化型 VH-SQ（ビニル基とヒドロシリル基を同一分子内に有する SQ）について説明させていただく。

2　光硬化型 SQ シリーズ

2.1　カチオン硬化型 SQ（OX-SQ シリーズ）

四員環環状エーテルのオキセタンは，オニウム塩によりカチオン開環重合することが知られて

---

*　Hiroshi Suzuki　東亞合成㈱　新事業企画推進部　機能性シリコン材料チーム
　　　　　　　　　チームリーダー

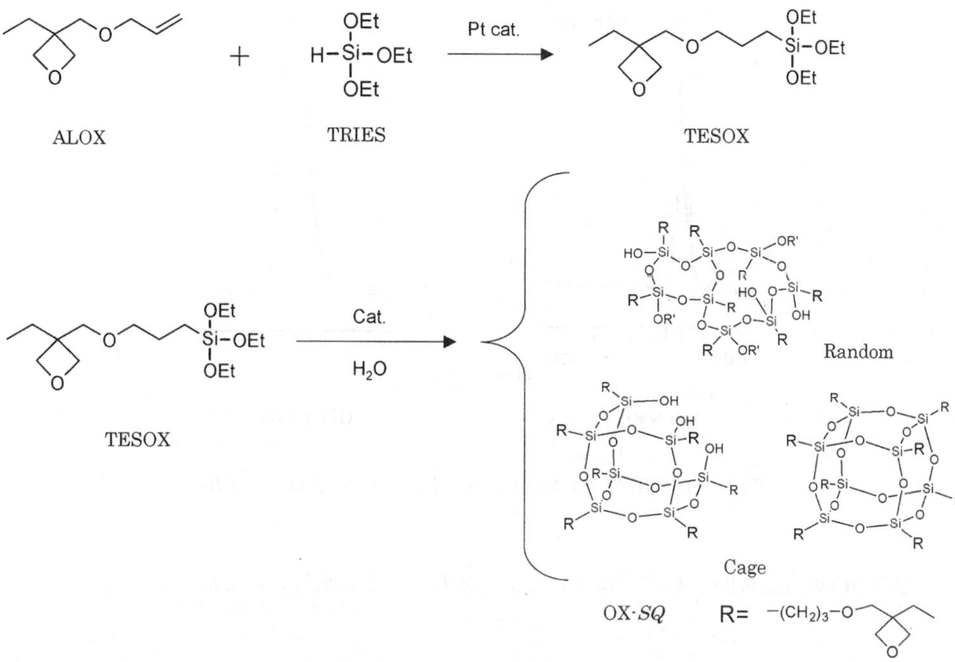

第8章 光硬化型シルセスキオキサンと超耐熱性シルセスキオキサン

図1 OX-SQ（Mixture型）の合成スキーム

いる[9]。我々のチームでは，SQ骨格にオキセタニル基（OX）を導入した光カチオン硬化型のSQ誘導体（OX-SQ）を創製し，製品化した[8]。

OX-SQは，上記スキームにしたがって合成される（図1）。

まず，アリロキシ基を有するオキセタン化合物（ALOX）とトリエトキシシラン（TRIES）とのヒドロシリル化反応により，トリエトキシシリル基を有するオキセタン誘導体（TESOX）を合成，続いて，TESOXを加水分解・縮重合させることでOX-SQ（Mixture型）が合成される。

一般に，SQ生成における縮重合反応は平衡反応であり，反応条件によって骨格構造や分子量の異なるものが生成する[10,11]。現在，弊社で製品化しているOX-SQは，数平均分子量が約2,000の無色透明の粘稠性の液体であり，トルエン，THF，アセトン等，種々の汎用溶媒に可溶である。

図2に，OX-SQの^{29}SiNMRスペクトルおよびGPCチャートを示した。

^{29}SiNMRスペクトルによれば，SQ構造（T体）に帰属されるシグナルが，-60〜-70 ppmの領域で観測された。-67.4 ppmに観測された鋭いピークは，規則正しいSQ構造（T_8?）の存在を示唆していたが，詳しい解析は行っていない。また，GPCでは，高分子量側にショルダーを持つプロファイルが観測された。これらのチャートから明らかなように，OX-SQは，種々の骨格構造や分子量からなるSQ体の混合物（ランダム構造，カゴ型構造など等）であることが分

151

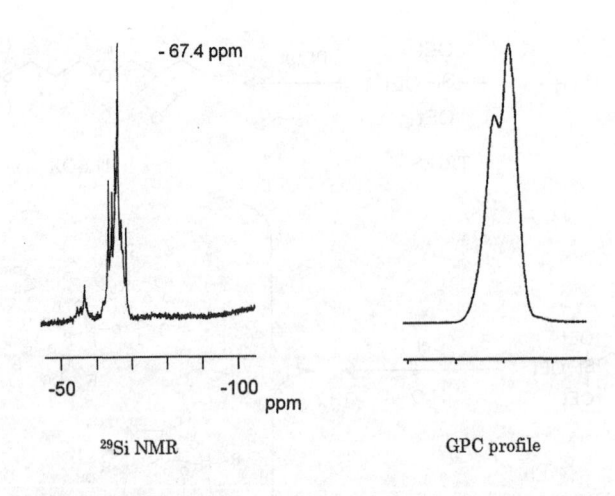

図2 OX-*SQ*の²⁹Si NMRスペクトルとGPCプロファイル

かる。OX-*SQ*の合成に関する詳細については，参考文献を参照していただきたい[8]。

2.2 ラジカル硬化型*SQ*（AC-*SQ*シリーズ）

OX-*SQ*の合成と同様に，アクリル基（AC）やメタクリル基（MAC）を有するトリアルコキシシラン[AC-Si(OMe)$_3$，MAC-Si(OMe)$_3$等]を加水分解・縮重合させれば，ラジカル硬化型の*SQ*誘導体（AC-*SQ*，MAC-*SQ*）を得ることができる[7]。AC-*SQ*も無色透明の粘稠性の液体で，トルエン，THF，IPA，アセトン等，種々の汎用溶媒に可溶である。

2.3 光硬化型材料への応用

OX-*SQ*シリーズやAC-*SQ*シリーズは，種々の溶剤に可溶性の粘稠性の液体なので，コーティング膜等への加工・成形が容易に行える。また，汎用の光硬化性モノマーとの相溶性も優れているので，目的に応じた樹脂の配合・調製も可能である。以下，これら*SQ*樹脂の光硬化型材料への応用について説明する。

2.3.1 OX-*SQ*シリーズ

表1に，OX-*SQ*とエポキシモノマーを配合・調製した樹脂の薄膜光硬化試験の結果を示した。エポキシとしては，代表的な2官能のエポキシモノマーであるセロキサイド2021P（CEL2021：ダイセル㈱製）を用いた。樹脂硬化物表面の耐溶剤性をアセトンラビング試験（膜剥離に至ったラビング回数）で評価したところ，CEL2021単独物（Exp. No.：*SQ*-0）では，光硬化直後はアセトン耐性を全く示さなかった。しかしながら，OX-*SQ*を配合させれば，硬化直後でもアセトン耐性の向上が見られた。特に，OX-*SQ*を40部配合させた樹脂（*SQ*-3）では，光硬化によ

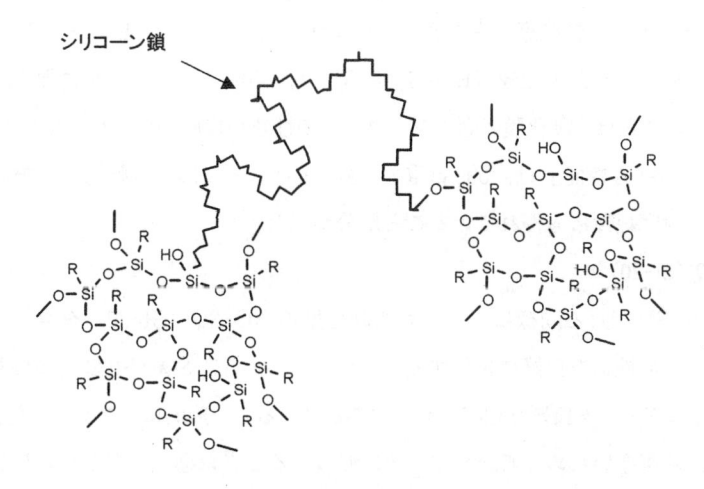

第8章 光硬化型シルセスキオキサンと超耐熱性シルセスキオキサン

図5 SI-20グレードのモデル構造

表3 OX-*SQ* (SI-20) 用いた樹脂の光硬化膜表面の物性[a]

Exp. No.	Exp-1	Exp-2	Exp-3	Exp-4	Exp-5	Exp-6
OX-*SQ* SI-20[b]	100	—	—	5	10	—
CEL2021	—	100	—	95	90	80
OX-*SQ*	—	—	100	—	—	20
Miscibility of resin	Clear	Clear	Clear	Clear	Clear	Clear
Pencil hardness[c]	6H	2H	6H	3H	4H	4H
Pollution-free[d]	○	×	×	○	○	×
After wiping test[e]	○	×	×	○	○	×
Contact angle (deg.)[f]	98	52	62	95	96	55

a) 2 wt% of UV9380C was added and coated on glass substrate to 5 μm thickness with a bar coater and cured with 80 W/cm of high pressure Hg lamp at 10 m/min conveyor speed.
b) Containing 20 wt% of silicone.
c) According to JIS K 5400.
d) Lines were drawn using oily Marker, ○: completely repellent; ×: no repellent.
e) Wiping with a dry gauze was effected 2,000 times under 500g load.
f) Measured toward water.

表3に，OX-*SQ*（SI-20）樹脂の光硬化試験および硬化膜表面物性を検討した結果を示した。OX-*SQ*（SI-20）は，CEL2021と良好に相溶し，透明な樹脂を与えた。いずれの樹脂も高速に光硬化（1回パスでほぼタックフリー）し，得られた硬化膜は5Hの鉛筆硬度を示した。次に，油性インキによる硬化膜表面の耐汚染性試験を行った。CEL2021単独硬化膜やシリコーン鎖を全く含まないOX-*SQ*から得られた硬化膜（Exp. No.：Exp-2, 3, 6）は，油性インキを全く弾かなかった。*SQ*骨格は，シリカに近い構造を有しているためか，いわゆるシリコーンとしての

性能（撥水・撥油・表面潤滑等）を示すことはなかった。一方，シリコーン鎖を導入したOX-*SQ*（SI-20）から得られた硬化膜（Exp-1, 4, 5）は，油性インキを完全に弾く，優れた耐汚染性を示した。このことは，硬化膜表面にシリコーンの性質が良好に付与されたことを表している。この「油性インキ弾き性能」は，500g重×2,000回のガーゼによる乾拭き試験後でも完全に保持されており，耐摩耗性にも優れていることが分かった。

2.3.3 AC-*SQ*（SI-20）

先のOX-*SQ*（SI-20）と同様に，ラジカル硬化型のAC-*SQ*（SI-20）を用いれば，アクリル樹脂にシリコーンの性質を良好に付与することができる。AC-*SQ*（SI-20）の優れた点は，汎用アクリル化合物に対しても良好な相溶性を示すことにある。一般的に，アクリル化合物とシリコーンは互いに相溶性が悪いため，無溶剤で均一に混合することは極めて難しい。しかしながら，*SQ*骨格にアクリル基とシリコーン鎖を導入したAC-*SQ*（SI-20）は，多官能型アクリル樹脂とも完全に相溶するという特長を有している。すなわち，希釈溶剤を使わなくても，無溶剤型のアクリル-シリコーン系の樹脂を容易に調製することが可能である。

表4に，代表的な多官能型アクリル系樹脂であるアロニックス（M-305, M-450：東亞合成㈱製）とAC-*SQ*（SI-20）とを配合し，光硬化試験および硬化膜表面物性を検討した結果を示した。いずれの樹脂も良好な光硬化性を示した。また，アセトンラビング試験の結果も良好で，耐溶剤性に優れた膜形成が確認できた。得られた硬化膜の鉛筆硬度は，いずれも4H以上であった。特に，4官能のアロニックスを配合した樹脂からは，7～8Hに達する高硬度な値を示す硬化物が得られた。膜表面における油性インキの弾き性能を評価したところ，AC-*SQ*（SI-20）を10％添加しただけの樹脂からでも良好にインキを弾くような硬化膜が得られた。ガーゼによる乾拭き

表4 AC-*SQ*（SI-20）用いた樹脂の光硬化膜表面の物性

Exp. No.	Exp-1	Exp-2	Exp-3	Exp-4	Exp-5
AC-*SQ* SI-20	50	30	30	10	10
M-305	50	70	50	90	70
M-450	−	−	20	−	20
Miscibility of resin	Clear	Clear	Clear	Clear	Clear
Pencil hardness	7H	4H	8H	4H	7H
Pollution-free property	○	○	○	○	○
After wiping test	○	○	○	○	○

Radical monomers

アロニックス M-305   アロニックス M-450

第 8 章 光硬化型シルセスキオキサンと超耐熱性シルセスキオキサン

試験（1 kg 荷重×500 回）後でもこの性能は保持されていた。

以上，光硬化型 *SQ* シリーズについて紹介してきた。次節では，*SQ* 骨格を利用した超耐熱性材料の創製（VH-*SQ*）について説明する。

3 超耐熱性材料を目指した材料の創製（VH-*SQ*）[12, 13]

超耐熱性材料の創出を目指し，$H_2C=CH-Si$（Vinyl-Si）結合と H-Si 結合を同一分子内に有する *SQ* 化合物（Vinyl-Hydrogen-Silsesquioxane：VH-*SQ*）を設計した。分子設計の考え方をイメージ図（仮想構造）として図 6 に示した。

Vinyl-Si と H-Si とのヒドロシリル化反応による分子間架橋が理想的に進行すれば，VH-*SQ* は，SiC-SiO セラミックスを連想させるような，極めて無機化合物に近い構造を有するようになると考えられる。本図はあくまでも仮想（空想）図であり，実際にはこのような綺麗な反応は起きない。しかしながら，ビニルトリメトキシシラン（V-TRIMS）とヒドロトリエトキシシラン（TRIES）を共縮重合させて得られた VH-*SQ* 硬化物の耐熱性を評価したところ，極めて高い熱安定性を示すことが分かった。*SQ* 骨格を利用した超耐熱性材料の創製に向けて，大きな可能性を見出すことが出来た。

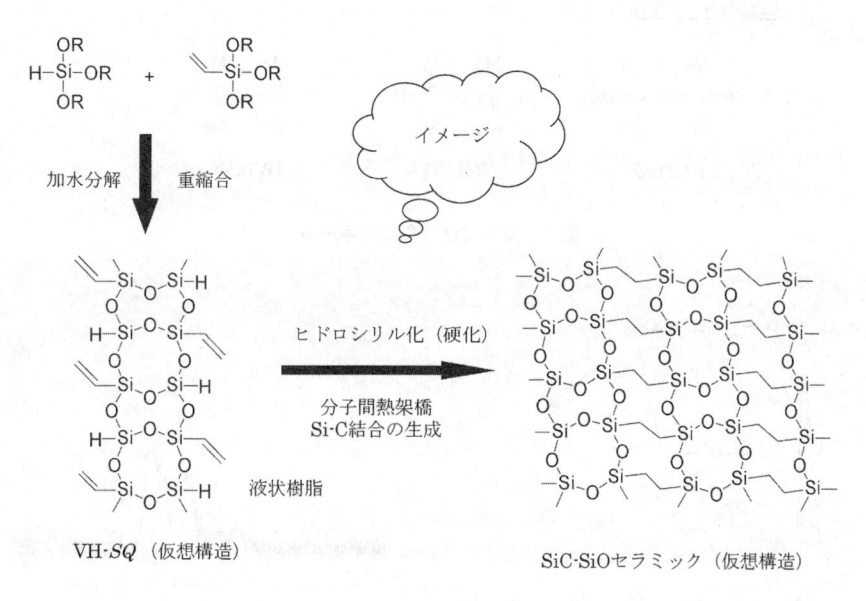

図 6　超耐熱性材料を目指した分子設計のイメージ図

3.1 VH-SQの合成

　VH-SQ は，例えば，TRIES と V-TRIMS とをアルコール溶媒中，室温で加水分解・共重縮合させることで合成され（図7），その後，溶媒を蒸発留去させることで単離できる。得られた VH-SQ は，無色透明の粘稠性の液体であり，トルエン，THF，アセトン等，種々の汎用溶媒に可溶である。TRIES と V-TRIMS の仕込み割合（X：Y）は，任意に変更可能である（因みに，Y＝0 のときは完全無機化合物である H-SQ となるが，これについては割愛する）。

　基本的には通常のゾル－ゲル反応で VH-SQ を製造することが出来るが，反応条件や工程操作によっては，製造中にゲル化が起こる。ゲル化を抑制するためには，$RMe_2Si-O-SiMe_2R$ や $RMe_2Si-OEt$（R = Me, H, Vinyl etc.）などの適当な単官能性モノマー（M体）を反応系内に共存させると良い。これら M 体は SQ の末端シラノール基（Si-OH）のエンドキャップ剤として働く。また，低濃度での反応やトルエンなどの無極性溶媒の併用は，ゲル化の抑制や分子量制

図7　VH-SQ の合成スキーム

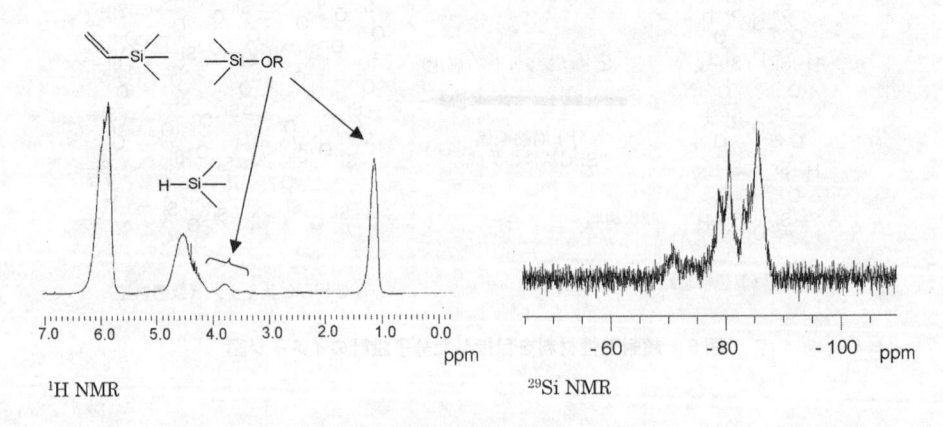

図8　VH-SQ の ^1H および ^{29}Si NMR スペクトル

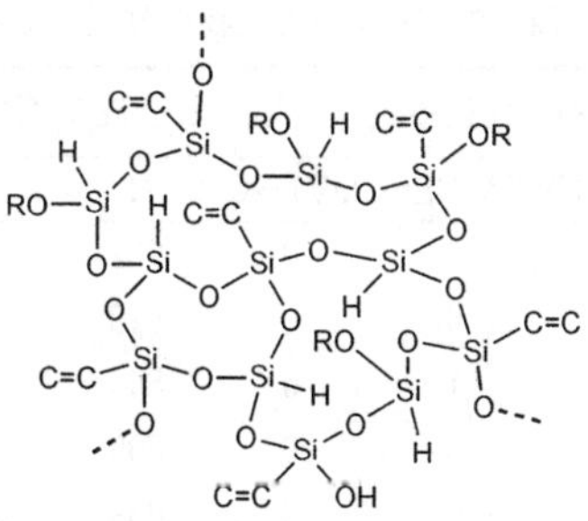

第8章　光硬化型シルセスキオキサンと超耐熱性シルセスキオキサン

図9　VH-*SQ*の推定構造（Random）

御に対して大きな効果が認められた。

　図8に，VH-*SQ* の ^{1}HNMR および ^{29}SiNMR スペクトルを示した。

　^{1}HNMR によれば，4.2～4.8 ppm に *SQ* 骨格に直結した H-Si に由来するシグナルが，5.8～6.3 ppm にはビニル基に由来するシグナルが観測された。また，1.1～1.3 ppm および 3.7～3.9 ppm には，Si-OR（アルコキシ基）結合に由来するシグナルが観測された。すなわち，未反応のアルコキシ基が VH-*SQ* の末端に残存していることが分かった。^{29}SiNMR では，不規則な *SQ* 骨格に由来される幾つかの幅広いシグナルが，－70～－90 ppm の領域で観測された。これらのスペクトルの結果から，得られた VH-*SQ* は，図9に示したようなランダム構造をとっているものと推察された。

3.2　ヒドロシリル化反応による硬化物の熱重量分析
3.2.1　白金触媒による硬化

　表5に，種々の VH-*SQ* 硬化物の熱重量分析（TGA）結果を示した。また一例として，図10に，VH-*SQ*（Run-4）硬化物の TGA チャートを示した。Run-4 は，TMDSO（HMe$_2$Si-O-SiMe$_2$H）により，*SQ* 末端が HMe$_2$Si 基でエンドキャップされたものである。

　TGA から分かるように，当該 VH-*SQ* 硬化物は，1000 ℃での重量損失率が 5.2 ％（窒素中）と極めて高い耐熱性を示していた（Td5 = 899 ℃）。窒素中では，600 ℃ぐらいから徐々に重量減少が観測されたが，これは，VH-*SQ* 中に残存しているアルコキシ基の分解または脱アルコールによるものと思われる。驚くべきことに，この高い耐熱性は空気中においても同様で（1000 ℃での重量損失率が 5.0 ％：Td5 = 1000 ℃），VH-*SQ* 硬化物は空気中でも熱的に極めて安定であることが分かった。尚，空気中では，350 ℃前後で若干の重量増加が観測されたが，これは残存している H-Si の酸化（H-Si → HO-Si）によるものと思われる。このことは，IR 分析によっても確認できた。

表5 種々のVH-SQ硬化物の熱重量分析結果

Run No.	VH-SQ (シラン原料の仕込み比)					Td5 / ℃		1000℃重量損失率/%		理論無機分率 wt/%
	TRIES	V-TRIMS	HMDSO	TMDSO	DVDSO	N_2	Air	N_2	Air	
1	50	40	0	0	0	622	510	7.0	10.0	80.5
2	14	14	1	0	0	513	—	11.5	—	76.0
3	14	14	0	1	0	844	488	5.6	10.9	77.1
4	30	10	0	5	0	899	1000	5.2	5.0	80.0
5	50	0	0	0	5	899	>1000	5.2	3.1	82.7

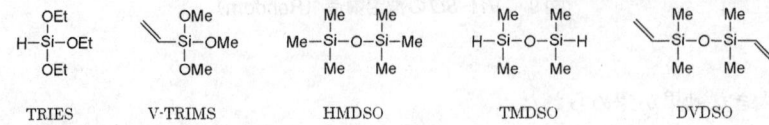

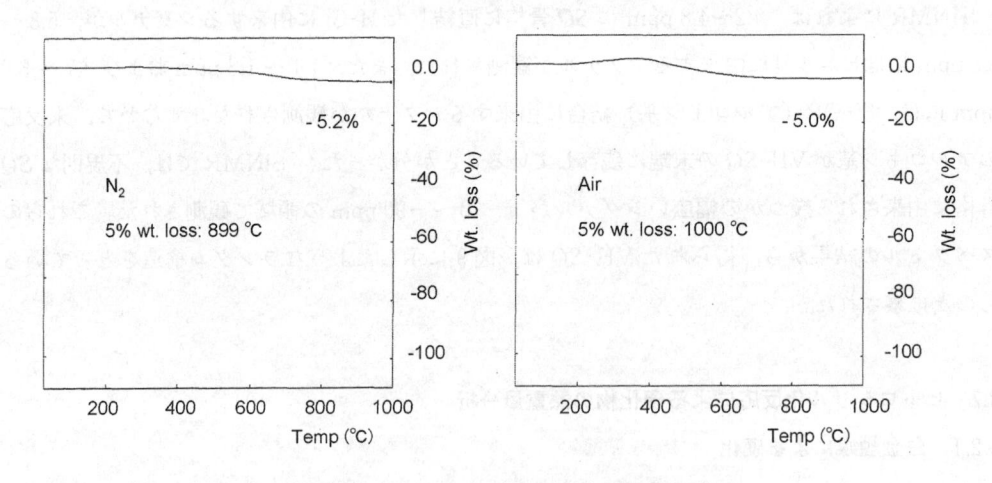

図10 VH-SQ (RUN-4) 硬化物の熱重量分析

尚, VH-SQ (Run-4) の硬化前後でのH-Si結合の反応性をIRスペクトルで観察したところ, SQ骨格に直結したH-Si結合 (TRIES由来) が減少する割合より, 末端HMe₂Si基のH-Si結合 (TMDSO由来) が減少する割合の方が大きい (ヒドロシリル化反応が進みやすい) ことがわかった。これは, SQ骨格に直結したH-Siより, 末端HMe₂Si基のH-Siの方が立体的にも混み合ってなく, 分子運動の自由度も高いからと思われる。エンドキャップ剤としてHMDSO (Me₃Si-O-SiMe₃) を用いた場合 (Run-2：末端がMe₃Si化) は, 1000℃での重量損失率が11.5%であった。HMDSOを用いた系で熱安定性が低くなった理由としては, ①VH-SQ自体に含まれる無機成分 (ケイ素酸化物) の含有率が低下したため, ②末端のMe₃Si基は架橋反応に寄与しないため, などが考えられる。

3.2.2 無触媒系での熱硬化

VH-SQ は白金触媒が存在しなくても熱により硬化する。ただし，無触媒系の場合は，硬化のメカニズムが若干異なる[13]。図11 に，エンドキャップ剤を用いていない VH-SQ（Run-1）の硬化の様子を TGA，イメージ構造式および IR スペクトルを用いて示した。

VH-SQ にはアルコキシ基が残存しているので，まず 130 ℃前後で，樹脂中の溶存酸素もしくは水分の影響で脱アルコール反応が起こり（一次硬化），プレ硬化物が出来る（ここで 7〜8 % 程度の重量減少が観測される）。さらに，高温にして行くと，300 ℃ぐらいからヒドロシリル化（H-Si と Vinyl-Si の減少）が起き，完全硬化（二次硬化）に至る。無触媒系の場合は，室温硬化前（液状態）から比べれば，最終の 1000 ℃に至るまでに，トータル 10 % 程度の重量損失が観測された。しかしながら，プレ硬化物状態になった時点からは極めて高い熱安定性を示すことが明らかとなった。因みに，VH-SQ（Run-1）プレ硬化物の TGA の結果は，1000 ℃での重量損失が 2.9 %（窒素中）であった。

無触媒系による硬化物は，触媒残渣が嫌われるような用途（例：半導体周辺の絶縁膜や封止材料，光学部材等）での利用が期待できる。

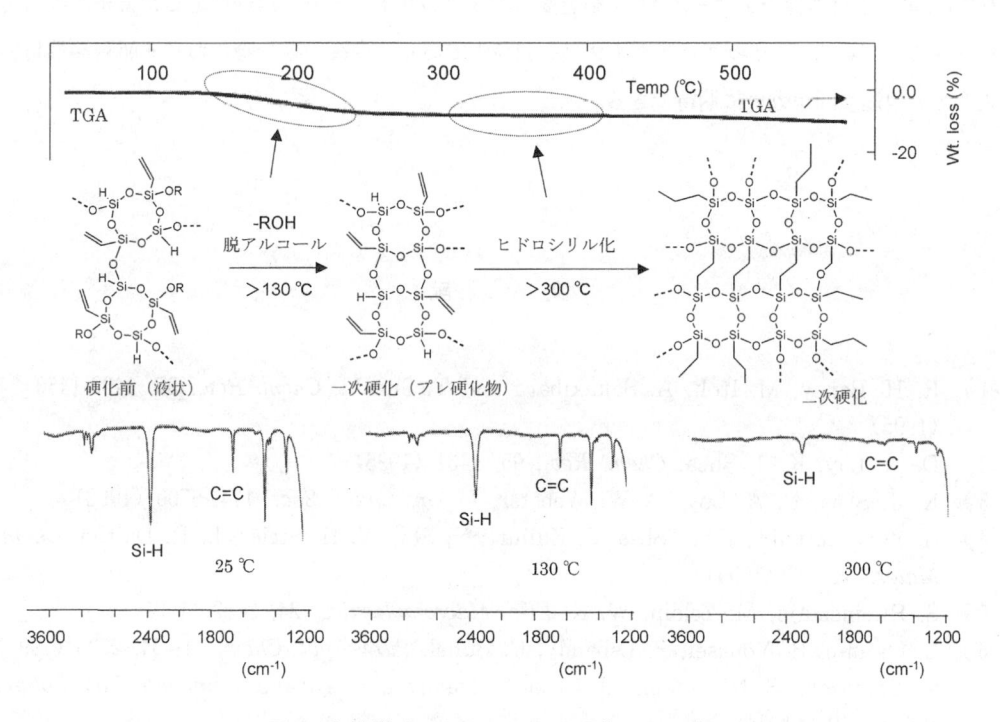

図11　無触媒系による VH-SQ の硬化メカニズム

4 おわりに

以上，シルセスキオキサンを利用した新素材の創製として，第2節では，光硬化型 *SQ* シリーズ（OX-*SQ*，AC-*SQ*）を，第3節では，超耐熱性材料（VH-*SQ*）について述べてきた。

OX-*SQ* や AC-*SQ* は無色透明の粘性液体であり，種々の汎用溶媒に可溶であった。これら *SQ* は良好に光硬化し，透明性，耐溶剤性に優れた高硬度のコーティング膜を形成した。また，*SQ* 骨格の一部にシリコーン鎖を導入した *SQ*（SI-20）から得られた硬化膜は，油性インキを完全に弾くなどの優れた耐汚染性を示す（シリコーンの特異的物性が良好に付与される）ことが明らかとなった。

Vinyl-Si 結合と H-Si 結合を同一分子内に有する VH-*SQ* は，硬化前は無色透明の粘性液体状ではあるが，分子間架橋による硬化が進めば，SiC-SiO セラミックスに似た，極めて無機に近い構造を持つようになると考えられる。その硬化物は，空気中においても 1000 ℃ での重量損失率が5％以下を示す物もあり，非常に高い耐熱性を示す材料であることが分かった。

VH-*SQ* は，Si(OMe)$_4$, Si(OEt)$_4$ 等の4官能性モノマー（Q体）や RMeSi(OMe)$_2$, RMeSi(OEt)$_2$ 等の2官能性モノマー（D体）を適度に組み合わせることで，用途に応じた分子設計も可能となる[13]。現在，種々のプロトタイプ品を開発中であり，今後，各分野における超耐熱性材料としての用途展開が大いに期待できる。

文献

1) R. H. Baney, M. Itoh, A. Sakakibara and T. Suzuki, *Chem. Rev.*, **95**, 1409-1430 (1995)
2) D. A. Loy, K. J. Shea, *Chem. Rev.*, **95**, 1431 (1995)
3) K. J. Shea, D. A. Loy, O. W. Webster, *J. Am. Chem. Soc.*, **114**, 6700 (1992)
4) H. W. Oviatt Jr., K. J. Shea, S. Kalluri, Y. Shi, W. H. Steier, L. R. Dalton, *Chem. Mater.*, **7**, 493 (1995)
5) S. Rubinsztajn, M. Zeldin, W. K. Fife, *Macromolecules*, **24**, 2682 (1991)
6) L. Lecamp, B. Youssef, P. Lebaudy, C. Bunel, *Pure Appl. Chem., A*, **34**, 2335 (1997)
7) N. Yamazaki, S. Nakahama, J. Goto, T. Nagawa, A. Hirano, *Comtemp. Top. Polym. Sci.*, **4**, 105 (1984)
8) (a) 鈴木浩, *東亞合成研究年報（TREND）*, **3**, 27 (2000); (b) H. Suzuki, S. Tajima and H. Sasaki, Photoinitiated Polymerization, ACS SYMPOSIUM SERIES, **847**, 306

第 8 章　光硬化型シルセスキオキサンと超耐熱性シルセスキオキサン

(2003)；(c) 田島誠太郎, *東亞合成研究年報 (TREND)*, **7**, 37 (2004)
9) J. V. Crivello, J. L. Lee and D. A. Conlon, *J. Rad. Cur.*, **1**, 6 (1983)
10) J. F. Brown Jr., J. H. Vogt Jr., A. Katchman, J. W. Eustance, K. M. Keiser, K. W. Krantz, *J. Am. Chem. Soc.*, **82**, 6194 (1960)
11) J. F. Brown Jr., *J. Polym. Sci. C*, **1**, 83, (1963)
12) 田内久二和, 鈴木浩, *東亞合成研究年報 (TREND)*, **7**, 22 (2004)
13) A. Kitamura, H. Suzuki, *in press*.

第9章　シルセスキオキサンの機能性薄膜・粘着剤への応用

樫尾幹広*

1　緒言

　有機化合物と無機化合物とが分子レベルで組み合わさった有機－無機ハイブリッド材料は，有機材料の特徴（柔軟性や加工性）と無機材料の特性（耐熱性・耐候性や耐薬品性）を併せ持つ素材であり，コーティング剤や接着剤の分野において幅広く用いられている。特に，無機成分としてケイ素を含む素材開発の歴史は古く，シリカや水ガラス等に関して数多くの研究[1,2]が継続して行われてきた。これらの研究の進展に伴い有機官能基とシロキサン構造を併せ持つ有機シリコーン系の化合物の開発や利用も急速に発展し，Andrianov[3]，Sprung[4]，Brown[5]らにより報告されたポリシルセスキオキサンは，この系統の素材として注目されている。

　ポリシルセスキオキサンは，$(RSiO_{1.5})_n$ の構造を有するネットワーク状のシロキサン化合物の総称であり，図1に示すようなランダム構造，籠型構造，ラダー型構造などが知られている[6]。通常，有機置換基を有するトリアルコキシシランやトリクロロシランなどの3官能性のシラン化合物を加水分解，縮合反応させることにより合成される[6]。籠型シルセスキオキサンやラダー型ポリシルセスキオキサンは，一般的にはジアルキル型シリコーンと同様に有機溶剤に可溶であるが，シリコーンと比較すると無機成分であるシロキサン部をより多く含むことから，耐熱性や耐候性に優れた素材としての利用が期待出来る[7]。

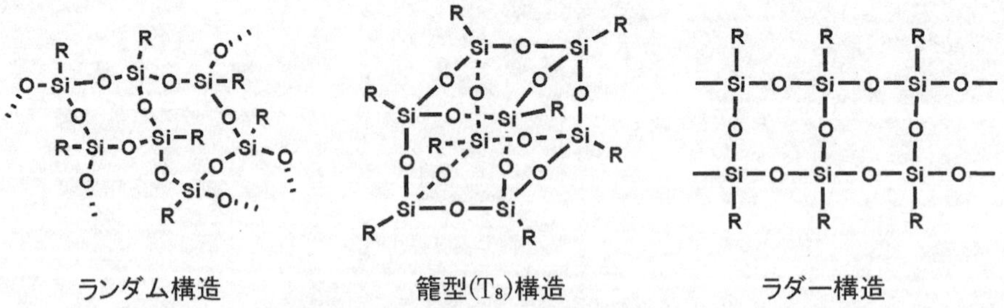

　　　ランダム構造　　　　　籠型(T_8)構造　　　　ラダー構造

図1　ポリシルセスキオキサンの構造

---

　　* Mikihiro Kashio　リンテック㈱　技術統括本部　研究所　素材設計研究室

第9章 シルセスキオキサンの機能性薄膜・粘着剤への応用

特に，ラダー型ポリシルセスキオキサンは，籠型シルセスキオキサンと比べ，構造の均一性に関して様々な議論があるが，分子量の調節や有機官能基の選択などにより分子設計が容易である。この特徴を生かし，離型材料や耐熱コーティング剤としてメチル基やフェニル基を有するラダー型ポリシルセスキオキサンの研究[8]やレジスト材料など[9]にも応用されている。さらに，ポリシロキサン主鎖に異種の有機官能基を導入することで，多機能なハイブリッド素材としての応用が可能である。

本章では，コーティング剤，接着剤・粘着剤等，用途を考慮して合成された多機能ハイブリッド素材としてのラダー型ポリシルセスキオキサンに関する研究結果を紹介する。

2 機能性薄膜（ハードコーティング膜）への応用[10]

液晶ディスプレイ（LCD）やプラズマディスプレイパネル（PDP）などに代表されるフラットパネルディスプレイ（FPD）には，反射防止性・防眩性や帯電防止性などを付与するために，使用される光学フィルムには，様々な機能性薄膜がコーティングされている。このような機能性薄膜の一つに，耐擦傷性や耐薬品性を付与するハードコーティング膜が挙げられる。一般的に，有機系のハードコーティング膜には，多官能アクリレートを主成分とする系[11]が用いられているが，耐熱性や耐候性の観点から用途が制限される。コーティング膜に耐熱性や耐候性を付与するためには，例えばシリカなどの無機成分が有効であるが，一般的なゾル－ゲル法はプロセスに時間を要し，相分離や微細な空孔が残りやすいなどの問題がある。また，これらハードコート剤を用いたプラスチックへのコーティングは，膜の硬度を高く設計することは容易であるが，これに伴い柔軟性のあるプラスチック基材に追従することが困難となり，基材からの剥離やコート層自体の亀裂（クラック）現象が生じる。そこで，このような問題点を解決するために，様々なハイブリッド材料[12]や，微細構造に配慮した有機高分子とシリカなどの無機化合物との有機－無機複合化の研究[13]が行われている。

一方，重合性の官能基を有するラダー型ポリシルセスキオキサンは，分子レベルで有機成分と無機成分とが複合化しており，さらに紫外線を照射することで膜形成が可能となる。また，ラダー型ポリシルセスキオキサンの合成においては，他の有機官能基を有するトリメトキシシラン類との共縮合が容易であることから，種々の有機官能基を有するポリシルセスキオキサンを得ることが出来る。このような共縮合体を利用することで，異なる有機官能基を含むコーティング膜の設計が可能であり，新たな物性の付与が期待される。そこで，重合性を有する（3-メタクリロイロキシプロピル）トリメトキシシラン（MPTMS）より合成されたラダー型ポリシルセスキオキサン（MPPSQ）のハードコーティング膜への応用について紹介する。

シルセスキオキサン材料の化学と応用展開

　重合性の官能基を有するラダー型ポリシルセスキオキサン（MPPSQ）は，MPTMS を塩基触媒存在下，トルエン－水の混合溶媒中で縮合反応させることにより，合成することが出来る[10]。得られた MPPSQ をポリエチレンテレフタレート（PET）フィルム上に塗布し，紫外線を照射して硬化させることで，容易に透明な薄膜が得られている。またメチルメタクリレート（MMA）を添加することで共重合も可能であり，硬化した膜が得られていることから，この系において MPPSQ は，マクロ架橋剤として捉えることができる。さらに，有機官能基としてエポキシ基を有する（3-グリシドキシプロピル）トリメトキシシラン（GPTMS）と MPTMS とを共縮合させたラダー型ポリシルセスキオキサン（MP-co-GPPSQ）を，MMA と共に PET フィルム上に塗布し，同様に紫外線を照射することで，透明な薄膜が得られている。この場合，反応は図2に示すように進行していると推測される。これらの薄膜についての耐擦傷性と耐候性の評価結果と，比較としてラダー型ポリシルセスキオキサンの代わりに，ジペンタエリスリトールヘキサアクリレート（DPHA）をマクロ架橋剤とした薄膜の物性について表1に示す。

　MPPSQ のみを硬化させた系（Run 1）では，耐擦傷性試験は良好であったが，耐候性試験において PET 基材からコート層が剥離する結果となっている。これは MPPSQ に含まれるメタクリル酸エステルのユニット数が少ないため，PET のエステル構造との相互作用が乏しく，ラダー型ポリシロキサン構造の剛直性が反映されたためと推測される。そこで，MMA をコモノマーとして添加し，薄膜を形成することで，コート層の剥離などは観察されず，耐擦傷性および耐候性とも良好な結果となっている（Run 2）。これは PET フィルム表面の凹凸部に MMA が進入することで，アンカー効果が発現したためとも考えられる。しかしながら，MMA の含有量が

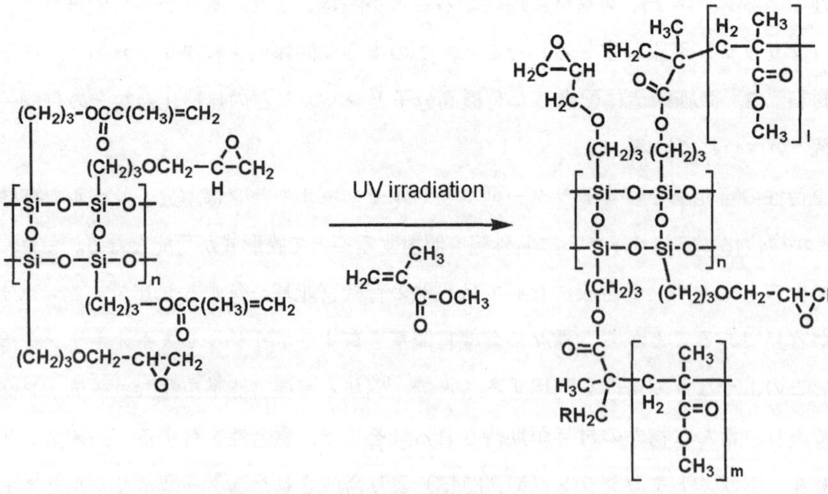

図2　紫外線照射による MP-co-GPPSQ と MMA との硬化反応

第9章　シルセスキオキサンの機能性薄膜・粘着剤への応用

表1　コーティングフィルムの特性

Run	Material[1]	Content of		MMA [mmol]	Properties of coating film		
		Methacryloyl group [mmol equiv./g]	Epoxy group [mmol equiv./g]		Scratch test[2]	Contact angle [deg.]	W-O-M[3] 500 hr.
1	MPPSQ	46.0	0	—	○	68	×
2	MPPSQ	46.0	0	100	○	75	○
3	MPPSQ	46.0	0	200	×	78	△
4	MP-*co*-GPPSQ	23.0	23.0	—	○	56	△
5	MP-*co*-GPPSQ	23.0	23.0	100	○	61	○
6	—	—	—	100	×	80	△
7	DPHA	104.0	0	—	○	61	×
8	DPHA	104.0	0	100	△	62	×

1) 10 g of material was used for the preparation of films.
2) ○: No detectable change. △: Partially scratched. ×: Apparently scratched.
3) Sunshine weather meter. ○: No detectable change. △: Partially cracked. ×: Flaking off with deterioration.

　増加すると，耐擦傷性が劣る結果となっている（Run 3）。次に，メタクリロイル基とほぼ等量のグリシジル基を有するMP-*co*-GPPSQを用いて検討が行われた。PET基材に少量ながら存在すると推測されるカルボキシル基や水酸基などの極性基との水素結合による官能基間の相互作用の増大，さらにはMP-*co*-GPPSQのエポキシ基とカルボキシル基や水酸基との開環反応により，共有結合の形成も可能であり，その結果，剥離が生じ難くなると期待される。実際，MP-*co*-GPPSQを使用すると，PET基材からの剥離は不十分ながら起こり難くなっていた（Run 4）。これはMPPSQと比べ，PETに残存するカルボキシル基や水酸基などの極性基とMP-*co*-GPPSQのグリシジル基との相互作用の効果が現れたものと推測されるが，MMAの添加効果に比べるとグリシジル基導入の効果は小さいと考えられる（Run 5）。また水を用いた接触角測定の結果においても，MPPSQの接触角68度に対してMP-*co*-GPPSQでは56度であることから，この変化ではエポキシ基の開環反応に伴う親水性の強い水酸基の生成はないものと推測される。

　有機－無機複合系のMPPSQあるいはMP-*co*-GPPSQを使用して作成されたコーティング薄膜の性能と，有機成分としてDPHAのみで構成される薄膜との比較において，DPHAを単独で硬化した薄膜は，有機－無機複合系の薄膜と同様に耐擦傷性は有しているが，コート層の剥離が顕著に起こり，耐候性に劣っている（Run 7）。剥離を防ぐためにMMAをコモノマーとして添加した系（Run 8）では，MPPSQやMP-*co*-GPPSQの場合と異なり，コート層の剥離は改善されず，耐擦傷性においても劣る結果となっている。実際，DPHAを用いて得られるコーティング膜は，硬化後の耐擦傷性は優れているが，耐候性に劣ることが報告されている[14]。このように有機－無機複合系のMPPSQから得られるコーティング膜は，有機成分のみで構成される膜に比べ耐擦傷性および耐候性が向上している。さらにMMAをコモノマーとして用いることに

より，比較的接着性が困難なPETフィルムに対しても，密着性を向上させる結果となっている。

3 粘着剤への応用[15]

粘着剤の開発は1910年代の絆創膏の製造を始めとし，1920年から1930年代の電気絶縁用テープ，マスキングテープなど，初期にはゴム系の材料を主成分とするものが使用されてきた。その後，自動車関連やエレクトロニクス関連など，耐候性・耐久性を要求される分野向けに，アクリル酸エステルを主成分とする粘着剤が開発され利用されるようになってきた。一般的にアクリル系粘着剤は，アゾ系開始剤や過酸化物系開始剤を用い，図3に示すガラス転移温度（Tg）の低いエステル鎖の炭素数が3から10のアクリル酸エステルもしくは炭素数が10から12のメタクリル酸エステルのラジカル重合体が用いられている[16]。しかしながら，このようなポリアクリル酸エステルは，一般的に分子量分布が広いために高い凝集力を得る事が困難であり，また耐熱性が不十分である。そのため高い凝集力を付与するために，架橋剤を用いる手法や分子量・分子量分布などポリマーの一次構造を制御する手法などがとられている。

ポリマーの分子量や分子量分布を制御する重合法としては，イニファータを用いた重合，ニトロキシドラジカルを用いた重合，金属錯体を用いた原子移動ラジカル重合（Atom Transfer Radical Polymerization：ATRP），RAFT（Reversible Addition-Fragmentation-Chain Transfer）重合などのリビングラジカル重合の適用が有効である。これらのリビングラジカル重合法とシロキサン化合物との組み合わせにおいては，ATRP法を用いたシリカゲル表面への有機化合物のグラフト化[17]，シリコンウエハの表面修飾[18]や籠型シルセスキオキサンへのグラフト重合[19]などの研究が行われているが，ラダー型ポリシルセスキオキサンへのグラフト化に関する研究は少ない。したがって，溶媒に可溶で異なるポリマー鎖を導入したラダー型ポリシルセス

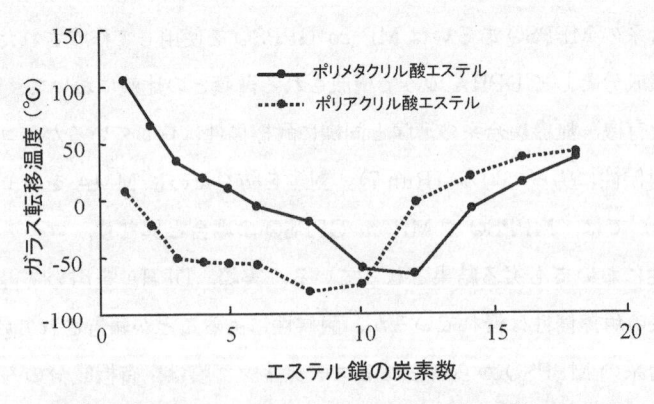

図3 種々のポリ（メタ）アクリレートのガラス転移温度

第9章 シルセスキオキサンの機能性薄膜・粘着剤への応用

キオキサンは,新規なハイブリッド材料として,その物性に興味がもたれる。ここでは粘着物性を視野に入れたラダー型ポリシルセスキオキサンからのグラフト重合系の設計例を紹介する。

2-[(p-クロロメチル)フェニルエチル]トリメトキシシランとフェニルトリメトキシシランとを酸性条件下で共縮合反応させることで,クロロメチルフェニル基およびフェニル基を有するラダー型ポリシルセスキオキサン(CPPSQ)を得ることが出来る[15]。次にCPPSQをマクロ開始剤として用い,(−)-スパルテインおよび臭化銅(Ⅰ)を重合触媒とすることで,アニソール中ATRP法により種々のメタクリル酸エステルの重合が可能である(図4,表2)。MMAの重合では,温度60℃で8時間反応させることにより,グラフト化生成物(CPPSQ-g-MMA)が91

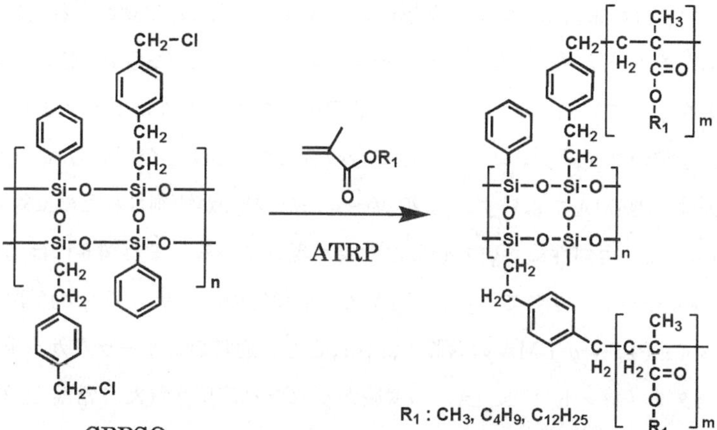

図4 ATRP法によるCPPSQからの種々のメタクリル酸エステルのグラフト化

表2 ATRP法によるCPPSQからのグラフト重合[1]

Run	Monomer [mmol]	Conditions			Mn ($\times 10^4$)		Mw/Mn[3]	Yield[4] %
		Concentration mol/l	Temp ℃	Time h	cal.[2]	SEC[3]		
1	MMA[20]	2.0	60	8	2.6	2.4	2.02	91
2	BMA[20]	2.0	60	8	3.5	2.7	2.29	49
3	BMA[20]	2.0	60	24	3.5	3.4	2.20	86
4	DMA[20]	2.0	60	24	5.5	4.9	1.78	72
5	DMA[20]	2.0	80	8	5.5	5.1	2.57	93
6	DMA[60]	8.0	80	8	16.0	15.0	2.37	81
7[5]	MMA[20]	2.0	60	24	2.4	2.8	2.05	…
	DMA[40]	2.9	80	8	13.0	8.0	2.07	80
8[5]	DMA[40]	4.0	60	8	10.9	7.5	1.85	…
	MMA[20]	1.8	60	14	12.8	9.2	1.92	80

1) Molar ratio of [CuBr]/[-PhCH$_2$Cl]/[Ligand] was 1/1/2. 2) The Mn of the starting CPPSQ was 3,700.
3) THF was used as an eluent with polystyrene standards. 4) Isolated yield based on weight.
5) After the graftation using 1st monomer, 2nd monomer was added without isolation of the polysilsesquioxane containing 1st monomer units.

％の高収率で得られている（Run 1）。ブチルメタクリレート（BMA）では，反応時間を24時間と長くすることで収率よく生成物（CPPSQ-*g*-BMA）が得られている（Run 3）。ドデシルメタクリレート（DMA）では，エステル側鎖が長いためか反応性は低下し，24時間でも収率は低くなっている（Run 4）。これに対し，反応温度を60℃から80℃に上げることで，反応時間が8時間でも93％と高収率でグラフト体（CPPSQ-*g*-DMA）が生成しているが，分子量分布が若干広がる結果となっている（Run 5）。ブロックコポリマーをグラフト鎖とするCPPSQ-*g*-(MMA-*b*-DMA)およびCPPSQ-*g*-(DMA-*b*-MMA)の合成では，第1モノマーにMMAを用いても，DMAを用いた場合でも共に収率は80％であり（Run 7, 8），またどちらも第2モノマーは計算値と異なり導入量は低下している。これはグラフト鎖末端のリビング活性が低下したためと思われるが，いずれの重合においても架橋反応に伴うゲル化などは認められていない。

図5は，MMAをグラフト化したポリシルセスキオキサン（CPPSQ-*g*-MMA）の熱重量測定（TGA）の結果を示している。比較として，ATRP法で重合されたポリメタクリル酸メチル（PMMA）と，通常のフリーラジカル重合法で合成されたPMMAが用いられている。300℃における重量損失は，PMMAではいずれも20％～40％の減少が観測されたのに対して，CPPSQ-*g*-MMAでは6.5％と耐熱性において顕著な効果が現れている。また図6には，熱機械分析装置（TMA）の測定結果が示されている。TMAでは造膜性の高いサンプルが必要であるために，グラフト体としてCPPSQ-*g*-BMAの薄膜と，比較として通常のフリーラジカル重合法で得られたポリブチルメタクリレート（PBMA）の薄膜がそれぞれ使用された。常温25℃から60℃までの伸び率はPBMAおよびCPPSQ-*g*-BMAに大きな違いは観測されていないが，PBMAでは65℃付近で15％程度の伸び率を示したのに対して，CPPSQ-*g*-BMAは80℃以上の温度で

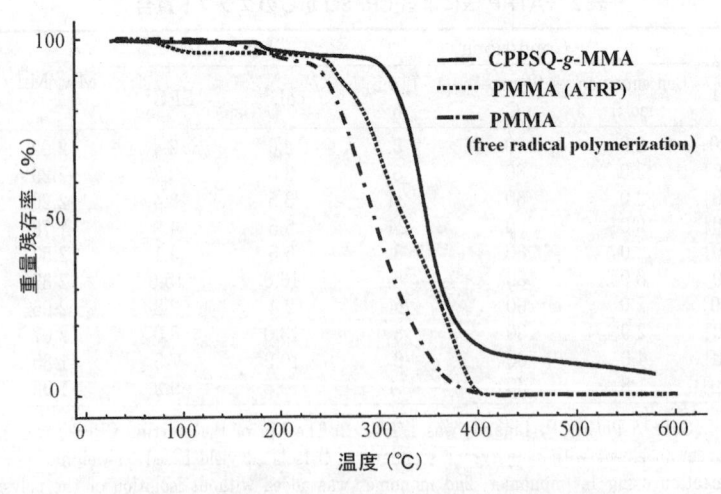

図5　PMMAとCPPSQ-*g*-MMAのTGA曲線

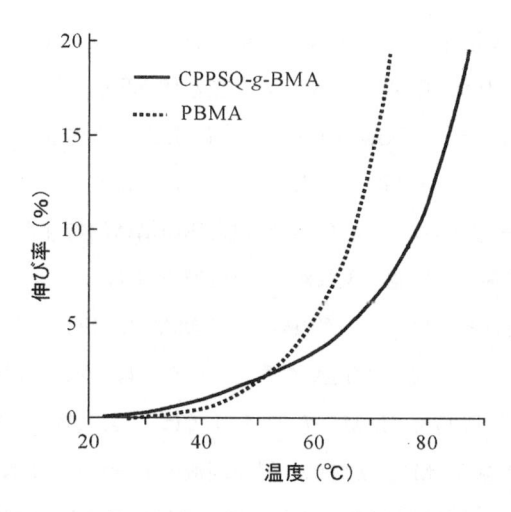

第9章 シルセスキオキサンの機能性薄膜・粘着剤への応用

図6 PBMA と CPPSQ-g-BMA の引っ張りによる TMA 曲線

同等の伸び率が観測されている。CPPSQ-g-BMA は PBMA と比較して，無機成分であるシロキサン骨格を含むことから，耐熱性が向上し，ハイブリッド化の効果が発現している。

次に，ブロックコポリマーをグラフト鎖とする CPPSQ-g-(MMA-b-DMA) および CPPSQ-g-(DMA-b-MMA) を用いた粘着物性の評価について紹介する。ラダー型のポリシロキサン主鎖にポリメタクリル酸エステルがグラフト化された櫛型ハイブリッド高分子は，分岐鎖の絡み合いなどからユニークな粘着物性を発現するものと期待される。表3は JIS Z 0237 に準じた粘着物性について示している。ラダー型ポリシルセスキオキサンに DMA をグラフト重合した CPPSQ-g-DMA (Run 1) のプローブタックは，465 g と大きい値となっているが，MMA を共重合した系 (Run 2, 3, 4) では 200 g 以下となっている。これは MMA の導入により Tg が上昇し，タック値が小さくなったと考えられる。保持力値は，CPPSQ-g-DMA より CPPSQ-g-(MMA-b-DMA) および CPPSQ-g-(DMA-b-MMA) を用いた方が大きい値となっており (Run 2, 3)，特

表3 種々のグラフト重合体の分子量と粘着特性

Run	Substrate	Mn	Mw/Mn	Properties of PSAs[1]		
				P.T.[2] g	H.P.[2] sec	P.S.[2] N/25mm
1	PSQ-g-DMA	15,000	2.37	465	110 (c.f.)[5]	19.0 (c.f.)[5]
2	PSQ-g-(MMA-b-DMA)[3]	80,000	2.07	162	690 (c.f.)[5]	6.8 (c.f.)[5]
3	PSQ-g-(DMA-b-MMA)[3]	92,000	1.92	180	13600 (c.f.)[5]	9.5
4	Poly(DMA-co-MMA)[3,4]	54,000	2.07	188	900 (c.f.)[5]	7.0

1) JIS Z 0237.　2) P.T.: Probe Tack, H.P.: Holding Power, P.S.: Peel strength.
3) Unit ratio: DMA:MMA = 2:1.　4) Prepared by free radical conditions using AIBN as an initiator.
5) cf: Cohesive failure.

に CPPSQ-*g*-(DMA-*b*-MMA) においては，13600 sec となっている。一方，通常のフリーラジカル重合法により合成された DMA と MMA の共重合体（Poly(DMA-*co*-MMA)）では，900 sec であり CPPSQ-*g*-DMA や CPPSQ-*g*-(MMA-*b*-DMA) と比べると，向上は見られるものの，グラフト鎖末端が PMMA の CPPSQ-*g*-(DMA-*b*-MMA) と比較すると，小さな値となっている（Run 4）。これらの結果から，グラフト化共重合体の構造的特性と共に，ブロック共重合体におけるシークエンスの違いが明確に現れたものと解釈出来る。

粘着力では，T_g が低いと予想される CPPSQ-*g*-DMA が，19.0 N/25 mm と凝集破壊のモードではあるが高い値となっている。MMA を導入した系では，粘着力が低下する結果となっており，保持力値の低い CPPSQ-*g*-(MMA-*b*-DMA) では，凝集破壊の値となっている。これに対して，CPPSQ-*g*-(DMA-*b*-MMA) では，界面剥離のモードで 9.5 N/25 mm となっている。この値は，Poly(DMA-*co*-MMA) の場合と比べても高い値であり，保持力も大きい値を示していることから，グラフト鎖の内側に存在する常温以下の T_g を有する PDMA 鎖が粘着性能を向上させ，外側の常温以上の T_g を有する PMMA 鎖がグラフト鎖と基材との絡み合いによる保持効果を強めているものと思われる。その結果，Poly(DMA-*co*-MMA) と異なり，粘着物性を低下させることなく高保持力を示したものと考えることが出来る。これらの結果は，高保持力・高粘着力を有する粘着剤を設計する際の指針となると同時に，ラダー型ポリシルセスキオキサンに汎用モノマーをグラフト化させて得られる溶媒可溶なハイブリッド高分子材料の有用性を示している。

4 おわりに

有機官能基を有するラダー型ポリシルセスキオキサンの応用例として，架橋ゲル化したハードコーティング膜としての利用および粘着物性を視野に入れた溶媒可溶なハイブリッド高分子の合成と物性に関してそれぞれ紹介した。前者は，合成手法や物性に関して，種々の汎用モノマーとの組み合わせによる報告例が多数あり，ポリシルセスキオキサン研究の主たる対象となっている。ポリシルセスキオキサンを用いることで，耐熱性の向上と共に，含まれる異種の有機官能基の特性を活かした物性の付与が可能である。一方，溶媒可溶なグラフト化ポリシルセスキオキサンに関して，粘着特性を考慮した検討結果は，グラフト体が有用な有機－無機ハイブリッド材料の一つと捉えられる可能性を示している。グラフト鎖から得られる機能を付与することにより，グラフト化ポリシルセスキオキサン誘導体は，様々な分野への応用展開が見込まれる。

このようにラダー型ポリシルセスキオキサンは，有機官能基とポリシロキサン構造を有する有機－無機ハイブリッド素材として，耐熱性や耐候性などの特性を備えており，多機能材料として

第9章　シルセスキオキサンの機能性薄膜・粘着剤への応用

の幅広い応用が現在も精力的に検討されている。今後，電子・光学分野などのハイテク産業における新素材として，より付加価値を高めた展開がされていくものと期待している。

文　献

1) 作花済夫, ゾル－ゲル法の科学, アグネ承風社 (1997)；作花済夫, ゾル－ゲル法の応用, アグネ承風社 (1997)；梶原鳴雪, 無機高分子の基礎と応用, シーエムシー出版 (2000)
2) C. W. Lentz, *In. Org. Chem.*, **3**, 574 (1964)；S. Kohama, *J. polym. Sci., Polym. Chem. Ed.*, **18**, 2358 (1980)；Y. Abe, *J. Polym. Sci., Polym. Lett. Ed.*, **20**, 205 (1982)
3) K. A. Andrianov, *J. Gen. Chem*, **17**, 1522 (1947)
4) M. M. Sprung, F. O. Guenther, *J. Polym. Sci.*, **28**, 17 (1958)
5) J. F. Brown Jr., L. H. Vogt Jr., *J. Am. Chem. Soc.*, **87**, 4313 (1965)
6) R. H. Baney, M. Itoh, A. Sakakibara, T. Suzuki, *Chem. Rev.*, **95**, 1409 (1995)；伊藤真樹, 高分子, **47**, 899 (1998)
7) P. S. G. Krishnan, C. He, *Macromol. Chem. Phys.*, **204**, 531 (2003)；S. Yamamoto, N. Yasuda, A. Ueyama, H. Adachi, M. Ishikawa, *Macromolecules*, **37**, 2773 (2004)
8) E. -C. Lee, Y. Kimura, *Polym. J.*, **30**, 730 (1998)；G. Z. Li, T. Yamamoto, K. Nozaki, M. Hikosaka, *Polymer*, **41**, 2827 (2000)；J. -K. Lee, K. Char, H. -W. Rhee, H. W. Ro, D. Y. Yoo, D. Y. Yoon, *Polymer*, **42**, 9085 (2001)
9) Antoni S. Gozdz, *Polymer for Advanced Technologies*, **5**, 70 (1994)；A. Tanaka, M. Morita, K. Onose, *Japanese J. Appl. Phys.*, **24**, 112 (1985)
10) 杉崎俊夫, 小野沢豊, 大塚正規, 影山俊文, 守谷治, 日本接着学会誌, **39**, 56 (2003)；杉崎俊夫, 守谷治, 高分子加工, **53**, 511 (2004)
11) コンバーティック, **19**, 82 (1991)；戸矢正則, 塗料工学, **32**, 137 (1997)；矢澤哲夫, 機能材料, **20**, 22 (2000)；中島正久, *JETI*, **48**, 151 (2000)
12) R. H. Baney, M. Itoh, A. Sakakibara, T. Suzuki, *Chem. Rev.*, **95**, 1409 (1995)；O. Moriya, Y. Sasaki, T. sugiaki, Y. Nakamura, T. Endo, *J. Polym. Sci. Part A, Polym. Chem.*, **39**, 1 (2001)
13) G. Carrot, S. Diamanti, M. Manuszak, *J. Polym. Sci. Part A, Polym. Chem.*, **39**, 4294 (2001)；S. G. Boyes, W. J. Brittain, X. Weng, S. Z. D. Cheng, *Macromolecules*, **35**, 4960 (2002)
14) 特開平 5-12716, 特開平 8-73771, 特開平 4-318087
15) T. Sugizaki, M. Kashio, A. Kimura, S. Yamamoto, O. Moriya, *J. Polym. Sci. Part A, Polym. Chem.*, **42**, 4212 (2004)；杉崎俊夫, 守谷治, 高分子加工, **53**, 511 (2004)；樫尾幹広, 杉崎俊夫, 守谷治, 接着, **34**, 130 (2006)
16) 嵯峨基生, 工業材料, **33**, 78 (1985)

17) G. Carrot, S. Diamanti, M. Manuszak, *J. Polym. Sci. Part A: Polym. Chem.*, **39**, 4294 (2001) ; B. Henrik, L. Manfred, N. Stefan, W. Hellmuth, *Polym. Bull.*, **44**, 223 (2000) ; S. G. Boyes, W. J. Brittain, X. Weng, S. Z. D. Cheng, *Macromolecules*, **35**, 4960 (2002)
18) X. Kong, T. Kawai, J. Abe, T. Iyoda, *Macromolecules*, **34**, 1837 (2001) ; M. Ejaz, S. Yamamoto, K. Ohno, Y. Tsujii, T. Fukuda, *Macromolecules*, **31**, 5934 (1998) ; M. Ejaz, K. Ohno, Y. Tsujii, T. Fukuda, *Macromolecules*, **33**, 2870 (2000)
19) R. O. R. Costa, W. L. Vasconcelos, *Macromolecules*, **34**, 5398-5407 (2001) ; K. Matyjaszewski, P. J. Miller, J. Pyun, G. Kichelbick, S. Diamanti, *Macromolecules*, **32**, 6526 (1999) ; J. Pyun, K. Matyjaszewski, *Macromolecules*, **33**, 217 (2000)

第 III 編
高分子の改質

第Ⅲ部

憲法上の友誼

第1章　かご型シルセスキオキサンによる高分子の改質

池田正紀*

1　背景

　従来，各種の有機ケイ素系材料によるポリマーの改質が幅広く検討されてきた。その例としては，例えば，シリコーンポリマーの添加によるポリマーの離型性や摺動性の改善，あるいは，シリコーンやポリシルセスキオキサンの添加によるポリマーの難燃性の改善等が挙げられる。その中でも，特にケイ素系材料によるポリマーの難燃化技術は，従来のハロゲン系難燃剤やりん系難燃剤に替わる環境に優しい難燃化技術として近年精力的に検討されてきた。その例としては，各種変性シリコーン化合物によるポリフェニレンエーテル（PPE）の難燃性向上技術[1]やポリシルセスキオキサン類による各種ポリマーの難燃性向上技術[2]等が知られている。しかしながら，これらの組成物では，難燃性改善効果が不十分であったり，難燃性は向上するものの成型加工性や機械的特性が不十分であったりする場合が多く，さらなる改善が求められていた。

2　かご型シルセスキオキサンの構造と期待特性

　かご型シルセスキオキサン（図1）は，シリコーンポリマーやポリシルセスキオキサン等の従来から使用されてきた有機ケイ素系材料とは異なる特異なサイズ・形状をした新タイプの有機ケイ素系材料であり，その特性を活用することにより従来技術の限界を破る新規な高分子改質技術

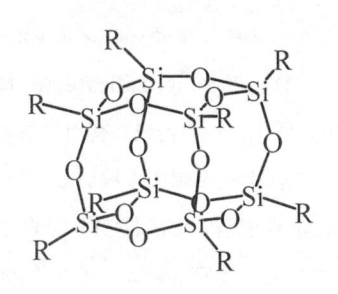

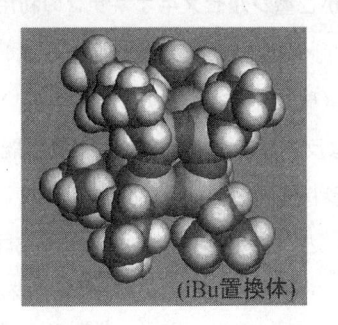

図1　かご型シルセスキオキサン

＊　Masanori Ikeda　㈳科学技術振興機構　技術移転促進部

が期待される。かご型シルセスキオキサンの構造から期待される特性を以下に示す。

① かご型シルセスキオキサンの外観は，その名の通りかご型の3次元構造であり，その粒径は1〜2nmである。したがって，かご型シルセスキオキサンは，まさに「有機構造と無機構造を分子レベルで複合化した3次元構造のナノマテリアル」とも言える新タイプ材料である。

② かご型シルセスキオキサンの中心部はSi-O結合からなるかご型無機骨格からなる。この無機骨格は，シリカの基本構成単位と等価の非常にリジッドな耐熱性・難燃性骨格である。また，この無機骨格の周囲は有機基で覆われているので，各種高分子材料との親和性を容易にコントロールできる。したがって，この特性を利用すれば，これまで有機材料でも無機材料でも実現できなかった新機能の高分子改質剤の開発が期待できる。

③ かご型シルセスキオキサンは，かご型構造をしているために，リニアー構造ポリマーとは異なり，各種ポリマーとの分子間の絡み合いが無い。また，ナノサイズのかご型でコンパクト構造なので，各種ポリマー鎖間隙への浸透・分子分散が期待できる。この特性を利用すれば，新タイプの溶融流動性向上剤が可能となろう。

④ かご型シルセスキオキサンの有機構造部分には各種の官能基を導入することが出来るので，目的の機能に合わせた分子設計が出来るのも重要な特徴である。例えば，かご型シルセスキオキサンの有機基には，ビニル基やエポキシ基のような各種の重合性基や反応性基を1個または複数個導入することが出来る。これらの官能基含有かご型シルセスキオキサンは，重合性かご型シルセスキオキサン[3]や多官能性架橋剤[4]として高分子の高機能化に有用である。

3 かご型シルセスキオキサンによる高分子材料の改質技術

3.1 多官能性かご型シルセスキオキサンの利用

図2の [M-1]〜[M-3] 式で代表されるかご型シルセスキオキサンのシリルオキシ置換体は，Spherosilicate（球状シリケート）と呼ばれている。これらのSpherosilicateは，ビニル基やエポキシ基のような反応性基を多数含有する多官能性かご型化合物の合成に有用である。R.M.Laine等は，様々な多官能性Spherosilicateを合成し，その利用法を幅広く検討している[4]。例えば，図2の [M-1] と [M-2] をヒドロシリル化反応により連結して，[P-1] で表される細孔系が1〜2nm程度のマイクロポーラス材料が合成されている。多官能性エポキシ化合物 [M-3] は，[M-1] とアリルグリシジルエーテルとのヒドロシリル化反応により合成され，エポキシ材料の改質に有用である。

また，多官能性アミノ化合物 [M-4] は，フェニル基含有かご型シルセスキオキサンのニトロ

第1章　かご型シルセスキオキサンによる高分子の改質

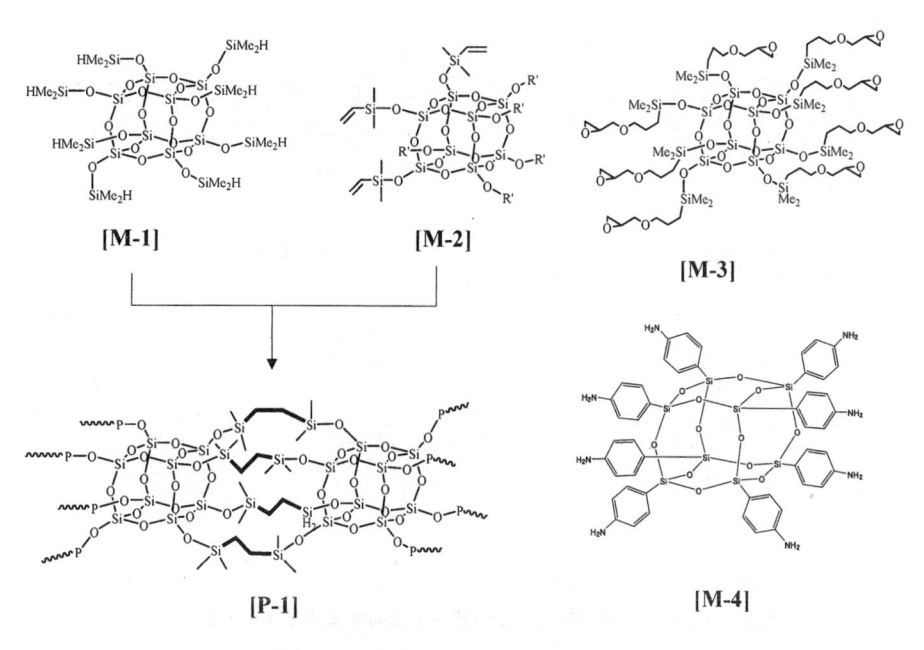

図2　多官能性かご型シルセスキオキサン

化および還元反応により合成され，[M-4] は，ポリイミドのガラス転移温度の向上や線膨張係数の低減用のモノマーとして有用である[5]。

3.2　高分子主鎖骨格へのかご型シルセスキオキサン構造の導入

米国空軍研究所（Air Force Research Laboratory:AFRL）のグループは，宇宙・航空機用の耐活性酸素（耐原子状酸素）材料として，図3の [P-2][6]および [P-3][7]の2種類のコーティング材料を開発した。これらのポリマーはいずれも，ジシラノール型のOpen-cageタイプかご型シルセスキオキサンを出発原料として合成され，主鎖骨格にかご型シルセスキオキサン構造を有する分子構造からBeads Polymerと呼ばれている。これらのポリマーは，原子状活性酸素に接触すると表面にSiO_2保護層を形成し内部の劣化を防止するので，宇宙・航空機用の耐活性酸素材料として有用である。特に，[P-3] は，従来最も活性酸素耐性が高いとされていた芳香族ポリイミドKapton®の10倍の耐久性を示すと言われている。

また，平井等は，ダブルデッカー型のテトラシラノール中間体より2価の芳香族アミノ基含有かご型シルセスキオキサン [M-5] を合成した。[M-5] は，かご型シルセスキオキサンを主鎖骨格に含有する芳香族ポリイミドの合成原料として有用である[8]。

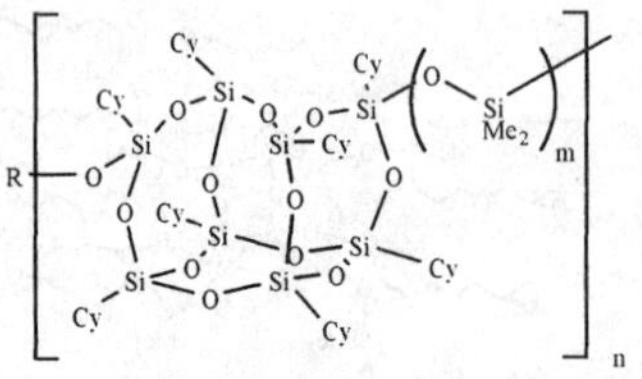

[P-2] 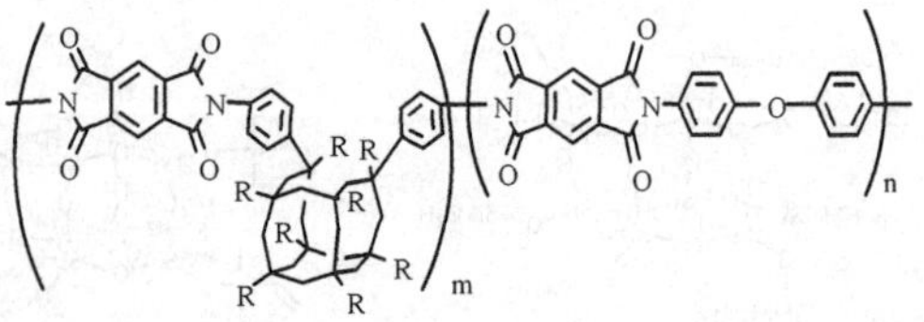   **[P-3]**

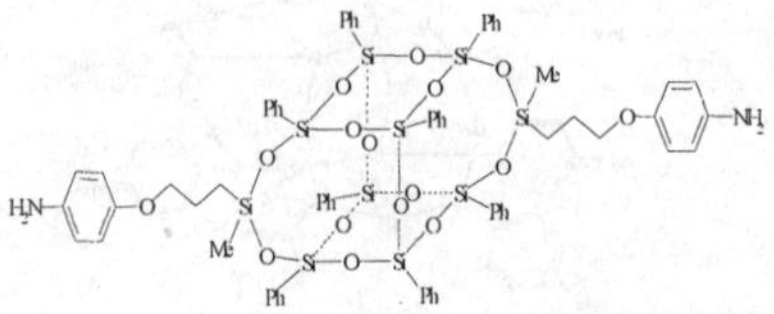

[M-5] 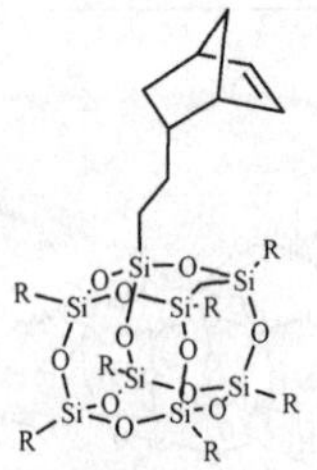   **[M-6]** 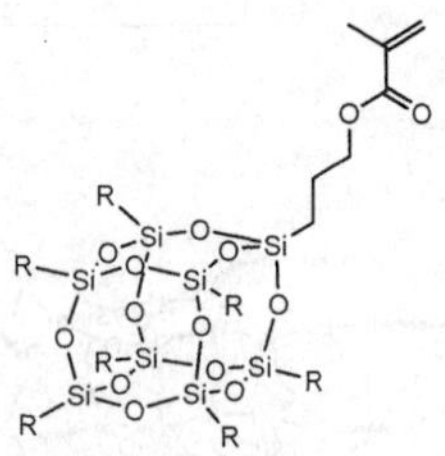   **[M-7]**

図3　かご型シルセスキオキサン構造を含有するポリマー・モノマー

3.3　高分子側鎖へのかご型シルセスキオキサン構造の導入

　AFRLグループは，図3のノルボルネニル基含有かご型シルセスキオキサン［M-6］を合成し，さらに［M-6］とノルボルネンをROMP（Ring Opening Methathesis Polymerization）法により共重合して側鎖にかご型シルセスキオキサン構造を含有する共重合体を得た[3f]。当該共重合体の熱変形温度は，ポリノルボルネンよりも50℃程度向上することが確認され，その効果はかご型シルセスキオキサン構造同士の分子間相互作用（ミセル形成）に起因すると説明されている。

　また，さらにAFRLグループは，かご型シルセスキオキサン構造を含有する各種のメタクリレート型モノマー［M-7］を合成した。［M-7］中のかご型シルセスキオキサン骨格の置換基Rがシクロペンチル基やシクロヘキシル基の場合に，そのポリマーは高ガラス転移温度を示すことが確認された。例えば，MMAホモポリマーのガラス転移温度は139℃であるが，［M-7］とMMAの共重合体（18：82モル比）のガラス転移温度は251℃まで向上する[3e]。当該共重合体は，高いガラス転移温度と透明性を併せ持つので，AFRLではジェット機のキャノピー（円蓋）材料としての利用を検討しているとのことである。

　以上のように，ポリマー側鎖にかご型シルセスキオキサン構造を導入することにより大幅なガラス転移温度の向上が実現されるということは，耐熱性高分子材料の分子設計・合成に新しい手法を提供するものであり，極めて興味深い技術である。

3.4 高分子材料へのかご型シルセスキオキサンのブレンド

かご型シルセスキオキサンの添加による高分子材料の改質に関する報告の例を以下に示すが，これまでのところ十分な添加効果は見出されていなかった。

R.L.Blanski 等は，長鎖の炭化水素基を置換基として有するかご型シルセスキオキサンを高密度ポリエチレンにブレンドし，その組成物の難燃性を調べたが，難燃性は改善されなかった[9]。

J.D.Lichtenhan 等は，MMA ポリマーに 3～6 重量％のかご型シルセスキオキサンをブレンドして透明フイルムを得たが，当該ブレンド体の熱的特性は MMA ポリマー単独と比べてほとんど変化しなかった[3e]。

S.H.Phillips 等は，アイソタクチックポリプロピレン（iPP）にオクタメチル置換かご型シルセスキオキサンを 10 wt％添加すると，iPP の熱変形温度，貯蔵弾性率や引っ張り強度等が改善されることを報告している[9]。この組成物においては，一部のかご型シルセスキオキサンは iPP 中に分子分散しているが，残りは微結晶として存在している。

4　かご型シルセスキオキサンによるポリフェニレンエーテルの改質

前節で説明したように，これまでのところ，高分子材料へのかご型シルセスキオキサンの添加による実用的なポリマー改質技術は報告されていなかった。そこで，筆者らは，各種のポリマー材料と広範な構造のかご型シルセスキオキサンの組み合わせで，そのポリマー改質効果を検討した。その結果，かご型シルセスキオキサンは決して万能のポリマー改質剤ではないが，ポリマー構造とかご型シルセスキオキサン構造の組み合わせを選択することにより顕著なポリマー特性改質効果が発現することが分かった。本項では，その中でも特に実用的な価値が高いポリフェニレンエーテル（PPE）の改質技術について紹介する。

4.1 背景

図 4 に示すように，PPE は耐熱性に優れ，難燃性も備えている。しかしながら，PPE は溶融流動性が低いために成型加工が困難であるので，PPE の溶融流動性を改善するためにポリスチレンを添加した PPE・ポリスチレン系ポリマーアロイがエンジニアリングプラスチックスとして商品化されている。しかしながら，このポリマーアロイでは，多量のポリスチレンを含むため PPE の本来の特長である耐熱性と難燃性が犠牲になってしまっていた。したがって，PPE の耐熱性を維持したまま溶融流動性を改善し，さらに難燃性も向上させる改質技術が PPE 業界の永年の夢であった。

PPE の難燃性向上剤としては，環境に害を及ぼさないケイ素系材料が好ましい。この観点か

図4　PPE改質技術のターゲット

＜PPE＞
- 難燃性　　　　　　　　　　　　○
- 成型加工性（溶融流動性）　　　×
- 耐熱性（熱変形温度）　　　　　◎

＜PPE・ポリスチレン系ポリマーアロイ＞*
(20～40wt%)
- 難燃性　　　　　　　　　　　　△ → 難燃剤による改善
- 成型加工性（溶融流動性）　　　◎
- 耐熱性（熱変形温度）　　　　　○

* XYRON® （旭化成）

＜ターゲット＞ / ケイ素系改質剤
- 難燃性　　　　　　　　　　　　◎
- 成型加工性（溶融流動性）　　　◎
- 耐熱性（熱変形温度）　　　　　◎

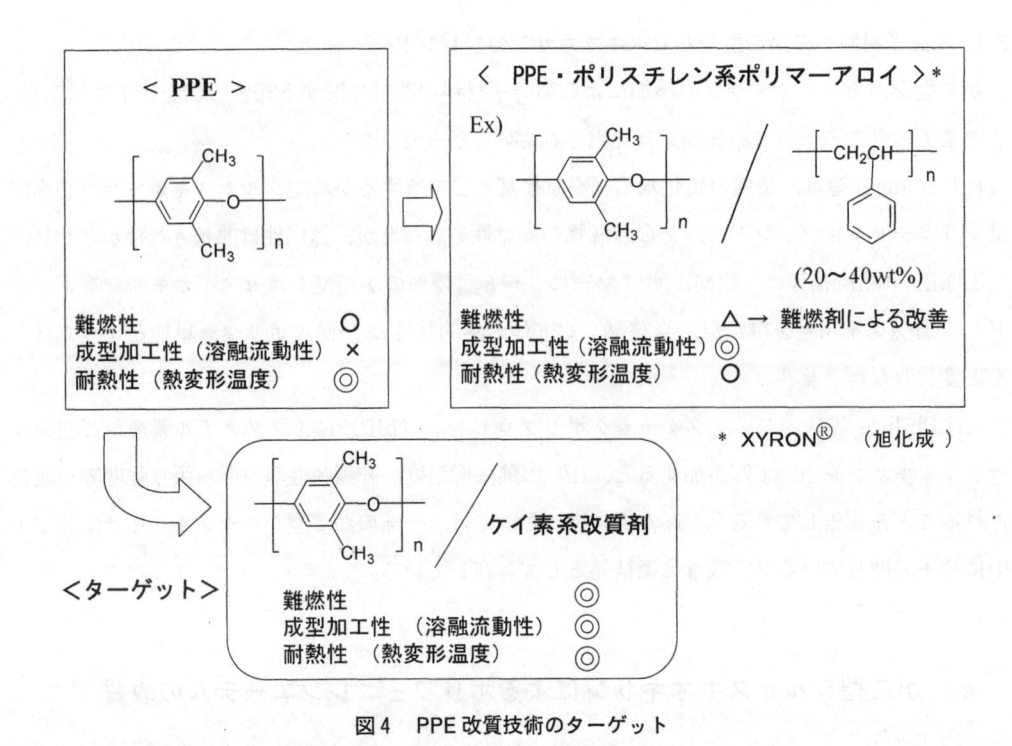

表1　PPEへの各種ケイ素化合物の添加効果

		難燃性	
		効果無し	有効
溶融流動性（成型加工性）	効果無し	＜ポリシルセスキオキサン＞	＜シリコーン＞
	有効		＜かご型シルセスキオキサン＞

同じTユニット(*)からなる材料でも全く異なった効果が発現する。
*Tユニット　-O-Si(R)-O- / O

ら，これまで様々な変性シリコーン化合物によるPPE難燃化技術が報告されている[1]が，これらの系におけるPPEの流動性改善効果は報告されていない。また，従来からポリシルセスキオキサンは各種のポリマーの難燃化に有効であると報告されている[2]が，筆者らの検討によると，PPEに対してはポリシルセスキオキサンは難燃性改善効果も溶融流動性改善効果も示さなかった。以上のようにリニアー構造のシリコーン系ポリマーや不定形材料であるポリシルセスキオキサンはPPEに対して十分な改質効果を示さない。それに対して，筆者らは少量のかご型シルセスキオキサンをPPEに添加すると，PPEの耐熱性を維持したまま難燃性と溶融流動性が同時に飛躍的に改善されることを見出した。これらの結果は，まとめて表1に示されている。この結果の中で，特に注目すべきは，同じTユニットのみからなる有機ケイ素系材料でもポリシルセスキオキサンとかご型シルセスキオキサンでは，全く対照的なPPE改質効果を示すことである。

このように，かご型シルセスキオキサンは従来のケイ素系材料によるPPE改質技術の限界を破る高性能改質技術を可能にしたものである。以下に，かご型シルセスキオキサンによるPPE改質効果とその作用機構について詳しく説明する。

4.2 かご型シルセスキオキサンによるPPEの改質効果

筆者らは，各種ポリマー材料に対するかご型シルセスキオキサンの難燃性改善効果を幅広く検討した。その結果，かご型シルセスキオキサンは，ポリエチレン，ポリアミドやポリエステル等の多くの工業ポリマー材料に対しては難燃性改善効果を示さなかったが，PPE[10]やポリカーボネート[11]等の特定の構造のポリマーに対してのみ特異的に優れた難燃性改善効果を示すことが分かった。

PPEの溶融流動性向上および難燃性向上には，かご型シルセスキオキサンの置換基の種類が大きく影響し，アミノ基やエポキシ基等の極性置換基を有するかご型シルセスキオキサンが特に有効であることが確認された。

図5には，PPEに対する各種のケイ素系材料の添加効果がまとめて示されている。図5(1)には，PPE単独およびPPE／ケイ素系材料組成物の溶融流動性が示されている。この図から明らかなように，アミノ基含有シリコーン〈A〉およびポリシルセスキオキサン〈B〉はPPEの溶融流動性に対しては全く改善効果を示さない。一方，アミノ基含有かご型シルセスキオキサンは，Closed-cage型〈C〉およびOpen-cage型〈D〉のいずれの構造の場合も顕著なPPEの溶融流動性改善効果を示す。図5(b)には，PPEに対する難燃性改善効果が示されている。アミノ基含有シリコーン〈A〉は，PPEの難燃性をある程度改善するが，ポリシルセスキオキサン〈B〉は全く難燃性改善効果を示さない。一方，アミノ基含有かご型シルセスキオキサンは，Closed-cage型〈C〉およびOpen-cage型〈D〉のいずれの構造の場合も顕著なPPEの難燃性改善効

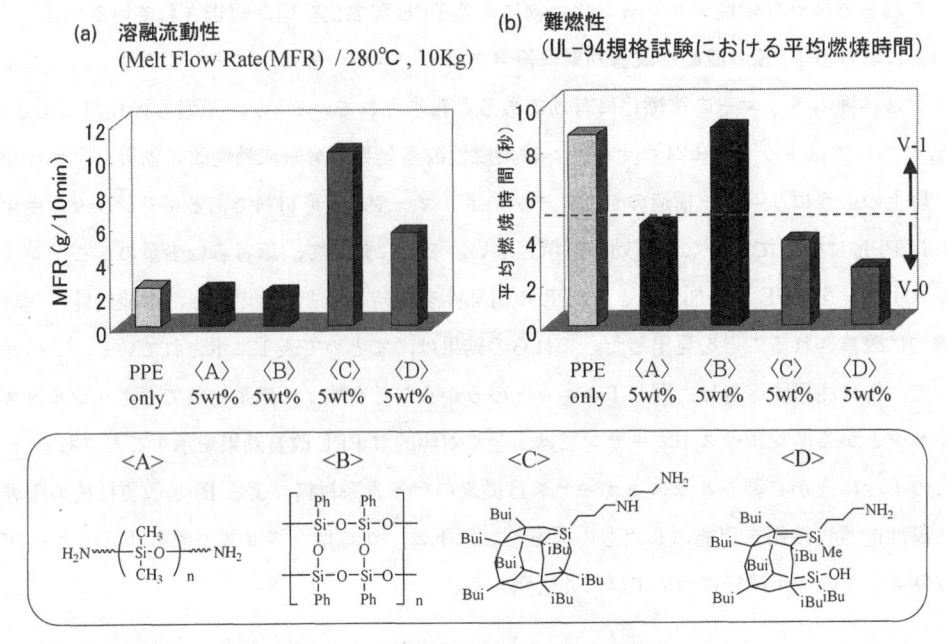

図5　PPE組成物の溶融流動性と難燃性

果を示す。以上のように，各種のケイ素化合物の中でもかご型シルセスキオキサンの添加の場合にのみ，PPEの溶融流動性と難燃性を同時に改善出来ることが確認された。

　従来のPPE／ポリスチレン系ポリマーアロイでは，その溶融流動性を改善するためには大量（例えば20～40重量％）のポリスチレンを添加する必要があるので，PPEの最大の特長である熱変形温度等の耐熱性が大きく損なわれる問題があった。それに対して，PPE／かご型シルセスキオキサン組成物においては，かご型シルセスキオキサンは少量（5重量％あるいはそれ以下）添加するだけでも十分な改質効果（溶融流動性向上，難燃性向上）を発現するので，この組成物においては，PPEの耐熱性をほとんど損なわずにすむことも大きなメリットである。

4.2.1　難燃性の改善メカニズム

　図6は，PPE単独およびPPE／かご型シルセスキオキサン組成物のUL-94規格条件での難燃性評価試験後のサンプルの断面写真である。両サンプルの表面のチャー生成量を比較すると，PPE単独サンプルのほうがチャー生成量が多いので，PPE／かご型シルセスキオキサン組成物の難燃性向上はサンプル表面での難燃性チャーの生成に起因するというメカニズムは否定される。両サンプルの燃焼挙動の相違は，以下のように発泡構造の差から解釈できる。

・PPE単独サンプルでは，多数の破裂した泡が観測される。したがって，この系では，PPEの燃焼・熱分解時にPPE分解ガスによりポリマーが発泡し，次いでその泡が破裂して可燃性ガスが放出されるので燃焼が加速されると考えられる。

第 1 章　かご型シルセスキオキサンによる高分子の改質

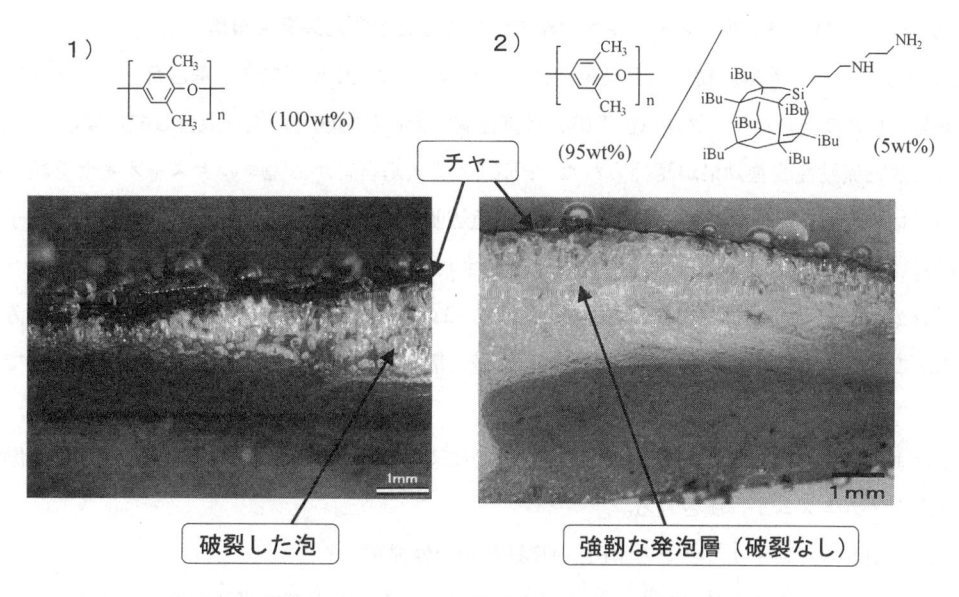

図 6　燃焼テストピースの断面写真（UL-94 試験サンプル）

- 一方，PPE／かご型シルセスキオキサン組成物サンプルでは，多数の泡が観測されるものの，それぞれの泡は破裂しておらず独立気泡を形成している。したがって，この組成物では，燃焼・熱分解時に強靭な発泡層が形成され，その気泡が破裂しないために，この発泡層が断熱層として作用して燃焼を抑制するものと考えられる。

4.2.2　溶融流動性の改善メカニズム

かご型シルセスキオキサン骨格に結合する置換基の構造が PPE の溶融流動性改善効果に与える影響を検討したところ，以下のような予想外の現象が確認された。

① 置換基がすべてアルキル基あるいは非芳香族基であるかご型シルセスキオキサンの場合には，程度の差はあれ大部分の場合に PPE に対して良好な溶融流動性改善効果を示す。

② 一方，かご型シルセスキオキサンにフェニル置換基を導入すると，かご型シルセスキオキサンによる PPE の溶融流動性改善効果は，かご型シルセスキオキサン中のフェニル基含量の増大とともに低減される。

一般に，ポリマーの溶融流動性改質剤は，ポリマーと相溶化して溶融粘度の低下を図るために，ポリマーと類似構造の材料から選択される。したがって，上記のようなかご型シルセスキオキサンへのフェニル基導入による PPE の溶融流動性改善効果の抑制は，従来の溶融流動性改質剤の概念からは全く予想できないものであり，PPE／かご型シルセスキオキサン系では，従来の溶融流動性改質剤とは異なる作用機構が発現しているものと考えられる。

4.2.3 PPE／かご型シルセスキオキサン組成物の外観と改質効果発現機構

図5(a)において溶融流動性改善効果が認められなかったPPE／アミノ基含有シリコーン組成物を熱プレス成型したサンプル（図7(B)）は褐色濁状であり両成分が均一混合していない。一方，顕著な溶融流動性改善効果が認められたPPE／アミノ基含有かご型シルセスキオキサン組成物を熱プレス成型したサンプル（図7(C)）は淡黄色透明で均一混合している。当該組成物の電子顕微鏡写真では粒子径が10 nm以上の粒子は観測されず，PPE中にかご型シルセスキオキサンが分子レベルで微分散していることが確認された。このような芳香族系ポリマーPPE中に非芳香族系かご型シルセスキオキサンが分子レベルで微分散することは全く予期できなかったことである。

これまでに得られた知見より，以下のようなかご型シルセスキオキサンによるPPEの溶融流動性向上メカニズムが推測される。

a）かご型シルセスキオキサンとPPEの良好な相溶性発現

かご型シルセスキオキサンはナノサイズでかつコンパクトなかご型構造のため，非芳香族系外殻構造でも，PPEポリマー鎖の分子間空隙へ浸透し分子レベルで分散する。

b）かご型シルセスキオキサンとPPEの親和性ミニマム

非芳香族系外殻構造のかご型シルセスキオキサンは，PPEとの化学的親和性・相互作用はほとんど無いものと思われる。また，かご型シルセスキオキサンは，分子鎖の広がりが無いコンパ

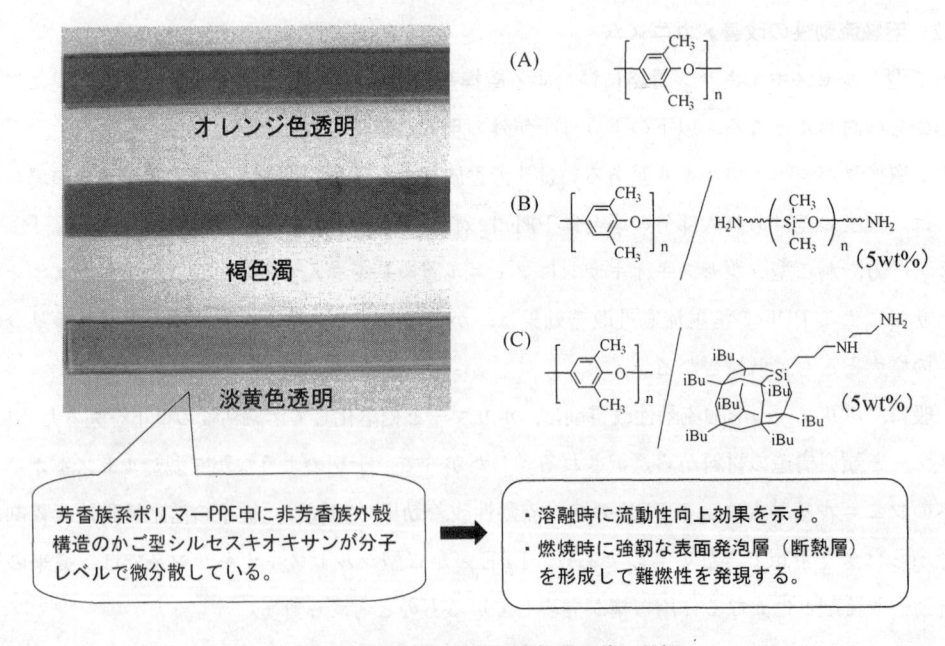

図7 PPE/Si系添加剤組成物成型体の外観

第1章　かご型シルセスキオキサンによる高分子の改質

クトなかご型構造のため，PPEポリマー鎖との分子の絡み合いも無い。
c）溶融流動性の向上
　a），b）で示したように，化学的親和性がほとんど無いかご型シルセスキオキサンとPPEが均一分散組成物を形成しているのは，かご型シルセスキオキサンのコンパクトな分子構造によって初めて可能になったものである。この組成物が溶融する際には，PPE中に均一分散していて，かつPPEと親和性の無いかご型シルセスキオキサンが効果的な流動性向上剤として機能するものと思われる。

5　おわりに

　かご型シルセスキオキサンは従来材料の概念からは予期できない様々な特異な挙動を示すが，それはかご型シルセスキオキサンのユニークな構造（サイズ，三次元形状，有機・無機複合構造）に起因するものである。今後，このようなかご型シルセスキオキサンのユニークな特徴を利用した新タイプの高分子改質技術が開拓され，従来材料の限界を破る革新材料の創出に繋がることを期待したい。

文　　献

1) a) K. M. Sow *et. al*., United States Patent 5,169,887 (1992)
   b) M. L. Blohm *et. al*., United States Patent 5,385,984 (1995)
2) a) A. G. Moody *et. al*., United States Patent 4,265,801 (1981)
   b) 中西鉄雄，木崎弘明，宝田充弘，津村寛：特開平 6-128,434 (1994)
   c) 芹沢慎，位地正年：特開平 10-139,964 (1998)
3) a) T. S. Haddad *et. al., Polymer Preprints*, **36**, 511 (1995)
   b) J. D. Lichtenhan *et. al., Polymer Preprints*, **36**, 513 (1995)
   c) J. D. Lichtenhan *et. al., Macromolecules*, **28**, 8435 (1995)
   d) J. J. Schwab *et. al., Mat. Res. Soc. Symp. Proc.*, **519**, 381 (1998)
   e) J. D. Lichtenhan *et. al., Mat. Res. Soc. Symp. Proc.*, **435**, 3 (1998)
   f) A. R.-Uribe *et. al., J. Polym Sci.*, **36**, 1857 (1998)
4) a) A. Sellinger *et. al., Polymer Preprints*, **36**, 282 (1995)
   b) C. Zhang *et. al., J. Am. Chem. Soc.*, **122**, 6979 (2000)
   c) J. Choi *et. al., J. Am. Chem. Soc.*, **123**, 11420 (2001)
5) a) R. Tamaki *et. al., J. Am. Chem. Soc.*, **123**, 12416 (2002)

b) J-c. Hung *et. al.*, *Polymer*, **44**, 4491 (2003)
6) J. D. Lichtenhan *et. al.*, United States Patent 5,412,053 (1995)
7) S. A. Svejda *et. al.*, United States Patent 6,767,930 (2004)
8) 平井吉治, 村田鎮男：特開 2004-323665 (2004)
9) R. L. Blanski *et. al.*, NANOCOMPOSITES 2001 Proc., Executive Conference Management (2001)
10) 斎藤秀夫, 池田正紀：国際公開番号 WO 02/062749 (2002)
11) 斎藤秀夫, 池田正紀：特開 2002-302599 (2002)

第2章　かご型シルセスキオキサン添加高分子薄膜の分子凝集状態と熱的性質

穂坂　直[*1]，宮木郷太[*2]，大塚英幸[*3]，高原　淳[*4]

1　はじめに

　半導体集積回路の高集積化や近年のナノメートル領域のエレクトロニクスに見られるように，薄膜技術は各種産業の先端部分に位置する重要な技術である。従来，絶縁膜やレジスト膜，表面改質などを目的として用いられてきた高分子膜においても，デバイスの微細化，高機能化，高集積化および省資源化などのニーズに合致して薄膜化が進んでいる。また，その応用も広範囲に及び，薄膜物性に対してより高い性能が要求されるようになっている。

　高分子薄膜は，スピンコート法やディップコート法といった手法により，種々の基板上に製膜可能である。しかしながら，このような手法で作成された高分子薄膜の多くは準安定状態にあり，ガラス転移温度以上で加熱することで高分子鎖が十分な運動性を獲得すると，"dewetting"と呼ばれる膜の破壊現象を起こすという問題点が知られている[1]。例えば，シリコン基板[2]，ポリジメチルシロキサン[3]，ポリメタクリル酸メチル[4]上に製膜されたポリスチレン（PS）薄膜は，いずれもdewettingを引き起こす。基板上に製膜されたPS薄膜のdewettingは，膜表面の熱的なゆらぎにより薄膜に"hole"が生成し，このholeが成長することで進行する。さらにholeが成長すると，近接するholeと一体となり，リボン上の多角形パターンを形成した後，リボン構造が壊れて，図1に示すように高分子液滴が線状に配列したdewettingの最終形態に到達する。図中，明るく見える部分がdewettingにより露出した基板，暗く見えるのが液滴状になったPSである。高分子薄膜のdewettingは，薄膜のコーティング効果を著しく損なうため，dewettingを抑制し，薄膜を熱的に安定化させる手法の確立が求められている。

　高分子薄膜の熱的安定化に対する研究の多くは，基板と高分子間の親和性を向上させることに重点が置かれており，高分子鎖に対する基板との親和性の高い置換基の導入[5]や基板表面の物理

---

* 1　Nao Hosaka　九州大学　大学院工学府　物質創造工学専攻
* 2　Kyota Miyamoto　九州大学　大学院工学府　物質創造工学専攻
* 3　Hideyuki Otsuka　九州大学　先導物質化学研究所　准教授
* 4　Atsushi Takahara　九州大学　先導物質化学研究所　教授

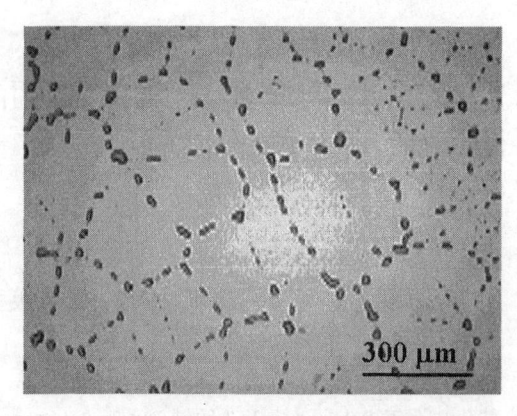

図1　熱処理後のPS薄膜の光学顕微鏡観察像

的・化学的修飾[6]などが試みられてきた。一方，2000年にBarnesらによって，高分子薄膜へのフラーレンの添加が薄膜の熱的安定化に有効[7]であることが報告されて以降，種々のナノフィラーの添加による高分子薄膜の安定化に関する研究も盛んに報告されている[8~11]。高分子材料に対するナノフィラーの添加は，材料の力学物性や熱物性を向上させる手法として知られているが，高分子薄膜に添加した場合には，ナノフィラーとマトリックスである高分子との親和性やナノフィラーの形状に加え，薄膜中でのナノフィラーの分布状態もその物性に大きく寄与することが明らかとされており[12]，その挙動は高分子ナノハイブリッド薄膜という独立した領域として議論するに足る特異性を有している。

本章では，かご型シルセスキオキサン（POSS）の添加によるPS薄膜の熱的安定化について紹介する。POSSは，無機骨格の表面に有機置換基が結合した微細なナノ構造と有機材料との高い親和性，また表面置換基の変換による分子設計の容易さという，高分子薄膜に応用するナノフィラーとして多くの利点を有したナノ材料である。ここでは，POSSを添加したPS薄膜の熱的安定性の評価に加え，薄膜中におけるPOSS分子の凝集状態やPOSSの表面修飾の影響について述べる。

2　かご型シルセスキオキサンを添加したポリスチレン薄膜の熱的安定性

ナノフィラーとして，図2に示すPOSSのシクロペンチル置換体（CpPOSS）を用い，PSとCpPOSSのトルエン溶液からスピンコート法にて，洗浄処理を施したシリコン基板上に膜厚150 nm以下のCpPOSS/PSハイブリッド薄膜を製膜した。得られた薄膜にPSのガラス転移温度以上で熱処理を施し，薄膜の熱的安定性について検討した。

図3は，図1のPS薄膜と同様の熱処理を施したCpPOSS/PS（10/90 w/w）ハイブリッド薄

第 2 章　かご型シルセスキオキサン添加高分子薄膜の分子凝集状態と熱的性質

R = cyclopentyl

図 2　CpPOSS の化学構造式

図 3　熱処理後の (a) CpPOSS/PS (10/90 w/w) 薄膜および (b) CpPOSS/PS (15/85 w/w) 薄膜の光学顕微鏡観察像

膜および CpPOSS/PS (15/85 w/w) ハイブリッド薄膜の光学顕微鏡観察像である。PS 薄膜では dewetting により薄膜が完全に崩壊する熱処理条件にあっても，CpPOSS を 10 wt％添加した薄膜では，hole の成長段階にとどまっており，また CpPOSS を 15 wt％添加した薄膜では，熱処理後も薄膜の形態が維持されている。このように，CpPOSS の添加により，PS 薄膜の熱的安定性を向上させる効果が確認された[13]。一方，CpPOSS を添加した PS バルクの熱物性評価では，ガラス転移温度の上昇などの効果は確認されておらず，ここで得られた CpPOSS の添加による PS 薄膜の熱的安定性の向上は，薄膜に特異的な機構により発現しているハイブリッド化効果であると考えられる。

　わずかに dewetting の進行が見られた CpPOSS/PS (10/90 w/w) ハイブリッド薄膜において，その dewetting 挙動を評価したところ，PS のみの薄膜とは大きく異なる挙動が観察された。熱処理に伴い基板が露出した面積を dewetting 面積分率とし，その時間変化を測定した結果を図 4 に示す。PS 薄膜では dewetting の進行により薄膜が完全に崩壊し，基板のほぼすべてが露出した状態にまで到達しているのに対し，CpPOSS/PS ハイブリッド薄膜では，図 4 の光学顕微鏡観察像に見られるように，hole の成長は dewetting の途中段階で停止し，最終形態までは到

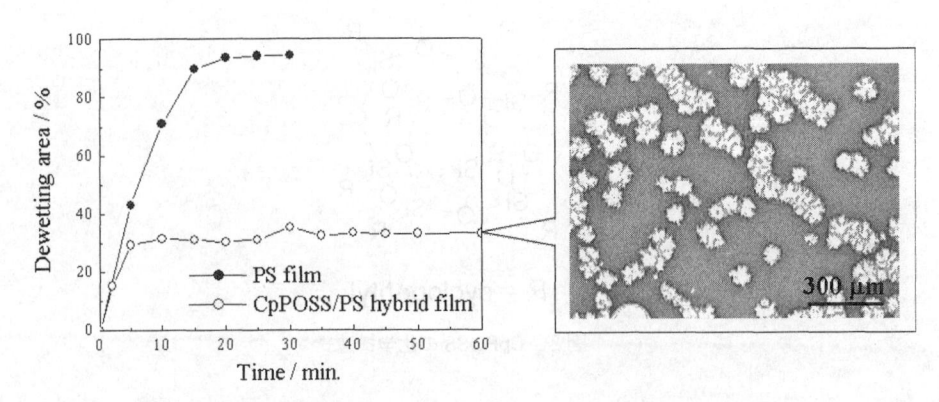

図4 PS薄膜およびCpPOSS/PS (10/90 w/w) 薄膜のdewetting挙動

達しないことが明らかとなっている。このdewettingの途中段階におけるhole成長の停止という現象は，熱処理前にはdewettingを起こす状態にあった薄膜が，熱処理に伴いdewettingが進行しない構造へと変化していることを示唆している。薄膜中に分散したCpPOSSは，その分布が熱処理の過程でより安定な状態へと変化することが予想され，薄膜中におけるCpPOSS分布とCpPOSS/PSハイブリッド薄膜のdewetting抑制効果との間には密接な関連があるものと考えられる。

原子間力顕微鏡を用いたCpPOSS/PSハイブリッド薄膜のさらに詳細な構造評価では，図5に示すように，表面に20～30 nm程度の高低差が見られ，CpPOSSの添加により表面粗さが増

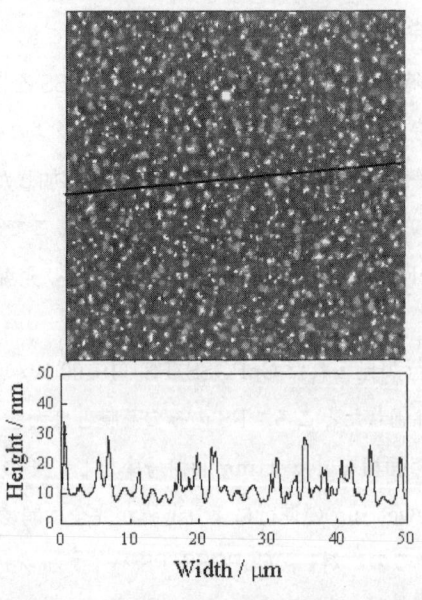

図5 CpPOSS/PS (10/90 w/w) 薄膜の原子間力顕微鏡観察像

大していることが明らかとなっている。このことから，CpPOSS/PS ハイブリッド薄膜では，巨視的な薄膜の破壊現象である dewetting は抑制されているものの，ナノスケールでは均質な薄膜は形成できていないことが分かる。

3 ポリスチレン薄膜中におけるかご型シルセスキオキサン分子の分布状態

CpPOSS/PS ハイブリッド薄膜の熱的安定性に影響を及ぼすことが予想される，薄膜中でのCpPOSS の分布状態を評価するため，ハイブリッド薄膜の X 線光電子分光測定を行った。CpPOSS 添加濃度が 5 wt%，10 wt%，15 wt%である CpPOSS/PS ハイブリッド薄膜の X 線光電子分光測定により評価した，薄膜表面における酸素，ケイ素の存在比を図 6 に示す。CpPOSS と PS の混合比から求められる計算値も合わせて示している。薄膜表面には計算値の 6〜7 倍の濃度でケイ素および酸素が存在することが明らかとなり，CpPOSS の表面濃縮が示唆されている。CpPOSS の化学構造は，$(C_5H_9SiO_{1.5})_8$ であらわされ，CpPOSS 分子中のケイ素濃度は 13.3%，酸素濃度は 20.0%である。図 6 に見られるように，CpPOSS を 15 wt%添加したCpPOSS/PS ハイブリッド薄膜表面において，ケイ素濃度が 10.5%，酸素が 16.4%という非常に高い値が得られており，CpPOSS がハイブリッド薄膜表面をほぼ覆いつくした構造となっているものと考えられる。

図 7 に，X 線光電子分光測定において光電子放出角を変化させることにより，薄膜表面付近における深さ方向の組成分布を評価した結果を示す。試料は CpPOSS/PS（10/90 w/w）ハイブリッド薄膜である。光電子放出角の低下に伴いケイ素濃度は増大しており，薄膜表面へのCpPOSS の濃縮が確認できる。また，この薄膜の最表面におけるケイ素濃度は，CpPOSS を 15 wt%添加した薄膜と比較して半分程度の値にとどまっているが，熱処理により，薄膜表面にお

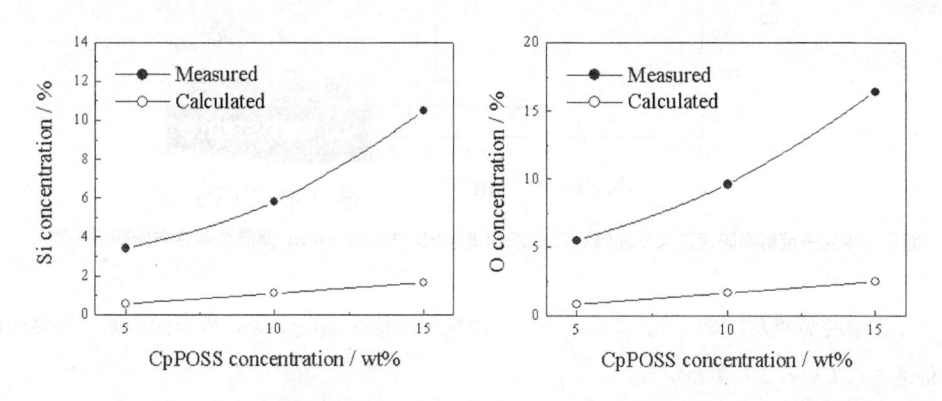

図 6　X 線光電子分光測定により算出した種々の組成の CpPOSS/PS 薄膜の表面組成

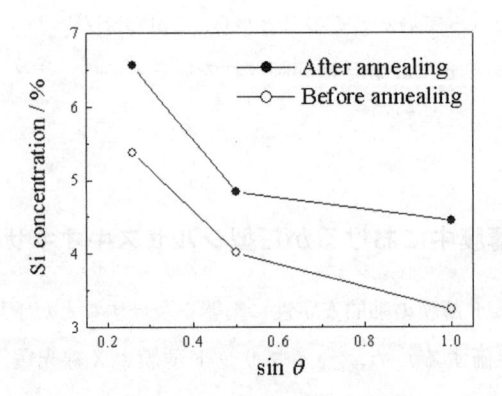

図7 X線光電子分光測定により算出した熱処理前後の CpPOSS/PS (10/90 w/w) 薄膜の表面組成

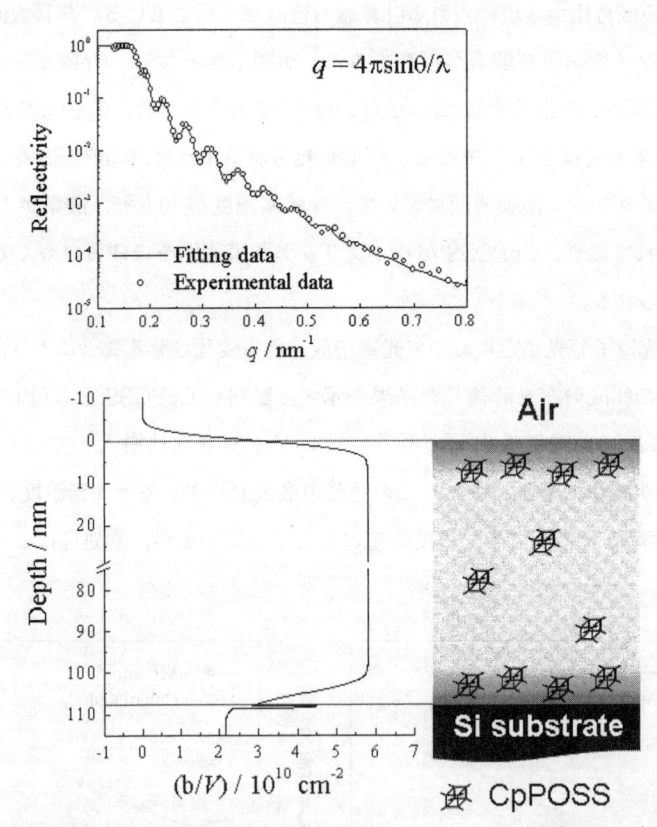

図8 中性子反射率測定により評価した CpPOSS/dPS (10/90 w/w) 薄膜の深さ方向組成分布

けるケイ素濃度が増大している。このように，薄膜中における CpPOSS の表面濃縮は熱処理に伴い促進されていることがわかる。

薄膜全体の深さ方向の組成分布を評価するため，CpPOSS/PS ハイブリッド薄膜の中性子反射

第2章　かご型シルセスキオキサン添加高分子薄膜の分子凝集状態と熱的性質

率測定を行った。試料はPSマトリックスとCpPOSSの散乱長密度のコントラストを増大するため，PSの重水素化物（dPS）を用いて作製した。各層の散乱長密度（b/V）を，空気層 0.00×10^{10} cm^{-2}，dPS薄膜 6.40×10^{10} cm^{-2}，シリコン基板上の酸化膜 4.20×10^{10} cm^{-2}，シリコン基板 2.15×10^{10} cm^{-2} として解析を行った結果を図8に示す。深さ方向の b/V 分布より，CpPOSS/dPS（10/90 w/w）ハイブリッド薄膜では，CpPOSSの表面濃縮の寄与および表面粗さの影響により，薄膜表面付近における b/V の減少および界面厚の増大が見られた。また，これに加えて，基板との界面付近においても同様に b/V の低い層の形成が観察されている。基板側の界面では，基板の表面粗さの変化は無視できるため，この層は，基板界面付近におけるCpPOSSの濃縮と濃度勾配の形成を示唆するものである。

薄膜の表面・界面構造，とくに薄膜を形成する高分子と基板の表面・界面自由エネルギーは，dewettingを議論する上で重要な要素である。表面自由エネルギーの観点からの薄膜の安定性は，しばしば拡張係数 S を用いて表現される[14]。高分子薄膜，基板，薄膜-基板界面の自由エネルギーをそれぞれ γ_A, γ_B, γ_{AB} とおくと，S は，式(1)で表される。

$$S = \gamma_B - (\gamma_{AB} + \gamma_A) \tag{1}$$

S が正の値を有する場合は，高分子薄膜は基板上に濡れ広がった薄膜状態が安定となるが，S が負の値となると，薄膜は基板上で濡れ広がらず，核生成または不純物の存在により生じたholeが成長してdewettingが起こることになる。ここでは，静的接触角測定より，CpPOSS/PSハイブリッド薄膜の表面・界面自由エネルギーの値を算出した。表1に示すように，CpPOSS/PSハイブリッド薄膜の表面自由エネルギーはPS薄膜と比較して低い値となっており，また，CpPOSSの添加濃度が増大するにつれて，表面自由エネルギーが低下している。このことから，CpPOSSの添加および表面濃縮が表面自由エネルギーの低下をもたらしていることが分かる。さらに，表面自由エネルギーの低下に伴い，薄膜の拡張係数の値の増大が見られ，CpPOSSの添

表1　接触角測定により評価した表面自由エネルギーおよび拡張係数

	γ^d / mJ m^{-2}	γ^h / mJ m^{-2}	γ / mJ m^{-2}	S / mJ m^{-2}
Si substrate	28.1	41.4	69.5	—
PS film	49.4	0.1	49.5	-21.1
CpPOSS/PS (10/90 w/w) hybrid film	46.1	0.0	46.1	-17.8
CpPOSS/PS (15/85 w/w) hybrid film	40.3	0.0	40.3	-12.7

加による表面自由エネルギーの変化がdewettingを遅延する効果を有することが示唆されている。一方で，CpPOSS/PSハイブリッド薄膜の拡張係数は，強いdewetting抑制効果が観察されたCpPOSSを15 wt%添加したハイブリッド薄膜においてもいまだ負の値となっており，その変化はdewettingを完全に抑制するには不十分なものであった。ハイブリッド薄膜の構造評価より，CpPOSSは，薄膜表面のみならず，基板との界面にも濃縮することが明らかとなっており，CpPOSSの添加によるPS薄膜のdewetting抑制効果には，界面自由エネルギーの変化や界面粗さの変化も大きく寄与しているものと考えられる[15]。

4 鎖末端にシルセスキオキサン骨格を有するポリスチレン薄膜の熱的安定性

PS薄膜に対するCpPOSSの添加は，PS薄膜のdewettingを抑制し，薄膜の熱的安定性を向上させる効果を有していることが確認された。一方で，そのdewetting抑制効果を得るためには，CpPOSSをPSに対して15 wt%添加しなければならず，またCpPOSSがPS薄膜中で凝集体を形成し，薄膜の表面粗さを増大させるという問題点も有していた。ここでは，POSSの表面修飾法として，POSS表面への高分子鎖の導入[16,17]という手法に着目し，鎖末端にPOSS骨格を有するPS (PS-POSS) を合成した。さらに，PS-POSS薄膜中におけるPOSSの分散性の向上を試み，その薄膜の熱的安定性を評価した。

図9に示すように，ニトロキシドラジカルを用いたリビングラジカル重合（Nitroxide-

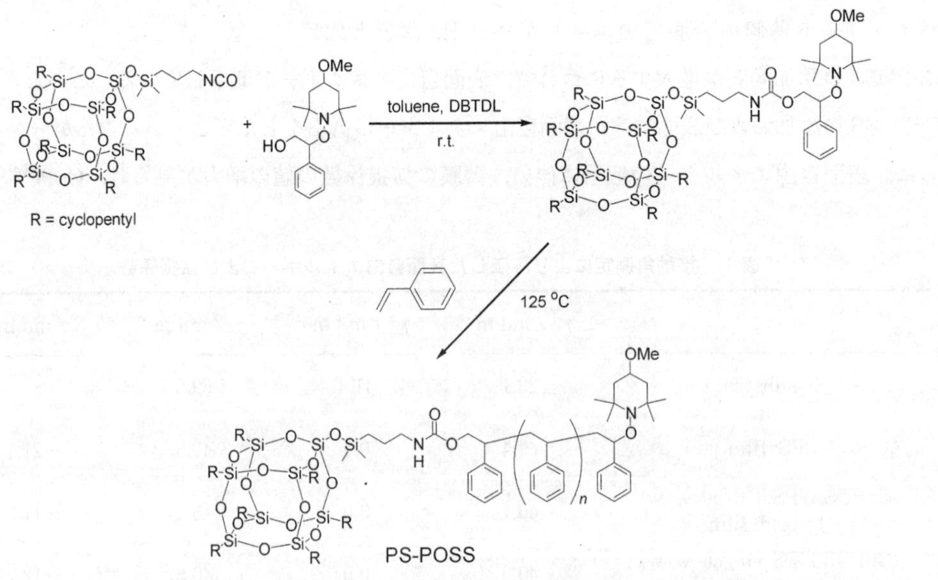

図9　PS-POSSの合成

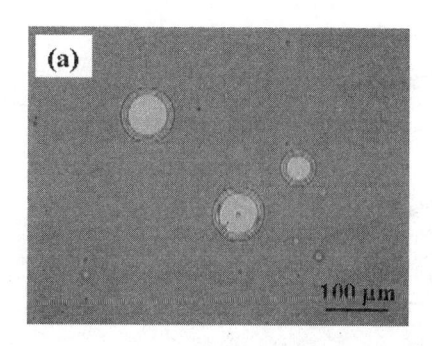

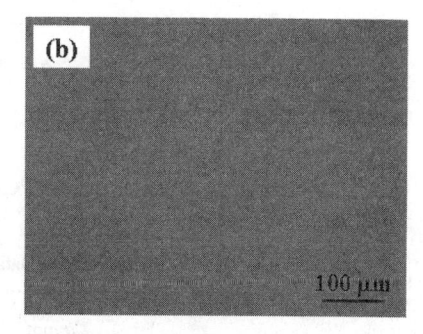

第2章 かご型シルセスキオキサン添加高分子薄膜の分子凝集状態と熱的性質

図10 熱処理後の (a) PS 薄膜および (b) PS-POSS 薄膜

mediated Radical Polymerization, NMRP) の開始剤[18]を POSS 表面に導入し，これを用いてスチレンを重合することで PS-POSS を得た[19]。得られた PS-POSS のトルエン溶液からスピンコート法にて，洗浄処理を施したシリコン基板上に膜厚 150 nm 以下の PS-POSS 薄膜を製膜した。得られた PS-POSS 薄膜に PS のガラス転移温度以上で熱処理を施し，同等の分子量を有する PS 薄膜の dewetting 挙動と比較して，その熱的安定性について検討した。

図10 に，PS 薄膜および PS-POSS 薄膜の熱処理後の光学顕微鏡観察像を示す。ここで用いた PS-POSS (M_n= 13300, M_w/M_n= 1.09) では，POSS の存在比は 6.8 %と低いにもかかわらず，dewetting は観測されず，PS 薄膜と比較して高い熱的安定性を有していることが確認された。また，PS-POSS 薄膜の原子間力顕微鏡観察の結果を図11 に示す。PS-POSS 薄膜では，CpPOSS

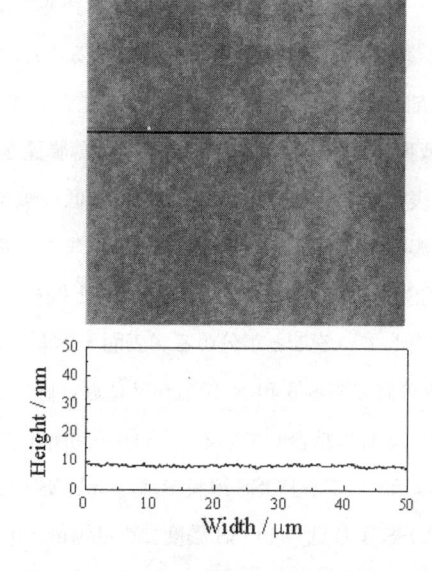

図11 PS-POSS 薄膜の原子間力顕微鏡観察像

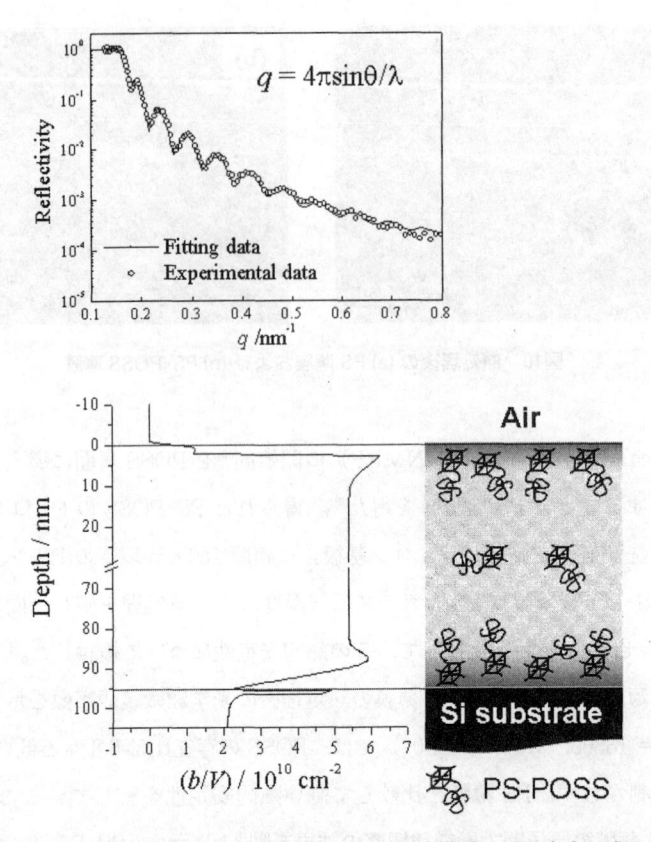

図12 中性子反射率測定により評価した dPS-POSS 薄膜の深さ方向組成分布

を添加した場合に見られたような薄膜表面粗さは観察されず，POSS 表面への PS 鎖の導入により，POSS の凝集が抑制され，均一に分散した薄膜を製膜できることが明らかとなっている[20]。

また，POSS 骨格含有開始剤を用いて重水素化スチレンを重合して作製した POSS 骨格含有重水素化 PS（dPS-POSS）薄膜の中性子反射率測定により，薄膜深さ方向の組成分布を評価した結果を図12に示す。薄膜表面の b/V は膜内部と比較して低い値を示したことから，dPS-POSS の POSS 末端は表面に濃縮しているものと考えられる。また，基板界面付近においても b/V が低下しており，PS-POSS 中の POSS 末端は，CpPOSS と同様に，薄膜の表面および基板界面の双方に濃縮する傾向を有していることが分かる。表面・界面の b/V の低い層よりも内部の領域では，b/V は dPS のみの値である 6.40×10^{10} cm^{-2} に近い値を示した。この層は，POSS 部位の表面・界面濃縮に伴い，それに結合している dPS 鎖が局所化することにより形成されているものと考えられる。このように，PS-POSS 薄膜では，CpPOSS を添加した場合と同様の分布構造を示し，さらに，CpPOSS より低い POSS 濃度での dewetting の抑制，また高い POSS の分散性を得られることが明らかとなっている。

5 おわりに

　POSSを用いた高分子薄膜の改質の例として，POSSの添加によるPS薄膜の熱的安定化について紹介した。ここに示した結果は，POSSを添加した高分子薄膜の物性がPOSSの薄膜中の分布状態に大きく依存することを示すものである。ここでは，POSSの表面修飾として，PS鎖末端へのPOSS骨格の導入について紹介したが，POSSの表面は種々の置換基や高分子鎖で容易に修飾することができ，目的に応じた分子設計により，高分子薄膜の改質のためのナノフィラーとしての無限の可能性を有している。

　最近の研究では，高分子薄膜の熱的安定化のみならず，絶縁性[21]やレジスト耐性[22]，撥水性[23]など，POSSの特性を活かした高分子薄膜の高機能化についても報告がなされている。これらの特性においても，薄膜中におけるPOSSの凝集状態は，その性能を議論するうえでの重要な要素となっている。POSSを用いた高分子薄膜の改質は，高分子薄膜への高性能・高機能化の要請と，POSSの合成・修飾法，また高分子との複合化の手法の進歩に伴い，今後の発展が期待されるものである。

謝辞

　本章にて紹介した研究の一部は，文部科学省の21世紀COEプロジェクトおよび日本学術振興会の特別研究員奨励費の支援を受けて行われたものである。また，中性子反射率測定は，高エネルギー加速器研究機構（KEK）の試料水平型高分解能中性子反射率計（ARISA）で行った。KEKの鳥飼直也博士，山田悟史博士に誌面を借りて感謝の意を表します。X線光電子分光測定にご協力頂いた，アルバック・ファイ株式会社に深く感謝致します。

文　献

1) M. Geoghegan, G Krausch, *Prog. Polym. Sci.*, **28**, 261-302 (2003)
2) G. Reiter, *Phys. Rev. Lett.*, **68**, 75-78 (1992)
3) G. Reiter, *Phys. Rev. Lett.*, **87**, 1861011-1861014 (2001)
4) P. Lambooy, K. C. Phelan, O. Haugg, G. Krausch, *Phys. Rev. Lett.*, **76**, 1110-1113 (1996)
5) G. Henn, D. G. Bucknall, M. Samm, P. Vanhoorne, R. Jerome, *Macromolecules*, **29**, 4305-4313 (1996)

6) R. R. Netz, D. Andelman, *Phys. Rev. E*, **55**, 687-700 (1997)
7) K. A. Barnes, A. Karim, J. F. Douglas, A. I. Nakatani, H. Gruell, E. J. Aims, *Macromolecules*, **33**, 4177-4185 (2000)
8) M. E. Mackay, Y. Hong, M. Jeong, S. Hong, T. P. Russell, C. J. Hawker, R. Vestberg, J. F. Douglas, *Langmuir*, **18**, 1877-1882 (2002)
9) R. S. Krishnan, M. E. Mackay, C. J. Hawker, B. Van Horn, *Langmuir*, **21**, 5770-5776 (2005)
10) S. Sharma, M. H. Rafailovich, D. Peiffer. J. Sokolov, *Nano Lett.*, **1**, 511-514 (2001)
11) B. Wei, P. A. Gurr, J. Genzer, G. G. Qiao, D. H. Solomon, R. J. Spontak, *Macromolecules*, **37**, 7857-7860 (2004)
12) H. Luo, D. Gersappe, *Macromolecules*, **37**, 5792-5799 (2004)
13) N. Hosaka, K. Tanaka, H. Otsuka, A. Takahara, *Compos. Interfaces*, **11**, 297-306 (2004)
14) A. W. Adamson, "Physical Chemistry of Surface, 5th ed.", Chapter 10, Wiley, New York (1990)
15) N. Hosaka, N. Torikai, H. Otsuka, A. Takahara, *Langmuir*, **23**, 902-907 (2007)
16) G. Cardoen, E. B. Coughlin, *Macromolecules*, **37**, 5123-5126 (2004)
17) K. Ohno, S. Sugiyama, K. Koh, Y. Tsujii, T. Fukuda, M. Yamahiro, H. Oikawa, Y. Yamamoto, N. Ootake, K. Watanabe, *Macromolecules*, **37**, 8517-8522 (2004)
18) C. J. Hawker, A. W. Bosman, E. Harth, *Chem. Rev.*, **101**, 3661-3688 (2001)
19) K. Miyamoto, N. Hosaka, H. Otsuka, A. Takahara, *Chem. Lett.*, **35**, 1098-1099 (2006)
20) K. Miyamoto, N. Hosaka, M. Kobayashi, H. Otsuka, N. Yamada, N. Torikai, A. Takahara, *Trans. Mater. Res. Soc. Jpn.*, **32**, 267-270 (2007)
21) Y. Chen, E.-T. Kang, *Mater. Lett.*, **58**, 3716-3719 (2004)
22) K. Koh, S. Sugiyama, T. Morinaga, K. Ohno, Y. Tsujii, T. Fukuda, M. Yamahiro, T. Iijima, H. Oikawa, K. Watanabe, T. Miyashita, *Macromolecules*, **38**, 1264-1270 (2005)
23) S. Turri, M. Levi, *Macromol. Rapid Commun.*, **26**, 1233-1236 (2005)

第 IV 編
その他の分野

第 VI 章
理性の明るさ

第1章　電子デバイス用絶縁膜材料への応用

保田直紀[*]

1　はじめに

　シリコーン系材料は，耐熱性，耐候性，電気絶縁性，透明性などに優れていることから，光デバイス，電子デバイス，ディスプレイ等の保護材，絶縁材，接着剤など多くの用途で使用されている。シリコーン系材料は，シロキサン結合（Si-O-Si）を基本骨格とするポリマーであり，基本構成単位（M，D，T，Q）の組み合わせにより，多種多様の構造をとり，その構造からシリコーンオイル，シリコーンゴム，シリコーンレジンに分類できる（表1，図1）。シリコーンオ

表1　シリコーンの基本構成単位

官能性	構造	化学式	単位
1	R–Si(R)(R)–O–	$R_3SiO_{1/2}$	M
2	–O–Si(R)(R)–O–	$R_2SiO_{2/2}$	D
3	–O–Si(R)(O–)–O–	$RSiO_{3/2}$	T
4	–O–Si(O–)(O–)–O–	$SiO_{4/2}$	Q

　＊　Naoki Yasuda　三菱電機㈱　先端技術総合研究所　マテリアル技術部　主席研究員

図1　シリコーンの種類

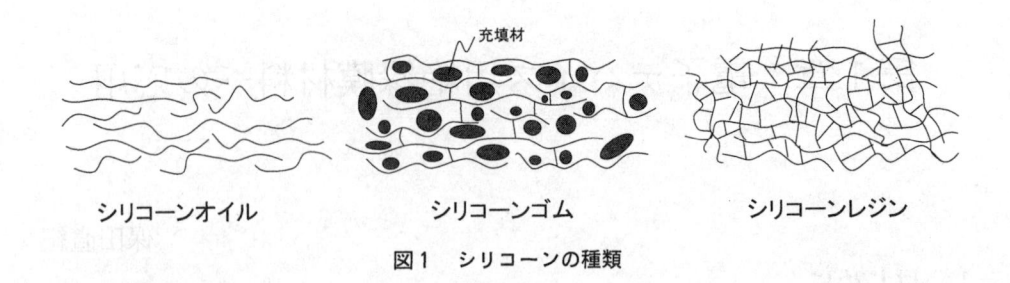

イルは，基本構成が2官能性（D単位）である直鎖状シロキサン構造を有し，有機系オイルに比べ，耐熱性，化学安定性，低表面張力性に優れている。シリコーンゴムは，基本構成がD単位である直鎖状分子を部分架橋したものに，フィラーや硫化材などの充填材を添加したものであり，天然ゴムや合成ゴムに比べ，耐熱性，耐光性，電気絶縁性，圧縮永久歪特性，離型性，低毒性などの優れた特徴を有する。シリコーンレジンは，分子内に3官能性（T単位），あるいは4官能性（Q単位）を含有するポリオルガノシロキサンであり，前者に比べ格段に架橋密度が高く，硬い材料であり，D単位，T単位を主構成単位として含むDTレジンと，M単位，Q単位を主構成単位として含むMQレジンに大別される。シリコーンレジンのうち，基本構成がT単位からなるものをポリオルガノシルセスキオキサンと呼び，耐熱性，電気絶縁性などに関し，有機系電子材料として知られるポリイミド樹脂に劣らない優れた特性を有する。このように，シリコーン系材料は，主鎖構造や側鎖構造を制御することで，有機系材料を凌駕する様々な優れた特性を発現させることができることから，電気・電子，建設，機械，化学などを中心にほぼ全ての産業分野で適用されている。

2　ポリオルガノシルセスキオキサン

ポリオルガノシルセスキオキサンは，T単位のみから構成され，$(RSiO_{3/2})_n$の組成式で表され，その化学構造は，図2に示すような3種類に大別される。ランダム構造は，不規則な3次元ネットワーク構造を形成したポリマーであるが，カゴ型構造および梯子状構造は，規則正しい構造を有するオリゴマーであり，合成条件を最適化することで得ることができる。現在，これらのカゴ型および梯子状構造のシルセスキオキサンは，モノマーおよびオリゴマーとして単離できることから，有機－無機ハイブリッド系材料の構成材料として注目されており，側鎖構造に有機系の官能基やオリゴマーを導入したり，あるいは有機系ポリマーと共重合させたりすることで，新規な機能性材料の開発が盛んに進められている。

我々は，電子絶縁材料の高耐熱化，高絶縁性の要求が高まる中で，シリコーン系材料の中でも

第1章　電子デバイス用絶縁膜材料への応用

カゴ型構造

梯子状構造

ランダム構造

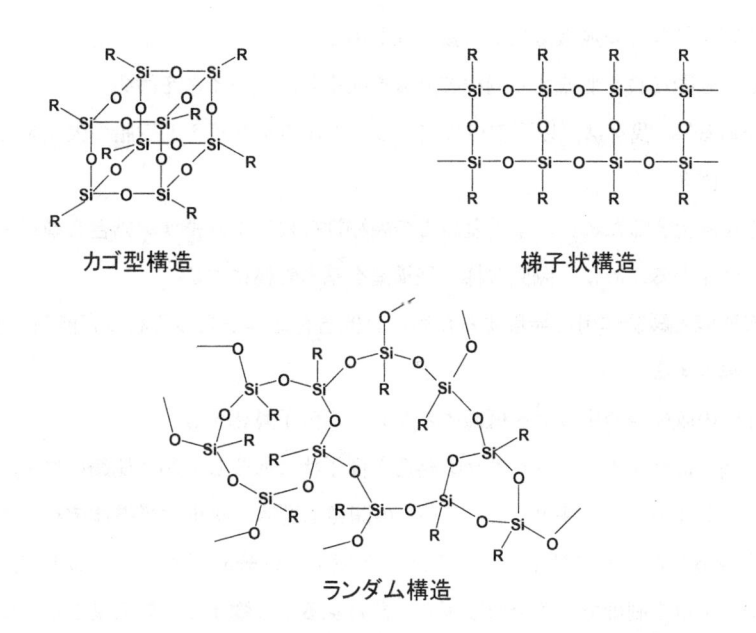

図2　ポリオルガノシルセスキオキサンの化学構造

特に耐熱性が高く，化学安定性に優れた梯子状構造を有するポリオルガノシルセスキオキサンに着目し，電子デバイス，特に半導体デバイスの絶縁膜材料としての適用技術を遂行してきた。半導体デバイスの製造工程に用いられている絶縁膜材料は，配線間の絶縁を担う層間絶縁膜や，封止樹脂が素子に及ぼす応力を緩和するバッファーコート膜などが挙げられる。これらの絶縁膜に対する要求特性は，高耐熱性，電気絶縁性の他に，高純度，無機薄膜・金属膜との接着性，耐酸素プラズマ性，低脱ガス性，表面平坦性，溶液安定性，パターン加工性，など多岐に渡っており，実用化にはこれらの特性を満たす必要がある。

本章では，半導体製造工程などの高温プロセスに耐え得る耐熱性を有し，側鎖にフェニル基を有する梯子状ポリフェニルシルセスキオキサン[1,2]の膜特性を，有機系絶縁膜材料であるポリイミド樹脂と比較しながら説明するとともに，電子デバイスへの絶縁材料としての応用について述べる。

3　ポリフェニルシルセスキオキサンの絶縁膜材料への展開

ポリイミド樹脂は半導体製造プロセスでの熱処理に耐える耐熱性を有し，デバイスのバッファーコート膜として適用されているが[3,4]，
・熱硬化収縮が大きく下地基板に及ぼす歪みが大きい

- 酸化膜や窒化膜などの無機薄膜との接着性が劣る
- 熱処理して強固な膜を形成する過程でガスを発生し，デバイスを汚染する

という問題がある[5]。我々は，以下の点に注力し，上述のポリイミド樹脂の欠点を解決した樹脂開発を行った（図3）。

① 接着性を向上するために，下地基板との親和性の良いシロキサン結合を構造中に導入する
② 高耐熱性を得るために，剛直な梯子型構造を基本骨格にする
③ 厚膜形成能と緩衝作用を発現するため，有機含有比率を高められる官能基（フェニル基）を側鎖に導入する
④ 熱硬化時の収縮や発生ガスを低減するため，高分子量化する

すなわち，図4に示すようにシロキサン結合を梯子状に形成し，かつ側鎖にフェニル基を有するポリフェニルシルセスキオキサン（PPSQ）の開発を進め，次世代半導体デバイス用絶縁膜材料への適用を目指した。その結果，Mw/Mn = 5以下の低分散度で，かつ約10万～20万の範囲で重量平均分子量を制御できる合成技術と，含有する不純物イオンの濃度を半導体デバイスへの導入が可能なレベル（0.5 ppm以下）に低減する高純度化精製技術を確立した[6]。

PPSQは高分子量で分子鎖が長く，シロキサン骨格の剛直な梯子型構造をしているため，熱可塑樹脂的な特性と，末端基間の反応による3次元化で熱硬化樹脂的な特性の両方が期待される。ここでは，PPSQの熱的特性や力学特性などの絶縁膜材料として要求される特性を評価したので，

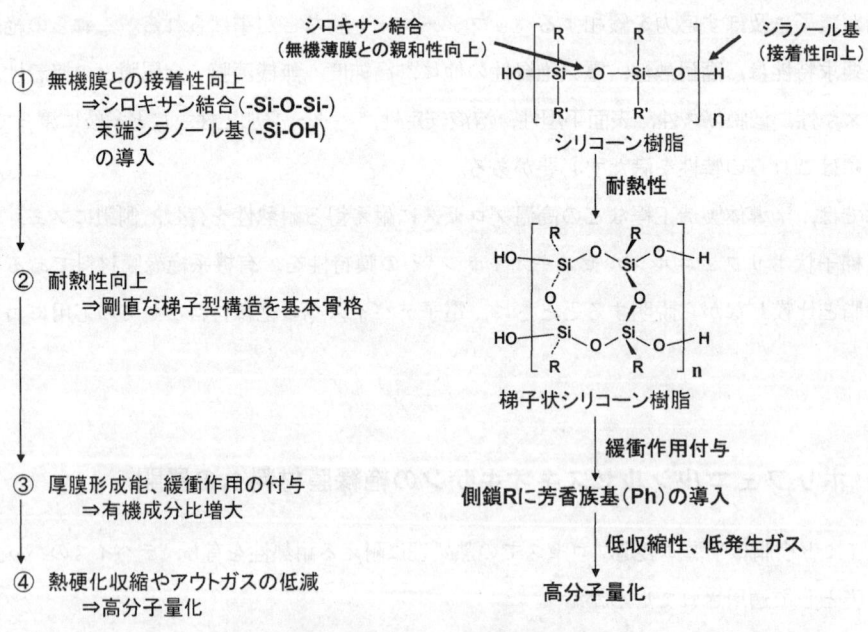

図3 高耐熱性シリコーン樹脂の開発フロー

第1章 電子デバイス用絶縁膜材料への応用

図4 梯子状ポリフェニルシルセスキオキサン（PPSQ）の分子構造

ポリイミド樹脂（日立化成製；PIX-3500）と比較しながら報告する。

4 梯子状ポリフェニルシルセスキオキサンの合成と膜特性

4.1 PPSQの合成

　PPSQの合成は，加水分解，中和，脱水縮合，精製の過程から成る[6]。まず，フェニルトリクロロシランをメチルイソブチルケトン中で冷却しながら加水分解し，重量平均分子量が3,000～5,000のプレポリマーを合成した。この溶液を中和した後，触媒としてKOHを添加し，還流条件下で脱水縮合反応を行い，重量平均分子量が10万～20万になるように高分子量化した。その後，メチルアルコールを用いて再沈精製して白色の固形分を回収し，150℃で6時間乾燥した。ポリマー状態で梯子型構造を完全に同定することは難しいが，赤外吸収スペクトル解析における，Si-O-Siの逆対称伸縮振動に由来する吸収ピークが1100 cm^{-1} 付近にダブルピーク（1050 cm^{-1},

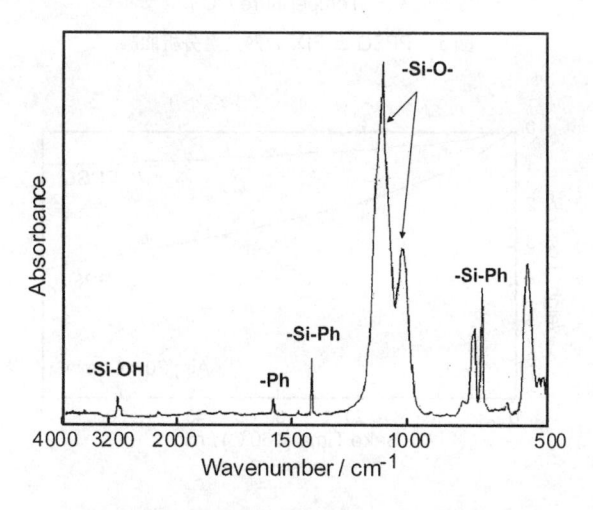

図5 PPSQの赤外吸収スペクトル

$1140\ cm^{-1}$) として観察されることから，主鎖のシロキサン結合の多くが梯子状に結合していることが示唆される[7]。また，Si-Ph の伸縮振動に由来する吸収ピークは $1430\ cm^{-1}$, $1597\ cm^{-1}$ に観察された（図5）。

4.2 耐熱性

熱重量分析（TGA）はデュポン社製；TGA-951を用い，350℃で60分間の熱処理を行った粉末試料を，空気中で室温から800℃まで毎分10℃の昇温速度で行い，耐熱性の評価を実施した。

図6のTGA曲線から，PPSQは500℃より熱分解に基づく重量減少が始まり，650℃以降は飽和している。このときの損失率は約58％であり，有機成分である側鎖のフェニル基（59.7％）がほぼ分解蒸発していることを示している。

熱分解後の赤外吸収スペクトル解析から，Si-Ph に由来する吸収は消失し，かつシロキサン結

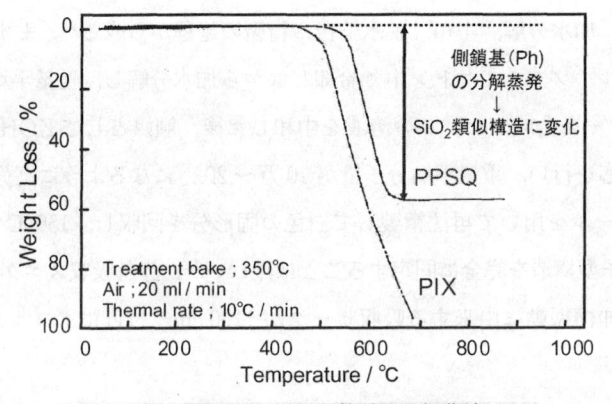

図6　PPSQ と PIX の熱重量分析曲線

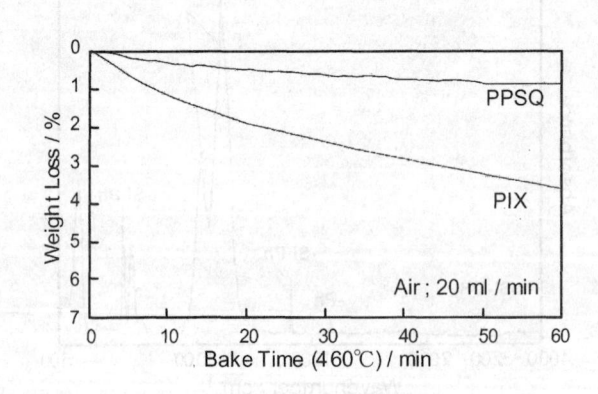

図7　定温保持したときの重量損失率

第1章 電子デバイス用絶縁膜材料への応用

合の逆対称伸縮振動に帰属されるダブルピークが 1060 cm^{-1} のシングルピークに変化しており，SiO_2 に類似のスペクトルを与えた。すなわち，PPSQ の熱分解は，有機成分（フェニル基）の脱離から始まり，熱酸化と同時に進行するシロキサン結合の再編成によって，線上の規則的な梯子型構造から，緻密な 3 次元ランダム構造に変化し進行することが示唆された。一方，PIX は 450 ℃付近から重量減少が認められる。また，460 ℃で 60 分間定温保持したときの重量損失率は，PPSQ が 0.8 ％で飽和傾向にあるのに対し，PIX は保持時間とともに単調に増加し，60 分後に 3.8 ％に達している（図 7）。これは，PPSQ は熱分解ではなく残留末端シラノール基による脱水縮合が進行し，架橋密度が増加していることを，一方，PIX は 460 ℃で熱分解することを示唆している。これらの結果は，PPSQ は PIX より優れた高耐熱性を有し，半導体デバイス製造工程のダイボンド，ワイヤボンドなどのプロセスの高熱に十分に耐え得ることを示している。

4.3 紫外線透過性

各樹脂ワニスを任意の回転数で石英板上に回転塗布した。これを 350 ℃で 60 分間の熱処理を加え，紫外可視分光光度計（島津製作所製；MPS-2000）を用いて，紫外線透過性を測定した。

PPSQ の基本骨格は透明性の高いシロキサン構造であるため紫外可視域の透明性が高く，図 8 に示すように 290 nm 以上の長波長領域においては，膜厚が 20 μm まで増大しても 97 ％を超える透過率を有している。

一方，PIX は 400 nm 以下の紫外領域の透過率は低く，膜厚が厚いほどその傾向は顕著である。このことから，光透過性の高い PPSQ は，光 IC 用のバッファーコート膜としても有効である。

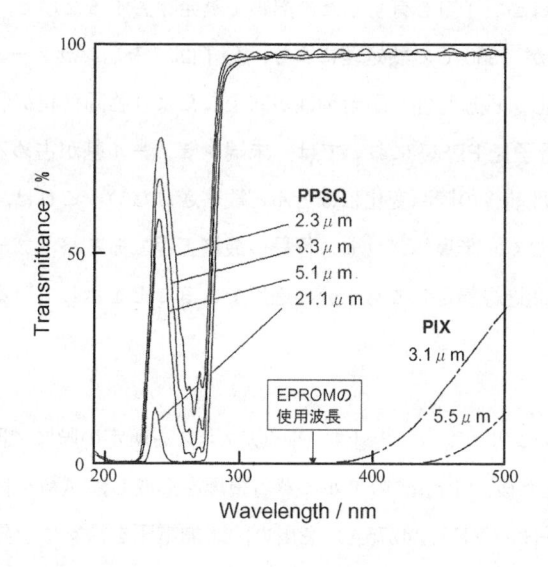

図 8 紫外可視透過スペクトル

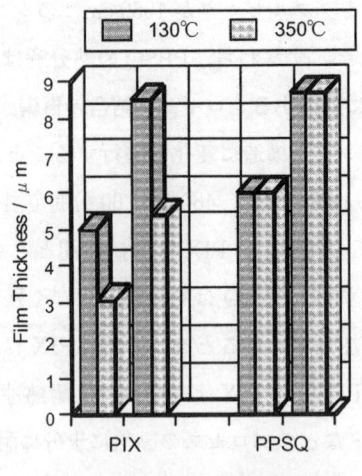

図9　熱硬化前後の膜厚変化

4.4　熱硬化収縮

測定試料は，各樹脂ワニスをシリコンウエハ上に所定の膜厚で回転塗布し，130℃で2分間のプリベークを行った後，350℃で60分間の熱処理を行った。350℃での熱処理前後の膜厚を測定し，熱硬化処理による膜減り量を求めた。

熱硬化性樹脂である PIX は，塗布溶液中ではオリゴマーのポリアミド酸であり，350℃の熱処理によって閉環しイミド結合を形成し熱硬化するが，その際に水や有機成分が発生する。従って，図9に示すように，350℃の熱処理前後において膜厚が約40％前後減少している。

これに対し，PPSQ は高分子量を有するため溶媒を蒸発除去するだけで，十分な熱的特性や機械特性を保持しているが，350℃の熱処理により，分子間で末端シラノール（OH）基が脱水縮合され3次元化が進行し，機械特性や耐溶剤性が向上したより強固な膜が形成される。重量平均分子量が10万超の高分子量 PPSQ においては，末端シラノール基が占める重量比率は0.1％にも達しないため，熱処理前後の膜厚変化はほとんど観察されない。これは，PPSQ が熱硬化処理時の脱ガスがほとんどなく，半導体プロセス行程の最終工程であるバッファーコート膜のみならず，多層配線構造の層間絶縁膜としても十分に適用できることを示している。

4.5　電気特性

抵抗値；0.01 Ωcm のシリコンウエハ上に PPSQ ワニスを所定の膜厚で回転塗布し，350℃で60分間の熱処理を加えた後，1 mm^2 のアルミ蒸着電極を形成し，試料を作製した。絶縁破壊電界の測定は，LCR メータ（YHP；4275A）を用い，印加電圧を徐々に上昇させ，リーク電流が1 μA/mm^2 を示す電圧を絶縁破壊電圧とした。測定点は200箇所とした。

第1章 電子デバイス用絶縁膜材料への応用

また，LCR メータで PPSQ の静電容量 C（F）と誘電正接 tanδ を測定し，以下の式

$$\varepsilon_r = C \cdot t / \varepsilon_0 \cdot S$$

［ε_r；比誘電率（F/m），t；膜厚（μm），ε_0；真空中の誘電率（8.855×10^{-12} F/m），S；試料面積（mm²）］から，PPSQ の比誘電率を求めた。尚，比誘電率測定用試料は，溶媒を蒸発除去（150℃×30 min）した PPSQ 膜および 350℃×60 min の熱処理で完全硬化した PPSQ 膜（膜厚；1.0 μm）を用いた。

4.5.1 絶縁破壊電圧

PPSQ 膜の絶縁破壊強度と膜厚との関係を図10のヒストグラムで示す。膜厚が薄い場合には初期不良に起因する破壊が低い電界で観察されるが，厚膜では摩耗故障に相当する破壊モードが見られ，約 4 MV/cm の安定した絶縁破壊強度を示す。すなわち，PPSQ は，通常の有機系樹脂

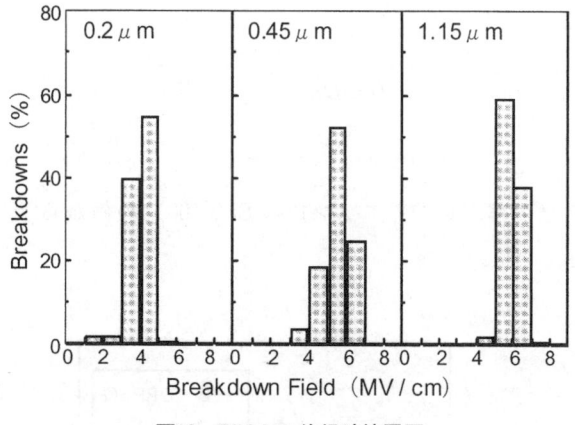

図10　PPSQ の絶縁破壊電圧

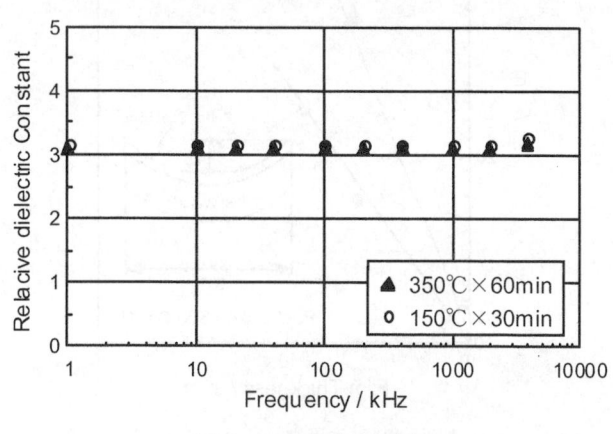

図11　PPSQ の比誘電率

膜（例えば，PIX；約 3 MV/cm〈カタログ値〉）より高い絶縁破壊強度を有する。

4.5.2 誘電特性

溶媒を蒸発除去した PPSQ 膜，および 350 ℃の熱処理で完全硬化した PPSQ 膜について，比誘電率の周波数特性を図 11 に示す。PPSQ の比誘電率は，熱硬化処理の有無に関わらず約 3.1 を示し，1 kHz～4 MHz の周波数において安定している。誘電正接の値（150 ℃処理；0.03/10 kHz, 0.11/1 MHz, 350 ℃処理；0.04/10 kHz, 0.11/1 MHz）についても同様，熱処理による有意差は観察されない。一方，PIX の誘電率は 3.4（1 kHz）〈カタログ値〉であることから，PPSQ は電気絶縁性においても PIX より優れている。

4.6 残留応力

シリコンウエハ上に各樹脂ワニスを所定の膜厚で回転塗布し，350 ℃で 60 分間の熱硬化処理を行った膜について，薄膜応力測定装置（FSM-8900 TC）を用いて歪みを測定し，次式に従って残留応力 σ を評価した。

$$\sigma = 4/3 \cdot E/(1-\nu) \cdot t^2/d \cdot \triangle/a^2 \ (\mathrm{dyn/cm^2})$$

ここで，d；膜厚（cm），$\triangle$；シリコンウエハの反り（cm），a；シリコンウエハの直径（cm）であり，また，E；ヤング率，ν；ポアソン比は Si〈100〉の値から $E/(1-\nu) = 1.8 \times 10^{12}$（dyn/cm²）を用いた。

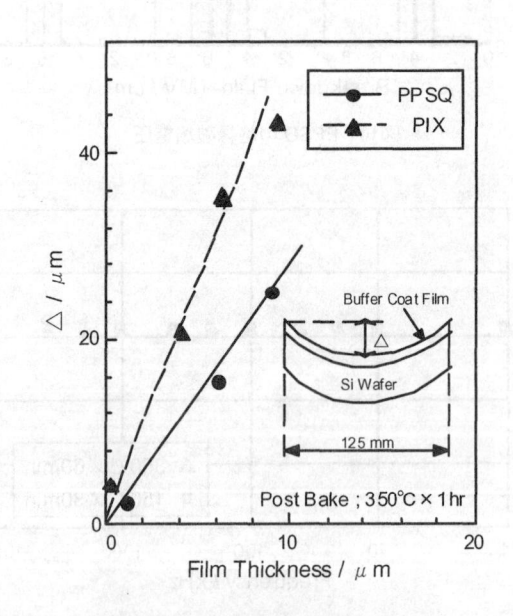

図12 ウエハ反りの樹脂膜厚依存性

第1章 電子デバイス用絶縁膜材料への応用

半導体デバイス製造工程で，無機薄膜が成膜時に基板に与える歪みが大きな問題になっている。バッファーコート膜でもその厚さが無機薄膜より1桁高いため，基板に及ぼす応力が重要な問題である。

PPSQとPIXの樹脂膜が下地基板に与える歪み量と膜厚の関係を図12に示す。膜厚と歪み量（反り量）は比例関係にあり，その傾きから残留応力はそれぞれ 2.5×10^8 dyn/cm^2，5.0×10^8 dyn/cm^2 と算出され，PPSQはPIXの約1/2の残留応力である。先述したように，PPSQは高分子量で分子鎖が長いために，熱硬化時に水や有機成分の蒸発がほとんどなく，単位面積当たりの熱硬化収縮，熱硬化時の膜厚減少ともに著しく小さい。この特性が応力評価にも現れ，PPSQが下地基板に与える歪みはPIXに比較してかなり小さく，大口径ウエハを使用する次世代半導体製造プロセスに対して，より適していると言える。また，熱硬化したPPSQの残留応力は，室温～350℃の昇温過程と降温過程での温度に対する挙動がほぼ同一曲線に乗ることが確認され，熱処理プロセスにおける熱劣化がなく安定である。

4.7 接着性

下地基板との接着性を碁盤目試験（JIS規格；K-5400-1979）で評価した。下地基板には，ベアSiウエハ，膜厚；0.8μmのp-SiO$_2$膜あるいはp-SiN膜を成膜したウエハを用いた。基板上に約6μmの膜厚になるように樹脂ワニスを回転塗布し，350℃で60分間の熱処理を加えた後に，ナイフで1mm角の傷をつけた。この試料をオートクレーブ（ダバイエスペック社製の高度加速寿命試験装置）中に121℃で2.0気圧のPCT条件下で任意の時間放置した後，表面の水

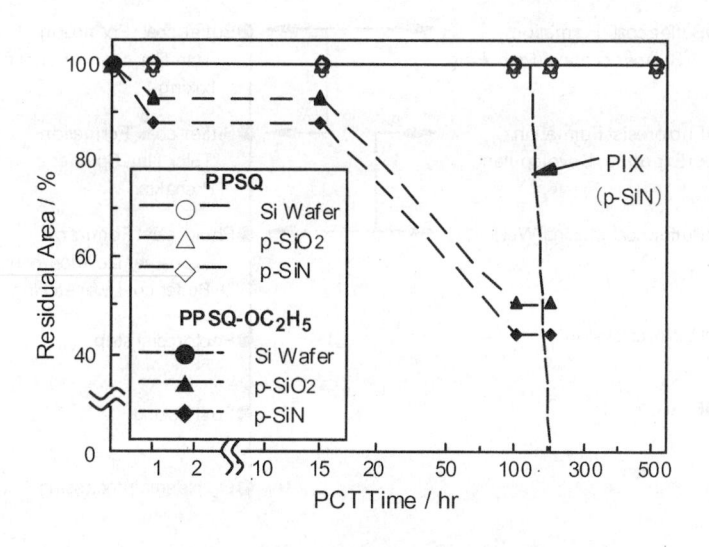

図13 無機薄膜との接着性（PCT試験）

分を除去し，セロハンテープによる剥離試験を行った。試験後の残存膜の面積は画像処理装置から算出した。

350℃の熱処理を行ったPPSQ膜，及び末端のシラノール（OH）基をエトキシ基で修飾したPPSQ膜（PPSQ-OC$_2$H$_5$）に関する，各下地（Siウエハ，p-SiO$_2$膜，p-SiN膜）との接着性評価結果を図13に示す。PPSQは何れの下地膜に対しても接着性が良好で，500時間以上のPTC試験後にも剥離が認められないが，末端のOH基をエトキシ基に修飾することにより，p-SiO$_2$膜，p-SiN膜の無機薄膜との接着性が著しく減少する。これは，PPSQの末端シラノール基が，無機薄膜表面上のOH基と熱処理時に脱水縮合反応を引き起こすことで，無機薄膜との接着性が向上したことを示唆している。一方，PIXは，p-SiN膜との接着性評価では200時間を超えると残存膜がなく，接着性が良くない。従って，PPSQは無機薄膜との接着性が良好であり，デバイスの耐湿性向上などの信頼性にも寄与できる。

4.8 パターン形成

PPSQをバッファーコート膜や層間絶縁膜として適用するには，簡便なプロセスで所定のパターンを形成する必要があることから，有機溶媒を用いたウエットエッチングプロセスでのパターン加工性を検討した。この際に用いた露光装置は，ミカサ㈱社製アクアライメント装置（MA-10）である。

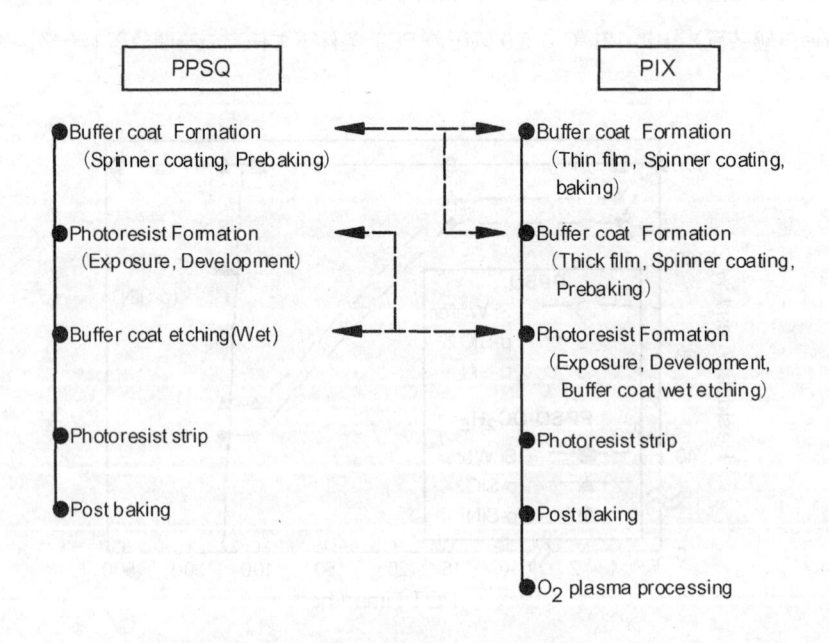

PPSQ	PIX
● Buffer coat Formation (Spinner coating, Prebaking)	● Buffer coat Formation (Thin film, Spinner coating, baking)
● Photoresist Formation (Exposure, Development)	● Buffer coat Formation (Thick film, Spinner coating, Prebaking)
● Buffer coat etching (Wet)	● Photoresist Formation (Exposure, Development, Buffer coat wet etching)
● Photoresist strip	● Photoresist strip
● Post baking	● Post baking
	● O$_2$ plasma processing

図14　パターン加工プロセスの比較

第1章　電子デバイス用絶縁膜材料への応用

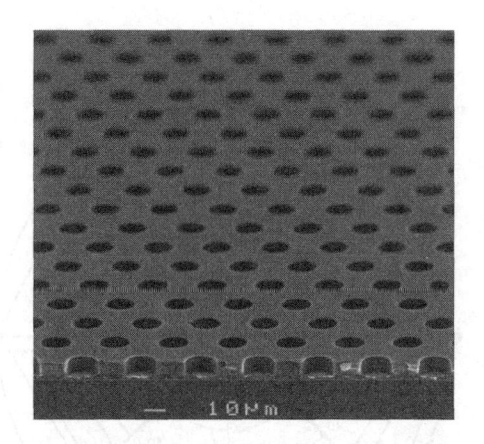

図15　PPSQ膜上に形成したパターンの断面写真

バッファーコート膜のパターン加工について比較する（図14）。PIXの場合，アルカリ現像液でレジストとバッファー膜を同時に開口するため，基板上のアルミ配線を腐食させる恐れがある。このことから，薄膜と厚膜の二度の膜形成工程が必要で，一層目の薄膜のバッファー膜は熱処理を加え，溶剤に不溶な硬化膜にする。レジスト膜形成の後には，露光・現像，バッファー膜のウエットエッチングを行うが，レジスト現像液でバッファー膜がエッチングできるため，一度に現像とエッチングが行えるメリットがある。しかし，一層目の完全硬化したバッファー膜を開口する目的と，脱ガスに起因するバッファー膜やボンディングパッド部の不純物付着（汚染）を排除する目的から，ポストキュア後に酸素プラズマ処理が必要になる。

一方，PPSQはレジスト現像液とバッファー膜エッチング液が異なるため，バッファー膜のエッチング工程が入るが，膜形成は1度でよく，また脱ガスがほとんどないことから酸素プラズマ処理は必要ない。各樹脂のパターン形成プロセスには一長一短はあるものの，PPSQは酸素プラズマ処理が省けることで，プロセスコストの面で有効である。

加工プロセス条件を最適化することにより，膜厚が$8\mu m$のPPSQ膜にホールやLine & Spaceのパターンを，寸法精度：$10\mu m$で形成可能である。図15にガラス基板上に形成した約$10\mu m$のホールパターンを一例として示す。半導体デバイスの表面保護膜として用いるのに十分なパターン精度が得られている。

4.9　絶縁膜材料としての特性比較

PPSQとPIXについて特性を比較してきたが，図16に絶縁膜材料としての特性比較チャートを示す。耐熱性，接着性，応力，絶縁破壊電圧，リーク電流，誘電特性，紫外線透過性，硬化時の膜減り，のいずれの特性に関しても，PPSQはPIXを凌駕している。また，ドライプロセス

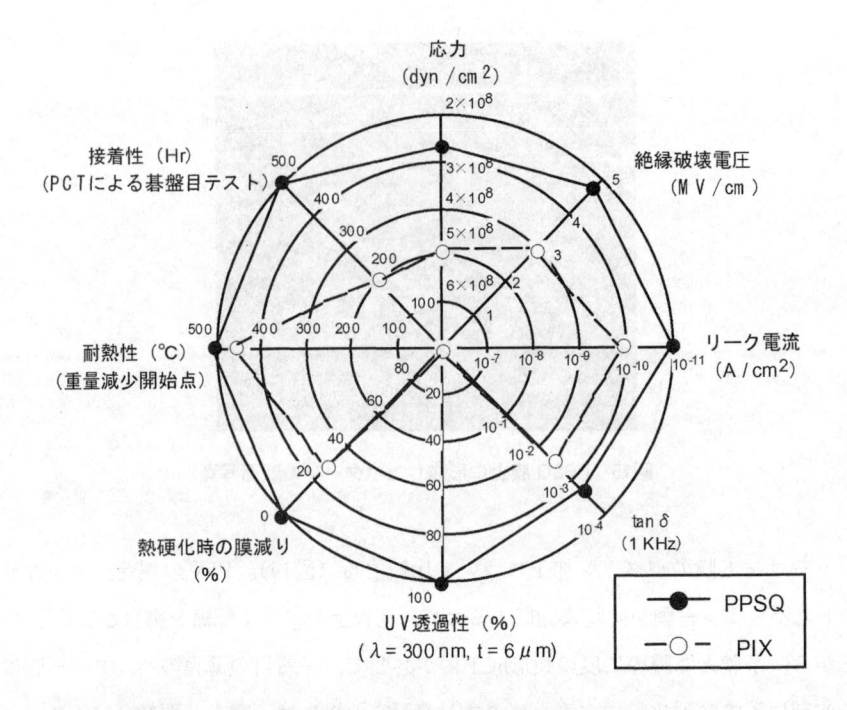

図16 絶縁膜材料としての特性比較チャート

が多用されている製造工程では，耐酸素プラズマ性は重要な特性であるが，PPSQ は耐酸素プラズマ性に優れる SiO_2 を基本骨格としているため，酸素プラズマに対するエッチング速度はフォトレジストやポリイミドの 1/20 以下である。このように PPSQ は多種多様な特性を有し，半導体デバイス構造の多層配線化に伴う絶縁膜材料としても使用可能な高性能材料である。

5 今後の応用展開

ポリシルセスキオキサンは，現行の優れた特性を保持しながら，更なる高機能化が可能である。例えば，側鎖構造に反応性基を導入し，感光剤（ラジカル開始剤，光架橋剤）と組み合わせることにより感光性が付与できる。反応性基の構造と導入量，感光剤の種類，加工プロセス条件の最適化により，PPSQ の特性を保持しながら，40 mJ/cm^2 ($D_n^{0.5}$) の感度で寸法が約 10 μm のパターンを形成することができる。これにより，レジストレスで絶縁膜のパターン加工が行え，プロセスの簡素化や低コスト化に寄与できる[8, 9]。

また，ポリシルセスキオキサンは可溶性であるため，ポリマー側鎖に反応性基を導入し，架橋剤と組み合わせることで 200 ℃以下の低温硬化性が得られ，低温プロセスが不可欠なデバイスへの適用が可能である。

第1章　電子デバイス用絶縁膜材料への応用

　さらに，超 LSI の超高速化には配線間容量を低減する必要性から低誘電率層間絶縁膜材料が不可欠であるが，PPSQ は側鎖のフェニル基を低級アルキル基に置換することにより，比誘電率：2.7 の低誘電率化が可能である。

　そして，可撓性を付与すれば半導体分野のみならず，耐熱電線用絶縁膜などの重電機器分野への用途展開が，また，ポリシルセスキオキサンの透明性を利用すれば，光学材料への適用の可能性もある[10,11]。

　このように，ポリシルセスキオキサンはその特異な分子構造により，現行の有機系の絶縁膜材料を凌駕する機能を有し，半導体デバイス，センサデバイス，パワーデバイスの絶縁膜材料の他，ディスプレイ，太陽電池，宇宙用機器などの電子デバイス全般の表面保護材，さらには要求特性が高度化する多層配線用層間絶縁膜材料への用途展開が期待できる高機能性の新素材である[12~14]。

文　　献

1) J. F. Brown Jr. *et al.*, *J. Am. Chem. Soc.*, **82**, 6194 (1960)
2) Ronald H. Baney, *et al.*, *Chem. Rev.*, **95**, 1409 (1995)
3) A. Saiki., *J. Electrochem. Soc., Solid State Science and Technology*, October, 2278 (1982)
4) D. Makino *et al.*, *IEEE Electrical Insulation Magazine*, **4** (2), 15 (1988)
5) S. Harada *et al.*, *IEEE J. Proce. 6th Conference on Solid State Device*, **44**, 297 (1974)
6) H. Adachi, E. Adachi, *J. Soc. Electr. Mater. Eng.*, **3** (1), 57 (1994)
7) 滝口利夫ら；日本化学会誌, 108 (1974)
8) N. Yasuda, S. Yamamoto, Y. Wada, and S. Yanagida, *J. Polm. Sci. PartA*, **39**, 24, 4196 (2001)
9) N. Yasuda, S. Yamamoto, H. Adachi, S. Nagae, Y. Wada, and S. Yanagida, *Bull. Chem. Soc. Jpn*, **74**, 991 (2001)
10) N. Yasuda, S. Yamamoto, Y. Wada, and S. Yanagida, *Chem. Lett.*, 1188 (2001)
11) N. Yasuda, S. Yamamoto, Y. Hasegawa, Y. Wada, and S. Yanagida, *Chem. Lett.*, 244 (2002)
12) H. Akiyama, N. Yasuda, J. Moritani, K. Takanashi and G. Majumdar, Proc. of ISPSD'04, 375 (2004)
13) Y. Hasegawa, H. Kawai, N. Yasuda, Y. Wada, T. Nagamura, S. Yanagida, *Appl. Phys. Lett.* **83**, 3599 (2003)
14) K. Nishimura, A. Hosono, S. Kawamoto, Y. Suzuki, N. Yasuda, *SID Symposium Digest*, **36**, 1612 (2005)

第2章 マイクロパターニング

松田厚範[*]

1 はじめに

　近年,無機成分と有機成分がナノレベルで複合化されたオルガノシルセスキオキサンの特徴を生かして,基板上に微細凹凸形状や屈折率分布を形成するマイクロパターニング技術が,微小光学素子,エレクトロニクス素子,オプトエレクトロニクス素子,集積回路,情報記憶媒体あるいはバイオチップなどを構築するための重要技術として注目されている[1,2]。

　例えば,オルガノトリアルコキシシラン R'Si(OR)$_3$ を加水分解,重縮合させることによってオルガノシルセスキオキサン (R'SiO$_{3/2}$) 前駆体粒子が溶液中に生成し,これを基板に塗布することによってコーティング膜を作製することができる。得られるシルセスキオキサンをベースとする無機−有機ハイブリッドコーティング膜の設計においては,どのような機能を持つ有機官能基(-R')を選択するか,また第二成分として何を導入するかが重要なポイントとなる。

　ここでは,シルセスキオキサンをベースとする無機−有機ハイブリッドの構造的特徴とコーティング膜の物性について整理し,マイクロパターニングへの応用について詳しく述べる。

2 シルセスキオキサンをベースとする無機−有機ハイブリッド

2.1 ペンダント型ハイブリッド

　シルセスキオキサンをベースとするペンダント型ハイブリッドは,Si-O-Si(シロキサン)結合からなる無機骨格のシリコン原子に,有機官能基が共有結合したものである。ペンダント型のハイブリッドは,三官能オルガノアルコキシシラン R'Si(OR)$_3$ (R':メチル CH$_3$(Me),エチル C$_2$H$_5$(Et),フェニル C$_6$H$_5$(Ph),ベンジル C$_6$H$_5$CH$_2$(Bn) など) を原料に用いて合成される。R'をシロキサンの側鎖として導入することにより無機骨格の三次元的な発達が抑制され,硬度,弾性率などの力学物性が変化し,例えば型プレスによるエンボスマイクロパターニングが可能になる。また,ガラス転移温度などの熱的性質が大きく変化する。また,R'の種類や濃度を調整することで屈折率などの光学的性質や撥水性などの化学的性質を制御することもできる。二種類の

---

[*] Atsunori Matsuda　豊橋技術科学大学　工学部　物質工学系　教授

第2章 マイクロパターニング

オルガノアルコキシシランを共加水分解すれば，R'SiO$_{3/2}$-R"SiO$_{3/2}$系ハイブリッドが容易に得られる。さらに，炭化水素基 R' の末端に配位結合能を有するアミノ基（-NH$_2$）やメルカプト基（-SH）を導入することにより機能性色素や金属ナノ微粒子との親和性を高めることができる。

オルガノアルコキシシランを他の金属アルコキシド（例えば，Si (OR)$_4$，Ti (OR)$_4$，Al (OR)$_3$，Zr (OR)$_4$ など）と共加水分解することにより三次元骨格構造が発達した無機－有機ハイブリッド R'SiO$_{3/2}$-M$_x$O$_y$ を構築することもできる。金属酸化物（M$_x$O$_y$）の導入によって，得られるハイブリッドの物性は大きく変化する。

2.2 共重合型ハイブリッド

シルセスキオキサン系共重合型ハイブリッドは，シロキサン結合と有機鎖が交互に重合したタイプであり，ビニル基（-CH=CH$_2$），アリル基（-CH$_2$CH=CH$_2$），アクリロイル基（-O-(C=O)-CH=CH$_2$），メタクリロイル基（-O-(C=O)-C (CH$_3$)=CH$_2$）など重合可能な有機官能基をもつ三官能オルガノアルコキシシランを原料として作製される。例えば，ビニルトリメトキシシラン（(CH$_3$O)$_3$SiCH=CH$_2$）や3-メタクリロキシプロピルトリメトキシシラン（(CH$_3$O)$_3$SiC$_3$H$_6$-O-(C=O)-C (CH$_3$)=CH$_2$）などを加水分解することによりシロキサン結合を形成し，さらに加熱あるいは紫外光照射によって有機官能基間で重合が起こると，シロキサンが有機鎖で連結された共重合型ハイブリッドが得られる。さらにメタクリル酸（CH$_2$=C (CH$_3$) COOH）などの重合可能なモノマーを共存させておくことにより，有機鎖の長さを変化させることができる。重合可能な有機官能基を持つシルセスキオキサン系共重合型ハイブリッドは，フォトリソグラフィーによるマイクロパターニングが可能であり，特に厚膜への微小光学素子形成や三次元光造形に有利な材料である。

3 オルガノシルセスキオキサン系ハイブリッド膜の物性

3.1 光学的性質

RSiO$_{3/2}$-M$_x$O$_y$系ハイブリッドは，RSiO$_{3/2}$ と M$_x$O$_y$ の割合や，R および M の種類を変化させることにより，その光学的性質を制御することができる。例えば，MeSiO$_{3/2}$-SiO$_2$系ハイブリッドは低屈折率，PhSiO$_{3/2}$-TiO$_2$系ハイブリッドは高屈折率を有し，組成によって屈折率を連続的に変化させることができる。

種々の組成の MeSiO$_{3/2}$-SiO$_2$系ハイブリッド膜の屈折率の熱処理温度依存性を図1に示す[3]。赤外吸収スペクトルと熱分析の結果から，ハイブリッド中のメチル基は 500～600 ℃の熱処理によって燃焼により消失することがわかっている。有機官能基を持たない100SiO$_2$ゲル膜は，熱処

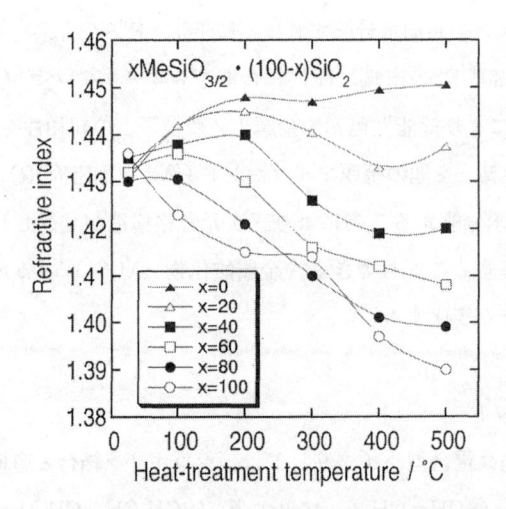

図1　$MeSiO_{3/2}$-SiO_2系ハイブリッド膜の屈折率の熱処理温度依存性

理温度の上昇にともなって屈折率が増大している。これは，ゲル膜が熱処理によって緻密化したためである。一方，$MeSiO_{3/2}$を20 mol％以上含むハイブリッド膜では，300℃以上の熱処理では屈折率が低下する傾向が見られる。メチル基を含むハイブリッド膜は，熱処理による収縮が小さく，膜の細孔に吸着していた水や溶媒の蒸発によって，気孔率（空気が細孔を占める割合）が増大し，屈折率が低下するものと考えられる。熱処理温度500℃の条件では，膜組成を変化させることによって，膜屈折率を1.39から1.45の広い範囲で連続的に制御できることがわかる。また大きな特徴として，$MeSiO_{3/2}$の導入によって，熱処理による膜の収縮が低減し，クラックの発生を防ぐことができる。$100SiO_2$ゲル膜は膜厚0.5μm程度で，乾燥段階において膜応力に起因したクラックを生じる。これに対して$MeSiO_{3/2}$を60 mol％以上含む$MeSiO_{3/2}$-SiO_2系ハイブリッド膜では，200℃の熱処理条件で約20μmまで，350℃で約5μmまで透明厚膜をクラックなしにガラス基板上に形成することができる。

3.2　表面の化学的性質

オルガノシルセスキオキサンの有機官能基を選択することにより，水に対する接触角など表面の化学的性質を大きく変えることができる。C-F結合を有するフルオロアルキル基は，C-H結合を有する炭化水素基よりも，低い表面エネルギーを有し，水に対して高い接触角を示す。また，C-F結合を有する有機鎖が長くなれば，より撥水性が高くなる。例えば，ヘプタデカフルオロ-1,1,2,2-テトラヒドロデシル（$CF_3(CF_2)_7CH_2CH_2$-）基などを有する長鎖フルオロアルキルシラン（FAS）から誘導されるシルセスキオキサンは，水に対して110°程度の高い接触角を示す。

$MeSiO_{3/2}$-SiO_2系ハイブリッド膜の接触角の熱処理温度依存性を図2に示す[3]。SiO_2に$MeSiO_{3/2}$

第2章 マイクロパターニング

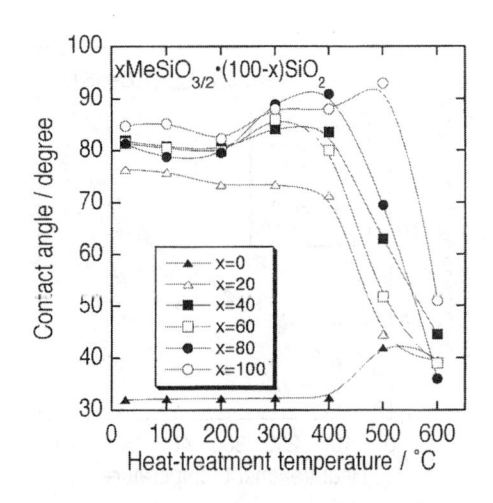

図2 MeSiO$_{3/2}$-SiO$_2$系ハイブリッド膜の接触角の熱処理温度依存性

を 20 mol %添加することで,焼成前の膜の水に対する接触角は 32°から 77°に飛躍的に増大している。80MeSiO$_{3/2}$・20SiO$_2$ および 100MeSiO$_{3/2}$ 膜は 400 ℃程度の熱処理で,接触角が 90°に達する。熱処理温度が 400 ℃よりも高くなると,膜表面のメチル基が燃焼して消失するため接触角が急激に低下する。

3.3 力学的・機械的性質

SiO$_2$ ゲル膜に MeSiO$_{3/2}$ や PhSiO$_{3/2}$ を導入することによって,得られるゲル膜の硬化速度や硬度が低下する。一方,インデンテーション法は,基板上に形成された膜の力学物性を定量的に評価する有用な手法である。インデンテーション試験では,圧入試験により圧入荷重-変位曲線(P-h 曲線)を求め膜の硬度や弾性率を評価する。基板上の膜の力学物性を厳密に評価するためには,基板の影響と膜力学物性の時間依存性すなわち粘弾性挙動について十分考慮する必要がある[4,5]。

MeSiO$_{3/2}$-SiO$_2$系ハイブリッド膜のダイナミック微小硬度計を用いて測定した硬度の熱処理温度依存性を図3に示す[3]。いずれの組成の膜も熱処理温度の上昇に伴って硬度は増大するが,MeSiO$_{3/2}$含量の多い膜ほど硬度は低くなっている。500～600 ℃における硬度の急峻な増大は,メチル基の燃焼によってシリカ化したことを反映している。

MeSiO$_{3/2}$-SiO$_2$系ハイブリッド膜は,室温乾燥後,一定圧入変位において荷重緩和を示さず,弾塑性的変形挙動を示す。一方,PhSiO$_{3/2}$-SiO$_2$系ハイブリッド膜は応力緩和を示すが熱処理とともに緩和現象は低減し,粘弾性から弾塑性変形へと挙動が変化する。ハイブリッド膜の力学物性の熱処理による変化と組成による違いは,赤外吸収スペクトル測定により膜中の Si-O-Si 構

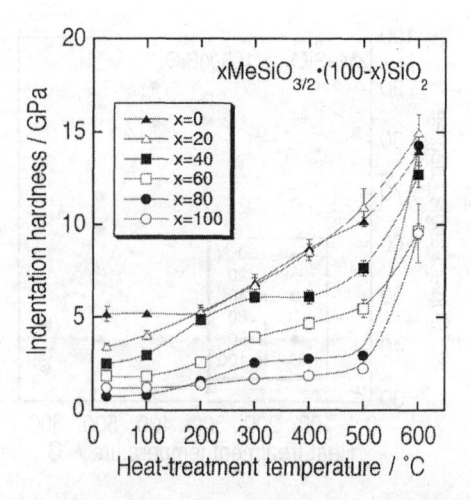

図3 MeSiO$_{3/2}$-SiO$_2$系ハイブリッド膜の硬度の熱処理温度依存性

造の発達と有機官能基の立体的な効果を反映していると考えられる。

3.4 熱的性質と構造

種々の RSiO$_{3/2}$ 粒子の中で，フェニルシルセスキオキサン（PhSiO$_{3/2}$）微粒子とベンジルシルセスキオキサン（BnSiO$_{3/2}$）微粒子は，熱処理によって軟化融着し，粒子間の空隙が消失し，均一な組織へ変化する[6〜8]。PhSiO$_{3/2}$ および BnSiO$_{3/2}$ の示差走査熱量分析（DSC）繰り返し測定の結果を図4に示す。PhSiO$_{3/2}$ は，1回目昇温過程における DSC 曲線において，明瞭なガラス転移による吸熱ピークが 100 ℃付近に観測されるが，2回目以降はほとんど認められない。一方，BnSiO$_{3/2}$ は，繰り返し測定において少しブロードになるが 40 ℃付近に吸熱ピークが観測される。この結果は，PhSiO$_{3/2}$ は一旦軟化融着したのち再加熱によって軟化しないが，BnSiO$_{3/2}$ は再軟化

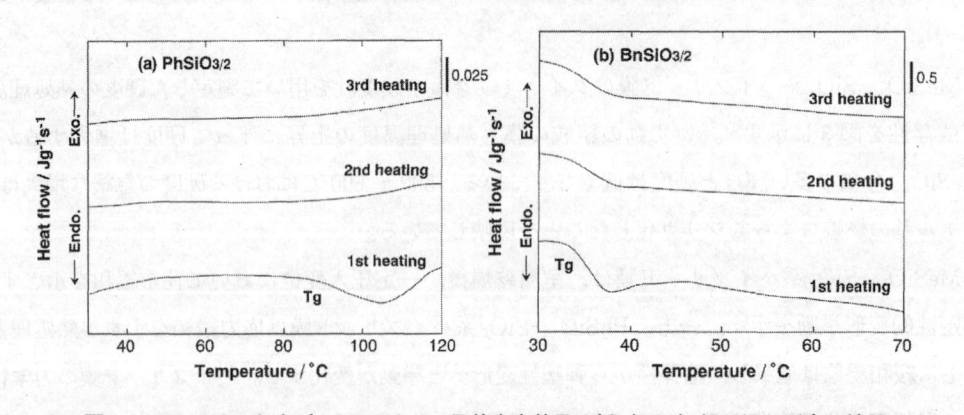

図4 (a) PhSiO$_{3/2}$ および (b) BnSiO$_{3/2}$ の示差走査熱量分析（DSC）繰り返し測定の結果

第2章 マイクロパターニング

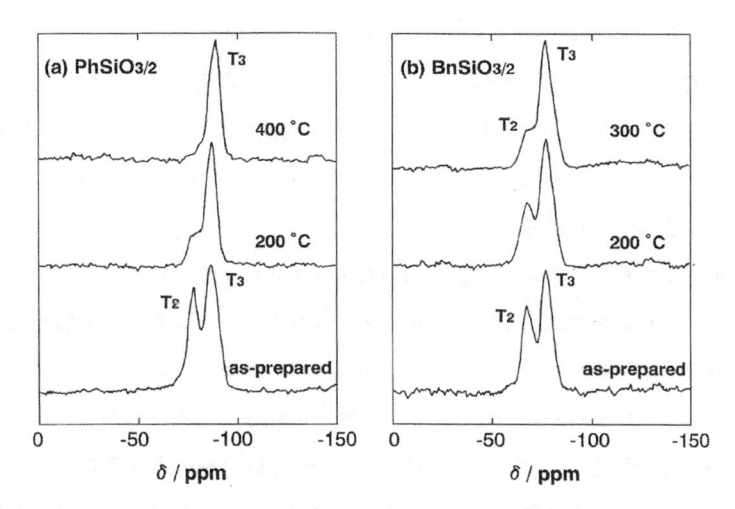

図5 種々の温度で熱処理を行なった PhSiO$_{3/2}$ および BnSiO$_{3/2}$ の ^{29}SiMAS-NMR スペクトル

するという実験事実と対応している。

　種々の温度で熱処理を行った PhSiO$_{3/2}$ および BnSiO$_{3/2}$ の ^{29}Si-MAS-NMR スペクトル測定結果を図5に示す。いずれのシルセスキオキサンも，熱処理前には架橋酸素を2つ有する構造単位 T$_2$ 種と架橋酸素を3つ有する構造単位 T$_3$ 種からなり，熱処理温度の上昇に伴って架橋が進み T$_3$ 種の割合が増加することがわかる。200℃で熱処理を行ったスペクトルを比較すると，PhSiO$_{3/2}$ に比べて BnSiO$_{3/2}$ の方が，高温まで T$_2$ 種が存在しやすいと推察される。

4　マイクロパターニングプロセスへの応用

　これまでに，シルセスキオキサン系コーティング膜や微粒子を用いて①エンボス法，②フォトリソグラフィー法，③固体表面エネルギーの差を利用する方法，④チタニアの光触媒作用を利用する方法，あるいは⑤電気泳動電着を用いる方法などがパターニングプロセスとして提案されている。ここでは，それぞれのパターニングプロセスを解説し，得られるパターンの特徴について詳しく述べる。

4.1　エンボス法

　エンボス法では有機成分を含む柔軟なハイブリッド膜をプレスした状態で熱硬化する方法や，光重合性の有機官能基を有するハイブリッド膜を紫外線硬化する方法などが用いられる。エンボス法は高価な露光装置を必要とせず，特に大面積の基板に微細パターンを形成・複製できることが，実用上大きな特徴として挙げられる。シルセスキオキサン系コーティング膜をエンボス法に

応用することにより，無機物のみではクラック発生により形成することができない厚膜に，微細パターンを低収縮率で形成することが可能になる。また，有機官能基の種類と濃度により，光透過率や屈折率などの光学性能を自在に設計することが可能になる。コーティング溶液の塗布は，ディッピング，スピンだけではなく，形成する膜厚に応じて，ロールコート，スプレーコート，キャスティングなどが用いられる。

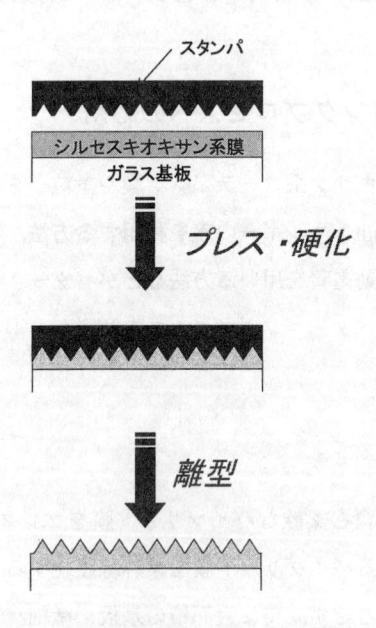

シルセスキオキサン系コーティング膜を用いたエンボスマイクロパターニングプロセスの概略を図6に示す。本プロセスでは，まず，オルガノアルコキシシランを加水分解したゾルを基板に塗布してシルセスキオキサン系コーティング膜を形成する。次に，スタンパをコーティング膜にプレスし，加熱あるいは紫外光照射などによって膜を硬化させた後に離型し，さらに熱処理することにより膜を十分硬化する。例えば，SiO_2 に $MeSiO_{3/2}$ 成分を導入することによって膜の初期硬度が低下し，型プレスによる微細加工が可能になる[9]。一例として，ペンダント型ハイブリッドに分類される $60MeSiO_{3/2} \cdot 40SiO_2$ コーティング膜を用いて本プロセスにより作製された光ディスク用プリグルーブの原子間力顕微鏡（AFM）観察結果を図7(a)に示す。ピッチ $1.6\,\mu m$ の溝形状が正確に成型されていることがわかる。溝の深さは $80\,nm$ であり，用いたスタンパの型の約90％に相当する。以上のことは，本手法によって低収縮率で，型のネガパターンを基板上に転写できることを示している。また，$MeSiO_{3/2}$-$PhSiO_{3/2}$ 系コーティング膜を用いてガラス基板上に微小なレンズがマトリクス状に高精度・高密度に配列した平板マイクロレンズアレイ

図6 シルセスキオキサン系コーティング膜を用いたエンボスマイクロパターニングプロセス

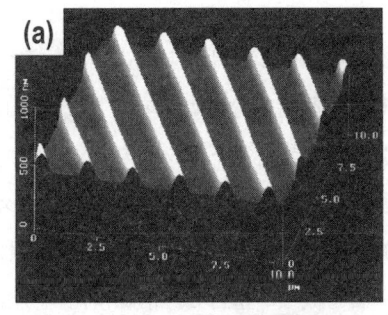

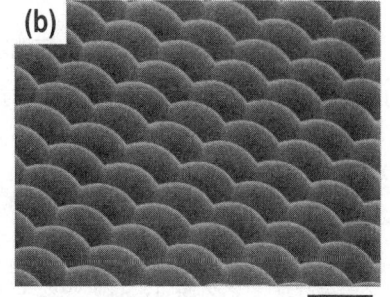

第2章　マイクロパターニング

図7　エンボス法によって作製したマイクロパターン
(a)　60MeSiO$_{3/2}$・40SiO$_2$ コーティング膜を用いて作製した光ディスク用プリグルーブの原子間力顕微鏡像
(b)　50MeSiO$_{3/2}$・50PhSiO$_{3/2}$ 系コーティング膜を用いて作製したマイクロレンズアレイの走査電子顕微鏡写真

（図7(b)）などの微小光学素子が作製できる。メチル基とフェニル基の割合を変化させることにより，複合体の屈折率を1.42から1.58の範囲で連続的に制御できる[10]。得られたマイクロレンズの光学性能評価からは，回折の限界に近い高い集光性能と，633 nmから1550 nmの広い波長領域における高い光透過率が確認されている。また，350℃での耐熱試験や耐薬品試験による性能劣化もないことから，ディスプレー分野や光通信分野における実用化が期待されている[11]。

　MeSiO$_{3/2}$-SiO$_2$ 系コーティング膜を用いて作製した回折格子を実装した高密度波長分割多重（DWDM）光通信用信号強度モニターモジュールが提案されている[12]。このモジュールで使用されている回折格子は，MeSiO$_{3/2}$-SiO$_2$ 系コーティング膜を低膨張ガラス基板に形成し，これにエンボス微細パターニングを施すことにより作製されている。得られた回折格子は，ピッチ1.1 μmの非常に高い寸法精度と，優れた耐熱性・信頼性を有しており，クロストーク，損失および温度変化によるドリフトも小さいことが実証されている。また，回折光強度の偏光依存性を解消するためのエッシェル回折格子も，MeSiO$_{3/2}$-PhSiO$_{3/2}$ 系コーティング膜を用いて試作されている[13,14]。得られたエッシェル回折格子は，回折効率が高く，偏光依存性が小さい良好な光学性能が達成されている。また，熱衝撃試験や高温高湿試験によって高い信頼性を有することが明らかとなっている。

　シルセスキオキサン系ハイブリッド膜の硬化は，導入した有機官能基の光重合によっても達成することができる。メタクリロキシプロピルトリメトキシシラン，メタクリル酸，ジルコニウムプロポキシドから作製したハイブリッド膜に紫外光（UV）照射を行えば，膜中のC=C二重結合が開裂し，有機鎖が発達してシルセスキオキサン系共重合型ハイブリッドが形成され硬化する。この膜をエンボス法に適用し，型プレスを行いながら膜をUV硬化することによって，マイクロパターンを形成することができる。

4.2 フォトリソグラフィー法

フォトリソグラフィー法では，光重合性官能基を有するハイブリッド膜に，フォトマスクを介した選択的露光によってハイブリッド膜を不溶化し，未照射部分をエッチングなどによって除去してパターンを形成する。光感応性コーティング膜を用いたフォトリソグラフィー法によるマイクロパターニングプロセスを図8に示す。ビニル基，アリル基，アクリロイル基，メタクリロイル基，グリシジル基など重合可能な有機官能基を有するアルコキシシランから誘導されるシルセスキオキサン系コーティング膜は，UV照射によって有機鎖が重合し，溶媒に対する溶解度が低下するので，フォトリソグラフィー法によって共重合型ハイブリッドのマイクロパターンを形成することができる。

アリルトリエトキシシラン（$CH_2=CHCH_2Si(OC_2H_5)_4$）とメタクリル酸（$CH_2=C(CH_3)COOH$）で修飾した$Zr(OC_3H_7)_4$から作製したハイブリッドコーティング膜を用いてシリカガラス基板上に形成した光導波路の光学顕微鏡写真を図9(a)に示す。平滑表面を有する線幅約10 μmのリッジ型（矩形）導波路が有機成分の効果によってクラックなしに形成できる[15]。また，ビニルトリエトキシシラン（$CH_2=CHSi(OC_2H_5)_4$）を出発原料に用いて，最大厚さ40 μmのビニルシルセスキオキサン（$ViSiO_{3/2}$）膜を作製することができる[16]。高圧水銀灯を用いた紫外光（UV）照射によってビニル基が重合し，膜硬度が増大する。フォトマスクを介してUV照射を

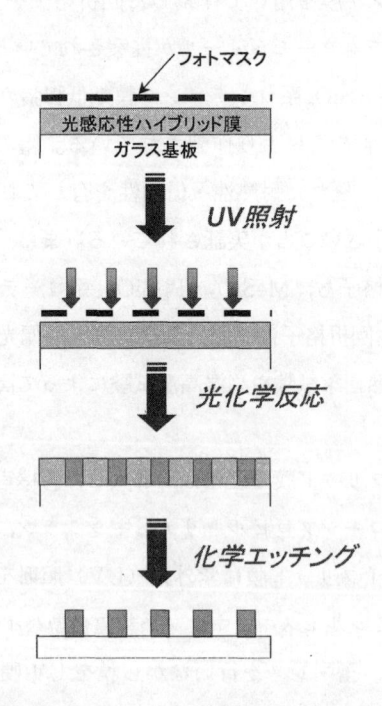

図8 光感応性コーティング膜を用いたフォトリソグラフィー法によるマイクロパターニングプロセス

第2章 マイクロパターニング

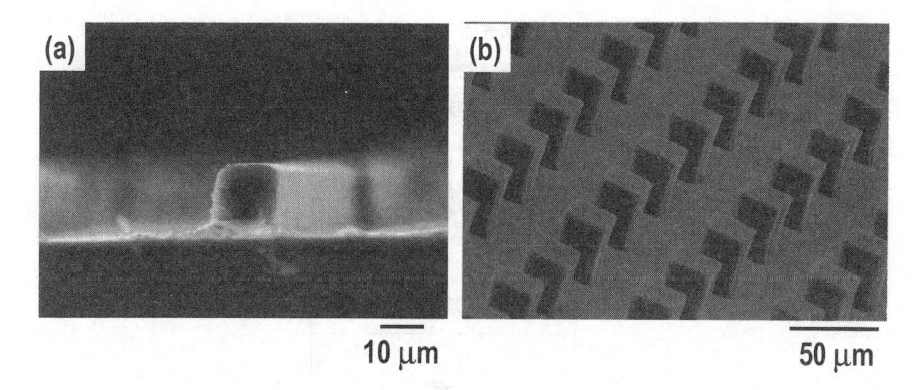

図9 フォトリソグラフィー法によって作製したマイクロパターン
(a) アリルトリエトキシシランとメタクリル酸で修飾した Zr(OC₃H₇)₄ から作製したハイブリッドコーティング膜を用いて基板上に形成した光導波路の光学顕微鏡写真
(b) ビニルトリエトキシシランから作製した矩形パターンの走査電子顕微鏡写真

行い,未照射部分をエッチングすることにより作製した厚さ約 $40\mu m$ の矩形パターンの走査電子顕微鏡（SEM）像を図9(b)に示す。短い有機鎖で架橋した $ViSiO_{3/2}$ 膜は,導波路として用いられる場合,C-H 伸縮による近赤外領域の光学損失が小さいことが期待される。

4.3 固体表面のエネルギー差を利用する方法

オルガノシルセスキオキサンの中でフェニルシルセスキオキサン（$PhSiO_{3/2}$, $Ph=C_6H_5$）は加熱によって粘性の低い液体状態となる。この現象と撥水－親水パターンを組み合わせることにより基板上に新規な平板マイクロレンズアレイを作製することができる[17]。そのプロセスの概略を図10に示す。まず,フェニルトリエトキシシラン（$PhSi(OEt)_3$）のエタノール溶液に,希塩酸を加え撹拌してゾル調製し,これを撥水－親水パターン上にディップコートし,$PhSiO_{3/2}$ 膜で撥水および親水部の全てを被覆する。乾燥後,200℃で30分間の熱処理を行い,$PhSiO_{3/2}$ 膜を軟化流動させて,親水部に液体の表面張力を利用してマイクロレンズアレイを形成する。ここで用いる撥水－親水パターンは,ガラス基板に TiO_2 をコーティングし,500℃の熱処理によってアナターゼの結晶化を促進し,その膜の上にフルオロアルキルシラン（FAS）を蒸着し,さらにフォトマスクを介して紫外光を照射して作製している。

撥水－親水パターン上にコーティングした $PhSiO_{3/2}$ 膜の熱処理前後の光学顕微鏡観察結果を図11に示す。熱処理前は,撥水－親水パターン表面の全てが $PhSiO_{3/2}$ 膜により被覆され平坦になっているが,200℃で30分間熱処理することによって $PhSiO_{3/2}$ が液体状態となり親水部分に流動し,液体の表面張力によって膨らみ形状を有するマイクロレンズアレイが形成されている。その形状は滑らかな略球面であり,断面プロファイルから,直径 $130\mu m$ でレンズ高さが約7

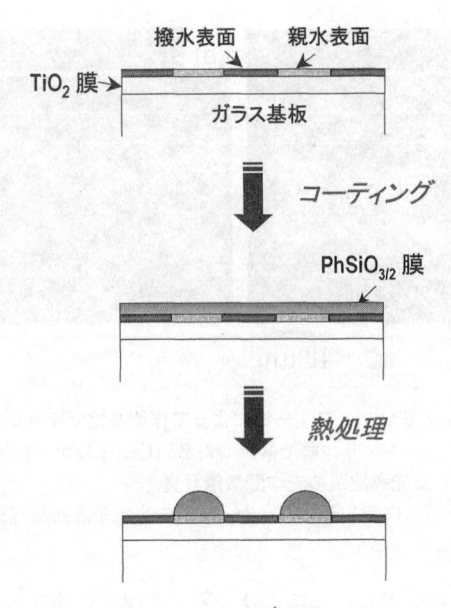

図10 PhSiO$_{3/2}$の熱軟化の現象と撥水－親水パターンを組み合わせた平板マイクロレンズアレイの作製プロセス

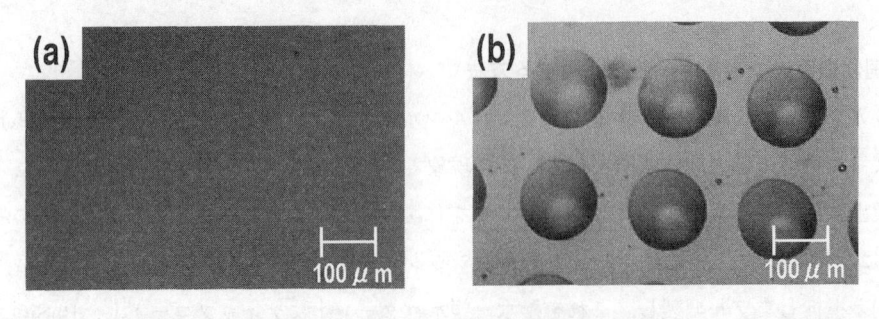

図11 撥水－親水パターン上にコーティングしたPhSiO$_{3/2}$膜の熱処理前後の光学顕微鏡観察結果
(a) 熱処理前, (b) 熱処理後 (200 ℃, 30分間)

μmの均一な形状であることがわかった。得られたレンズが，回折の限界に近い優れた集光性能を有することや，形成するPhSiO$_{3/2}$膜の膜厚を変えることによって形成されるレンズ高さ（焦点距離）を連続的に制御できることが確認されている。

4.4 チタニアの光触媒作用を利用する方法

オルガノシルセスキオキサン－チタニア（RSiO$_{3/2}$-TiO$_2$）系透明ハイブリッド膜に，UV照射することにより，膜内のチタニア成分の光触媒作用によってSi-C結合が開裂して有機官能基が脱離し，Si-OHが生成する[18,19]。この構造変化によって屈折率と硬度が増大し，膜厚および水に

第2章　マイクロパターニング

対する接触角が減少する。マイクロパターニングの一例として，フォトマスクを介してUV光照射を行った80RSiO$_{3/2}$・20TiO$_2$膜のAFM観察結果を図12に示す。(a), (b), (c), (d)は，有機官能基Rがメチル，エチル，フェニル，ベンジル基の場合の結果をそれぞれ示しており，図中の暗く見える部分が光照射部に対応し，エッチングは行っていない。UV光照射部分の膜厚収縮や屈折率の増大は，膜組成の選択によって制御することができる。この現象を利用することにより，屈折率制御型パターニングや撥水－親水パターニングが可能になる。また，適当なエッチャントを選択すれば，光未照射部を選択的に溶解してリッジ型導波路や矩形パターンを作製することもできる。

RSiO$_{3/2}$-TiO$_2$系膜を紫外光照射後，温水に浸漬するとアナターゼナノ微結晶が多量に析出する興味深い現象が見出された。この現象を利用して，RSiO$_{3/2}$-TiO$_2$系膜にフォトマスクを介して紫外光照射を行った後，温水処理を行えば，紫外光照射部分は多量のアナターゼナノ微結晶が析出して親水性を示し，未照射部分は有機官能基の効果によって撥水性を示す新規な撥水－親水パターンを作製することができる[20]。その作製プロセスの概略を図13に示す。有機官能基は目的に応じてメチル基，エチル基，ビニル基などを選択することができる。

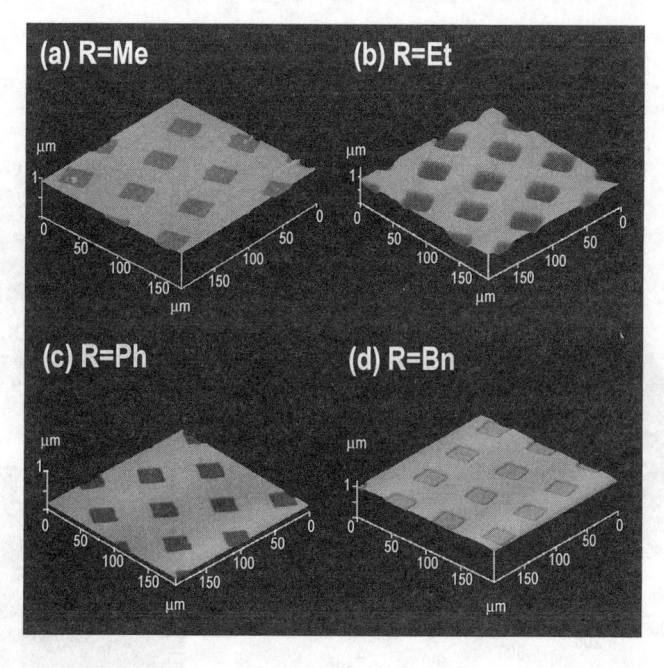

図12　フォトマスクを介してUV光照射を行った80RSiO$_{3/2}$・20TiO$_2$膜のAFM観察結果
(a), (b), (c), (d)は，有機官能基Rがメチル，エチル，フェニル，ベンジル基の場合の結果を示している。図中の暗く見える部分が光照射部に対応し，エッチングは行っていない。

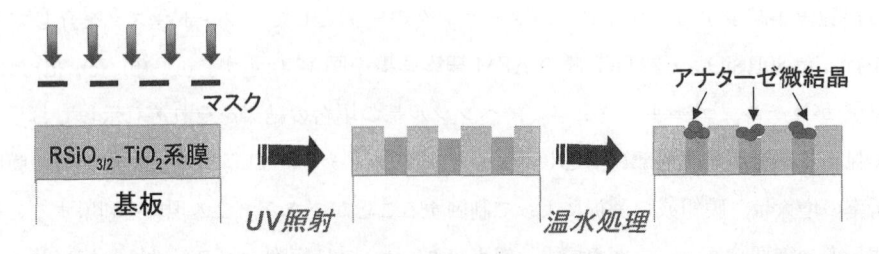

図13 RSiO$_{3/2}$-TiO$_2$系ハイブリッドゲル膜を用いた紫外光照射と温水処理による撥水－親水パターンの作製プロセス

80MeSiO$_{3/2}$・20TiO$_2$膜に，フォトマスクを介して紫外光照射を行なった後，90℃の温水で4時間処理したゲル膜表面の3次元表面粗さプロファイルとSEM観察結果を図14に示す。3次元表面粗さプロファイルより照射部で膜厚が減少していることと，SEM観察像より，微結晶が光照射部において多量に析出していることがわかる。この微結晶がアナターゼであることは，透過電子顕微鏡（TEM）および電子線回折により確認されている。照射部ではアナターゼ微結晶が多量に析出しているため高い光触媒活性を有し，水に対する接触角は30°である。一方，未照射部ではメチル基の効果によって接触角は85°を示す。本プロセスを用いれば，フォトマスクの開口部の形状を選択することにより，高性能なセルフクリーニング膜の設計が可能であり，さらに印刷版としての応用も期待される。

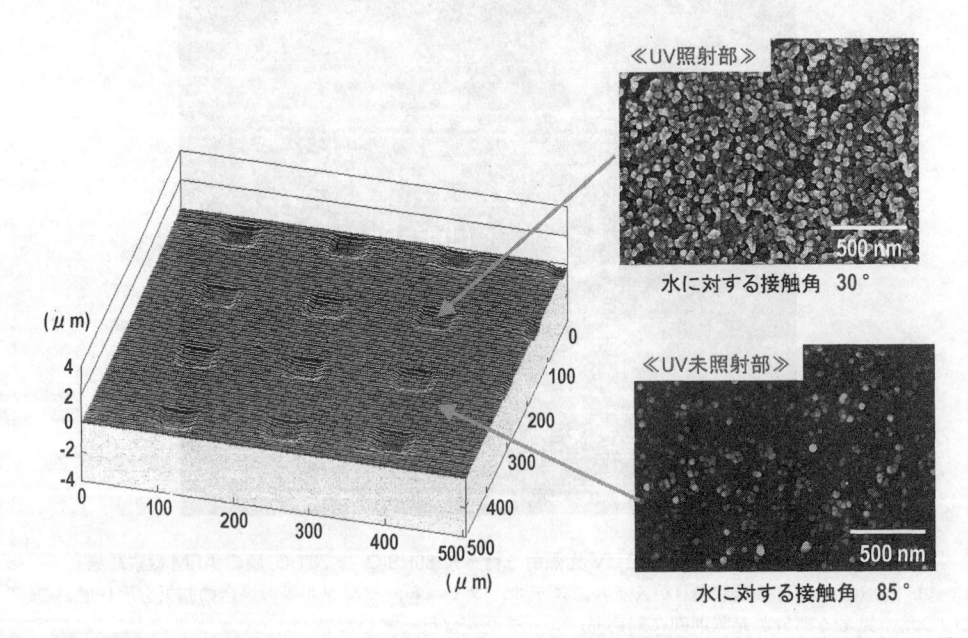

図14 80MeSiO$_{3/2}$・20TiO$_2$膜に，フォトマスクを介して紫外光照射を行なった後，90℃の温水で4時間処理した後の膜表面の3次元表面粗さプロファイルとSEM観察結果

第2章 マイクロパターニング

4.5 電気泳動堆積と撥水-親水パターンを利用する方法

ゾル-ゲル法で作製した微粒子を直流電場により泳動させ，導電性基板上に堆積させるゾル-ゲル電気泳動電着法を用いることで，通常のゾル-ゲルコーティングでは困難な厚膜を作製できる。この方法により作製した粒子の堆積厚膜は，通常，膜中の粒子による光散乱のため不透明である。しかし，$PhSiO_{3/2}$ 微粒子を用いた場合には，熱処理することで球状粒子の融着が起きるので均一組織へと変化し，最終的に透明な厚膜を得ることができる。最近，ゾル-ゲル電気泳動電着法において，撥水-親水パターンを形成した透明導電性酸化インジウム・スズ（ITO）膜付基板を電極として用い，親水部のみに $PhSiO_{3/2}$ 微粒子の堆積厚膜を作製し，その後熱処理することで，親水部のみに膨らみ形状を有する透明な $PhSiO_{3/2}$ 微細パターンを作製するプロセスが提案されている[21,22]。その，プロセスの概略を図15に示す。フェニルトリエトキシシランを希塩酸で加水分解し，そこにアンモニア水を加えることで $PhSiO_{3/2}$ 微粒子が分散したサスペンションを調製する。この中に撥水-親水パターンを形成した ITO 基板を浸漬して，対向電極との間に直流電圧を印加して $PhSiO_{3/2}$ 微粒子の電気泳動堆積を行なう。電気泳動電着を行いサスペンションから引き上げた場合には，撥水部分に堆積した粒子は容易にはがれ落ちて，親水部分のみに粒子が堆積した状態で残る。これを熱処理することで $PhSiO_{3/2}$ 微粒子は粘性が低下して融着するが，撥水部分には展開されないので親水部のみに膨らみ形状を有する $PhSiO_{3/2}$ 微細パターンが得られる。

実際に撥水-親水パターン上に堆積した $PhSiO_{3/2}$ 微粒子の熱処理前後の光学顕微鏡写真を図

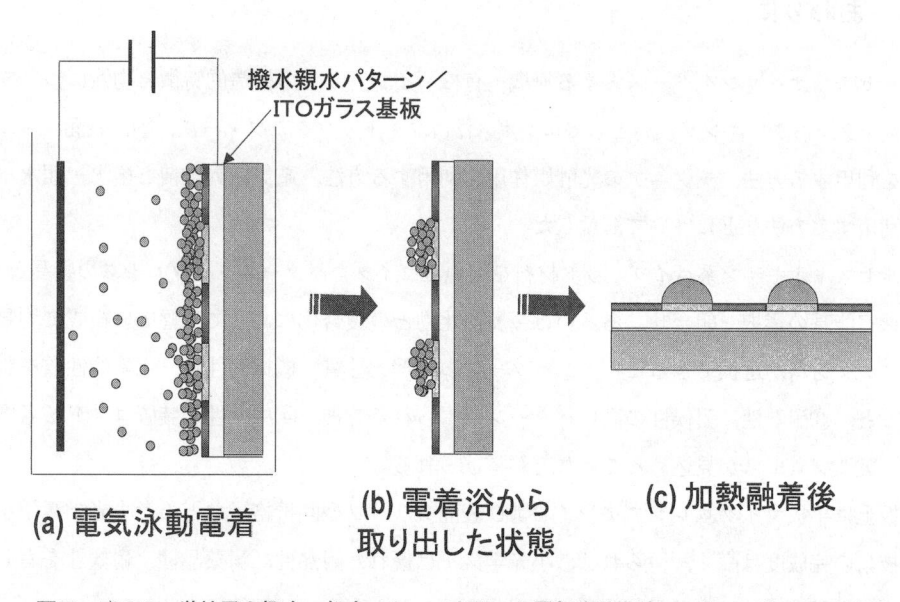

(a) 電気泳動電着 **(b) 電着浴から取り出した状態** **(c) 加熱融着後**

図15 $PhSiO_{3/2}$ 微粒子と撥水-親水パターンを用いた電気泳動堆積マイクロパターニング

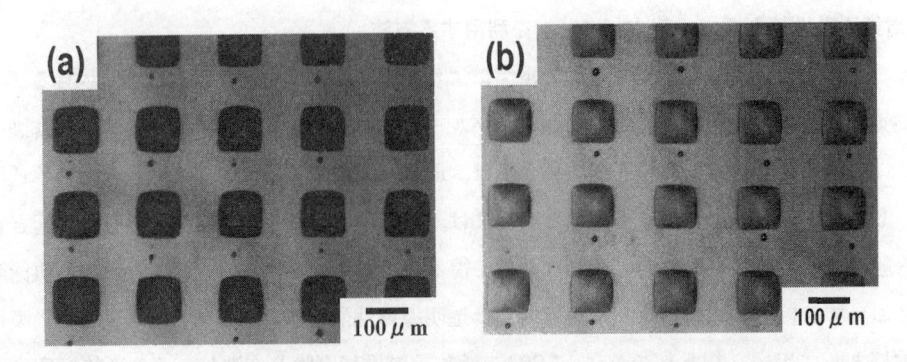

図16 電気泳動によって撥水－親水パターン上に堆積した PhSiO$_{3/2}$ 微粒子の熱処理前後の光学顕微鏡写真
(a) 熱処理前，(b) 熱処理後（200 ℃，3 時間）

16 に示す。泳動電着は印加電圧 2.4 V で 3 分間行い，熱処理は 200 ℃で 3 時間行なっている。撥水－親水パターンを形成した ITO 基板を用いて電気泳動電着を行うことで，親水部のみに選択的に PhSiO$_{3/2}$ 微粒子を堆積できることが確認された。また，熱処理前は親水部に粒子が堆積した不透明な厚膜が，熱処理することで透明な均一組織へと変化していることがわかる。三次元表面粗さの測定結果から，親水部のみに高さ 10 μm 程度の平滑な表面プロファイルを有する微細パターンが形成されていることが明らかとなっており，新しいマイクロパターン作製プロセスとして展開が期待される。

5 おわりに

シルセスキオキサンをベースとする無機－有機ハイブリッドの構造的特徴と物性について整理し，マイクロパターニング技術としてエンボス法，フォトリソグラフィー法，固体表面エネルギーの差を利用する方法，チタニアの光触媒作用を利用する方法，電気泳動堆積と撥水－親水パターンを利用する方法などについて解説した。

シルセスキオキサン系ハイブリッド材料を用いるマイクロパターニングプロセスの特長として，①有機官能基の選択，組合せ，あるいは金属酸化物との複合化によって，幅広い組成で均質なパターニング材料が選択できること，②パターンの物理的性質，機械的性質，化学的性質を制御可能なこと，③耐熱性，耐候性の高いパターンが得られること，④生産性や装置コストを考慮して安価な製造プロセスが見込めることなどが挙げられる。

基板上に平板マイクロレンズアレイおよび表面レリーフ型回折格子などの微小光学素子を構築する技術の完成度は高く，得られる微小光学素子は優れた耐熱性，耐薬品性，耐候性を有しており，表示素子あるいは光通信の分野で実用化されることが大いに期待される。

第 2 章　マイクロパターニング

　高密度高精細パターニング，生産性向上，大面積基板への対応を実現するために，基板上のコーティング膜の弾塑性および粘性の厳密な制御が重要になる。また，光感応性有機官能基を有するコーティング膜では，硬化速度，光感度，吸収波長選択性が課題となる。今後，より高い機能性を実現するためには，モノマーとして機能性有機官能基を有する種々のオルガノアルコキシシランの精密合成が求められ，より制御された条件下での重合反応や架橋ポリシルセスキオキサンやナノ構造単位などのビルドアップが課題となる。さらに，三次元組織制御されたハイブリッドの構築には，自己組織化や生体模倣などのソフト化学的なアプローチと電場，磁場，重力場などの外場を利用した物理ベクトル的なアプローチが有用であろう。シルセスキオキサン系ハイブリッド材料を用いるマクロパターニング技術は，光機能素子，エレクトロニクス素子，オプトエレクトロニクス素子，あるいは生体機能素子などを構築するためのナノテクノロジー分野において今後ますます重要になると考えられる。

文　　献

1) 灌田俊一，"膜作製応用ハンドブック" p. 459，エヌ・ティー・エス（2003）
2) S. Sakka ed., "Hand Book of Sol-Gel Science and Technology, Processing, Characterization and Applications, Vol.III" p.637., Kulwer Academic Publishers, Boston (2004)
3) A. Matsuda *et al., J. Am. Ceram. Soc.*, **81**, 2849 (1998)
4) M. Sakai *et al., J. Mater. Res.*, **20**, 2173 (2005)
5) M. Sakai *et al., Acta Mater.*, **53**, 4455 (2005)
6) K. Katagiri *et al., J. Am. Ceram. Soc.*, **81**, 2501 (1998)
7) A. Matsuda *et al., J. Ceram. Soc. Jpn.*, **108**, 830 (2000)
8) A. Matsuda *et al., J. Am. Ceram. Soc.*, **84**, 755 (2001)
9) A. Matsuda *et al., J. Am. Ceram. Soc.*, **81**, 2849 (1998)
10) A. Matsuda *et al., J. Am. Ceram. Soc.*, **83**, 3211 (2000)
11) K. Shinmou *et al. J. Sol-Gel Sci. Technol.*, **19**, 267 (2000)
12) K. Shinmmo *et al.*, Proc. National Fiber Optic Engineers Conference, **2001**, 1101 (2001)
13) H. Yamamoto *et al.*, Proc. 8th Microoptics Conference '01, 2001, 308 (2001)
14) M. Taniyama *et al.*, Proc. 9th Microoptics Conference '03, 2003, 118 (2003)
15) K. Tadanaga *et al., J. Sol-Gel-Sci. Technol*, **23**, 431 (2003)
16) K. Tadanaga *et al., J. Ceram. Soc. Jpn.*, **114**, 125 (2006)
17) 国際特許公開番号　WO 02/070413 A1

18) A. Matsuda *et al.*, *Chem Mater.*, **14**, 2693 (2002)
19) T. Sasaki *et al.*, *J. Ceram. Soc. Jpn.*, **113**, 519 (2005)
20) 特許公開番号2004-249266
21) K. Takahashi *et al.*, *J. Am. Ceram. Soc.*, **89**, 3107 (2006)
22) K. Takahashi *et al.*, *J. Mater. Res.*, **21**, 1255 (2006)

第3章　室温ナノインプリント材料・技術

中松健一郎[*1], 松井真二[*2]

1　はじめに

ナノインプリントリソグラフィー（NIL）[1,2]は，ナノスケールの微細なパターンを容易に，高精度で，かつ低コストで形成できる技術として非常に魅力的である。最近では，さまざまな分野でナノインプリントが注目を集めており，次世代リソグラフィーの候補技術としても考えられている。ナノインプリントは大きく分けて熱ナノインプリント，光ナノインプリントに分類される。転写材料として，熱式ではポリメチルメタクリレート（PMMA）などの熱可塑性樹脂を，光硬化式では低粘性の光硬化性モノマーが通常用いられている。

通常の熱ナノインプリントは，転写材料である熱可塑性樹脂をガラス転移温度以上に昇温し型押ししたのち冷却する，熱サイクルが必ず必要となるので，熱によるパターン位置精度や線幅精度の劣化，昇温・冷却時間が長くかかるため，スループットが低下する。一方，光ナノインプリントでは室温プロセスが可能であるが，光照射後に転写材料が収縮するなどの問題がある。そこで，これらの問題を解決する技術として，われわれは室温ナノインプリント技術を開発した。これは，室温によるプロセスが可能であるため，レジストの熱サイクル（昇温・冷却）やUV照射を必要とせず，上に述べたような問題を回避することができ，高精度・高スループットのナノパターン成形を行うことができる。

室温ナノインプリントの転写材料には，ゾル－ゲル系材料が対応可能である。これまでわれわれが使用してきたゾル－ゲル系材料としては，スピンオングラス（SOG）やディップコート用透明性導電膜（Indium thin oxide；ITO）などがあるが，特に水素シルセスキオキサンポリマー（hydrogensilsesquioxane；HSQ）を用いた室温ナノインプリントについて，転写性やプロセスについての研究を行ってきている[3]。HSQは化学構造$HSiO_{3/2}$の繰り返し構造からなるゾル－ゲル系の無機高分子材料であり，これまでに，高解像度ネガ型電子線描画用レジスト[4]や，種類によっては誘電率の値が－3.0程度得られることから，HSQの低誘電率特性を利用して層間絶縁膜などに用いられてきている。またHSQは，SiO_2とほぼ同等の高いドライエッチング耐性がある

---

*1　Ken-ichiro Nakamatsu　兵庫県立大学　高度産業科学技術研究所
*2　Shinji Matsui　兵庫県立大学　高度産業科学技術研究所　教授

ため，形成されたナノパターンをドライエッチングマスクとして使用することができる。さらには，透過率や屈折率などの光学的特性が非常に良いため，HSQ ナノインプリントパターンをそのまま光学的アプリケーションへと展開できる利点もある。本稿では，HSQ をナノインプリント転写材料として用いたパターニング技術として，HSQ スピン塗布膜を用いた室温ナノインプリント，HSQ 液滴塗布膜を用いたナノインプリントを報告する。

2　HSQ スピン塗布膜を用いたナノインプリント[5,6]

2.1　HSQ スピン塗布膜を用いたナノインプリントプロセス

図1に，HSQ スピン塗布膜を転写材料として用いた室温ナノインプリントプロセスを示す。

① 基板上に，転写材料である HSQ をスピン塗布により成膜する

② モールドを HSQ 膜に対して，熱をかけることなく室温で転写する。モールドには，転写後の HSQ の付着を防ぐため，剥離剤（optool DSX：demnamsolvent＝1：1000 byweight，ダイキン工業）をあらかじめ塗布する

③ モールドを HSQ 膜から剥離する

④ CHF_3 ドライエッチングにより残膜を除去する

このようにして，室温ナノインプリントが行われる。

2.2　かご型 HSQ とはしご型 HSQ

転写材料の HSQ には，図2に示すように2つの異なった化学構造が存在する。一つは HSQ かご型構造（HSQ caged-structure，図2(a)），もう一つは，HSQ はしご型構造（HSQ ladder structure，図2(b)）である。かご型構造は，図のようにユニットが閉じた構造をとっており，

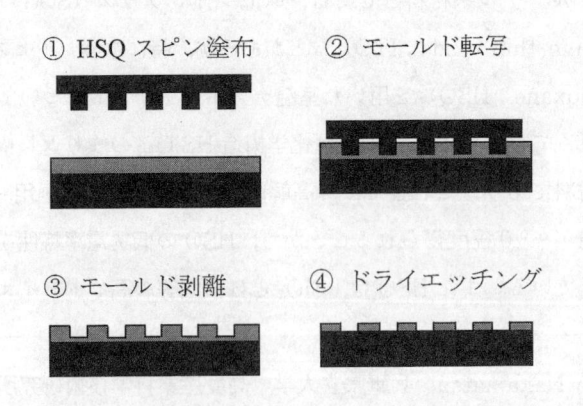

図1　HSQ スピン塗布膜を用いた室温ナノインプリントプロセス

第3章 室温ナノインプリント材料・技術

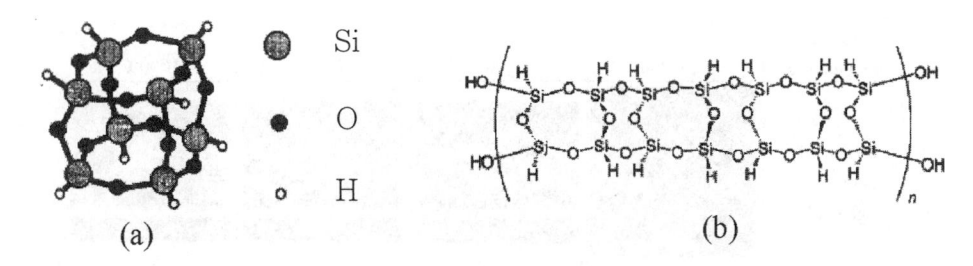

図2 HSQ の化学構造
(a)かご型構造HSQ, (b)はしご型構造 HSQ（文献7）より図面引用）

一方はしご型構造は、かご型構造があらかじめ開いたような構造をとっている。両者はまったく異なった製造工程で合成される。ボトル経時安定性に関して述べると、かご型構造 HSQ はユニットが閉じた構造をとっているため化学的に非常に安定で、冷所保存をしておけば分子量が大きく変わってしまうということはない。一方、はしご型構造 HSQ のほうは水酸基がユニット中に存在するため、式1のような重合が Si-OH 基同士で起き、また温度が高いほどその重合していくスピードが速い。

$$-Si-OH + HO-Si- \longrightarrow -Si-O-Si- + H_2O \cdots \cdots \quad (式1)$$

そのような重合が起こると、ユニットの分子量が増えてしまう。分子量が増えるとスピンコートした際に成膜される薄膜が硬くなってしまうため、ナノインプリント成形が困難となる（ナノインプリントの際に、高い転写圧力が必要となる）。

それを抑制する意味合いで－20℃程度の環境で保存する必要がある。

本稿ではこれらの化学構造の違いに注目し、HSQ かご型構造のみが含まれた HSQ 溶液（FOX-16：Dow Corning Co.）と、HSQ はしご型構造のみからなる HSQ 溶液（OCD T-12 V：東京応化工業）を室温ナノインプリント転写材料として提案し、この2種類の HSQ の転写性や、転写後のポストベーキング後のパターンプロファイルについて比較した。FOX-16 は溶媒であるメチルイソブチルケトン（MIBK）に溶解しており、濃度は 22 mass％である。また、OCD T-12 V のほうは、溶媒プロピレングリコールジメチルエーテル（PGDM）に溶解しており、初期分子量は、およそ 2000 である。

2.3 かご型 HSQ とはしご型 HSQ を転写材料として使用した室温ナノインプリントの比較

図3には、かご型構造 HSQ とはしご型構造 HSQ それぞれを転写材料として用いた際の、室温ナノインプリントパターン形状のポストベーキング温度依存性を示す。HSQ 室温ナノインプ

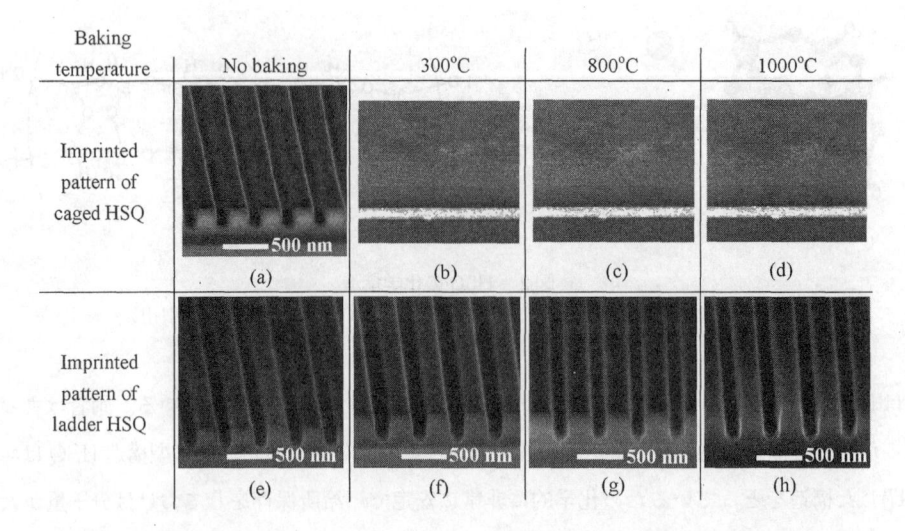

図3 HSQ室温ナノインプリントパターンのポストベーキング後のプロファイル

リントパターンは，転写後にパターンが垂れて変形したり，崩れてしまったりということはないが，特に転写後の後処理をしなければパターン内部はゾルーゲルの軟らかい状態のままである。そこで，後処理としてインプリント後にポストベークをすることで，HSQ転写パターン内部を完全にSiO_x化させることができる利点がある。

図4には，HSQ薄膜のフーリエ変換赤外分光（Fourier transform infrared spectroscopy；FT-IR）スペクトルの温度依存性が示されている。図4(a)はケージ構造HSQ，(b)はラダー構造HSQのスペクトルである。これらの図からわかるように，未処理のものはどちらも波数1130 cm^{-1}付近に現れたSi-Oと，2255 cm^{-1}付近に現れたSi-Hのピークが観測されたが，アニーリング温度が増すに従ってSi-Hのピークがどちらの場合も減少し，アニーリング温度が1000℃に到達すると，どちらの場合もほぼSi-Hのピークが観測されず，Si-Oのピークのみがみられた。この結果から，ケージ構造HSQ，ラダー構造HSQともに，1000℃までベーキングをすることで，パターン内部まで完全にSiO_x化させることができることがわかる。SiO_xはドライエッチング耐性が非常に高いため，高温ドライエッチングマスクなどの高温領域での適用に非常に有効である[6]。この実験には，ネガ型電子線レジスト（NEB-22：住友化学）を用いて電子線リソグラフィーとドライエッチングにより作製した，線幅150 nm，ピッチ350 nm，高さ450 nmのSiO_2/Siモールドを用いた。また，転写パターンのベーキングは大気雰囲気下でアニール炉にて行い，目的温度まで30分かけて昇温させ，5分保持したのち，冷却を行った。

図3(a)(e)に示すように，両HSQスピン塗布膜ともに，転写圧力50 MPaにて室温ナノインプリント可能であった。転写時間は1分である。つまり，HSQを転写材料として用いた室温ナ

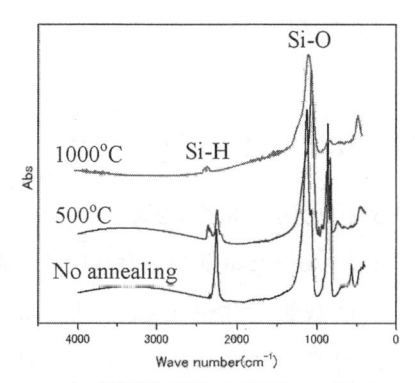

第 3 章　室温ナノインプリント材料・技術

(a) かご型構造 HSQ の FT-IR スペクトル

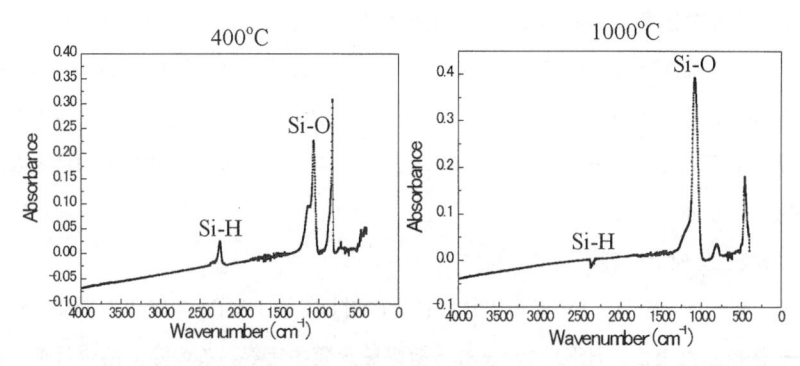

(b) はしご型構造 HSQ の FT-IR スペクトル

図 4　HSQ 薄膜の FT-IR スペクトルの温度依存性

ノインプリントの転写性に関して，はしご型構造 HSQ とかご型構造 HSQ の間で，成形に必要な転写圧力や転写時間に大きな差はない。しかしながら，図 3(b) に示すように，ケージ構造 HSQ 転写パターンは 300 ℃に加熱した際，パターンが完全に消滅してしまった。これは，常温ではほぼ安定である HSQ のかご型構造が加熱することにより開いてネットワーク化することが知られており[7,8]，その化学構造の変化がパターン消滅に起因していると考えられる。

一方，はしご型 HSQ を用いて作製された転写パターンは図 3(f) のように対照的な結果をみせ，300 ℃に加熱しても型崩れすることなく，初期形状を維持するという結果となった。さらに，図 3(g)(h) に示すように，はしご型 HSQ を用いて作製された転写パターンは 800 ℃，1000 ℃に加熱してもほとんどその矩形が変化することなく，形状を維持するということがわかった。これは，はしご型構造 HSQ がはじめからかごが開いた構造をとっているため，アニールをすることで徐々に分子量が増えるのみで，ケージ構造 HSQ のように大きな構造の変化がないからであると考えられる。この結果は，HSQ 転写パターンを高温領域で使用する際，転写材料として，はしご型

HSQ のほうが優れているということを示している。

3 HSQ液滴塗布膜を用いたナノインプリント[9]

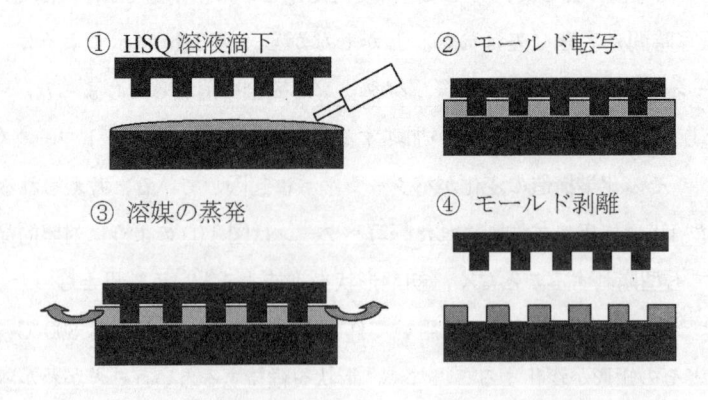

3.1 HSQ液滴塗布膜を用いたナノインプリントプロセス

これまで述べてきたように，HSQスピン塗布膜を転写材料として使用することにより，室温ナノインプリントによる微細パターン成形が可能である。一方，HSQスピン塗布膜を転写材料として使用する場合，問題として，①数十MPaの比較的高い転写圧力が必要，②HSQ転写パターンがモールド線幅に依存する，③線幅1μm以上のマイクロパターンをモールドに忠実に転写することが非常に困難である，といったものがある。

そこで，これらの問題を解決するために，われわれはHSQ（FOX-16：Dow Corning Co.）液滴塗布膜を用いたナノインプリントプロセスを開発した。HSQ液滴を転写材料として用いることで，非常に低圧力で，モールドパターンに忠実なナノインプリント成形が可能となる。そのプロセスを図5に示す。

① HSQ溶液を基板上に滴下して成膜する
② SiO_2/SiモールドをHSQが塗布された基板に対して約1MPaの低圧力で押し付ける
③ 圧力を保持したまま，HSQに含まれる溶媒を蒸発させる。この際，溶媒はモールドと基板との間に存在するギャップから蒸発すると考えられる。溶媒は，室温でも蒸発させることは可能であるが，プロセス時間を短縮するため，基板を90℃に加熱した
④ モールドを基板から剥離し，基板上にHSQ転写パターンが得られる

① HSQ溶液滴下　② モールド転写
③ 溶媒の蒸発　④ モールド剥離

図5　HSQ液滴塗布膜を用いたナノインプリントプロセス

第3章 室温ナノインプリント材料・技術

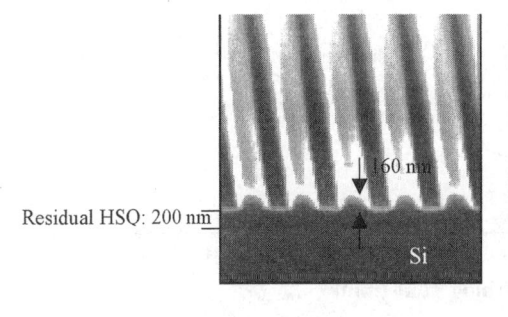

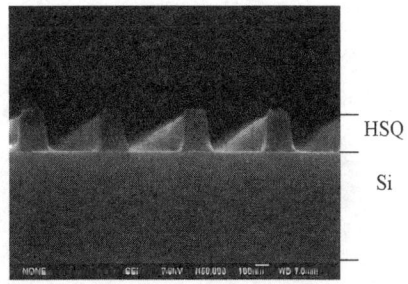

(a) HSQ スピン塗布膜を用いて作製された HSQ 転写パターン

(b) HSQ 液滴塗布膜を用いて作製された HSQ 転写パターン

図6 HSQ 転写パターンの比較

3.2 HSQ スピン塗布膜と HSQ 液滴塗布膜を用いて作製された転写パターンの比較

図6に，HSQ スピン塗布膜，HSQ 液滴塗布膜2種類の HSQ 形成法を用いて作製された転写パターンを比較する。図6(a)に示すのは，HSQ スピン塗布膜を転写材料として用いて得られたナノインプリント転写パターンである。転写されたパターンの線幅はモールドと同じであったが，22 MPa の圧力で転写したにもかかわらず転写深さは160 nm と，モールドの高さ200 nm と比較して40 nm 浅いという結果が得られた。さらに転写後，パターンが押し付けられたエリアに厚さ200 nm の HSQ 残渣が残った。一方，図6(b)に示すのは，HSQ 液滴塗布膜を転写材料として用いた結果であり，転写圧力はわずか1 MPa である。電子顕微鏡観察から，パターンの線幅・深さ方向もモールド形状に忠実に転写されていることが確認された。さらに，転写後の HSQ 残渣の厚さが10 nm 以下とほとんど残っておらず，大幅に減少させることに成功した。ここで，ドライエッチングを用いた残渣除去では，パターンのプロファイルがエッチングにより変化してしまうなど問題がある。それゆえ，無視できる程度の厚さまでの残渣の減少は，エッチングによる残渣除去工程を大幅に短縮することが可能となるため，パターン精度やスループットを向上させる。

これらの結果から，HSQ 液滴塗布膜を用いたナノインプリントは，モールドパターンの転写忠実性を向上させたといえ，この観点からスピン塗布膜よりも転写材料として適していると考えられる。

3.3 HSQ 液滴塗布膜を用いて作製された転写パターンの残渣評価

3.2項でも述べたが，図6(b)からわかるように，HSQ 液滴塗布膜を用いて作製された転写パターンの残渣は非常に薄い。この項では，パターンスペース部に残渣が存在するか否かを調べる

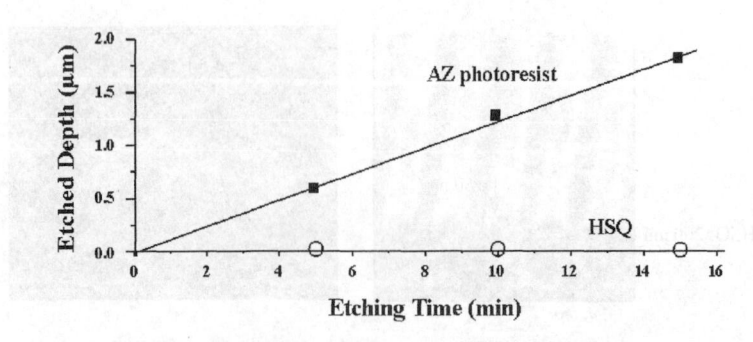

図7　HSQとAZのO₂ RIEに対するエッチングレート

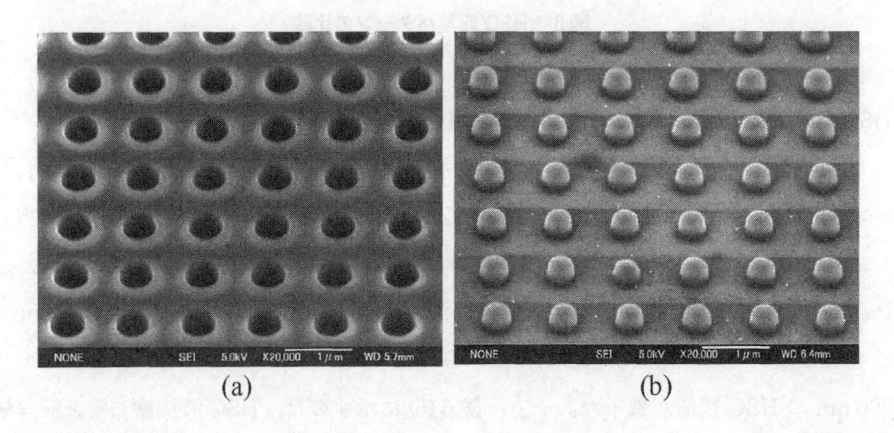

図8　残渣評価のために用いた(a) SiO₂/Siモールドと，(b) HSQ液滴塗布膜法により作製された転写パターン

ため，① SEM-EDXを用いた評価と，② HSQ/AZ 2層レジスト法を用いて評価を行った。HSQは，図7のグラフに示すように酸素プラズマに対するドライエッチング耐性が非常に高く，HSQ膜はほとんどエッチングされないため，HSQ残渣が無視できるほどごく微量であればCHF₃リアクティブイオンエッチング（reactive-ion etching；RIE）などの残渣処理過程を踏まずに，直接AZ層をパターニング可能となる。

まず，SEM-EDXを用いた残渣評価の結果について述べる。図8(b)が，SEM-EDX測定に用いた液滴塗布膜HSQナノインプリント法により作製されたドットパターンである。モールドとしては図8(a)に示すものを使用した。図9がこの転写パターンのSEM-EDX測定結果である。(a)(b)(c)はそれぞれ，ドットパターン部，パターンスペース部，バックグラウンド用のSi基板の点分析による測定スペクトルである。HSQは前にも述べたように，化学構造はHSiO₃/₂の繰り返し構造からなっているため，HSQが存在すればSiとO原子由来のピークが検出される。基板にはSiを用いているため，各スペクトルのO原子のピークを比較することにより，残渣の議

第 3 章　室温ナノインプリント材料・技術

論を行うことができる。図 9(a) は HSQ パターン部であるため，Si と O 原子由来のピークが鋭く検出されている。一方，図 9(b) はスペース部のピークであるが，(a) と比較して O に関するピークが極端に減少している。大気中に存在する酸素がはじめから Si 基板に付着していた可能性があるため，実験に用いた Si 基板のピークと比較すると，これと近いピークとなっている。

次に，2 層レジストプロセスの結果を示す。

HSQ 液滴塗布膜法により作製された AZ レジスト上の HSQ パターンをマスクにして，残渣処理工程なしで直接 O_2 RIE により HSQ 転写パターンを，ドライエッチングマスクとして AZ 層をパターニングした結果が図 10 である。このように，うまく AZ 層をパターニングすることに成功した。この結果は，HSQ 液滴塗布膜法を用いて作製された HSQ 転写パターンのスペース部に存在する残渣が，まったくない，もしくは無視できるほどきわめて微量であるということを示している。

3.4　HSQ 液滴塗布膜法によるマイクロパターンとコンプレックスパターンの作製

続いて，HSQ 液滴塗布膜インプリント法を用いたマイクロパターン，異なったパターンを含むコンプレックスパターンの成形を実証する。

図 11(a) に示すのは，電極型 SiO_2/Si モールドである。このモールドはコンプレックスモールドパターンであり，ピッチ 1 μm の電極部，線幅 10 μm の配線部，さらには 300 μm 四方の大きなパッドを含んでいる。このモールドパターンを用いて，HSQ 液滴塗布膜を転写材料として用いたナノインプリントにより作製された HSQ 転写パターンが図 11(b) である。それぞれの光学顕微鏡写真の右側には各電極部の拡大 SEM 像が示されているが，この結果から，ピッチ 1 μm の電極部がうまく形成できていることがわか

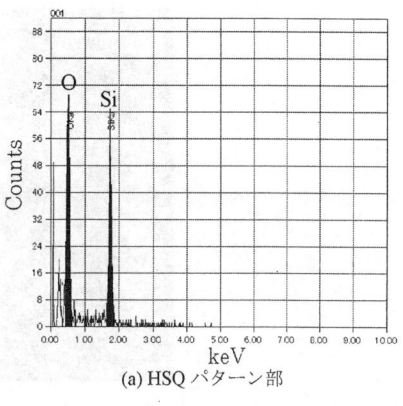

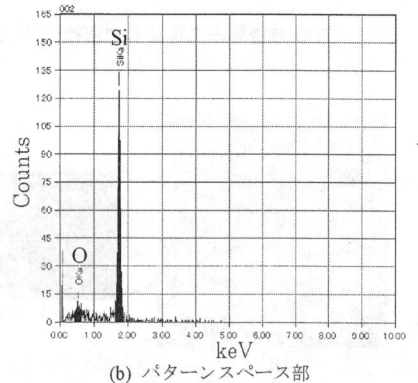

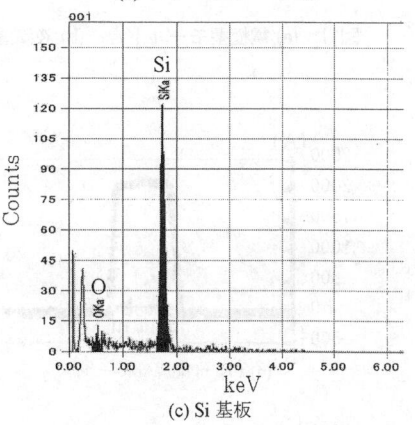

図 9　SEM-EDX による元素分析結果

(a) HSQ パターン部
(b) パターンスペース部
(c) Si 基板

シルセスキオキサン材料の化学と応用展開

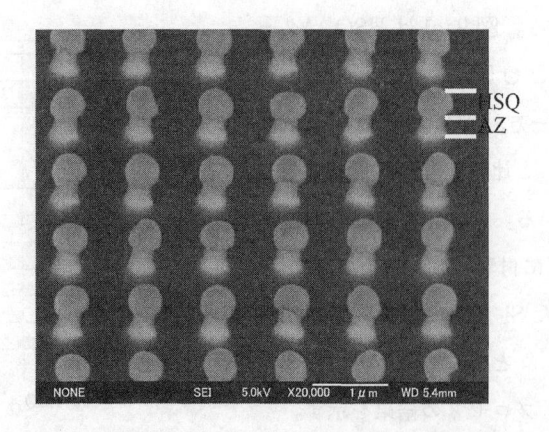

図10 HSQ残渣処理工程なしで直接O₂ RIEによりパターニングされたHSQ/AZ2層レジスト構造

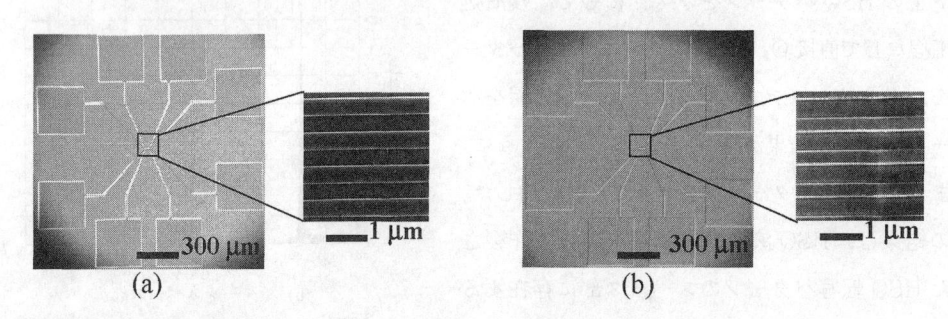

図11 (a) 電極型モールドと，(b) 液滴塗布膜法により作製されたそのHSQ転写パターン

(a) 10μm配線部モールド

(b) 300μm角パッド部モールド

(c) 10μm配線部HSQ転写パターン

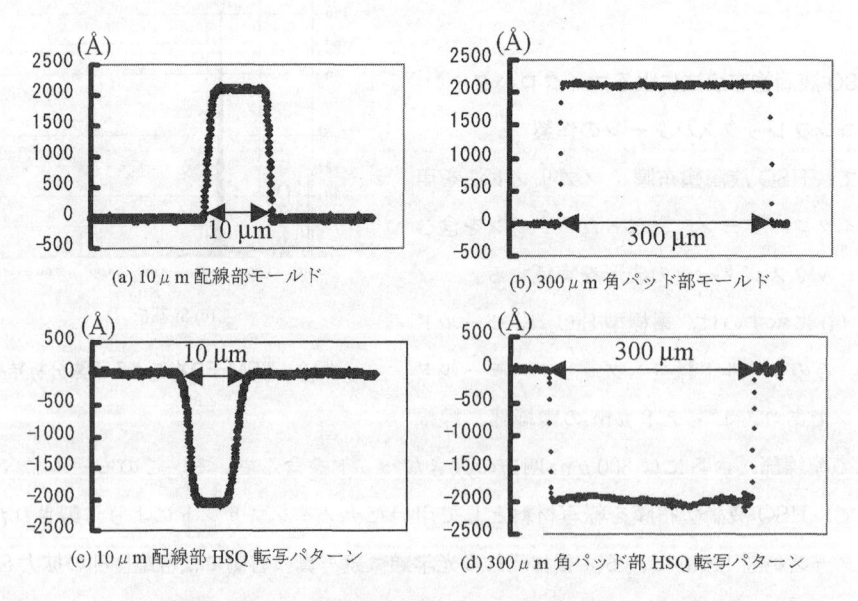

(d) 300μm角パッド部HSQ転写パターン

図12 モールドとHSQ転写パターンの測定プロファイル

第3章 室温ナノインプリント材料・技術

る。

　次に，線幅10μmの配線部，300μm四方パッドの転写忠実性を確かめるため，段差計を用いてこれらパターンのプロファイルを測定した。その結果が図12である。(a)(b)はモールドのプロファイルであり，(c)(d)はHSQ転写パターンのプロファイルである。これらの結果から，高さ200nmのマイクロパターンが線幅・深さともにモールドに忠実に転写されていることがわかり，パターンエッジ部にバリなどの欠陥もみられなかった。

　これらの結果から，HSQ液滴塗布膜を転写材料として用いたナノインプリント技術は，ナノスケールのパターンから，HSQスピン塗布膜を用いた場合非常に困難な線幅10μmを超えるマイクロパターンまでも，低圧力で容易に形成可能であることが実証された。さらには，さまざまなパターンを含んだコンプレックスモールドの転写も可能にする技術である。

文　献

1) S. Y. Chou, P. R. Krauss, P. J. Renstrom, *Appl. Phys. Lett.*, **67**, 3114 (1995)
2) S. Y. Chou, P. R. Krauss, P. J. Renstrom, *Science*, **272**, 85 (1996)
3) S. Matsui, Y. Igaku, H. Ishigaki, J. Fujita, M.Ishida, Y. Ochiai, H. Namatsu, M. Komuro, H.Hiroshima, *J. Vac. Sci. Technol.*, **B21**, 688 (2003)
4) H. Namatsu, Y. Takahashi, K. Yamazaki, T.Yamaguchi, M. Nagase, K. Kurihara, *J. Vac. Sci. Technol.*, **B16**, 69 (1997)
5) K. Nakamatsu, K. Watanabe, K. Tone, H. Namatsu, S. Matsui, *J. Vac. Sci. Technol.*, **B23**, 507 (2005)
6) M. Kawamori, K. Nakamatsu, Y. Haruyama, S.Matsui, *Jpn. J. Appl. Phys.*, **45**, 8994 (2006)
7) J. H. Zhao, I. Malik, T. Ryan, E. T. Ogawa, P. S.Ho, W. Y. Shih, A. J. McKerrow, K. J. Taylor, *Appl. Phys. Lett.*, **74**, 944 (1999)
8) M. J. Loboda, C. M. Grove, R. F. Schneider, *J. Electrochem. Soc.*, **145**, 2861 (1998)
9) K. Nakamatsu, S. Matsui, *Jpn. J. Appl. Phys.*, **45**, L546 (2006)

第4章　ポリシルセスキオキサンの光学材料への応用

岡本尚道[*1]，冨木政宏[*2]

1　研究の背景

　光ファイバ通信網の内，幹線系はすでに日本全土に敷設が完了し，アクセス系の光化，FTTH (Fiber To The Home) が急速に進められている。アクセス系，宅内 LAN，車内 LAN のような光ネットワークには，低コストで高機能な光導波路技術の実現手段が望まれている。有機高分子材料は，低温での加工が容易で量産性に優れ，軽量，大面積に高速の成膜も容易であり，低コスト化が可能である。また，屈折率を広範囲に制御可能など，目的に応じて材料を容易に改質できる多様性がある[1]。可撓性を持つ高分子材料は，フレキシブルな自立構造導波路を形成できるため，高密度光インターコネクションに適している[2]。また，高い熱光学定数（TO 係数）と低い熱伝導率により，低消費電力 TO スイッチが実現されている[3]。

　近年，高分子光回路を低コストで大量生産する作製法が種々開発されているが，熱エンボス[4,5]のようなモールド（型）転写技術は特に有望な技術である。それは，多数のレプリカが短時間で簡単に製造できること，複雑な微細パターンを転写できること等の特長があるからである。しかし，従来使用されてきた高分子材料は，透明性，光学的異方性，耐熱性，機械的強度等が，シリカ系ガラスのような無機材料と比べて劣ることが課題であった。そこで，有機材料と無機材料の利点を兼ね備えた新材料の一つとして，有機修飾シリカに関心が持たれてきた。最初に報告されたゾル－ゲル法による有機修飾シリカ[6]は，分子スケールの有機－無機複合材で，膜中の有機基により応力が緩和され，数 μm 以上の厚膜が成膜できる。また，PhTES (Phenyltriethoxysilane) と MTES (Methyltriethoxysilane) から合成した膜にエンボス法を適用することで高さ 30 μm のプリズムアレイが作製された[7]。これは低温エンボスのために残存する水酸基やシラノールの吸収により，光通信波長域での使用が制限される。

　本章では，ゾル－ゲル法により作製された有機修飾シリカ材料であるフェニルシルセスキオキサン・メチルシルセスキオキサン2成分系膜の光学材料への応用について述べる。光回路の基本的要素である光導波路と回折格子を作製し，その特性を評価する。

---

* 1　Naomichi Okamoto　静岡大学　名誉教授
* 2　Masahiro Tomiki　静岡大学　工学部　電気電子工学科　助教

第4章　ポリシルセスキオキサンの光学材料への応用

2　有機修飾シリカ膜の作製と疎水性[8]

前駆体であるフェニルトリエトキシシラン（PhTES）とメチルトリエトキシシラン（MeTES），ゾル-ゲル法によって生成された有機修飾シリカ $PhSiO_{1.5}$-$MeSiO_{1.5}$ の化学構造を図1に示す。成膜手順は，PhTESとMeTESをスクリュー管瓶中の共溶媒のエタノール（EtOH）に滴下後，蓋を閉めて混合撹拌する。混合溶液に塩酸触媒水溶液を滴下後，容器を密閉して室温で撹拌し，オルガノアルコキシシランの共加水分解とシラノール化された反応物の脱水重縮合反応を促進させる。これにより透明で均質なゾルが得られ，スピンコーティングにより成膜する。その後，数分間乾燥させ，熱処理を行う。オルガノアルコキシシランは大気中の水分に暴露されると加水分解反応を進行させるので，室温かつ窒素雰囲気下で行った。作製した試薬のモル比は，[Organosilane]：[EtOH]：[H_2O]：[HCl] = 1：0～1：2.8～4：0.002（または，0.0002）である。作製されたゾル，膜，導波路の組成は，PhTESの全アルコキシシランに対するモル比で示す。例えば，[PhTES]：[MeTES] = 0.7：0.3のモル比で調製されたゾルは，0.7 Phゾルで，このゾルから作製された導波路を，0.7 Ph導波路と記す。

シリコン基板上の各組成膜の構造が熱処理によってどのように変化するかを，フーリエ変換赤

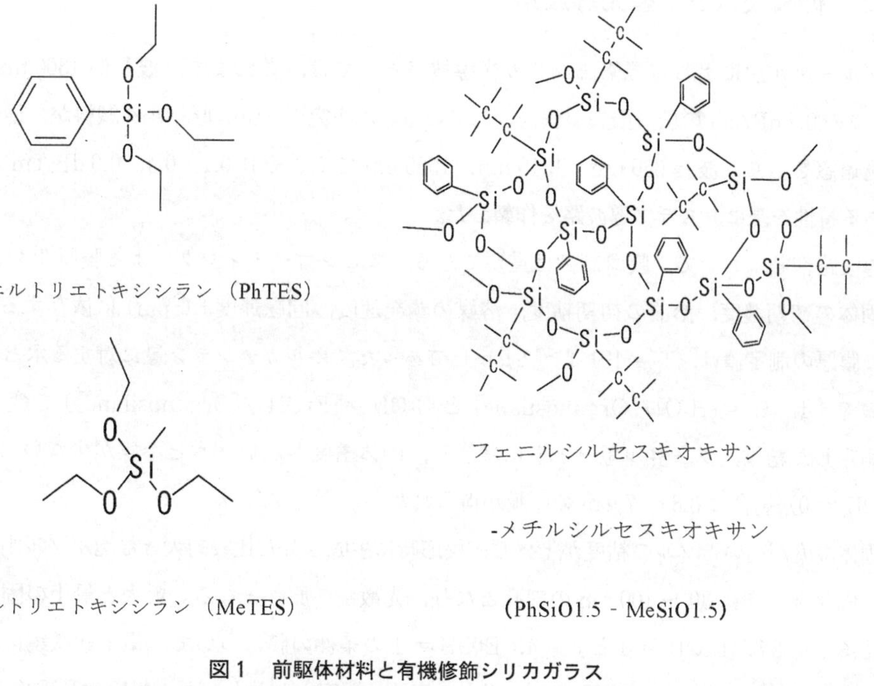

フェニルトリエトキシシラン（PhTES）

メチルトリエトキシシラン（MeTES）

フェニルシルセスキオキサン
-メチルシルセスキオキサン
（$PhSiO1.5$ - $MeSiO1.5$）

図1　前駆体材料と有機修飾シリカガラス
前駆体はシリコンの4官能基の内3つが加水分解できるアルコキシド，残りの1つがメチルやフェニルで修飾した構造。

外分光器を用いて調べた。その結果，コート直後の膜では大きい水酸基およびシラノールによる吸収が，130℃の熱処理で顕著に減少し，170℃・1時間の熱処理後には組成に関係なく消失した。すなわち，170℃の熱処理でシリカネットワークが形成され，無水の膜が得られることが分かった。水酸基やシラノールは通信波長帯の光学損失を増加させるので，この無水化は重要である。

膜の疎水性を確認するため，水に対する接触角を測定した。自動接触角計を用い，約 $2.0\mu L$ の液滴を滴下させて測定した結果，130℃以上で熱処理された膜は，$89°±2°$以上の高い接触角を示した。接触角の膜組成，触媒濃度や熱処理温度による依存性は，測定誤差以内であった。よって，この膜は疎水性であり，これにより比較的低温度でほぼ無水の膜が得られることを確認した。

PMMA (Polymethylmethacrylate) やポリイミドは吸湿性のあることが知られ，PMMA は 100% RH の環境下で 2 wt% の水を吸収することにより，光学損失増加や屈折率上昇が生じる。PMMA の屈折率湿度依存性は 10^{-5} % RH^{-1} オーダであるが，疎水性のシリコン樹脂やフッ素樹脂は一桁小さい。本研究の膜もその疎水性から，屈折率の湿度依存性が小さいと期待される。

3 低損失スラブ型光導波路[8〜10]

ゾル-ゲル法による有機修飾シリカ光導波路としては，これまで，波長が 1300 nm や 1550 nm で約 0.2 dB/cm の伝搬損失が報告されている。本研究の 5 mm 厚バルク試料が，通信波長帯に透過窓をもち，波長 650 nm，1310 nm，1550 nm でそれぞれ 0.1，0.4，0.6 dB/cm と低損失である特性を基に，スラブ導波路を作製した。

導波路作製において，膜厚制御は重要である。スピンコーティングによる膜厚 T は，溶液中の固体の初期濃度，溶液の初期粘度，溶媒の蒸発速度，回転速度 f (rpm) に依存する。0.3 Ph 膜の膜厚の測定値は，$T = 191\ f^{-2/3}\ (\mu m)$ であった。オルガノシラン量に対する水とエタノールのモル比 ($r=[H_2O]/[Organosilane]$ と $EtOH=[EtOH]/[Organosilane]$) を変えて膜厚を測定した結果，フェニル量とともに増加し，固体濃度が高い，水と溶媒が少ない ($r=2.8$，$EtOH=0$) 場合に 3.8〜7 μm の厚膜が得られた。

固体濃度が高いとゾルの粘度が上昇し，反応時に生成された比較的大きな泡がゾル中に残留する。固化後，泡は 30〜100 nm の細孔となり，光散乱の原因となる。最大と最小の固体濃度を与える $r=2.8$，$EtOH=0$ と $r=4$，$EtOH=1$ の条件の膜について，電子顕微鏡による 2 次電子像を観測したところ，直径 10 nm 以上の細孔は観察されなかった。Mie 散乱理論によると，全散乱強度は (細孔径／光波長) の 6 乗に比例するが，直径 10 nm 以上の空隙がないので，導

第4章 ポリシルセスキオキサンの光学材料への応用

波路の散乱損失は無視できるほど小さいと考えられる。

図2に，波長 633 nm の TE と TM 両モード光に対する導波層屈折率の組成依存性を示す。屈折率はフェニル量の増加と共にほぼ線形に上昇し，0.0 Ph 〜 1.0 Ph で 1.46 〜 1.56 と広範囲に変化することが分かる。フェニル量増加による屈折率上昇は，ベンゼン環中の π-結合電子に起因する高分極率によると考えられる。この広い屈折率制御範囲により，シリカベースの光ファイバやプラスティック光ファイバへ低い結合損失で接続が可能となる。屈折率と組成の直線性に関する勾配は，1.05×10^{-3} Ph $\%^{-1}$ であった。組成の秤量誤差が $\pm 0.5\%$ であったので，屈折率は $\pm 0.5 \times 10^{-3}$ まで精密に制御できる。表1に各波長における 0.3 Ph と 0.7 Ph 導波路の TE と TM モードに対する屈折率及び複屈折を示す。複屈折は 7×10^{-4} 以下と低い値を示し，光学的等方性に優れた材料であることが分かる。

導波路（0.3 Ph および 0.7 Ph）の熱的安定性を，通常雰囲気下で 200 ℃・500 時間加熱したと

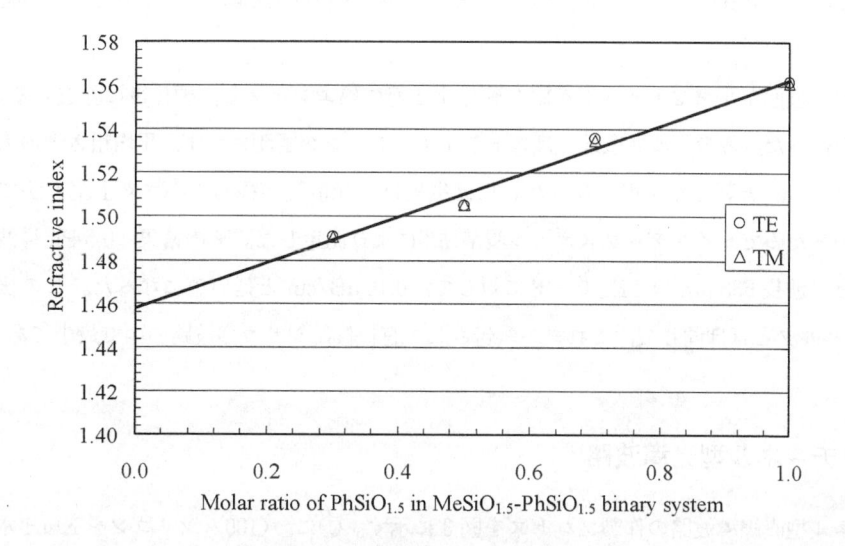

図2　導波層屈折率の組成依存性
測定波長は 633 nm。

表1　0.3 Ph と 0.5 Ph 導波路の屈折率と複屈折の波長依存性

Wavelength [μm]	0.3Ph			0.7Ph		
	TE	TM	Birefringence	TE	TM	Birefringence
0.63	1.4895	1.4899	4.0E-04	1.5387	1.5390	2.5E-04
0.79	1.4837	1.4839	2.7E-04	1.5313	1.5315	1.9E-04
1.32	1.4745	1.4753	7.2E-04	1.5222	1.5225	3.4E-04
1.55	1.4724	1.4730	6.6E-04	1.5204	1.5207	3.5E-04

きの屈折率変化（波長633 nm）で評価した。いずれも加熱後の TE と TM モードに対する屈折率変化は 0.5 ％ 以内でほぼ一定であった。この優れた熱的安定性は，シロキサン結合の高い結合エネルギーと，シロキサンネットワークが既に酸化されているので酸素存在下でも安定であることによると考えられる。

次に，導波路の温度－湿度雰囲気での安定性を調べた。90 ℃・95 ％ RH の環境に試料を 780 時間保管した時の TE と TM モードに対する屈折率変化は，0.3 ％ 以内と一定であった。この高い湿度耐性は，導波路材料が疎水性であることが原因であると考えられる。

成膜時のスピンコーティングにおいて，回転中心から放射状に縞状模様が形成されるストライエーション（放射状凹凸）を触針式表面粗さ計で測定した結果，測定長 0.5 mm の範囲内で平均粗さが 4 nm，最大高さが 140 nm と大きかった。導波路上部から導波光ストリークを観測すると，導波電力に比例する光散乱電力の変化によって，通常伝搬損失が測定される。波長 633 nm におけるこの伝搬損失は 1 ～ 10 dB/cm と大きく，かつ試料によりばらついた値となり問題であった。

そこで，表面が平滑なモールドを膜が硬化する前に熱エンボスし，硬化後に除去することで，平坦化を行った。微分干渉顕微鏡ではストライエーションが観測されず，平均粗さと最大高さが 0.5 nm と 6 nm と著しく平坦になった。伝搬損失は，光散乱が極めて小さく上記方法では測定できなかったので，インデックスオイル浸漬法[11]により測定した。その結果，0.5 Ph 導波路の伝搬損失は，波長 633 nm の TE_0 モードに対して，0.10 dB/cm と低い値になった。この伝搬損失は 1 Ph バルクとほぼ同じで，これまで報告された有機修飾シリカ導波路の中で最小であった。

4　チャネル型光導波路[12]

チャネル型直線導波路の作製プロセスを図3に示す。①に，〈100〉シリコンを KOH 水溶液によりエッチングし，導波路コアの凸型モールドを作製した（幅 5 μm，高さ 3.5 μm）。②に，熱エンボス法によりモールドパターンを転写し，コア溝付き下部クラッドを作製した。③に，溝にコア材料を埋め込みコアを形成した。さらに必要に応じて，上部クラッド層を形成し，チャネル導波路を作製する。エンボス後の膜とモールドの離型性を良くするため，撥水性の OTE (Octadecyltriethoxysilane) 自己組織化膜をシランカップリングさせ離型層[10]を形成した。

コア溝付き下部クラッドは，組成比が 0.5 Ph の膜を，r = 2.5，EtOH = 0 の条件で作製し，5.2 μm の厚膜を得た。これに熱エンボスでコア溝を形成するが，図4に熱エンボスプロセスを示す。加熱開始時間 t_{start} に，膜を形成した基板とモールドの両方をプレス温度 T_{press} まで昇温する。膜が未硬化な温度 T_{press} でモールドを押し付け，圧力 P_{max} まで加圧（開始時間を t_{press}）し，

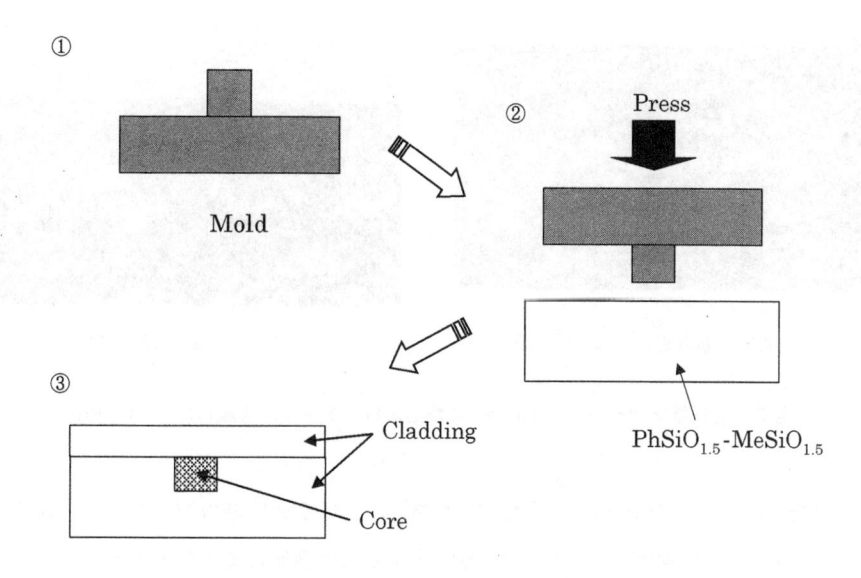

第4章 ポリシルセスキオキサンの光学材料への応用

図3 チャネル導波路の作製工程

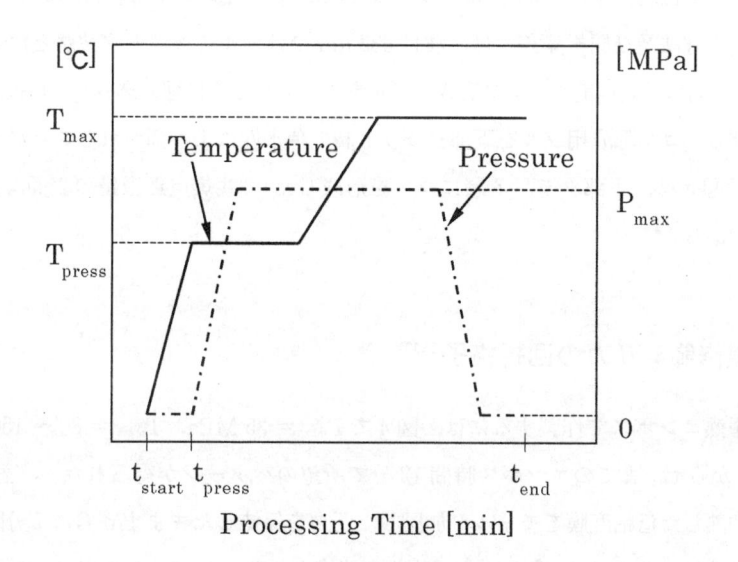

図4 熱エンボスプロセス

その後 P_{max} に保ったまま，膜の硬化温度 T_{max} まで昇温させる。温度が T_{max} になり安定した後，圧力を減少し，膜を取り外す（時間 t_{end}）。

この場合には，$T_{press} = 80\,℃$，$T_{max} = 80\,℃$，$P_{max} = 29.4\,MPa$ でエンボスし，その後，170℃・8分熱処理することにより，モールド形状を転写できた。転写された溝形状の幅と深さは，それぞれ $5.5\,\mu m$，$2.9\,\mu m$ であった。このように，後述する回折格子より微細構造の高さと幅が遥か

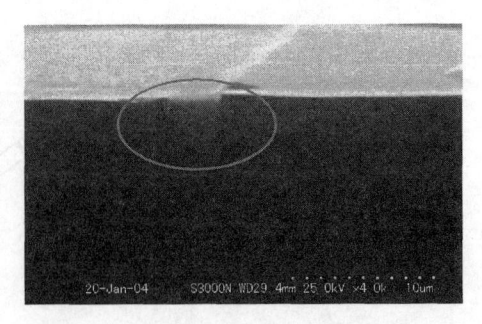

（a）共焦点顕微鏡による表面写真　　　　　（b）SEM の断面写真

図5　有機修飾クラッド（0.5 Ph）に埋込まれたチャネル導波路コア（0.6 Ph）

に大きい場合には，低温のモールド形状転写後熱処理という2段階のプロセスが必要であった。しかし，エンボス時間自体は13分と同等に短く，170℃の熱処理で十分であることが分かった。

図2を参照して，コア材料にフェニル量の多い0.6 Phゾルを用いた。波長633 nmにおいて，0.5 Phのクラッドは屈折率が1.505であるのに対して，0.6 Phのコアは屈折率が1.516であった。この導波路断面寸法及び屈折率差では，波長633 nmではマルチモード導波路となる。コア溝付き下部クラッド層の熱処理前に，コア形成用ゾルをコートして溝に埋め込み，その後熱処理を行った。これにより，コア形成用ゾルを下部クラッド層の疎水性により弾かれることなく埋め込むことができた。図5は，下部クラッド層にコアを形成した(a)共焦点顕微鏡の表面写真と(b)SEMの断面写真である。

5　有機修飾シリカの回折格子[8,13]

回折格子を熱エンボスで作製するには，図4で$P_{max} = 35$ MPa，$T_{press} = 80 \sim 150$ ℃，$T_{max} = 170$ ℃，t_{start}からt_{end}までのエンボス時間12分で所望のパターンが得られた[13]。室温から80℃まで7分間加熱した低粘度膜をモールド加圧し，圧力を保持したまま170℃に7分間加熱し膜を固化する。このプロセスは12分という短時間で達成された。本プロセスでは，加圧時に膜中に十分な液体が存在し低粘度であるので，モールドの溝に充填しやすく，高アスペクト比が期待される。また，熱可塑性高分子では残留応力による複屈折や寸法不安定性が問題となるが，本プロセスは熱励起重縮合の硬化現象によるので，残留応力が極めて小さいと考えられる。

モールドは，Siウェハ上のSiO_2熱酸化膜中に，周期0.61μm，凸部線幅0.46μm（凹部0.15μm），深さ0.63μmの回折格子を形成し，離型層としてOTEを結合させたものである。OTE層は，自己組織化により高密度でモールド表面に結合して均一かつ安定な離型層になり，膜厚が

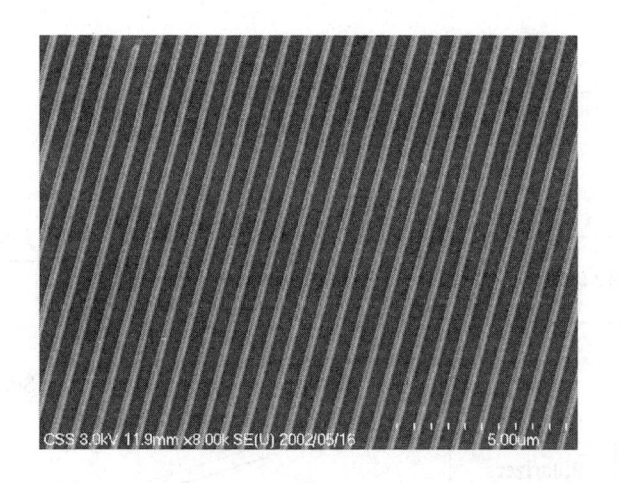

第4章　ポリシルセスキオキサンの光学材料への応用

図6　0.3 Ph 膜に転写されたモールドパターンの電子顕微鏡像

2 nm[10]と薄いので，回折格子のような微細パターンのモールドにも適用できる。

図6に，T_{press} = 80 ℃で 0.3 Ph 膜に熱エンボス転写したパターンの電子顕微鏡像を示す。図から非常に均一な転写パターンが確認できる。転写パターンは周期 0.68 μm，凸部線幅 0.17 μm であった。また，2.6 の高いアスペクト比のパターンが作製された。

熱エンボスによって 0.3 Ph 膜上に作製された回折格子パターンの，250 ℃の加熱による寸法の長期安定性を評価した。パターンの同位置で測定したところ，加熱 120 時間後の高さと周期の加熱前に対する変化はそれぞれ 5 ％と 2 ％以下で，回折格子の熱的寸法安定性が確認された。

6　有機修飾シリカの熱光学効果[8,13]

屈折率 n の温度 T 依存性が大きい，高い（絶対値の）熱光学係数（TO 係数 = dn/dT）を有する材料は，低消費電力 TO 光スイッチに利用できる。そこで，熱エンボスによりスラブ導波路上に作製した表面レリーフ回折格子を結合器として，加熱又は冷却中のモードラインの"その場"測定[14]により，熱光学係数を測定した（図7参照）。試料を回転ステージ上に設置し，加熱して熱電対の温度信号を温調器に送り温度を制御して，He-Ne レーザ光の TE と TM モード励振により測定した。入射光ビームを回折格子に照射すると，次式の位相整合条件で等価屈折率 $N_{eff,m}$ の m 次導波モードに結合される。

$$N_{eff,m} = \sin\theta_m + q\lambda/\Lambda \tag{1}$$

ここで，θ_m は m 次モードの結合角，λ は入射光波長，Λ は回折格子の周期，q は結合次数（整

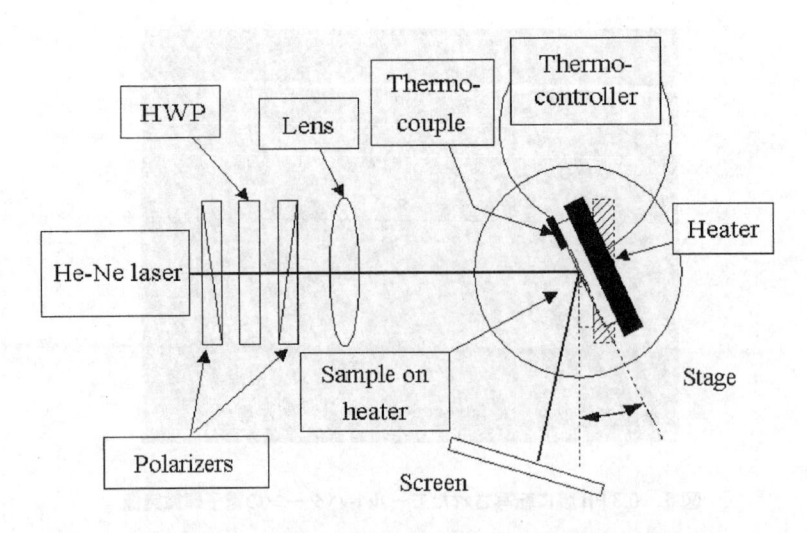

図7　光ビームの回折格子結合による屈折率温度変化測定系

数)である。既知のλと3モードのθ_mの測定値から求められた等価屈折率を用いて，膜の屈折率と膜厚を算出できる。スクリーン上の出射光モードラインと，膜中に伸びた導波光ストリークを観察することで結合を確認し，モードライン出現角を結合角とした。この測定法は，回折格子周期の温度変化の影響を相殺でき，熱光学係数の測定誤差は$1 \times 10^{-5}\,℃^{-1}$以下と高精度である。

市販の回折格子(ブレーズ波長：600 nm，$\Lambda = 0.67\,\mu m$)をモールドとして，$T_{press} = 130\,℃$，$T_{max} = 170\,℃$の熱エンボスにより 0.5 Ph，0.7 Ph スラブ導波路表面に回折格子を作製した。基板には，無アルカリアルミノ硼珪酸ガラス(Corning 1737F)と亜鉛硼珪酸ガラス(Corning 0211)を用いた。 0.7 Ph 導波路上の回折格子の周期と深さは $0.63\,\mu m$ と $0.2\,\mu m$ であり，導波層膜厚は $4\,\mu m$ であった。波長 633 nm での膜と基板の屈折率は 1.539 と 1.457，TE_0 モードの等価屈折率は 1.533 で，空気側と基板側に複数ビーム結合の結合器となる。本測定では，q = -1 の空気側の放射によるモードライン出現角を使用した。

図8に，0.7 Ph と 0.5 Ph 導波路に対して，室温から 150 ℃ の範囲で，加熱(up)と冷却(down)の両過程での屈折率測定結果を示す。屈折率は温度上昇とともに減少し，線形で可逆的であった。TE と TM モードに対する熱光学係数は，0.7 Ph と 0.5 Ph の両試料に対して，$-1.9 \times 10^{-4}\,℃^{-1}$ と同等であった。この値は，有機高分子と同オーダであり，シリカ系ガラスより絶対値が1桁以上大きい。TE と TM 偏波に対する熱光学係数の差も，昇温中と冷却中の熱光学係数の差も，測定誤差範囲内で小さかった。また，組成による熱光学係数の差も，測定誤差範囲内で小さかった。熱可塑性材料の PMMA では，熱エンボスによる残留応力のため，加熱・冷却サイクル回数によって結果が異なる。しかし本試料では，加熱と冷却の間の熱光学効果は可逆

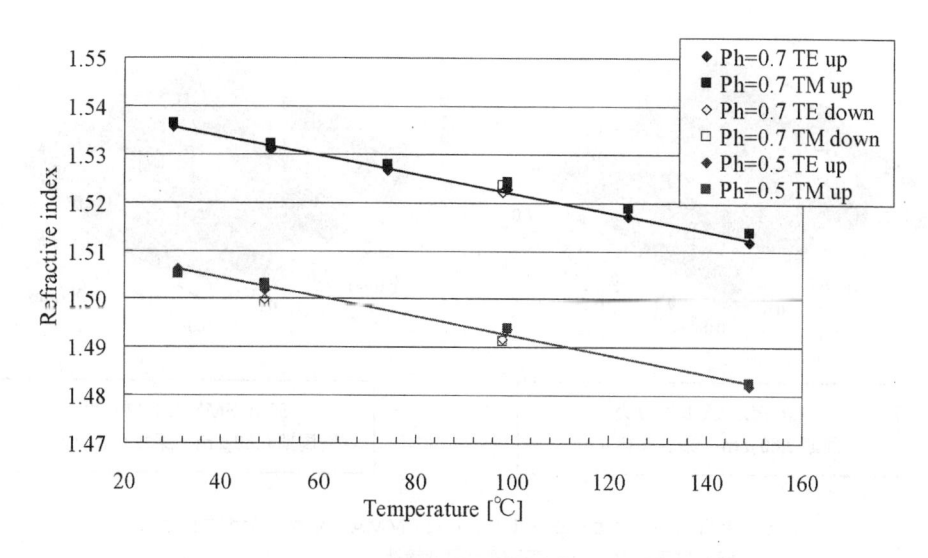

第4章　ポリシルセスキオキサンの光学材料への応用

図8　Ph＝0.5, 0.7 導波路の屈折率の温度依存性（波長 0.63 μm）
up は加熱過程，down は冷却過程。TE, TM はそれぞれ TE, TM モード励振に対する屈折率。

的で，熱光学係数に差が無かったので，残留応力が無視できるほど小さいことが分かった。

TO スイッチは，その光路切換えのために導波路の加熱と冷却を繰り返すので，加熱・冷却サイクルに対して熱光学特性が安定である必要がある。0.7 Ph 導波路について，加熱・冷却サイクルを9回繰り返した後も屈折率の温度依存性は，測定誤差範囲内に保たれ，熱光学係数にも顕著な変化が見られなかった。さらに，TO スイッチは長時間光切換え状態を保つ場合があるので，長期加熱状態でもその熱光学特性の安定性が必要となる。そこで，0.5 Ph の回折格子付き導波路を 150 ℃に加熱して 700 時間放置したところ，屈折率に大きな変化がなかった。

7　有機修飾シリカのモールド[15,16]

熱エンボスでは，モールドの作製が一般に高コストであり，成型材料の付着等による劣化がある。そこで，有機修飾シリカにブレーズ型回折格子のモールドを転写し，Daughter モールドとして高分子への熱エンボスに使用する場合の特性を調べた。本研究の有機修飾シリカは，疎水性が 250 ℃・120 時間の熱処理においても保持されることから，高分子材料に対して優れた離型性を示すことが期待される。

周期 0.60 μm，深さ 0.16 μm の回折格子の Daughter モールドを用いて，PMMA に熱エンボスにより転写した。最適エンボス条件は，140 ℃で 2.5 MPa の圧力を 10 分間与えることであった。Daughter モールドには離型剤を使用せず，表面の洗浄無しで，連続 30 回の熱エンボスを

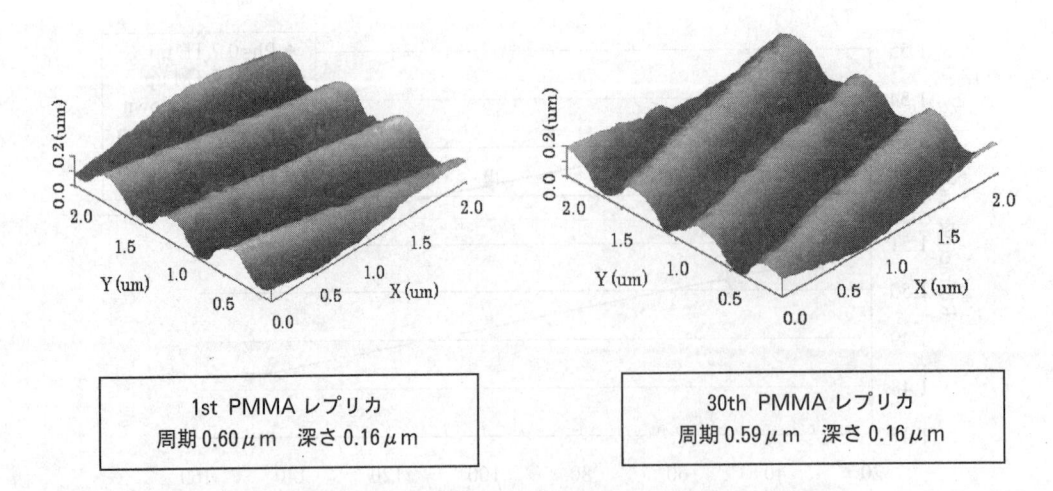

1st PMMA レプリカ
周期 0.60μm 深さ 0.16μm

30th PMMA レプリカ
周期 0.59μm 深さ 0.16μm

図9　有機修飾シリカをモールドとした PMMA への熱エンボスによる
回折格子レプリカの原子間力顕微鏡像

行った。図9に示すように，30回目の PMMA レプリカは，周期 0.59μm，深さ 0.16μm となり，精確な転写が行われた。30個の PMMA レプリカの1次透過回折効率を波長 633 nm で測定したところ，0.015 とほぼ一定値となり，エンボス回数による転写形状の均一性が確認された。

8　まとめ

有機修飾シリカのフェニルシルセスキオキサン・メチルシルセスキオキサン膜は，ゾル-ゲル法において 170℃の熱処理でシリカネットワークが形成されて無水の膜が得られ，疎水性・熱的安定性・耐環境（湿度）性を示す。その屈折率はフェニル量の増加と共に線形に上昇し，1.46〜1.56 と広範囲に変化させることができ，複屈折は 7×10^{-4} 以下と小さい。導波路は散乱損失が小さく，波長 633 nm において 0.10 dB/cm と低い伝搬損失を示した。熱光学係数は $-1.9 \times 10^{-4} ℃^{-1}$ と高分子なみの大きな値を示した。このように無機・有機材料の長所を兼ね備えていることと，作製プロセスが低温で簡易であることから，本材料は低コストで安定性のある偏波無依存型光デバイスに適していると考えられる。また，低消費電力の TO スイッチへの応用や，離型剤が不要な耐熱性，耐環境性に優れる熱エンボス用モールドとしても有用であろう。

第 4 章　ポリシルセスキオキサンの光学材料への応用

文　　献

1) 今村三郎, 都丸暁, "ポリマーを用いた光導波路デバイスの最新動向", 光アライアンス, 1999年2月 pp. 1-7
2) T. Matsuura, J. Kobayashi, S. Ando, S. Sasaki, and F. Yamamoto, "Heat-resistant flexible-film optical waveguides from fluorinated polyimides", *Appl. Opt.*, **38** (6), 966-970 (1999)
3) 栗原隆, 大庭直樹, 豊出誠治, 丸野透, "有機光導波路デバイス", 応用物理, **71** (12), 1508-1512 (2002)
4) T. Korenaga, H. Asakura, and M. Umetani, "Microstructure fabrication for plastic optical waveguide by press-molding method", Proc. Plastic Optical Fiber Conference '99, pp. 150-153 (1999)
5) O. Sugihara and N. Okamoto, "Polymeric waveguide fabrication based on mold technology", *Proc. SPIE*, **4991**, 366-373 (2003)
6) H. Schmidt, "in Better Ceramics Through Chemistry I" edited by C. J. Brinker, D. E. Clark, and D. R. Ulrich (North Holland, New York, 1984), p.327
7) A.Matsuda, T.Sasaki, M.Tatsumisago and T.Minami, "Micropatterning on Methylsilsesquioxane-Phenylsilsesquioxane Thick Film by the Sol-Gel Method", *J. Am. Ceram. Soc.*, **83**, 3211-3213 (2000)
8) 蓮井健二郎, "エンボス法による有機修飾シリカガラスの光回路に関する研究", 静岡大学大学院電子科学研究科博士論文, 2004年2月
9) K. Hasui, M. Tomiki, and N. Okamoto, "Low-birefringent slab waveguide fabricated with hot-embossing for sol-gel derived phenyl-methyl silsesquioxane films", Proc. the 2003 International Conference on Solid State Devices and Materials, C-8-3, pp.776-777 (2003)
10) K. Hasui, M. Tomiki, and N. Okamoto, "Low Birefringence Thermally and Environmentally Stable Slab Waveguide Planarized with Hot-Embossing", *Jpn. J. Appl. Phys.*, **43**, 2341-2345 (2004)
11) C. C. Teng, "Precision measurements of the optical attenuation profile along the propagation path in thin-film waveguides", *Appl. Opt.*, **32** (7), 1050-1054 (1993)
12) 高垣郁江, "有機修飾シリカガラスを用いた光回路に関する研究", 静岡大学大学院理工学研究科博士前期課程論文, 2004年3月
13) K. Hasui, I. Takagaki, O. Sugihara, and N. Okamoto, "Thermally stable grating comprised of silsesquioxane film fabricated with hot-embossing", *Proc. SPIE* **4991**, 355-366 (2003)
14) M. Tomiki, N. Kurihara, O. Sugihara and N. Okamoto, "A new method for accurately measuring temperature dependence of refractive index", *Opt. Rev.*, **12**, 2, 97-100 (2005)
15) 伊藤絵理, "有機修飾シリカガラスを用いた光部品用モールドの研究", 静岡大学大学院理工学研究科博士前期課程論文, 2005年3月

16) E. Ito, K. Hasui, M. Tomiki and N. Okamoto: "High durable mold fabricated with hot-embossing a sol-gel derived organically modified silicate film", *Proc. SPIE*, **5751**, 400-409 (2005)

第5章　新規樹脂材料の合成と光学用途への応用
　　　（LED封止材料開発を中心として）

辻村　豊[*]

1　はじめに

　現在広く用いられているDVD-ROMの容量は4.7 GB（片面）であるが，次世代の光ディスクであるHD DVD-ROMの容量は15 GBであり，再生波長を650 nmから405 nmと短くすることで，ディスクの大容量化，高機能化が進んでいる[1]。このように光の短波長化が進む傾向にあるが，その一方で波長が短くなることにより，光のエネルギーが増大し，光源および周辺部材が光による劣化を受けやすくなるため，耐久性の優れた材料が必要となる。

　光源が短波長化する流れの中で，発光ダイオード（LED），各種レーザー，受光素子，複合光素子，光回路部品，光集積回路等の開発が精力的に行われている。特に高輝度な青・緑色および白色LEDの登場はLEDの応用分野を大きく広げ，従来の表示用途のみならず，液晶画面のバックライトやエクステリアライトなどの照明にも使われ始めている。今後更なる輝度の向上により，消費電力が少なく長寿命の照明として蛍光灯の代替となることが期待される。

　LEDパッケージの構造には，砲弾型や表面実装型（SMD）などがあり，模式図を図1に示す。

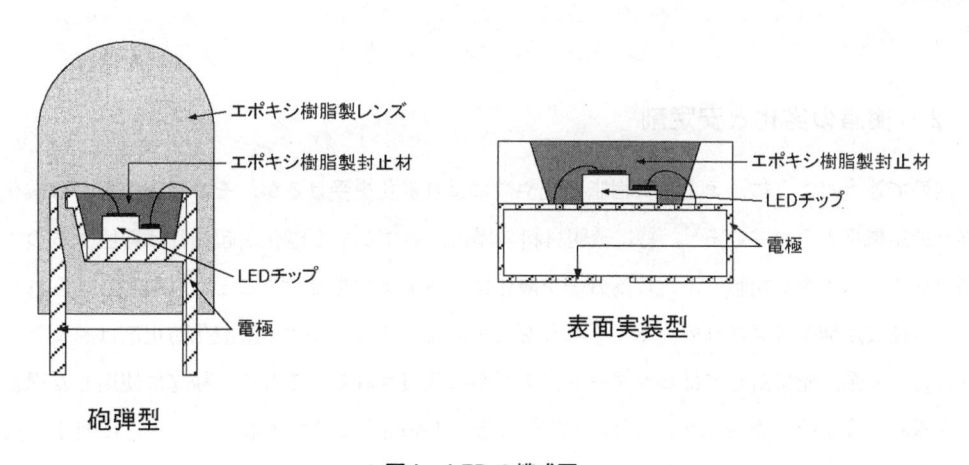

図1　LEDの模式図

---

　*　Yutaka Tsujimura　ナガセケムテックス㈱　研究開発部　研究員

電極上にLEDチップが実装され，その周りがエポキシ樹脂で封止される。特に砲弾型の場合，封止材の外側に別のエポキシ樹脂でレンズ状にモールドされている[2]。

エポキシ樹脂は加工性に優れ，成型・硬化後は優れた機械的強度を持つため，LEDチップを外部から保護するのに適しているばかりでなく，比較的屈折率が高いので，チップからの光を効率良く取り出すことができる。

使用するエポキシ樹脂は透明タイプで高温でも熱変形しにくいビスフェノールAグリシジルエーテルが好んで用いられてきたが，変色を避ける場合は比較的耐候性に優れる脂環式エポキシを使う。

ところが，短波長光に曝したり，高熱をかけたりするとエポキシ樹脂は黄変しやすい。それゆえ紫外や青色で発光するLED，あるいは電流量増加で発熱量が大きくなったLEDの封止用樹脂としてエポキシ樹脂を用いた場合，駆動時間の経過とともに劣化が進行し，LEDランプの光量が低下する[3]。一方周辺部材においても，DVD等で用いられているプラスチックレンズなどの光学系部品やディスク基板では，400 nmより短い波長の光を吸収するため，短波長レーザー光等が透過できないばかりか部材の劣化を招く[4]。それゆえ実用的な記録媒体用発光素子は青紫色半導体レーザー（発振波長405 nm）[5]が限界とされている。もし紫外光レーザーのような，より短波長化された光源を用いることができれば，記録媒体の更なる大容量化が達成できる。

以上より，短波長光及び熱の暴露を長期に渡って受けても光透過率の低下が起こらない透明樹脂材料の開発は，光の短波長化をより促進し多岐にわたる分野の技術開発の発展に大きく貢献できるものと確信する。以下，光や熱に耐久性があるLED封子用透明樹脂材料の開発を中心に述べる。

2 樹脂の劣化と安定剤

前節で述べたように，エポキシ樹脂は光や熱により劣化を受けるが，その原因の多くは酸化を伴う連鎖機構とされている[6]。特に透明材料の場合，わずかでも酸化が起これば着色するので問題となる。エポキシ樹脂のような高分子が酸化によって劣化を受けることは以前から知られており，各種安定剤が考案されている。それらを表1にまとめた。まず1次酸化防止剤は熱に対してフェノール系，光に対してはヒンダードアミン系に代表される。それぞれ独立に使用した場合は各々優れた安定化効果を示す。LEDの場合，光と熱を同時に発生するので，双方に対する耐久性が必要となる。そこで2種類の安定剤を併用する検討を数多く詳細に行ってみたが，有効な組み合わせが見出せず，お互いの効果を相殺するだけであった。その理由は未だ不明であるので，今後良好な組み合わせを発見して問題が解決される可能性も残されているが，一般に出回ってい

第5章　新規樹脂材料の合成と光学用途への応用（LED封止材料開発を中心として）

表1　各種安定剤と問題点

種類	主な安定剤	問題点
1次酸化防止剤	熱に対して→フェノール系など 光に対して→ヒンダードアミン系など	フェノール系とヒンダードアミン系を併用すると効果が相殺
2次酸化防止剤	チオエーテル系，リン系など	1次酸化防止剤との併用が必要
UV吸収剤	ベンゾフェノン系など	LEDの発光を妨げる
クエンチャー	Niキレート系など	クエンチャー自身が発色団

る酸化防止剤については，ほとんど網羅したので，非常に困難と思われる。また2次酸化防止剤は1次酸化防止剤との併用が条件であるため1次酸化防止剤が有効でない場合は導入する意味がない。またUV吸収剤はLEDから発せられた光そのものを吸収してしまうので，輝度を低下させるだけである。さらに，クエンチャーはそれ自身が発色団であり，透明材料を自ら着色させてしまう。

　以上より，安定剤の添加はLED封止材料の透明性を維持させることには適さないと見られる。即ち，透明材料の劣化防止を安定剤に頼ることなく，化学構造そのものが光や熱に対して耐久力を有する材料を探索することが有効である。そこで，アクリル系，シクロオレフィン系，エポキシ系，シリコーン系など市販の透明材料をUV暴露（高圧水銀灯照射）および150℃で熱エージングさせて光透過率を測定し，初期状態との違いを調査した。その結果，シリコーンゴムが光および熱に対して最も耐久力があることが判明した。シリコーンゴムは無機的要素であるシロキサン骨格を有しているところが大きな特徴であり，この構造が光・熱双方の耐久性に大きく寄与するものと考えられる。

3　シルセスキオキサンの導入

　シロキサン骨格がUV暴露，熱エージング双方に耐久性を示すことが判明したので，ケイ素酸化物を構造単位で分類し，封止用樹脂材料として，どの構造単位（表2）が適しているかを考えてみる。

　表2に示すように，

M単位：基本単位は1官能であり，反応後は$R_3SiOSiR_3$のような2量体が形成されるだけで通常は液状である

D単位：基本単位は2官能で，鎖状ポリマーが形成される。鎖状ポリマー同士を架橋させることで成型体は得られるが，硬さがなく，機械的強度は乏しい。シリコーンゴムに代表

表2　ケイ素酸化物の構造単位

単位の名称	M単位 (1官能性)	D単位 (2官能性)	T単位 (3官能性)	Q単位 (4官能性)
基本単位	R-Si(R)(R)-O-	-O-Si(R)(R)-O-	-O-Si(R)(O)-O-	-O-Si(O)(O)-O-
形成される構造	R-Si(R)(R)-O-Si(R)(R)-R	(-Si(R)(R)-O-)$_n$	図2参照	立体網目構造

される

T単位：シリコーン（D単位）とシリカ（Q単位）の中間で，詳細は後述する

Q単位：シリカ構造でガラスやゾルゲルガラスが属する。この構造は加工性が乏しい上に，硬化時に脱離する物質により気泡やクラックが入りやすい

以上より，封止材のような成型体を構築するにはT単位が適しており，この単位から構成されるケイ素酸化物はシルセスキオキサンと呼ばれる（Silsesquioxane. それぞれ Sil＝ケイ素，sesqui＝1.5，oxane＝酸素の意。組成式としては（R-SiO$_{3/2}$)$_n$ と表される）。化学構造は図2に示す3種類に大別されるが，(a) のランダム構造は特に規則性がないものを言う。これに対して(b) のはしご状の構造や (c) のかご状構造は有限な分子サイズを有するモノマーないしはオリゴマーとして存在する場合が多く，ポリマーのビルディングブロックとしての活用[7]が容易である。しかも (b) あるいは (c) はその堅牢な構造から耐熱性に優れており，熱エージングやUV暴露にも耐え得る成型体の原料として期待できる。

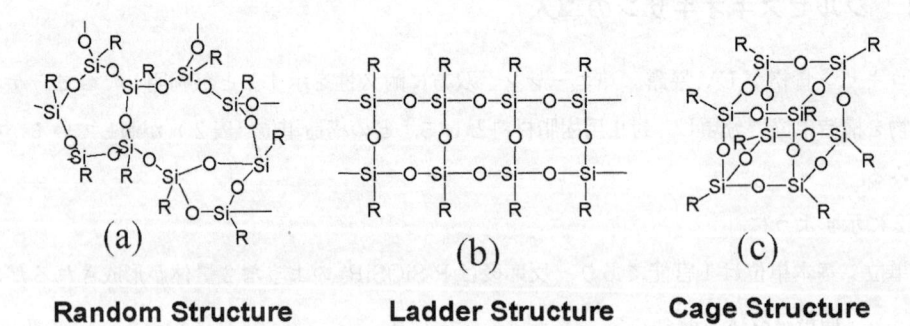

(a) Random Structure　　(b) Ladder Structure　　(c) Cage Structure

図2　シルセスキオキサンの取り得る構造

4 シルセスキオキサンを骨格とするエポキシ樹脂の合成

実際にシルセスキオキサン骨格を有するエポキシ樹脂の合成をアルコキシシランの加水分解を経由して行った。具体的には，スキーム1に示すように，エポキシ基を有するγ-グリシドキシプロピルトリメトキシシランを水酸化テトラメチルアンモニウム触媒下に加水分解・縮合させた。生成物はTHF（テトラヒドロフラン）に溶解したため，GPC（ゲル・パーミエーション・クロマトグラフィ，展開溶媒＝THF）を用いて分子量を測定した。

生成物のクロマトグラムを図3に示す。この図から，生成物は大きく2種類の分子量からなる混合物であることが判明した（図中①および②）。特に成分①はクロマトグラム上のピークの形状が鋭いことから分子量分布が狭い。ここで，カゴ型構造は2量体を形成するなど特別な場合でない限り，その分子量は単一である。更に，ポリスチレン換算で求めた①の分子量は1345であり，理論値の1388に近かったことからも，成分①はカゴ型構造と推定される。

一方，成分②は比較的鋭いピークと，なだらかなピークとが合わさった形状であり，そのピークの分子量は3300と換算された。これらのことから，成分②はカゴ型構造よりも分子量が大きく形成されるラダー構造を主成分とし，一部ランダム構造である混合物ではないかと推定される。

さて，バルク状に存在する成型体は三次元的構造形成や分子量について制御が必要とされる。しかしながら，現在の工業技術をもってしても成型体の特性を一定に制御することは困難な場合

スキーム1 シルセスキオキサン骨格エポキシ樹脂の合成

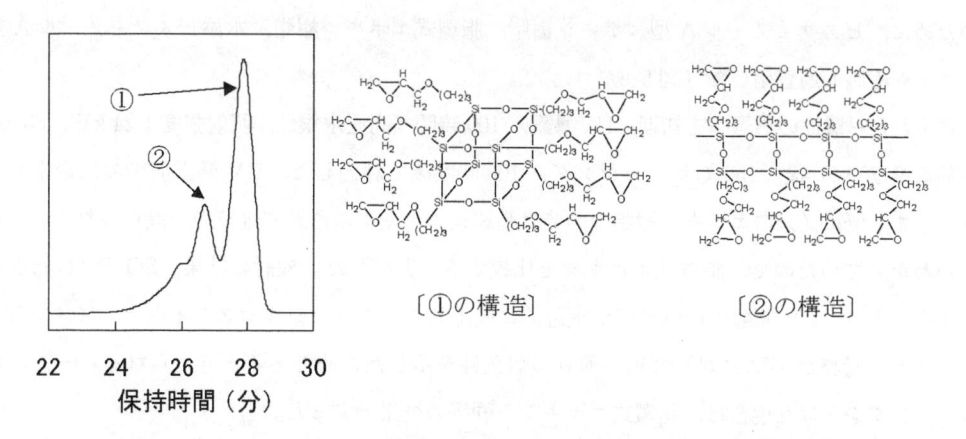

図3 得られたシルセスキオキサン骨格エポキシ樹脂のGPCクロマトグラム

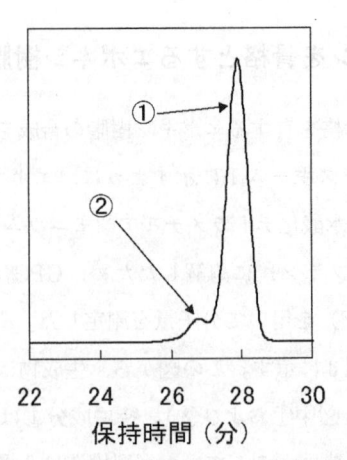

図4 分別後のシルセスキオキサン骨格エポキシ樹脂の GPC クロマトグラム

が多い。それゆえ，構造が明確で，単一の分子量を有するカゴ型構造のシルセスキオキサンは三次元的な構造を有する成型体の原料として適している[8]。よって本検討でもカゴ型構造のみを選別することにした。そこで，分別法[9]を用いて，粗生成物（成分①と②の混合物）から，カゴ型構造体のみを取り出すことを試みた[10]。その結果，分別前は全体の60％であった成分①が95％以上の純度にまで上がった（図4）。

5 シルセスキオキサン骨格エポキシ樹脂の硬化物

前節で述べたように，カゴ型シルセスキオキサン骨格を有するエポキシ樹脂（以下SQ-EPと称する）に硬化剤として酸無水物である無水メチル-ヘキサヒドロフタル酸を，硬化促進剤として4級ホスホニウム塩を混合し，加熱して厚さ1 mmの分光器測定用試験片を作製した。比較のために，ビスフェノールA型エポキシ樹脂，脂環式エポキシ樹脂，水添ビスフェノールA型エポキシ樹脂も適宜用いた（図5）。

得られた試験片の透過率を初期，UV暴露／100時間（高圧水銀灯，照射強度1.24 kW，83℃，相対湿度20％）後，150℃熱エージング／100時間後で評価した。UV暴露前後の透過率を図6に示す。既に従来のエポキシ樹脂の中では脂環式エポキシの透過率維持力が最も優れていたことがわかっていたので，脂環式エポキシと比較することにした。検討の結果，SQ-EPは脂環式エポキシより，UV照射後の透過率が飛躍的に向上した。これはシルセスキオキサンに含まれるシロキサン骨格がUVに対して狙い通りの耐久性を示したためであると考えられる。一方，熱エージングをかけた場合は，脂環式エポキシと同等の結果であった。

さて，LEDは消費電流が低いため，発熱も少ないとのイメージを持たれがちであるが，実際

第5章 新規樹脂材料の合成と光学用途への応用(LED封止材料開発を中心として)

[無水メチル-ヘキサヒドロフタル酸]　　[ビスフェノールA型エポキシ樹脂]

[脂環式エポキシ樹脂]　　[水添ビスフェノールA型エポキシ樹脂]　　[4級ホスホニウム塩]

図5　用いた化合物の構造

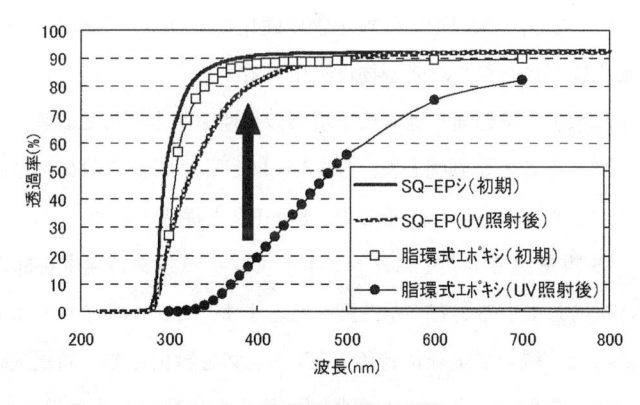

図6　UV暴露前後の透過率

には発光体の近傍は高温である。特に印加電流値を増大させて輝度を高めるとLEDチップの周囲温度は150〜200℃となり[11]，かなりの熱がかかる。しかも電流値と輝度は比例せず，電流値を2倍にしても輝度は2倍にはならないため[12]，どうしても電流値を上げる傾向にある。こうしたLEDの自己発熱による素子や基板の破壊を防ぐために，最近では基板の放熱方法の研究も行われている[13]。また，LED発光-消光を繰り返せば，加熱-冷却も繰り返すことになる。それに伴い封止材も膨張-収縮を繰り返し，封止材中にクラックが発生する原因となり得る。クラックの発生はLEDチップの保護を目的とする封止材としての役割を無くすだけでなく，輝度をも低下させるので避けなければならない。そこで硬化物の強度を調べるために，3点曲げ試験[14]を実施した（表3）。SQ-EPとビスフェノールA型エポキシを比較すると，破断までの距離（クロスヘッドの最大変位），曲げ強度，ヤング率のいずれもの項目において，SQ-EPの方が小さい値となった。これはSQ-EPの方が低強度で変形しやすく，脆い状態であることを示す。

表3　硬化物の3点曲げ試験結果

サンプル	最大変位(mm)	曲げ強度(MPa)	ヤング率(MPa)
SQ-EP	10	60	2026
ビスフェノールA型エポキシ	15	92	2503

更に，SQ-EP／酸無水物から成る試験片のヒート・サイクル試験[15]を実施したところ，クラックの発生も確認された。これら曲げ試験およびヒートサイクル試験の結果から，クラックの発生はSQ-EPの架橋密度が高いためではないかと考えた。架橋密度が高いと架橋点の拘束を受け，スムーズな膨張・収縮が妨げられ[16]，樹脂に破損部分が生じている可能性がある。そこで架橋密度を調べるために，動的粘弾性を測定した。この測定で得られるゴム状平坦部の弾性率が高いほど架橋密度が高い[17,18]。もし，SQ-EP／酸無水物の硬化物のゴム状平坦部の弾性率が高ければ，架橋密度が高く，柔軟性がなくなり，成型物は脆化する。

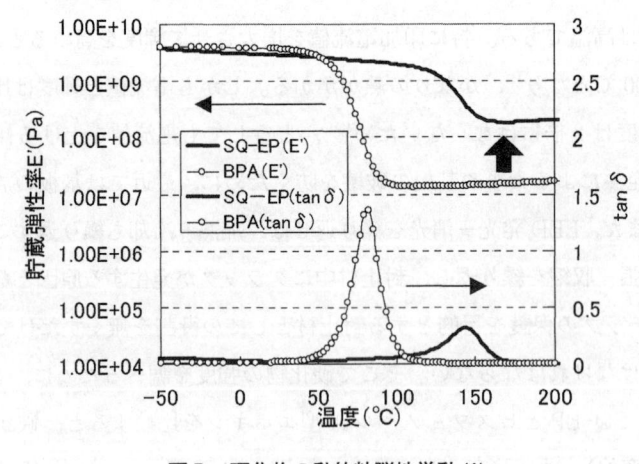

測定の結果を図7に示す。予想通りゴム状平坦部の弾性率が上昇しており，クラックの発生は架橋密度が高いためであることが判明した。SQ-EPはUVに対する耐久性は優れているが，クラックの発生は避けなければならない。そこで，SQ-EPと従来の水添ビスフェノールA型エポキシ樹脂（BPA）とを重量比で1：1にブレンドして，クラックの発生を抑えながらも，光や熱に対する耐久性は維持しているかどうかを調べた。まず，ヒートサイクル試験の結果，クラックは発生していなかった。続いて実際に青色LEDチップを封止して，通電試験を実施した。従来のエポキシ樹脂のみ，市販のシリコーン樹脂（2種）も比較のために用いた。図8(a)に見ら

図7　硬化物の動的粘弾性挙動 (1)

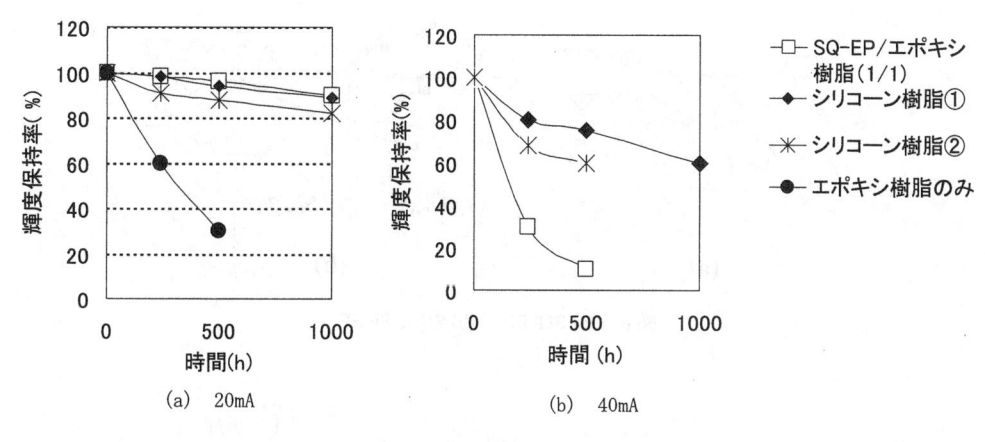

第5章　新規樹脂材料の合成と光学用途への応用（LED封止材料開発を中心として）

図8　LED通電試験における輝度変化
(a) 20mA　(b) 40mA

凡例：SQ-EP/エポキシ樹脂(1/1)、シリコーン樹脂①、シリコーン樹脂②、エポキシ樹脂のみ

れるように，SQ-EP と従来のエポキシ樹脂をブレンドした場合（図8(a) □）は輝度保持率が良好であり，シリコーン樹脂と同等であった。これに対してエポキシ樹脂のみ（図8(a) ●）の場合は，輝度保持率が下落し，耐久性がなかった。これは図6で見られたように，エポキシ樹脂のUVに対する耐久性が乏しいことが原因と考えられる。以上より，たとえSQ-EPに従来のエポキシ樹脂をブレンドしてSQ-EPの含有量を半減させたとしても，輝度保持にはSQ-EPが十分寄与していることが判明した。

ところが，より強力な輝度を得るために，電流値を20 mAから40 mAに上げて試験したところ，市販のシリコーン樹脂との間に差が生じ，SQ-EPは大きく劣化した（図8(b)）。先の透過率試験でSQ-EPは，UV暴露試験では透過率維持力が飛躍的に伸びたが，熱エージング試験では従来のレベルを維持するに止まっていた。おそらく，LED通電試験での電流値増大は，内部温度を大きく上昇させたのではないかと考えられる。

以上の検討から，課題は下記のようになり，新たな分子設計をしなければならなくなった。

① クラックを防ぐために，より可撓性を持たせるか，架橋密度を下げた分子構造にする
② 透明性維持率をより高めるために，無機的要素を更に増大させる

6　シルセスキオキサン骨格エポキシ樹脂の改良

前節で述べた課題を解決するために，新たな分子構造を導入した。新しいシルセスキオキサン－エポキシ誘導体[19,20]の構造を図9に示す。SQ-EPには直接γ-グリシドキシプロピル基が直接結合していたが，新しいシルセスキオキサン誘導体には間に-OSi-ユニットを設けた。以後，この新しいシルセスキオキサン誘導体をSQ-OSi-EPと呼ぶ。

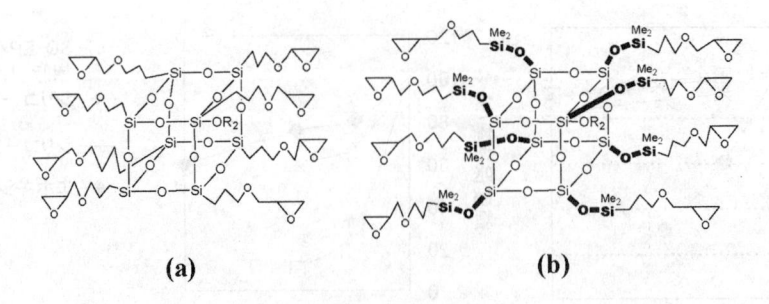

図 9 (a) SQ-EP と (b) SQ-OSi-EP

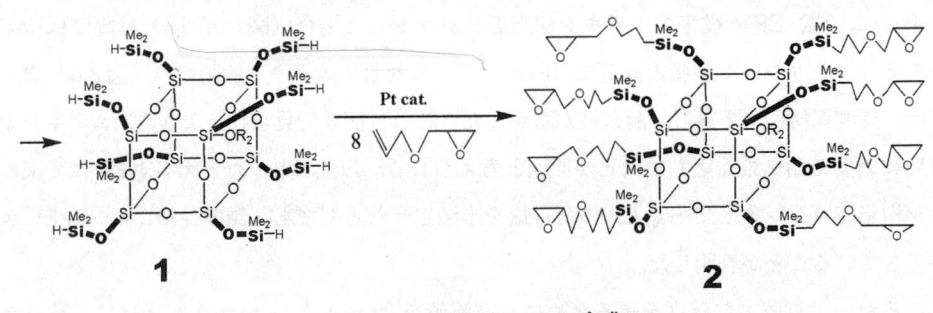

スキーム 2 SQ-OSi-EP の合成

-OSi-ユニットを導入したことで期待される効果は以下の通りとなる。

① 各頂点にフレキシブルな-OSi-ユニットが導入され，可撓性が付与される
② ケイ素含有率が SQ-EP（16.8 %）から SQ-OSi-EP（23.3 %）に上がり，無機的要素が大きくなる
③ 中間体が末端に置換基導入可能構造であるため，導入物を選ぶことで，官能基濃度が調節できる

実際の合成経路はスキーム 2 に示す通りであり，水酸化コリンとテトラエトキシシランを出発点として，コリンシリケートおよび中間体 SQ-OSiH (1) を経由し，アリルグリシジルエーテルとのヒドロシリル化反応により SQ-OSi-EP (2) を合成した。

7　SQ-OSi-EP の硬化物

SQ-OSi-EP (2) についても，先の SQ-EP と同様に無水メチル-ヘキサヒドロフタル酸を硬化

第 5 章　新規樹脂材料の合成と光学用途への応用（LED 封止材料開発を中心として）

剤として，硬化物を作製した。

　まず，UV 暴露／100 時間後と 150 ℃熱エージング／100 時間後の透過率を SQ-EP と比較した。UV 暴露試験では SQ-EP と SQ-OSi-EP(2) の差はあまりなかったが，熱エージング後では SQ-OSi-EP(2) の方が透過率維持に優れ，課題であった耐熱性が改善された（図10）。続いて硬化物の 3 点曲げ試験を実施したところ，SQ-OSi-EP(2) は SQ-EP に比べて最大変位と曲げ強度は増大し，ヤング率は減少したため，脆さが軽減されていた。更にヒートサイクル試験ではクラックの発生が大幅に減少したものの，発生をなくすことはできなかった。そこで，再度動的粘弾性を測定したところ，ゴム状平坦部の弾性率は下がり，従来のエポキシ樹脂に近づいた。これはフレキシブルな-OSi-ユニットの影響と考えられる（図11）。しかしながら，従来のエポキシ樹脂

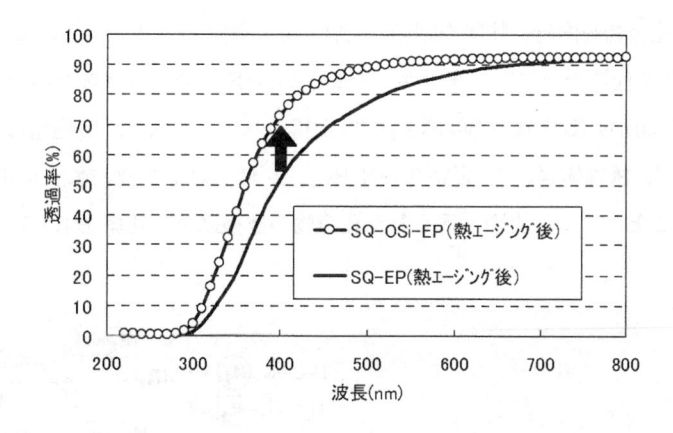

図10　熱エージング前後の透過率

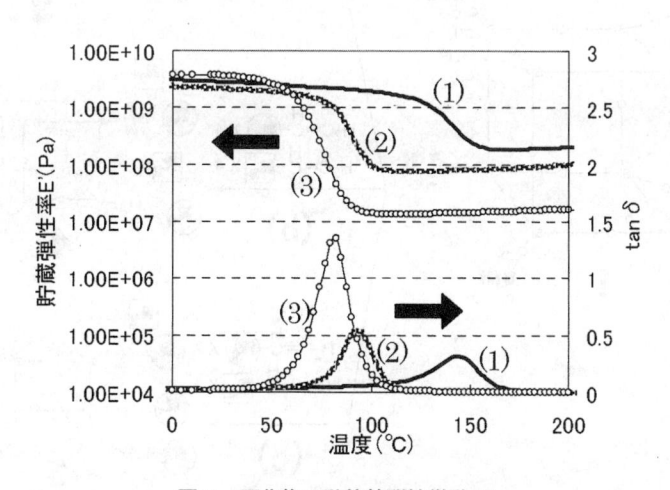

図11　硬化物の動的粘弾性挙動 (2)
(1) SQ-EP, (2) SQ-OSi-EP, (3) 従来のエポキシ

と同じレベルまでには弾性率が下がらなかったので、脆化を完全になくすことができなかったことも理解できる。

8 異なる置換基の導入

前節で述べたように、依然としてクラックが発生するのは架橋密度がまだ高すぎるためと考え、官能基の導入をこれまでのγ-グリシドキシプロピル基のみではなく、一部反応性のない置換基に置き換えることで架橋密度を下げることができないかと考えた。そこでスキーム3に示すような方法を検討した。

SQ-OSiH(1)に二重結合を持つ化合物をヒドロシリル化で導入する手法は従来と同じであるが、異種の二重結合化合物を同時に比率を調節して仕込む。例えばスキーム3において、(a)の経路では $R_1/R_2=1/7$ で仕込むので、出来上がったSQ-OSi-R化合物は8箇所の頂点のうち1箇所のみ R_1 で他の7箇所は R_2 となるSQ誘導体(3)が得られる。同様に、(b)経路ならば R_1 と R_2 は4対4で等しくSQ誘導体(4)、(c)経路ならば R_1 と R_2 は7対1でSQ誘導体(5)ができ、(a)とは全く逆転することになる。実際、得られた化合物の置換基導入比率をNMRの測定より算出

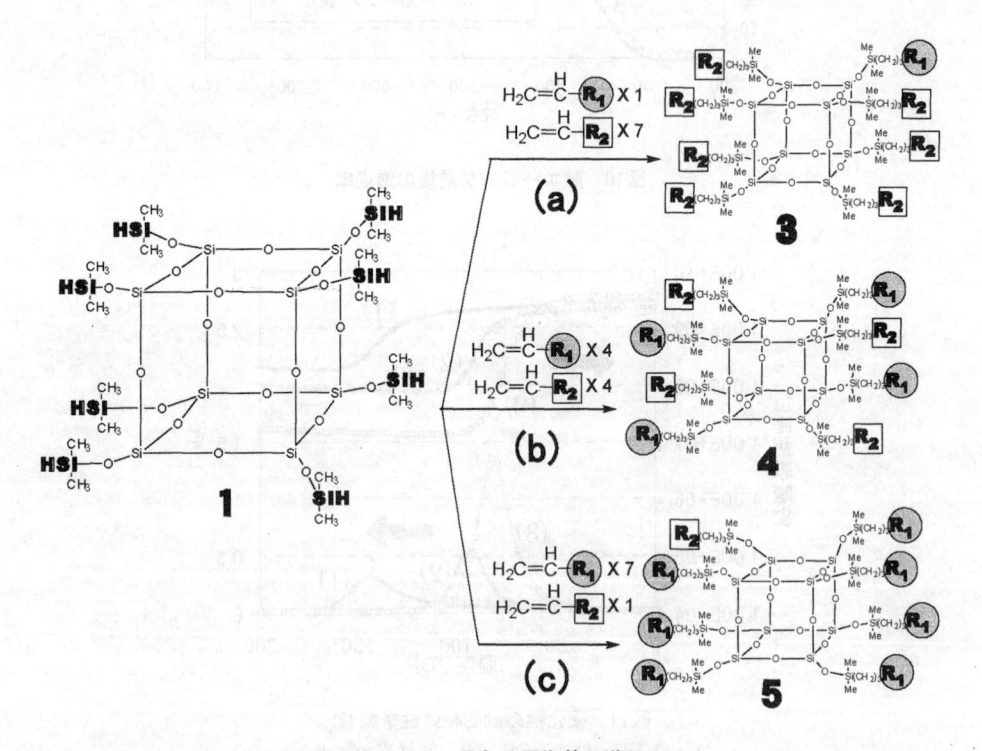

スキーム3　異なる置換基の導入

第 5 章　新規樹脂材料の合成と光学用途への応用（LED 封止材料開発を中心として）

したところ，ほぼ仕込み比と一致していた。これはあくまでも平均した状態でのこととはいえ，ほぼ狙い通りの化合物を得ることができた。このようにして，グリシジル基を 4 基，フェネチル基を 4 基有する SQ 誘導体 (6)（スキーム 4）を用いて LED デバイスを作製し，ヒートサイクル試験を実施したところ，クラックは発生しなかった。しかしながら，現段階では成型体を作る際の硬化時間が非常に長いことなど，ハンドリングに問題があり，今後の課題である。

　さて，SQ-OSiH (1) に異なる置換基の導入は，その比率により屈折率が変わることも判明した。SQ-OSiH (1) にグリシジル基とフェネチル基を導入，あるいはグリシジル基とドデシル基を導入した場合を検討した。図 12 に，グリシジル基以外の置換基の導入率と SQ 誘導体の屈折率を示す。SQ 誘導体上 8 箇所の置換基の全てがグリシジル基の場合の置換基導入率を 0 ％とすると，フェネチル基あるいはドデシル基が全ての置換基に導入された場合を 100 ％とする。検討の結果，導入率の変化とともに屈折率はほぼ直線的に変わった。これは，導入率を定めることで，屈折率が調節できることを意味する。もっとも，導入率を変えれば，硬化物の架橋密度も変わってしま

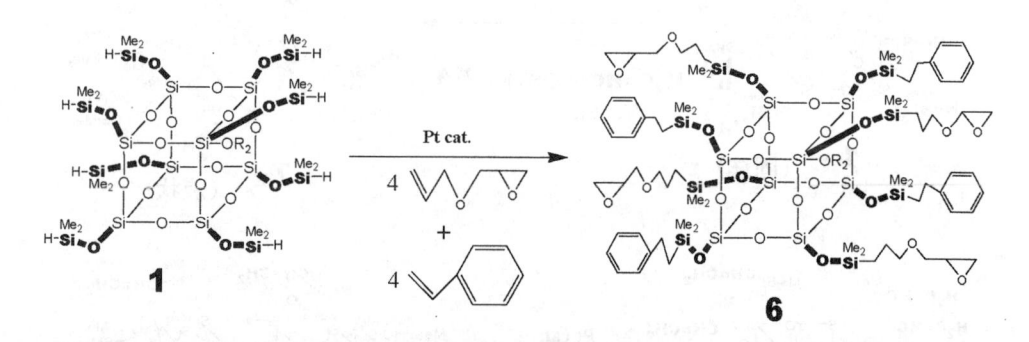

スキーム 4　架橋密度を下げたシルセスキオキサン

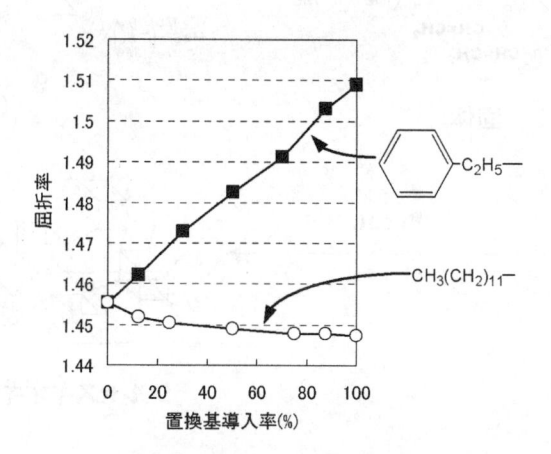

図12　置換基の導入率と屈折率

うので，この手法を応用するには注意が必要であるが，透明材料の開発において，屈折率が調節できる一つの手法が見出せた意義は大きい。

9　シルセスキオキサンのみで硬化させる構造体

これまで述べてきたシルセスキオキサン硬化物は硬化剤として酸無水物である無水メチルーヘキサヒドロフタル酸を使用してきた。その含有率は硬化物全体の約 40 wt.％を占める。ゆえに，酸無水物が物性に与える影響も無視できない。この無水メチルーヘキサヒドロフタル酸の着色状況を調べるために単独で 200 ℃／20 分間の条件で加熱したところ，着色しなかった。しかしな

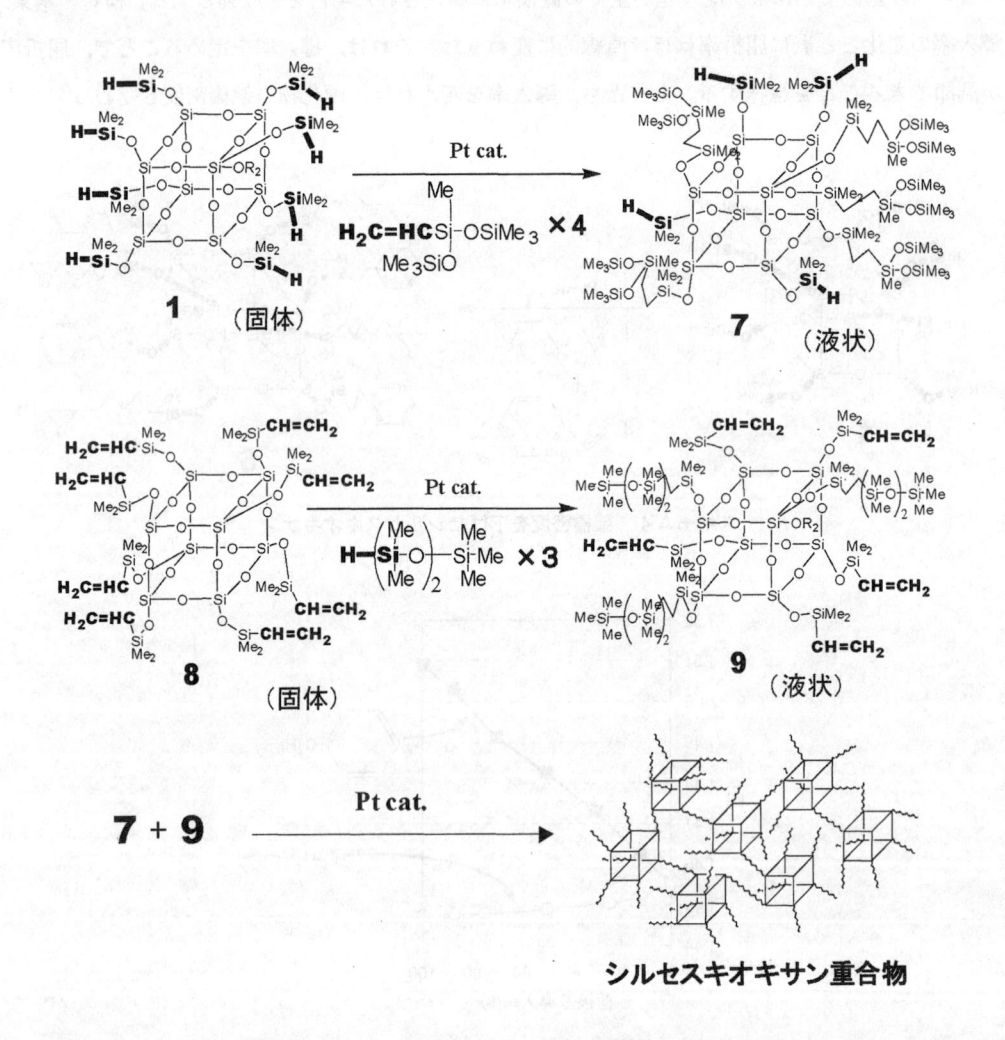

スキーム 5　シルセスキオキサンのみで硬化させる重合体

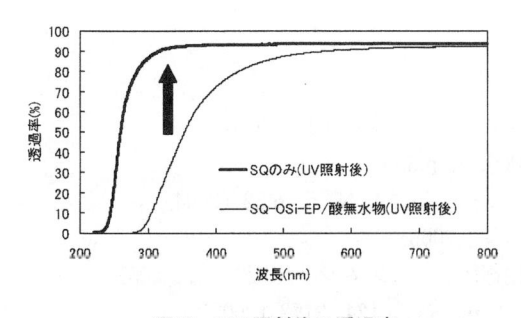

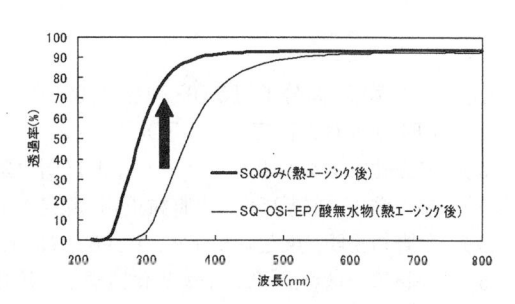

第5章　新規樹脂材料の合成と光学用途への応用（LED封止材料開発を中心として）

図13　UV照射後の透過率

図14　熱エージング後の透過率

がら，硬化促進剤である4級ホスホニウム塩を無水メチル-ヘキサヒドロフタル酸に対して0.5 wt.%添加したところ，10分間加熱しただけで着色した。酸無水物に硬化促進剤を添加すれば，着色の原因になり得る。

　そこで，硬化剤である酸無水物を使わず，シルセスキオキサンのみで重合させるシステム[21]を検討した。合成経路をスキーム5に示す。SQ-OSiH(1)およびSQ-OSiC＝C(8)はともに固体である。目的とする成型体は硬化後に気泡が発生していないことが重要なので，硬化反応は無溶剤とすることを目指した。液状化させるために置換基を導入させ，SQ誘導体(7)及びSQ誘導体(9)を合成した[22]。なお，SQ-OSiC＝C(8)はSQ-OSiH(1)と同じ手法でHMe$_2$SiClの代わりに(CH$_2$＝CH)Me$_2$SiClを使って合成した。液状化物7と9を混合し，ヒドロシリル化反応で硬化させて重合物を得た。硬化物をUV暴露／100時間（図13）および150℃熱エージング／100時間後（図14）で評価した。その結果，透過率の維持状態が改善され，期待通り耐久性は向上した。しかしながら，機械的強度の不足など，今後解決しなければならない問題が残されている。

10　おわりに

　LED封止材の開発を中心に述べてきた。従来ハードコート材など薄膜としての応用が比較的多かったシルセスキオキサンをバルク状の透明成型体として利用することを試みた。クラックの発生など成型体であるがゆえの障害にも遭遇しているが，分子の改造が容易である柔軟さを活かせば，問題は克服できると考えている。

　また，シルセスキオキサンと光学分野のつながりは今後も益々深くなりそうであり，最近でも有機LEDのホール輸送材の開発[23]や透明有機-無機ナノコンポジットフィルムの開発[24]などを一例として，多岐にわたって発展して行くことを期待している。

文 献

1) 大寺泰章, 高分子, **55**(6), 418 (2006)
2) LED照明推進協議会,「LED照明ハンドブック」, オーム社, p.42 (2006)
3) 日立化成テクニカルレポート, 第47号 (2006.7), p.33
4) 橘 浩一, 布上真也, 小野村正明, 東芝レビュー, Vol.59, No.5, p.32 (2004)
5) 小野村正明, 東芝レビュー, Vol.60, No.1, p.9 (2005)
6) 大勝靖一ほか,「高分子の劣化機構と安定化技術」, シーエムシー出版, p.3 (2005)
7) T. Cassagneau and F. Caruso, *J. Am. Chem. Soc.*, **124**, 8172 (2002)
8) 東芝シリコーン, 特許公開, 平11-71462
9) 実験化学講座, 8巻, 高分子化学 (上), p.21
10) 使用溶媒はヘキサン／酢酸エチル混合系が適していた。
11) LED照明推進協議会, 白色LEDの技術ロードマップ (JLEDS Technical Report Vol.1, p.5) (2005)
12) トランジスター技術, 2006年2月号, CQ出版, p.129
13) 広島県立東部工業技術センター研究報告, 第16号 (2003)
14) ASTM D-790
15) −30〜125℃／1000回
16) 小椋一郎, DIC Technical Review No.7, p.8 (2001)
17) 大久保信明, エスアイアイ・ナノテクノロジー, アプリケーションブリーフ DMS, No.15 (1992.5)
18) 室井宗一, 石村秀一,「エポキシ樹脂」, 高分子刊行会, p.169 (2002)
19) I. Hasegawa, K. Ino and H. Ohnishi, *Applied Organometallic Chemistry*, **17**, 287 (2003)
20) J. Choi, J. Harcup, A. F. Yee, Q. Zhu, and R. M. Laine, *J. Am. Chem. Soc.*, **123**, 11420 (2001)
21) C. Zhang, F. Babonneau, C. Bonhomme, R. M. Laine, Christopher L. Soles, Hristo A. Hristov, and Albert F. Yee, *J. Am. Chem. Soc.* **120**, 8380 (1998)
22) 置換基を3箇所ないしは4箇所以上導入すると液状化するが, その理由は定かでない
23) M. Y. Lo, C. Zhen, M. Lauters, G. E. Jabbour, and A. Sellinger, *J. Am. Chem. Soc.* **129**, 5808 (2007)
24) K. Hamilton, L. Wahl, R. Misra, and S. E. Morgan, *Polymer Preprints*, **48**(1), 992 (2007)

第6章　かご型シルセスキオキサンの水素原子包接

岡上吉広*

1　はじめに

シルセスキオキサンには，ケイ酸骨格にかご型構造を有する化合物が知られている。図1に示しているのは，組成式が $(RSiO_{3/2})_n$ ($n = 8, 10, 12$) で表されるかご型シルセスキオキサンであり，Rはかご型シルセスキオキサンの側鎖置換基を表している。側鎖置換基Rとして水素原子やメチル基などの有機官能基をもつ誘導体が数多く知られており，これらの誘導体ではケイ素原子の3つの結合が酸素原子を介して他のケイ素原子と結合していることを示す記号T（T = $Si(O_{1/2})_3$）を用いて表記され，Rがすべて同じ場合には RT_n と略記される。また，ケイ酸の状態分析に用いられてきたトリメチルシリル化誘導体のかご型シルセスキオキサン $[(CH_3)_3SiO]_n(SiO_{3/2})_n$ も

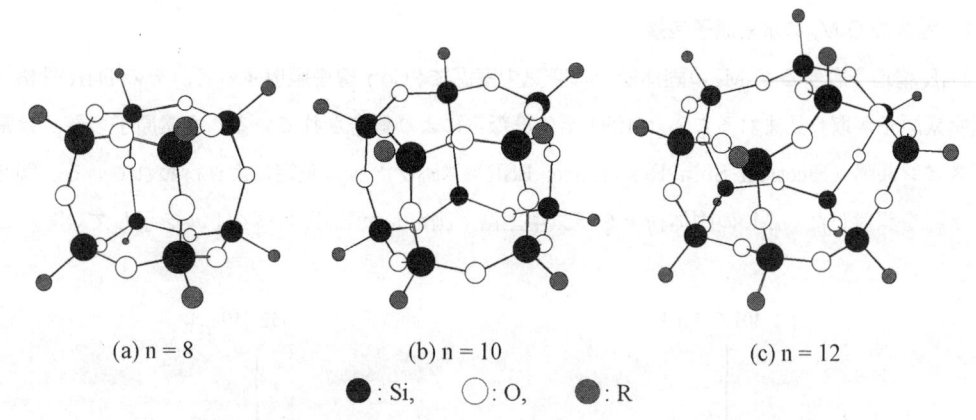

(a) $n = 8$　　　(b) $n = 10$　　　(c) $n = 12$

● : Si,　　○ : O,　　● : R

(a) R = H; HT_8, CH_3; MeT_8, C_2H_5; EtT_8, C_6H_5; PhT_8, $NH_2(CH_2)_3$; APT_8, $(CH_3)_3SiO$; Q_8M_8, $(CH_2=CH)(CH_3)_2SiO$; $Q_8M^{Vi}_8$, $(CH_3)_2HSiO$; $Q_8M^H_8$, $(C_2H_5)(CH_3)_2SiO$; $Q_8M^{Et}_8$, $(C_4H_9)(CH_3)_2SiO$; $Q_8M^{Bu}_8$, $(C_8H_{17})(CH_3)_2SiO$; $Q_8M^{Oc}_8$, $[(CH_3)_4N^+O^-]$; TMAS

(b) R = H; HT_{10}, $(CH_3)_3SiO$; $Q_{10}M_{10}$

(c) R = H; HT_{12}, $(CH_3)_3SiO$; $Q_{12}M_{12}$

図1　RT_n タイプ及び Q_nM_n タイプのかご型シルセスキオキサンの骨格構造

* Yoshihiro Okaue　九州大学　大学院理学研究院　化学部門　助教

よく知られており，図1の側鎖置換基Rがトリメチルシロキシ基（$(CH_3)_3SiO$）に相当する。この化合物では，かご型骨格を構成するケイ素原子は4つの結合がすべて酸素原子を介して他のケイ素原子と結合していることから記号Q（$Q = Si(O_{1/2})_4$）と表記され，さらに側鎖置換基もケイ素原子の1つの結合が酸素原子を介して他のケイ素原子と結合していることから記号M（$M = (CH_3)_3SiO_{1/2}$）と表されて，特別にQ_nM_nと呼ばれている。

これらのRT_n誘導体及びQ_nM_nにおいて，$n = 8$の八量体（RT_8, Q_8M_8）では，主鎖を構成するケイ酸骨格のケイ素原子が図1(a)に示すような二重4員環（Double Four Ring; D4R）構造を取っている。同様に，$n = 10$の十量体（RT_{10}, $Q_{10}M_{10}$）では，主鎖を構成するケイ酸骨格のケイ素原子が図1(b)に示すような二重5員環（D5R）構造を取っている。一方，$n = 12$の十二量体（RT_{12}, $Q_{12}M_{12}$）では，二重6員環（D6R）構造を有するシルセスキオキサンは合成することが困難であり，図1(c)に示すような4つの4員環と4つの5員環からなる誘導体が知られている。

2 Q_8M_8の水素原子包接

2.1 固体のQ_8M_8の水素原子包接[1, 2]

D4R構造を有するQ_8M_8の固体粉末に空気中室温で^{60}Coγ線を照射すると，そのD4R骨格内に水素原子が取り込まれることが1994年に笹森らにより報告されている。水素原子の確認は電子スピン共鳴（Electron Spin Resonance; ESR）スペクトルの測定により行われている。図2にγ線を照射したQ_8M_8の固体粉末を空気中室温で測定したESRスペクトルを示している。こ

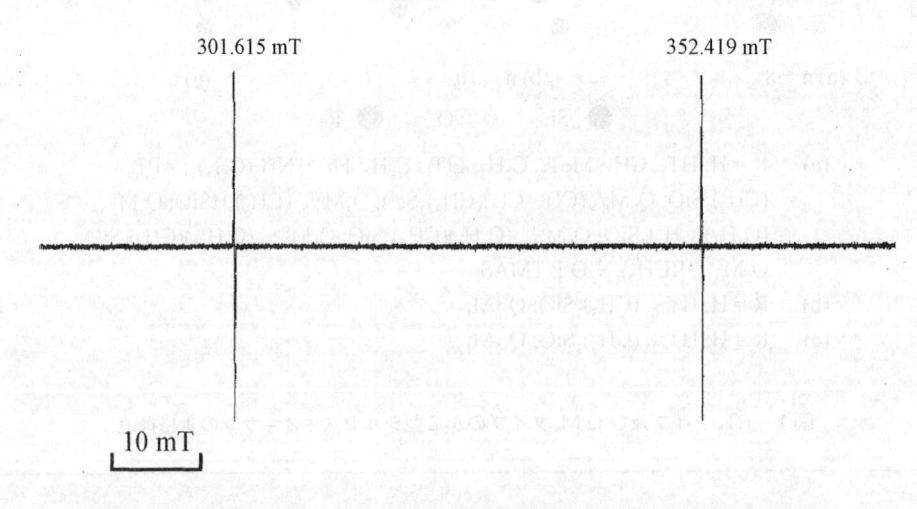

図2 ^{60}Coγ線を照射したQ_8M_8の固体粉末の空気中室温におけるESRスペクトル

第 6 章　かご型シルセスキオキサンの水素原子包接

れは水素原子の電子スピン遷移に由来するシグナルが，水素の核スピン（I = 1/2）により 2 本に分裂した典型的な水素原子のスペクトル形状である。このスペクトルから得られた ESR パラメータ（g = 2.0022, A = 1415.3 MHz）は，ともに free state の水素原子の値[3]（g = 2.002256, A = 1420.40573 MHz）に近く，かなり自由な運動状態にあると考えられている。図 3 には，図 2 の高磁場側のシグナルを拡大して示す。中央の強いシグナルの両側に 0.96 mT の間隔でスピンフリップ[4]による弱いサテライトピークが観測されている。この Q_8M_8 の水素原子の捕捉率について，γ 線の照射線量が 100 kGy の時の Q_8M_8 固体粉末中の水素原子の ESR シグナルから，Q_8M_8 1 分子あたりのスピン密度が 4.3×10^{-5} と求められており，水素原子を取り込んだ Q_8M_8 は全体の 2 万分の 1 程度であることが示されている。

γ 線を照射した Q_8M_8 を室温で放置しても水素原子由来の ESR シグナルは数年に渡って観測されることから，Q_8M_8 に取り込まれた水素原子は長期間安定に存在することが確認されており，水素原子が D4R 骨格内に包接されて，外部環境から保護される形でかご型ケイ酸骨格内に安定に捕捉されていると考えられている。さらに，水素原子を包接した Q_8M_8 のジエチルエーテル溶液やヘキサン溶液から，再結晶により得られた固体の Q_8M_8 についても同じ ESR シグナルが観測されることが示されている。そこで，γ 線照射により水素原子を包接させた Q_8M_8 から再結晶法により単結晶を作成し，ESR スペクトルの角度依存性について測定を行った結果，ESR シグナルの角度依存性は見られず，g 値などの ESR パラメータは等方的であった。このことから包接された水素原子は Q_8M_8 の D4R 骨格内の等方的な位置，すなわちかご型構造の中心に位置していると考えられている。D4R の Q_8M_8 よりも小さな二重 3 員環（D3R）構造の Q_6M_6 については水素原子の包接は確認されなかったことから，D4R のかご型構造内部の空間が水素原子の大きさに適したサイズであることが示唆されている。

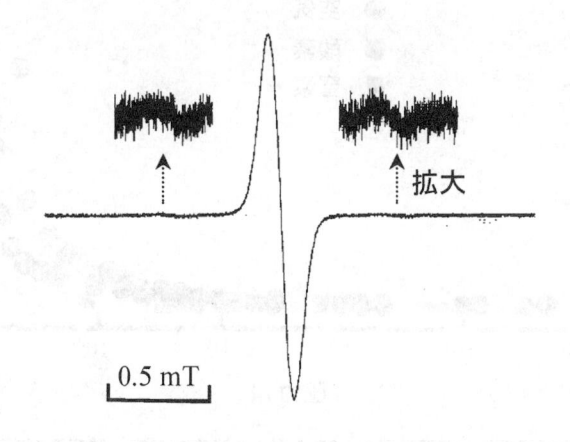

図 3　図 2 の ESR スペクトルの高磁場側シグナル（右側）の拡大図

水素原子を包接した Q_8M_8 固体粉末の ESR シグナルは，100 ℃以下では温度の上昇や下降により ESR パラメータの g 値と A 値がわずかに変化するものの，温度変化を繰り返しても ESR シグナルの再現性がみられ，水素原子は Q_8M_8 のかご型骨格内に安定に包接されたままである。しかしながら，150 ℃まで加熱すると水素原子の ESR シグナルが消失し，その後温度を下げても元のシグナルは得られず，D4R 骨格内に包接された水素原子が脱離することが確認されている。

図4には空気圧，酸素圧，窒素圧を変えた時の包接水素原子の ESR シグナル強度の変化を示している。2 Pa から大気圧の範囲でシグナル強度の酸素分圧に対する依存性が見られるとともに，酸素分圧を元に戻すと同じシグナルが得られることから，圧力変化に関しても再現性が確認されている。サイズが小さくかつ反応性の高い水素原子は，通常では室温においてでさえ安定に存在することが不可能であるのに対して，Q_8M_8 に取り込まれた水素原子は 100 ℃程度の高温条件下や 2 Pa 程度の高真空下においても安定であり，Q_8M_8 の D4R 骨格が水素原子の安定化に大きく寄与していることが分かる。また，図4において ESR シグナル強度が磁性を示さない窒素分子の影響を受けないのに対して，酸素分子の分圧に依存する理由としては，常磁性の三重項酸素分子から生じる局所磁場の影響により D4R に包接された水素原子の感じる磁場がゆらぐために，スピン－格子緩和に変化が現れ，ESR シグナル強度の変化，すなわち ESR シグナルの飽和挙動が変化するものと考えられる。言い換えると，水素原子は D4R かご型構造の内部に安定に包接されており，D4R 骨格の外側にある常磁性酸素分子と化学反応することなく磁気的相互作

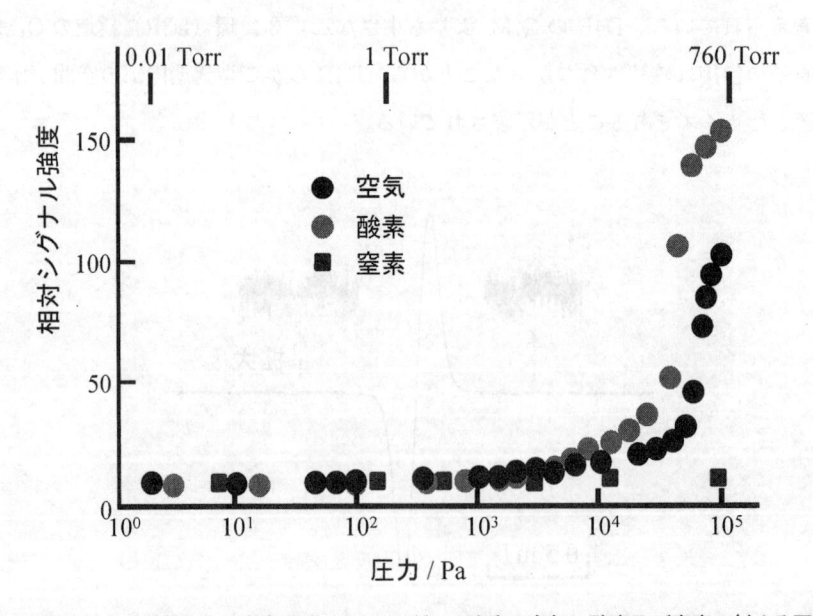

図4 Q_8M_8 固体粉末に捕捉された水素原子の ESR シグナル強度の空気，酸素及び窒素に対する圧力依存性

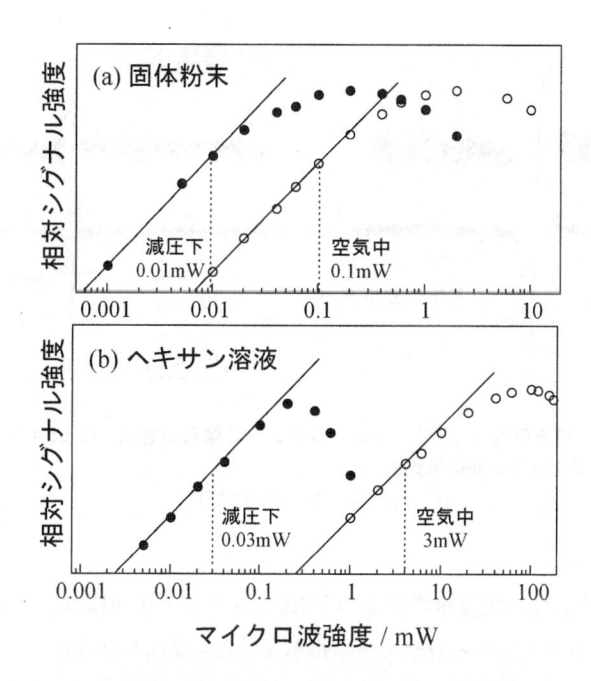

第6章　かご型シルセスキオキサンの水素原子包接

図5 Q_8M_8 包接水素原子の空気中及び減圧下での ESR シグナル強度のマイクロ波強度依存性
(a) 固体粉末, (b) ヘキサン溶液

用を示し，ESR シグナルの緩和過程における飽和現象が変化する。図5(a)には，Q_8M_8固体粉末に捕捉された水素原子の空気中及び減圧下での ESR シグナル強度のマイクロ波強度依存性を示している。減圧下での飽和マイクロ波強度 0.01 mW が空気中の常磁性酸素分子の影響により 0.1 mW へと大きくなっており，包接水素原子の ESR 緩和挙動に変化が見られている。また，Q_8M_8 固体粉末に捕捉された場合の水素原子由来の ESR シグナルの半値幅（ピークからピークまでの幅；ΔH_{pp}）は約 0.1 mT であり（図3），酸素の有無によりほとんど変化しない。

2.2　水素原子を包接した Q_8M_8 の溶存状態における特徴

この D4R かご型ケイ酸骨格内への包接は，水素原子由来の ESR シグナルが固体状態だけでなく溶存状態でも観測されることからも裏付けられる[1, 2]。水素原子を包接した Q_8M_8 のジクロロメタン溶液やヘキサン溶液について，空気中室温で測定した ESR スペクトルは図2とほぼ同じであるが，シグナルを拡大することでその違いが確認できる。図6(a)にγ線を照射した Q_8M_8 のジクロロメタン溶液について，高磁場側の ESR シグナルを拡大して示している。図6(a)のジクロロメタン溶液のシグナルでは，図3の固体粉末の場合に比べて線幅が若干減少し，小さなショルダーが観測されている。その一方で，スピンフリップによる弱いサテライトピークは見られていない。

279

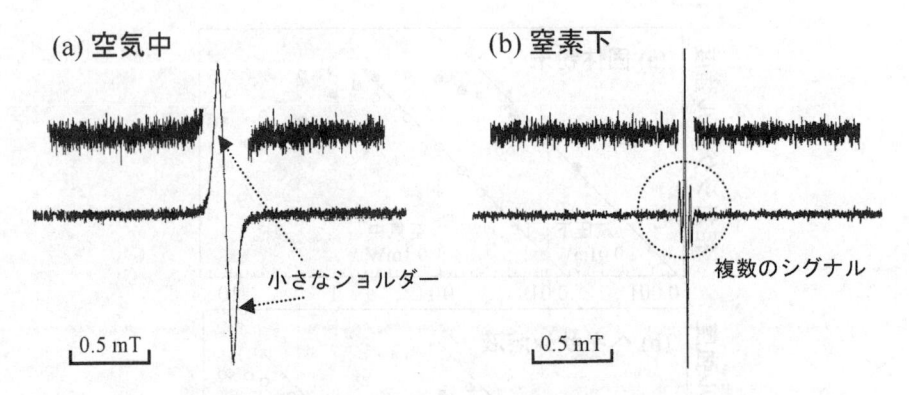

図6 ^{60}Co γ 線を照射した Q_8M_8 のジクロロメタン溶液の室温でのESRスペクトルの高磁場側シグナルの拡大図
(a) 空気中, (b) 窒素下

　図6(a)の空気中室温での包接水素原子のESRシグナルの半値幅は約0.08 mTであるが，酸素分子の存在量が少なくなるにつれて半値幅が小さくなる傾向が見られ，それに伴い細くなった中央のシグナルの両側に複数のショルダーが現れ，真空下または窒素下ではさらに線幅が減少し，図6(b)に示すようにショルダーがピークとして観察されてくる。図7には，室温窒素下で測定したESRスペクトルの高磁場側のシグナルをさらに拡大して示している。中央のシグナルの半値幅は約0.01 mTとなり，その両側に分裂幅が約0.07 mTで新たな2本線が現われ，さらにこの新たなシグナルの外側にも等間隔で非常に弱いシグナルが現われている。これは常磁性の三重項酸素分子が無くなり，包接水素原子と酸素分子との磁気的相互作用による線幅の拡大が解消されて，隠れていた微小なシグナルが確認できるようになったためである。この新たに観測されたシグナルは，D4R骨格を形成している8個のケイ素原子の中のいくつかが核スピン（$I = 1/2$）

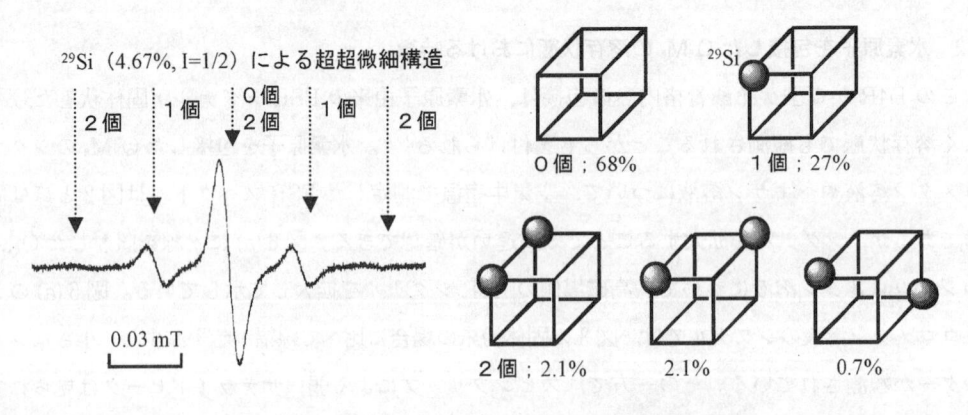

図7 図5(b)の拡大図と ^{29}Si による超超微細構造の帰属

第6章 かご型シルセスキオキサンの水素原子包接

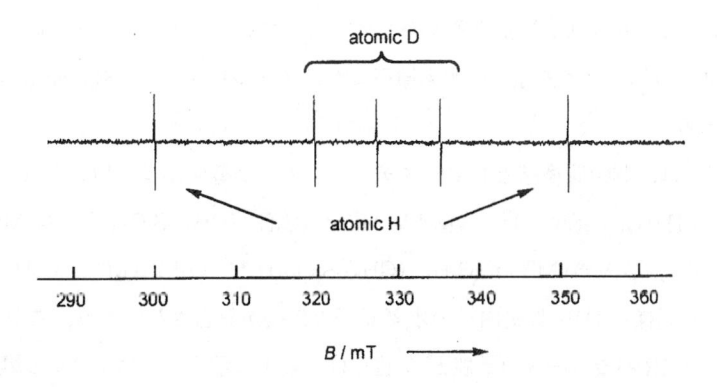

図8 重水素化したヘキサンに懸濁させて室温でγ線を照射したQ_8M_8のESRスペクトル[6]

を持つ天然存在比4.67％の^{29}Si原子であることに由来する超超微細構造で，中央の大きなシグナルのすぐ外側の2本線は主に8個のケイ素原子のうち1個が^{29}Siのものに，その外側の非常に弱いシグナルは主に2個が^{29}Siのものに帰属できる[4]（図7）。これらのESRシグナルの線形，線幅，酸素分子との相互作用は，溶存状態では固体粉末の場合に比べて酸素分子の影響が非常に大きいことが確認されており，また低磁場側のシグナルについても同様である。図5(b)には，Q_8M_8の包接水素原子のヘキサン溶液中における空気中及び減圧下でのESRシグナル強度のマイクロ波強度依存性を示している。減圧下での飽和マイクロ波強度0.03 mWが酸素分子の影響により3 mWまで増大しており，包接水素原子のESRシグナルの飽和挙動，すなわち緩和過程に及ぼす酸素分子の影響が固体粉末の場合よりも大きいことが確認できる。

一方，林野らはQ_8M_8へのγ線照射をヘキサン中で行い，溶液を液体窒素温度（77 K）で凍らせた場合には水素原子の包接が見られるのに対して，室温の溶液では水素原子の包接が起こらないことを報告している[5]。また溶媒のヘキサンをごく少量にして懸濁状態にすると，室温でも水素原子の包接が起こり，重水素化したヘキサンを用いると水素原子と重水素原子がともに捕捉されることを報告している[5,6]（図8）。このことは包接される水素原子は側鎖置換基のトリメチルシロキシ基のメチル基の水素に由来するものの，γ線照射の条件によっては溶媒の官能基の水素も発生源になり得ることを示している。

3 側鎖置換基の異なるD4Rかご型シルセスキオキサンへの水素原子包接

γ線照射によるQ_8M_8のD4R骨格内への水素原子の取り込みが報告された後，同様な手法を用いて側鎖置換基の異なるD4Rかご型シルセスキオキサンに水素原子を包接させた研究が報告されている。本項では図1に示したかご型シルセスキオキサンを，以下の2つのタイプに分類す

る。Q_8M_8 のようにシリル基が酸素原子を介して結合しているタイプと，RT_8 のようにかご型シルセスキオキサン骨格のケイ素原子に水素原子またはメチル基などの有機官能基が直接結合しているタイプである。

Q_8M_8 タイプでは，側鎖置換基としてジメチルシロキシ誘導体が多く用いられている。$Q_8M^{Vi}{}_8$ ($M^{Vi} = (CH_2=CH)(CH_3)_2SiO_{1/2}$)[2)], $Q_8M^{Et}{}_8$ ($M^{Et} = (C_2H_5)(CH_3)_2SiO_{1/2}$)[7)], $Q_8M^{Bu}{}_8$ ($M^{Bu} = (C_4H_9)(CH_3)_2SiO_{1/2}$)[7)], $Q_8M^{Oc}{}_8$ ($M^{Oc} = (C_8H_{17})(CH_3)_2SiO_{1/2}$)[7, 8)], $Q_8M^H{}_8$ ($M^H = (CH_3)_2HSiO_{1/2}$)[9)] について，Q_8M_8 と同様な D4R 骨格内への水素原子の包接が報告されており，これらの誘導体の包接水素原子の ESR パラメータ（g 値と A 値）は，表 1 に示すように Q_8M_8 の場合と明確な差が見られないことが，その特徴としてあげられる。このことはヘキサン溶液中で得られた ESR パラメータについても同様である（表 1）。しかしながらヘキサン溶液では，液体の $Q_8M^{Bu}{}_8$ や $Q_8M^{Oc}{}_8$ の場合と同様に，半値幅 ΔH_{pp} に及ぼす酸素分子の影響が固体の場合と比べて大きいことが確認されている。また，Q_8M_8 のトリメチルシロキシ基の水素原子を重水素に置換した Q_8M_{D8} ($M_D = (CD_3)_3SiO_{1/2}$) についても γ 線照射による D4R 骨格内への水素原子の取り込みが検討されており[4)]，この場合には重水素原子のみが取り込まれることから，包接される（重）水素原子の由来が側鎖置換基の（重）水素であることが確認されている。

表 1 シルセスキオキサンに包接された水素原子の ESR パラメータ（室温）

シルセスキオキサン	状態	g 値	A 値/MHz	半値幅(ΔH_{pp})/mT
Q_8M_8(空気中)	固体粉末	2.0027	1415.2	0.10
Q_8M_8($<10^{-5}$Torr)	固体粉末	2.0027	1415.7	0.10
$Q_8M^{Et}{}_8$(空気中)	固体粉末	2.0027	1415.6	0.10
$Q_8M^{Et}{}_8$($<10^{-5}$Torr)	固体粉末	2.0026	1415.7	0.10
$Q_8M^{Bu}{}_8$(空気中)	粘性液体	2.0027	1415.6	0.05
$Q_8M^{Bu}{}_8$($<10^{-5}$Torr)	粘性液体	2.0027	1415.3	0.01
$Q_8M^{Oc}{}_8$(空気中)	粘性液体	2.0027	1415.2	0.07
$Q_8M^{Oc}{}_8$($<10^{-5}$Torr)	粘性液体	2.0027	1415.3	0.01
$Q_8M^H{}_8$(空気中)	固体粉末	2.0027	1415.7	0.10
$Q_8M^H{}_8$($<10^{-5}$Torr)	固体粉末	2.0028	1415.2	0.10
HT_8(空気中)	固体粉末	2.0031	1409.8	0.19
HT_8($<10^{-5}$Torr)	固体粉末	2.0031	1409.7	0.19
Q_8M_8(空気中)	ヘキサン溶液	2.0027	1415.6	0.08
Q_8M_8($<10^{-5}$Torr)	ヘキサン溶液	2.0027	1415.7	0.01
$Q_8M^{Et}{}_8$(空気中)	ヘキサン溶液	2.0027	1415.3	0.08
$Q_8M^{Et}{}_8$($<10^{-5}$Torr)	ヘキサン溶液	2.0028	1415.2	0.01
$Q_8M^{Bu}{}_8$(空気中)	ヘキサン溶液	2.0028	1415.9	0.08
$Q_8M^{Bu}{}_8$($<10^{-5}$Torr)	ヘキサン溶液	2.0028	1415.5	0.01
$Q_8M^{Oc}{}_8$(空気中)	ヘキサン溶液	2.0028	1415.8	0.07
$Q_8M^{Oc}{}_8$($<10^{-5}$Torr)	ヘキサン溶液	2.0028	1415.5	0.01

ヘキサン溶液はすべて 0.1 mol L^{-1}

第6章 かご型シルセスキオキサンの水素原子包接

一方，RT_8 タイプでは，側鎖置換基が水素である $HT_8{}^{4,10)}$，メチル基である $MeT_8{}^{4,10)}$，エチル基である $EtT_8{}^{4)}$，フェニル基である $PhT_8{}^{4)}$ などが用いられており，重水素置換誘導体 $DT_8{}^{4)}$ についても研究が行われている。これらの場合にも同様な水素原子または重水素原子の取り込みが確認されているが，HT_8 の場合，表1に示すように包接水素原子の ESR パラメータ（g 値，A 値，半値幅）に Q_8M_8 タイプの場合と明確な差が見られている。これは，RT_8 タイプでは側鎖置換基が D4R 骨格のケイ素原子に直接結合しているために，Q_8M_8 タイプと比べると側鎖置換基が D4R ケイ酸骨格に対してより大きな影響を与えており，包接水素原子の環境に反映されやすいためと考えられる。

HT_8 については，待鳥ら[11)]により水素原子の包接状態及び脱離過程に関する分子軌道計算が行われており，水素原子が D4R 骨格内に捕捉されても D4R かご型骨格にはほとんど変化が見られないこと，また D4R 骨格からの水素原子の脱離過程では水素原子が4個のケイ素と4個の酸素で構成されている D4R の4員環窓構造の酸素原子を外側に押し拡げて脱離することが示されている。

さらに，水溶性の D4R かご型シルセスキオキサンとして，側鎖置換基にアミノプロピル基を有する APT_8 (AP = $(CH_2)_3NH_2$) の塩酸塩が合成され，同様な水素原子の包接が確認されている。また水素原子を包接した APT_8 の水溶液についても，ESR シグナルが観測できることが報告されている[12)]。同様に，Q_8M_8 の出発原料として用いられるテトラメチルアンモニウムケイ酸塩 (TMAS; $\{[(CH_3)_4N]^+\}_8[O^-(SiO_{3/2})]_8$) も水溶性の D4R かご型シルセスキオキサンと見なすことができるが，水素原子の捕捉率は非常に低く，結晶中の多数の水分子の影響が指摘されている[13)]。

4 拡大サイズかご型シルセスキオキサンへの水素原子包接[14, 15)]

D4R かご型シルセスキオキサンよりも大きなかご型構造を有するシルセスキオキサンについても，D4R と同様な水素原子の包接が報告されている。図1(b, c) の Q_8M_8 タイプの $Q_{10}M_{10}$ 及び $Q_{12}M_{12}$，RT_8 タイプの HT_{10} 及び HT_{12} について，γ 線照射によるかご型骨格内への水素原子の取り込みが確認されている。

D4R 構造では6つの面すべてが包接水素原子の大きさよりも小さい4員環の窓であるのに対して，十量体の $Q_{10}M_{10}$ 及び HT_{10} の D5R 構造では，5つの4員環の窓に加えて2つの5員環の窓をもっている。この5員環の窓径は水素原子よりもやや小さい程度であり，4員環よりも熱振動による水素原子の脱離が起こりやすいものと考えられている。実際に，D4R では 100 ℃程度まで安定な包接水素原子が，D5R ではかなり低温の −100 ℃程度までのみ安定である。一方，十二量体の $Q_{12}M_{12}$ 及び HT_{12} では，4つの5員環と4つの4員環をもつ誘導体について検討が行

表2 水素原子脱離の活性化エネルギーと水素原子のESRパラメータ (100 K)

シルセスキオキサン	活性化エネルギー/kJ mol^{-1}	g 値	A 値/MHz
Q_8M_8	109.6 ± 3.1[4]	2.0032[2]	1418.1[2]
$Q_{10}M_{10}$	50.4 ± 3.9[14]	2.0028[14]	1416.3[14]
$Q_{12}M_{12}$	55.6 ± 5.2[14]	2.0027[14]	1413.7[14]

われており,包接水素原子は−80℃程度まで安定である。表2には,Q_8M_8,$Q_{10}M_{10}$,$Q_{12}M_{12}$からの水素原子脱離の活性化エネルギーと100 K で測定した ESR パラメータ（g 値,A 値）を示している。この結果から,包接水素原子が安定な温度領域の違いは,かご構造の窓の大きさによる包接水素原子の脱離過程における活性化エネルギーの違いに起因するものと考えられる。また,シルセスキオキサンのかご構造のサイズが大きくなるにつれて,g 値と A 値がともに小さくなっている。これは,かご構造内の空間サイズの違いにより水素原子の束縛状態が変化して,これらの ESR パラメータに反映されているものと考えられる。

5 その他の研究

前述の Q_8M_8 の包接水素原子の磁気的相互作用に関連して,常磁性金属イオンとの相互作用について検討が行われている。一例として,図9に窒素下のジクロロメタン溶液中における Q_8M_8 に包接された水素原子の ESR シグナル強度のマイクロ波強度依存性に及ぼすガドリニウム (III) アセチルアセトン錯体（Gd(acac)$_3$・3H$_2$O）の影響について示している[9,16]。常磁性酸素分子の場合と同様に,飽和マイクロ波強度がガドリニウム (III) 錯体の存在しない場合の 0.04 mW から 20 mW へとかなり大きくなっていることから,Q_8M_8 の包接水素原子の ESR 緩和挙動がガドリ

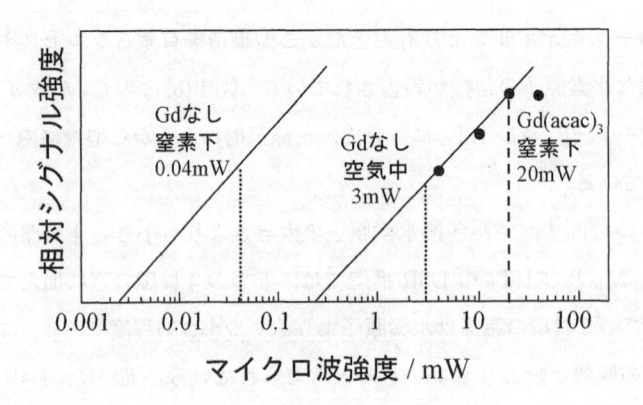

図9 窒素下ジクロロメタン溶液中における Q_8M_8 包接水素原子の ESR シグナル強度のマイクロ波強度依存性に及ぼすガドリニウム (III) アセチルアセトン錯体の影響

第6章　かご型シルセスキオキサンの水素原子包接

ニウム(III)錯体との磁気的相互作用によって大きな影響を受けていることが分かる。

　かご型シルセスキオキサンが水素原子以外の物質を包接する例として，側鎖置換基がフェニル基である PhT_8 について，D4R骨格内にフッ化物イオンが包接されることがNMRにより示されており，さらにX線単結晶構造解析からフッ化物イオンがD4R骨格の中心に位置していることが確認されている[17]。

文　　献

1) R. Sasamori, Y. Okaue, T. Isobe, Y. Matsuda, *Science*, **265**, 1691 (1994)
2) 笹森理一, 修士論文（九州大学）(1994)
3) S. N. Foner, E. L. Cochran, V. A. Bowers, C. K. Jen, *J. Chem. Phys.*, **32**, 963 (1960)
4) M. Päch, R. Stösser, *J. Phys. Chem. A*, **101**, 8360 (1997)
5) Y. Hayashino, T. Isobe, Y. Matsuda, *Inorg. Chem.*, **40**, 2218 (2001)
6) Y. Hayashino, T. Isobe, Y. Matsuda, *Chem. Phys. Chem.*, 748 (2001)
7) 松門洋子, 岡上吉広, 横山拓史, 松田義尚, 第36回化学関連支部合同九州大会講演予稿集, 50 (1999)
8) 松門洋子, 岡上吉広, 横山拓史, 松田義尚, 第37回ESR討論会講演要旨集, 119 (1998)
9) 岡上吉広, 横山拓史, 希土類, **50**, 166 (2007)
10) 出口創, 修士論文（九州大学）(1996)
11) M. Mattori, K. Mogi, Y. Sakai, T. Isobe, *J. Phys. Chem. A*, **104**, 10868 (2000)
12) 濱崎信也, 岡上吉広, 横山拓史, 松田義尚, 第36回化学関連支部合同九州大会講演予稿集, 49 (1999)
13) 栗山太, 修士論文（九州大学）(1998)
14) 古井陽, 修士論文（九州大学）(1999)
15) Y. Matsuda, *Appl. Magn. Reson.*, **23**, 469 (2003)
16) 岡上吉広, 磯部敏幸, 希土類, **42**, 186 (2003)
17) A. R. Bassindale, M. Pourny, P. G. Taylor, M. B. Hursthouse, M. E. Light, *Angew. Chem. Int. Ed.*, **42**, 3488 (2003)

第7章　金属含有シルセスキオキサンの触媒への応用

和田健司[*]

1　緒言

シルセスキオキサンの一種である,T_8ケージ等の籠状,または半籠状の構造を有するオリゴマーは,一般に有機溶媒に可溶であり,熱的・化学的な安定性に優れるといった特徴を有している[1~6]。また,これらは,Linde Type-Aのようなゼオライトあるいはシリカ表面と極めて類似した部分構造を有している。特に,シロキサン骨格内に他の金属種を含有する籠状シルセスキオキサンは,触媒として広く実用に用いられている金属含有ゼオライトやシリカ担持触媒の,有機溶媒に可溶な「モデル分子」とみなすことが出来る興味深い化合物である[7~13]。

籠状の金属含有シルセスキオキサンは1980年代後半に初めて合成された[14]が,当初はこれらの特性から,もっぱらゼオライトあるいはシリカ系固体触媒のモデル物質の観点から,あるいは新しいタイプの均一系触媒としての観点から興味が注がれてきた。特に1997年以降は,アルケンのエポキシ化反応や重合反応に対する触媒機能に焦点を絞った研究が進められている[8,10,12,13]。その一方で,最近になってこうした分子をナノサイズの分子ユニットとして考え,これらを活用した不均一系触媒の開発も注目される様になってきた。筆者らを含め,複数のグループが,高度に制御されたナノおよびミクロ構造を有し,優れた触媒機能を示す前例のないタイプの新触媒を開発している[12,13]。

本稿では,籠状金属含有シルセスキオキサンに特に注目して,これらの均一系あるいは不均一系触媒としての機能について解説するとともに,シルセスキオキサン配位子を保護基として活用したナノクラスター触媒や,これらを注意深く焼成して得られるシリカ系触媒についても論じる。なお,最近有機部位を骨格構造内に含むメソポーラスシリカ等が合成され,金属種を含むものについては触媒活性が検討されている[15]。これらもシルセスキオキサンの範疇に入るが,本稿では籠状構造を有するものに絞って紹介する。

---

[*]　Kenji Wada　京都大学　工学研究科　講師

第 7 章　金属含有シルセスキオキサンの触媒への応用

2　不完全縮合シルセスキオキサンの合成

　大部分の籠状の金属含有シルセスキオキサンは，不完全に縮合した半籠状シルセスキオキサンを前駆体として調製されている。こうしたシラノール基を有する不完全縮合体の合成については，1960年代から報告例がある。Brown らはアセトン－水系でのシクロヘキシルトリクロロシランの加水分解・脱水縮合，引き続いて各種溶媒に対する溶解度の差異を活用した分離操作を施すことで，T_8 ケージの頂点のひとつが欠落した不完全に縮合した7量体 1a が得られることを示した[16]。この分子内の3つのシラノール基はいずれも *endo* 配向していることが特徴的である。

　このように古くから不完全縮合シルセスキオキサンが合成されていたにもかかわらず，合成に極めて長時間を要することが多く，さらなる応用は長らく進まなかった。しかし，1991年に Feher らは，シクロペンチル基あるいはシクロヘプチル基を有する同構造のシルセスキオキサン（1b および 1c）が1週間程度で合成できることを示した[17]。ノルボルニル基を有するテトラシラノールの合成[18]なども報告されている。これらはいずれもクロロシランの加水分解時に発生する塩酸が酸触媒として機能しているものと考えられるが，アルコキシシランを塩基存在下で処理することによっても，不完全縮合型の分子を高収率で得られる。例えば，ダブルデッカー型の不完全縮合分子 2 の高選択的合成法が報告されている[19]。

　このように，以前は合成が困難であった不完全縮合籠状シルセスキオキサンについても，最近になって効率的な合成法が見出されているが，なお製造コストが問題となる場合が多く，より優れた製造手法の開発が求められている。

1a (Cy = *c*-C_6H_{11})
1b (Cy = *c*-C_5H_9)
1c (Cy = *c*-C_7H_{13})

2

スキーム 1

3 シリカとの構造類似性

不完全縮合シルセスキオキサンのシラノール基の構造について，シリカ等との比較検討がなされている。Feher らは X 線結晶構造解析データを元にトリシラノール **1a** の OH 基のジオメトリーを β-クリストバライトの表面シラノールと比較し，構造的には極めて類似していることを示した[7]。また Krijnen らは，種々のジオメトリーの OH 基を有するシルセスキオキサンを活用して，脱アルミしたゼオライトに見られる 3500 cm^{-1} 付近および 3700 cm^{-1} 付近の FTIR バンドの帰属について検討し，前者を hydroxy nest，後者を hydroxy pair に依るものとする帰属の妥当性を示した[20]。さらに，一連の水素結合様式を有する OH 基を有する不完全縮合シルセスキオキサンの FTIR スペクトルを比較・検討し，より強固な水素結合ネットワークを形成できるポリシラノールが，より強い Brönsted 酸性を有することを示した[21]。これは従来のシリカにおける検討結果と一致する[22]。

4 金属含有シルセスキオキサンの合成と均一系触媒としての機能開発

これら籠状シルセスキオキサンに触媒機能を附与するためには，触媒活性点としての機能を有する金属種の導入が欠かせない。適切な金属種前駆体を用いることで，不完全縮合シルセスキオキサンの骨格欠損部位に金属種を導入できる[7~13]。特に典型元素や前周期遷移金属種の導入は比較的容易であり，最初の金属含有シルセスキオキサンは Zr 種を含むものであった[14]。また，希土類元素の導入の成功例もある[23]。一般に反応性の高いアルキル金属種などをシラノールに作用させるか，あるいは塩基存在下における金属ハロゲン化物とシラノールとの反応などによって Si-O-M 結合が形成される。一部の Mo 種の様に，直接シラノール基と反応させることが困難である場合に，一旦 Tl や Li 等を導入し，その後トランスメタル化反応によって目的の金属種が導入される場合もある[24]。

一般に高性能均一系触媒の開発のためには，活性点の電子的・立体的なミクロ構造の最適化が必須である。シルセスキオキサンの触媒作用に関する検討は，1990 年代中ごろからアルケンの重合を対象として始まり，V 含有シルセスキオキサン(**3**)とアルキルアルミニウムの組み合わせ[25]や，Cr を含む分子(**4**)[26]，Ti と Mg のバイメタリックな触媒(**5**)[27]，および Ti，Zr といった第 4 族遷移金属種を含む触媒を焦点とする検討が加えられた（一例を **6** に示した）[28~31]。こうしたシルセスキオキサンの重合反応への適用については既に詳細な総説が上梓されているので，参照されたい[10]。

第7章 金属含有シルセスキオキサンの触媒への応用

3 (Cy = c-C_6H_{11})

4 (Cy = c-C_6H_{11})

5 (Cy = c-C_6H_{11})

6 (Cy = c-C_5H_9, Y = B($CH_2C_6H_5$)(C_6F_5)$_3$)

スキーム 2

　金属含有シルセスキオキサンとシリカ担持触媒における反応特性およびスペクトルの結果を比較検討することで，固体触媒上の活性種の構造や反応機構の解明に結びつける試みも進められている。例えば，シリカ担持 Re カルボニル触媒はメタセシスに良く用いられるが[32]，その表面構造を明らかにするため，モデルとなるシルセスキオキサン ($Cy_7Si_7O_{12}$Si-O-Re(CO)$_5$, Cy = c-$C_6$$H_{11}$, **7a**) が合成された。これはシリカ担持触媒上で Re(CO)$_5$OSi 種が発生することを示唆するものである[33]。なお，**7a** は 298 K で不可逆的に CO 配位子を失って，Re$_2$(CO)$_8$(μ-OR)$_2$ 型の Re 種を有する安定な二量体 **7b** を形成する。

一方 Basset らは，シリカ表面に固定化した前周期遷移金属錯体触媒によるアルカンのメタセシス反応等を報告しているが，彼らはこうした触媒において想定されている表面活性種に類似した金属含有シルセスキオキサンを合成し，両者のスペクトルの比較によって表面活性種の構造を推定している[34]。例えば，高温で真空排気処理したシリカに Mo 錯体（[Mo(= NAr)(= CH^{t}Bu)(CH$_2^t$Bu)$_2$], Ar = 2,5-^{i}Pr$_2$C$_6$H$_4$）を反応させると，2,2-dimethylpropane の生成を伴い，表面に Si-O-Mo(= NAr)(= CH^{t}Bu)(CH$_2^t$Bu) なる種が生成しているものと考えられる固体触媒が得られる。特に固体 ^{13}C CP-MASS NMR の解析において，対応するシルセスキオキサン

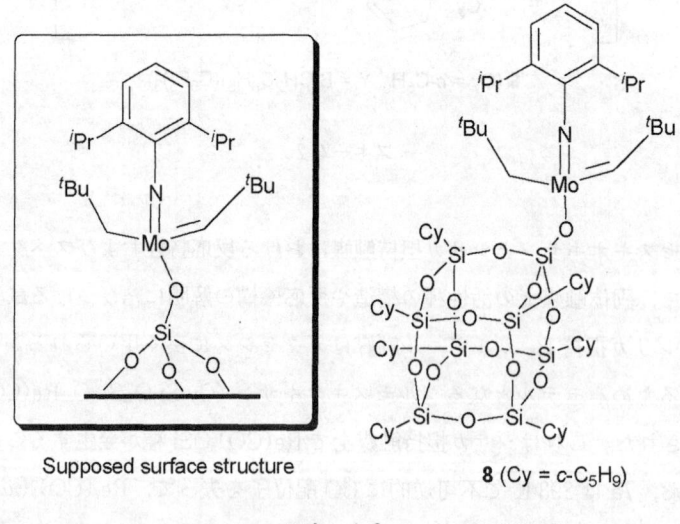

スキーム 3

第7章 金属含有シルセスキオキサンの触媒への応用

($Cy_7Si_7O_{12}Si$-O-Mo($=NAr$)($=CH^tBu$)(CH_2^tBu), $Cy = c\text{-}C_5H_9$, 8) との比較検討を行い，シリカ担持触媒と極めて類似したスペクトルを示すことを，表面構造推定の根拠としている（スキーム 3）[35]。このシリカ担持 Mo 触媒およびシルセスキオキサン 8 はいずれも propene のメタセシス反応に活性を示した。両者の反応初速度はほとんど同一であったが，シリカ担持触媒を用いた際に転化率 50 % 到達に要する反応時間は，シルセスキオキサン触媒の場合の 1/6 であった。これは触媒活性点が固体のシリカによって隔離されているために，反応性の高い触媒活性種の二量化などによる不活性化が妨げられたためと推察される。

Mo 含有シルセスキオキサンを触媒とするアルキンのメタセシス反応も検討されている。例えばアミド基を有する Mo アルキリデン錯体を前駆体として調製したシリカ担持 Mo 触媒が有効であり，重合反応を併発することなく優れたメタセシス活性を示すことが知られている。XPS や FTIR，固体 NMR 測定により，その活性点構造として，前駆体錯体と孤立したシリカ表面のシラノール基が反応して生成するアルキニルジアミド Mo 種が想定されている。そこで，シルセスキオキサンを活用した触媒活性種の検討が行われた。孤立したシラノール基を有するシルセスキオキサン 9，2 種のジシラノール 10 および 11，さらにトリシラノール 1b のいずれかと，Mo アルキリデン錯体の混合物を触媒として Phenylpropyne のメタセシス反応を検討したところ，モノシラノール 9 共存下ではメタセシス反応のみが進行したのに対して，ジシラノールやトリシラノールを用いた場合には重合反応が併発した。この結果は，シリカ触媒調製の際に，高温

9 ($Cy = c\text{-}C_5H_9$)　　**10** ($Cy = c\text{-}C_5H_9$)　　**11** ($Cy = c\text{-}C_5H_9$)

12 ($Cy = c\text{-}C_5H_9$, $Ar = 3,5\text{-}Me_2C_6H_3$)

スキーム 4

13a (L = O^{i}Pr, Cy = c-C$_6$H$_{11}$)
13b (L = Cp, Cy = c-C$_6$H$_{11}$)
13c (L = Cp, Cy = c-C$_5$H$_9$)

15 (Cy = c-C$_6$H$_{11}$)

14a (R = Me, Cy = c-C$_6$H$_{11}$)
14b (R = vinyl, Cy = c-C$_5$H$_9$)
14c (R = allyl, Cy = c-C$_5$H$_9$)

スキーム 5

排気処理してシラノール基の密度を下げたシリカを用いることが有効である現象に合致する。モノシラノール 9 を用いた場合には系中でアミドジシロキシ Mo 錯体 12 が生成することが判明し，さらにこの化学種が選択的なメタセシス反応に有効であることを示した[36]。

アルケンのエポキシ化反応に対する Ti 含有シルセスキオキサンの触媒活性も良く検討されている。1997 年に 3 つの研究グループがそれぞれ独立して Ti 含有シルセスキオキサンが有機過酸化物を用いたエポキシ化反応に対して優れた活性を示すことを見出した[37～39]。特に Crocker らはその最初の速報で，Ti 周辺のミクロ構造が触媒活性に顕著に影響を及ぼすことを明確に示している[39]。彼らが検討した一連の触媒分子の中では，Ti 周辺の立体的障害が小さいと見積もられる Ti-O-Si 結合を 3 つ有する 13a のようなトリポーダル型が高い触媒活性を示す傾向を示した。二量体であるテトラポーダル型分子 14a やバイポーダル型の 15 は比較的低活性に留まった。さらに Ti 周辺構造が及ぼす影響が詳細に検討され，Ti 上の置換基の嵩高さに加えて，隣接する置換基の配位効果が顕著であることが示されている[40]。

一方筆者らは，テトラポーダル型 Ti 含有シルセスキオキサンについて，Ti サイトに隣接するトリメチルシリル基にビニルあるいはアリル部位を導入することによって，触媒活性が大きく向上することを見出した[41]。そこで，アリル基を有する Ti 含有シルセスキオキサン（14c）を 2 等量の ^{t}BuOOH で処理後，FTIR や各種 NMR などによって検討した結果，ビニルあるいはアリ

第 7 章　金属含有シルセスキオキサンの触媒への応用

スキーム 6

　ル基はエポキシ化を受けた後に一部開環してオリゴマー化していることが判明した。極めて疎水的な環境にある Ti シルセスキオキサンの活性点周辺に極性の高い置換基が導入された結果，酸化剤などのアクセシビリティーが向上した可能性が考えられる。

　このように，金属含有シルセスキオキサンを活用した検討によって，触媒活性点付近のミクロ環境の影響を定量的に評価できるが，これは活性点構造の最適化を考える上で重要な知見であるといえる。なお，多様な金属含有シルセスキオキサンの触媒効果を迅速に検討するため，コンビナトリアル・ケミストリーの手法を用いた検討もなされた。籠状シルセスキオキサンの原料となる可能性のある前駆体を，多様な溶媒の存在下で様々な Ti 源とともに処理を施して触媒活性を検討し，候補の絞込みを行った例が報告されている[42]。

　前節までで論議した金属含有シルセスキオキサンは，不完全縮合オリゴマーを経由して合成されたものである。一方 Roesky らは，別の合成経路として非常に嵩高いシラノールを前駆体として，ケイ素と等量の金属種が籠状構造の頂点に交互に配置された一連のオリゴマーの合成法を見

スキーム 7

出した[43]。Fujiwaraらは，このタイプのTi含有分子**16**が，有機過酸化物を酸化剤とするアルケンのエポキシ化反応に対して，一定の活性を有することを明らかにした[44]。

その一方で，不完全縮合シルセスキオキサンにオキソフィリシティーに乏しい第8〜10族遷移金属元素を直接シロキサン骨格に導入することは，一般的にやや困難であり，報告例は限られているのが現状である[7,11]。例えば，FeherはSbで置換したジシラノールを前駆体として，Pt(COD)(COD = cyclooctadiene)部位を含有する**17**を合成している[45]。Osakadaらはシラノール部位が単座あるいは二座配位した一連の白金およびPd錯体を合成した[46,47]。また，骨格Osカルボニル錯体と不完全縮合シルセスキオキサンの加熱処理によって，シラノール部位にOsカルボニルクラスターが付加した錯体が得られた[48]。その他，オクタビニルシルセスキオキサン（$(CH_2=CH)_8Si_8O_{12}$）をベースとするRuカルベン錯体等も知られている[49]。

その他のタイプの金属含有シルセスキオキサンとして，シルセスキオキサンベースのホスフィンあるいは含窒素配位子を有する後周期遷移金属錯体が挙げられる。例えば筆者らは3つのジフェニルホスフィン基を有するシルセスキオキサン配位子を新たに合成し，これを活用してRuサイト3つを分子内に有するスターバースト型錯体**18**や，大きな籠状構造からなるWilkinson型錯体**19**を合成した[50]。一方Abbenhuisらは，OH基を1つ有する籠状シルセスキオキサン(**9**)等を活用して，Si-O-P結合を有する種々のリン配位子を合成し，これらの配位子に白金およびパラジウム錯体を作用させてシルセスキオキサン部位を含む錯体を合成した[51~53]。これらの錯体はアルケンのヒドロホルミル化反応に活性を示したが，特にビナフチル基を有する不斉配位子を用いて調製した錯体は不斉ヒドロホルミル化反応および不斉水素化反応に有効性を示した[54]。その他，シルセスキオキサン配位子を活用したRh錯体やOs錯体が合成され，それぞれ固定化触媒のモ

17 (Cy = c-C_6H_{11})

18 (Cy = c-C_5H_9)

19 (Cy = c-C_5H_9)

スキーム8

第7章 金属含有シルセスキオキサンの触媒への応用

デルとしてアルケンのヒドロホルミル化および酸化反応に適用されている[55,56]。

こうしたシルセスキオキサン配位子は立体的に嵩高く，非極性溶媒に対する高い溶解性を有しているため，金属ナノクラスターの保護配位子として用いられた例がある。Schmidらは，チオール部位を有するシルセスキオキサンを合成し，これらを保護配位子とする，直径2.1〜4.4 nm程度の金のナノクラスターを調製した[57,58]。一方筆者らは，シルセスキオキサンモノシラノール(9)から，エチニルシリル基を有する20に導き，さらに2-ブロモピリジンとの薗頭カップリング反応により新規配位子21を合成した（式2）[59]。$Pd(OAc)_2$および配位子21（モル比1：1，Pd 0.10 mol %）を触媒として用い，ベンジルアルコールの空気酸化反応を80℃で20時間行ったところ，収率97%で選択的にベンズアルデヒドが得られ，酢酸パラジウム／ピリジン触媒系[60]を若干上回った。p-メチルベンジルアルコール，2-ナフタレンメタノール等の空気酸化反応においても，配位子21を用いることによる収率の向上が認められている。配位子としてピリジンを用いた場合，反応開始後直ちに黒色の沈殿が生成したが，シルセスキオキサン配位子21を用いた場合には沈殿の生成は認められず，直径2 nm程度のPd種ナノクラスターを含む黒褐色透明溶液を形成したことが特徴的である（図1）[59]。

以上論じた様に，金属含有シルセスキオキサンの均一系触媒化学によって得られた成果は，シリカ系触媒やゼオライトにおける構造と物性，反応性の関連性を分子レベルで論議できる点などからも極めて興味深い。今後は，単に「モデル分子」としての観点に留まらず，シルセスキオキ

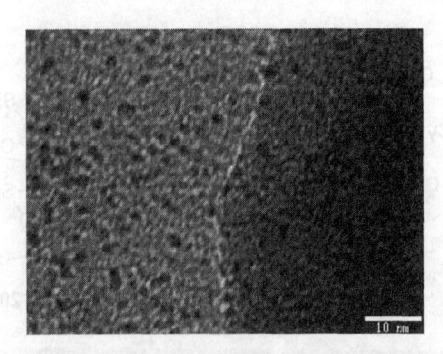

図1　Pd(OAc)$_2$ と 21 共存下での酸化反応開始直後の TEM 写真

サンならではの特異的な触媒機能の開発が注目されるところである。

5　金属含有シルセスキオキサンを活用した多様な形態の触媒開発

環境保全や有機工業化学分野において，固体触媒は極めて重要な地位を占めている。例えば「有害物質を使わず作らず，安全かつ経済的な合成プロセスを可能にする固体触媒」の開発のためには，触媒活性点の原子レベルでの自在制御に加えて，反応場の立体構造や物性が完全に掌握・制御可能であるような，新しいタイプの触媒材料の創製が欠かせない。

ところで，金属含有シルセスキオキサンを単に固体触媒の均一系モデル分子として見るのでは無く，これらを必要とする機能に応じて，レゴブロックの如く組み上げて行く，あるいは他の材料との複合化によって，活性点付近のミクロ構造に加えて，ナノ構造も制御された有機・無機複合触媒材料の開発が期待できる。また，金属含有シルセスキオキサンはシリカ系酸化物触媒の前駆体としても興味深い。

1996 年，Abbenhuis らはシラノール基を 2 つ有する半籠状シルセスキオキサンを Al で連結したゲルを調製し，これらがヘテロ Diels-Alder 反応に対して触媒活性を有することを示した[61]。同様にチタン (IV) で架橋したゲルも調製している[37]。しかし，この手法ではゲル中の金属種周辺のミクロ構造を厳密に制御することは難しい。

一方，金属含有シルセスキオキサンを固定化する手法は，そのミクロ構造がそのまま保持されるという特徴を有する。例えば，チタン含有シルセスキオキサン **13b** をメソポーラスシリカに物理吸着によって複合化することにより，アルケンのエポキシ化反応に対して有効性を示す不均一系触媒が調製できる。特に細孔内壁を有機置換基で修飾し，分子 **13b** がちょうど収納できる径の細孔を有するシリカを用いた場合，触媒反応中にも **13b** のリーチは見られない。しかし，アモルファスシリカやアルミニウムを含有するメソポーラスシリカを用いた場合には **13b** が溶液

第 7 章　金属含有シルセスキオキサンの触媒への応用

中にリーチするという問題が発生する[62]。

そこで筆者らは，アルケニルシリル基を有するチタン架橋型シルセスキオキサン **14b**，**14c** を活用し，これらとオクタヒドリドシルセスキオキサンとの共有結合を介した複合化によって共オリゴマー（$M_w = 45000 \sim 63000$）を得た。UV-VIS 吸収スペクトルや NMR 等による検討によって，共オリゴマー中でもチタン周辺の構造が維持されていることが判明している[63]。

さらにその後，同様の概念に基づき，ビニル基を有するトリポーダルなチタン含有シルセスキオキサンとシロキサンポリマーの複合化によってゲル触媒が調製された。この触媒の特長は，過酸化水素水を酸化剤とするエポキシ化反応に適用できることである[64]。また，最近ではメソポーラスシリカにポリマーとチタン含有シルセスキオキサンを連結させる手法により調製された不均一系触媒が，やはり過酸化水素水によるエポキシ化に高活性を示すことが報告されている[65]。均一系触媒としてチタン含有シルセスキオキサンを用いた場合には有機の過酸化物のみが適用可能であり，過酸化水素水を用いた場合にはエポキシ化が進行しないことと対照的である。

さらに筆者らは，金属含有シルセスキオキサンやシルセスキオキサン－遷移金属錯体を特定の条件下で酸化分解することによって，特異的なミクロ細孔構造を有する多孔質触媒が調製できることを示した。例えば，チタン含有シルセスキオキサン **13c** を乾燥空気気流中，$723 \sim 823$ K で注意深く焼成すると，比較的均一に径が制御されたミクロ細孔のみを有する多孔質シリカ（比表面積 $\sim 360 \text{ m}^2\text{g}^{-1}$）が得られる[66]。また，XPS および FTIR などの結果から，このシリカ中にはチタン酸化物の極めて微小なクラスターが高分散しているものと推察された。さらにこのチタン含有分子をシリカ（比表面積 $626 \text{ m}^2\text{g}^{-1}$）に含浸担持して 823 K で焼成したところ，担体のみの場合を上回る $780 \text{ m}^2\text{g}^{-1}$ の比表面積を有する酸化物が得られた[66]。この酸化物中には，ほぼ単核のチタン（IV）種が含まれているものと考えられる。

この手法は，他の金属種を含むシリカ系多孔質酸化物の調製に適用可能であり，例えばアルミニウムやガリウムを含むシルセスキオキサンを前駆体として，非晶質酸化物としては例外的に高い Brönsted 酸性を示す固体酸触媒が調製できる[67～69]。また，バナジウム含有シルセスキオキサ

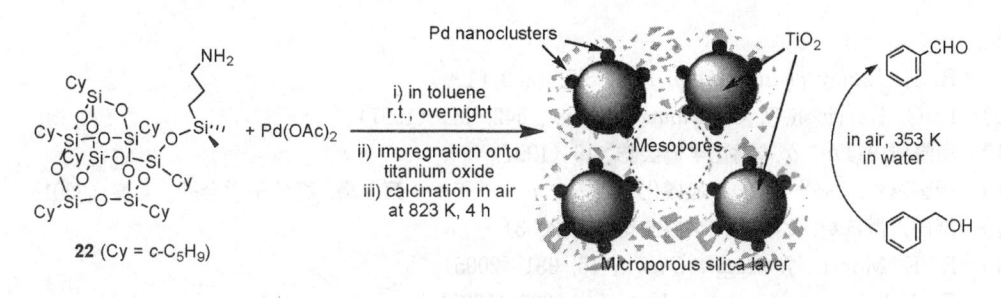

スキーム 9

ンをシリカに担持後，焼成して調整した触媒は，メタンの光部分酸化反応によるホルムアルデヒド合成に有効性を示した[70]。

　また，シルセスキオキサン含有アミン配位子 22 を合成し，パラジウム錯体とともに空気気流中で焼成することによって，粒径が制御された遷移金属酸化物のナノ粒子を内包するミクロポーラスシリカを調製した。また，種々の多孔質酸化物材料との複合化によって，ミクロおよびメソ細孔を併せ持つ多元的細孔構造を有する酸化物を得たが，これらは水溶媒中でのベンジルアルコールの空気酸化反応に対して優れた触媒活性・選択性を示すことを見出している[71]。

　さらに本手法は他の研究グループによって，高分散した酸化クロムや酸化鉄，および複数種の金属酸化物を含むミクロポーラスシリカの調製にも適用されており，高い一般性を有する[72]。

6　おわりに

　以上，籠状・半籠状の構造を有する金属含有シルセスキオキサンに絞って，これらの触媒機能の概略を述べた。籠状金属含有シルセスキオキサンは，当初から固体触媒のモデル化合物として注目され，反応機構の考察やスペクトルの解釈に大きく寄与しているが，シルセスキオキサン部位の立体的な大きさや，有機溶媒に対する高い溶解性等の特長を活かした，従来とは異なったタイプの均一系触媒としても興味深い。また，特に高性能不均一系触媒の開発のためには，単に触媒活性点の厳密制御のみに留まらず，触媒材料全体を総合的にデザインし，制御して構築していく必要がある。金属含有シルセスキオキサンを構成ユニットとすることで，ナノレベルでの立体的，電子的あるいは疎水的・親水的環境，すなわちナノ環境を自在に制御できる触媒材料創製につながることが期待される。

文　献

1) R. H. Baney *et al., Chem. Rev.*, **95**, 1409 (1995)
2) P. G. Harrison, *J. Organomet. Chem.*, **542**, 141 (1997)
3) 海野雅史ほか，ケイ素化学協会誌，16 (1997)
4) 伊藤真樹，高分子科学と無機化学とのキャッチボール第1講，高分子学会編，丸善 (2001)
5) 郡司天博ほか，ケイ素化学協会誌，8 (2003)
6) R. E. Morris, *J. Mater. Chem.*, **15**, 931 (2005)
7) F. J. Feher *et al., Polyhedron*, **14**, 3239 (1995)

第7章 金属含有シルセスキオキサンの触媒への応用

8) H. C. L. Abbenhuis, *Chem. Eur. J.*, **6**, 25 (2000)
9) V. Lorenz et al., *Coord. Chem. Rev.*, **206-207**, 321 (2000)
10) R. Duchateau, *Chem. Rev.*, **102**, 3525 (2002)
11) R. W. J. M. Hanssen et al., *Eur. J. Inorg. Chem.*, 675 (2004)
12) K. Wada et al., *Catal. Surveys Asia*, **9**, 229 (2005)
13) 和田健司ほか, 有機合成化学協会誌, **64**, 836 (2006)
14) F. J. Feher, *J. Am. Chem. Soc.*, **108**, 3805 (1986)
15) S. Inagaki et al., *Nature*, **416**, 304 (2002)
16) J. F. Brown et al., *J. Am. Chem. Soc.*, **87**, 4313 (1965)
17) F. J. Feher et al., *Organometallics*, **10**, 2526 (1991)
18) T. W. Hambley et al., *Appl. Organomet. Chem.*, **6**, 253 (1992)
19) 例えば, K. Yoshida et al., US Patent Appl., 20040249103A1
20) S. Krijnen et al., *Chem. Commun.*, 501 (1999)
21) T. W. Dijkstra et al., *J. Am. Chem. Soc.*, **124**, 9856 (2002)
22) 例えば, C.W. Chronister et al., *J. Am. Chem. Soc.*, **115**, 4793 (1993)
23) 例えば, W.H. Hermann et al., *Angew. Chem. Int. Ed.*, **33**, 1285 (1994)
24) F. J. Feher et al., *J. Am. Chem. Soc.*, **114**, 2145 (1992)
25) F. J. Feher et al., *J. Am. Chem. Soc.*, **113**, 3618 (1991)
26) F. J. Feher et al., *J. Chem. Soc., Chem. Commun.*, 1614 (1990)
27) J. C. Liu, *Chem. Commun.*, 1109 (1996)
28) R. Duchateau et al., *Organometallics*, **17** 5663 (1998)
29) R. Duchateau et al., *Organometallics*, **19**, 809 (2000)
30) M. D. Skworonska-Ptasinska et al., *Organometallics*, **20**, 3519 (2001)
31) J. R. Severn et al., *Organometallics*, **21**, 4 (2002)
32) 例えば, G. D'Alfonso et al., *Organometallics*, **19**, 2564 (2000)
33) E. Lucenti et al., *J. Am. Chem. Soc.*, **128**, 12054 (2006)
34) J. M. Basset et al., *Angew. Chem., Int. Ed.*, **42**, 156 (2003)
35) F. Blanc et al., *Angew. Chem. Int. Ed.*, **45**, 1216 (2006)
36) H. M. Cho et al., *J. Am. Chem. Soc.*, **128**, 14742 (2006)
37) H. C. L. Abbenhuis et al., *Chem. Commun.*, 331 (1997)
38) T. Maschmeyer et al., *Chem. Commun.*, 1847 (1997)
39) M. Crocker et al., *Chem. Commun.*, 2411 (1997)
40) M. C. Klunduk, et al., *Chem. Euro. J.*, **5**, 1481 (1999)
41) K. Wada et al., *Organometallics*, **23**, 5824 (2004)
42) 例えば, P. P. Pescarmona et al., *Chem. Euro. J.*, **10**, 1657 (2004)
43) R. Murugavel et al., *Chem. Rev.*, **96**, 2205 (1996)
44) M. Fujiwara et al., *Tetrahedron*, **58**, 239 (2002)
45) F. J. Feher et al., *J. Am. Chem. Soc.*, **114**, 3859 (1992)
46) N. Mintcheva et al., *Organometallics*, **25**, 3776 (2006)
47) N. Mintcheva et al., *Organometallics*, **26**, 1402 (2007)

48) J. C. Liu *et al.*, *Inorg. Chem.*, **29**, 5139 (1990)
49) F. J. Feher, *Chem. Commun.*, 1185 (1997)
50) K. Wada *et al.*, *Chem. Lett.*, 734 (2001)
51) J. I. van der Vlugt *et al.*, *Tetrahedron Lett.*, **44**, 8301 (2003)
52) J. I. van der Vlugt *et al.*, *Organometallics*, **22**, 5279 (2003)
53) J. I. van der Vlugt *et al.*, *Adv. Syn. Catal.*, **346**, 399 (2004)
54) G. Ionescu *et al.*, *Tetrahedron Asym.*, **16**, 3970 (2005)
55) M. Nowotny *et al.*, *Angew. Chem. Int. Ed.*, **40**, 955 (2001)
56) T. Maschmeyer *et al.*, *J. Mol. Catal. A-Chemical*, **220**, 37 (2004)
57) G. Hornyak *et al.*, *Chem. Eur. J.*, **3**, 1951 (1997)
58) G. Schmid *et al.*, *Eur. J. Inorg. Chem.*, 813 (1998)
59) K. Wada *et al.*, *Catal. Lett.* **112**, 63 (2006)
60) T. Nishimura *et al.*, *Tetrahedron Lett.* **39**, 6011 (1998)
61) H.C.L. Abbenhuis *et al.*, *Chem. Commun.*, 1941 (1996)
62) S. Krijnen *et al.*, *Angew. Chem. Int. Ed.*, **37**, 356 (1998)
63) K. Wada *et al.*, *Chem. Lett.*, 1332 (2000)
64) M. D. Skowronska-Ptasinska *et al.*, *Angew. Chem. Int. Ed.*, **41**, 637 (2002)
65) L. Zhang *et al.*, *Chem. Euro. J.*, **13**, 1210 (2007)
66) K. Wada *et al.*, *Chem. Lett.* 659 (1998)
67) K. Wada *et al.*, *Chem. Lett.* 12 (2001)
68) K. Wada *et al.*, *J. Jpn. Petrol. Inst.*, **45**, 15, 15 (2002)
69) K. Wada *et al.*, *J. Catal.*, **228**, 374 (2004)
70) K. Wada *et al.*, *Chem. Commun.*, 133 (1998)
71) K. Wada *et al.*, *Catal. Today*, **117**, 242 (2006)
72) 例えば, N. Maxim *et al.*, *J. Mater. Chem.*, **12**, 3792 (2002)

第8章　シルセスキオキサン金属錯体の合成

田邊　真[*1]，小坂田耕太郎[*2]

1　はじめに

多面体構造を形成する完全縮合シルセスキオキサン（例えば，8個のケイ素を頂点に持つ六面体構造T_8^R）の一部が開環した構造を持つ不完全縮合シルセスキオキサン 1-3 は，1-4 個のシラノール基（Si-OH）を有する（図1）。このような官能基を持つために，不完全縮合シルセスキオキサンは様々な遷移金属錯体の配位子としても機能する。

1989年に Feher らは，3個の O-H 結合が隣接する不完全縮合ヘプタマー 1 がジルコノセンに三脚型配位したシルセスキオキサン錯体 4 を合成し，さらに，"不完全縮合シルセスキオキサンに多種多様な金属の導入が可能である"[1]と予測した。実際に，今日では，ほとんどの遷移金属を有するかご型メタラシルセスキオキサンの合成が報告されている。

シルセスキオキサン及びその誘導体を配位子とする金属錯体のこれまでの研究の主要な目的は，前章でも述べられているように，触媒との関連である。シルセスキオキサン金属錯体は，①シリカ表面上に金属を担持した不均一触媒のモデル分子化合物，②不均一触媒の前駆体，③実際に触媒機能をもつ化合物，などの視点から研究されている。③の例をあげると，チタン，バナジウム，クロム等を含むシルセスキオキサン錯体がエチレンのオレフィン重合反応，アルケンのエポキシ化反応の触媒作用を示し，カルベン配位子とシルセスキオキサン配位子を有する Schrock タイプのモリブテン錯体を触媒に用いるとオレフィン類のメタセシス反応が進行する[2]。これらの反

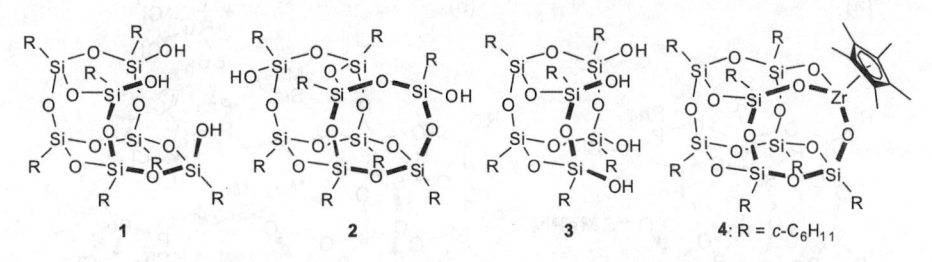

図1　不完全縮合シルセスキオキサンとジルコノセン-シルセスキオキサン錯体

[*1]　Makoto Tanabe　東京工業大学　資源化学研究所　助教
[*2]　Kohtaro Osakada　東京工業大学　資源化学研究所　教授

応では，潜在的に触媒機能を持っている遷移金属錯体においてシルセスキオキサンが補助配位子としての役割を果たしていると考えられる。錯体化学的な立場からシルセスキオキサンは特徴ある配位結合と立体構造をもつ配位子として興味深く，最近，その視点からの研究報告が顕著になっている。本章では，これまで総括して議論されることの少なかった後周期遷移金属の錯体に焦点をあてて述べたい。

2 配位原子を導入したシルセスキオキサン誘導体の金属錯体

不完全縮合ヘプタマー1の3個のO-H結合のうち2個をホスフィト基へ変換し，残る1個をシリル基で保護したシルセスキオキサン誘導体は，遷移金属にホスファイト部分がキレート配位することができる。このような二座ホスファイト―シルセスキオキサン配位子はジクロロ白金，パラジウム錯体と反応し，それぞれ対応する白金及びパラジウム錯体5を収率よく与える（図2(a)）[3]。また，3個のO-H結合を全てリン配位子へ変換したシルセスキオキサン―ホスフィン三座配位子には，図2(b)のように複数の金属錯体を導入することが可能である[4]。三価ルテニウム錯体 $[RuCl_2(p\text{-cymene})]_2$ との反応では，3個のルテニウムがそれぞれのリン原子に配位する三核錯体6を与える一方，置換活性な配位子を持つ一価ロジウム錯体 $[RhCl(C_2H_4)_2]_2$ との反応生成物では，ロジウムが3つのリン配位子と結合できるために，シルセスキオキサン―ホスフィンは三座配位子として機能する。

アミノ基をもつシルセスキオキサン7（図3(a)）に酢酸パラジウムを作用させ，得られた生成物を大気中で焼成すると，5～7nm程度に大きさが整った酸化パラジウムクラスターが生成する[5]。これは嵩高く熱的に比較的安定なシルセスキオキサン骨格が配位子に含まれるため，焼成

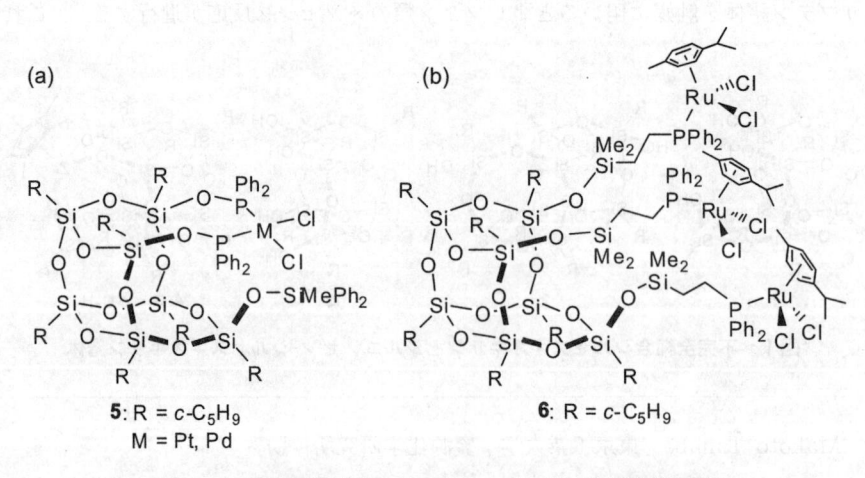

5: R = c-C_5H_9
M = Pt, Pd

6: R = c-C_5H_9

図2　リン配位原子を持つシルセスキオキサン金属錯体の例

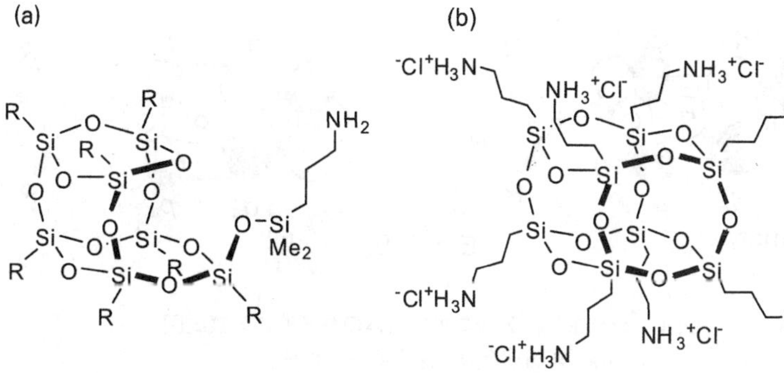

第8章　シルセスキオキサン金属錯体の合成

図3　窒素原子で官能基化されたシルセスキオキサンの例

時の金属凝集が抑制されたためである。又，ケイ素置換基にアンモニウム塩を有する完全縮合型シルセスキオキサン8は，メタノール等の極性溶媒にも可溶となる（図3(b)）。この溶液に酢酸パラジウムを加えると，直径約4nmのナノ粒子が浮遊するコロイド溶液を生成する[6]。このようにして，直接的に金属に配位するサイトをもたなくても，かご型シルセスキオキサンは，その三次元構造の特徴を生かして，金属化合物の補助配位子や金属コロイド保護剤として有用である。

3　前周期遷移金属のシルセスキオキサン錯体

　前節の修飾配位子を用いる錯体とは別に，不完全縮合シルセスキオキサン1-3のシラノール酸素を配位原子とする錯体が多数報告されている。IV族のチタン，ジルコニウム，V族のバナジウム，ニオブなどの前周期遷移金属はoxophilicityという語で示されるように，安定な金属－酸素結合を形成する。すなわち，d電子が少ない高酸化状態の前周期金属錯体は酸素原子の充填pπ軌道から遷移金属の空のdπ軌道へ効率良い電子供与がおきるため，強固な結合を形成する。図4(a)にモデルとして示すように，酸素と遷移金属の間にはM-O結合方向のp軌道（酸素）とd軌道（金属）の重なりによるσ結合以外に，これとは異なる配向をもつpπ軌道とdπ軌道の重なりによるπ結合も関与している。前周期遷移金属ではdπ軌道が空軌道である場合に強いπ供与結合を持つことになる。

　Wolczanskiは，前周期遷移金属のシロキソ及びアルコキソ錯体では，この配位子がM-O結合と同一方向にあるσ結合とM-O結合に対して垂直方向に存在する2つのπ結合によって，5電子供与配位子としてみなすことができ，シクロペンタジエニル基とアイソローバルであることを指摘している[7]。これとは別に，金属－酸素結合の性質はトランス位にある配位子にも大きく

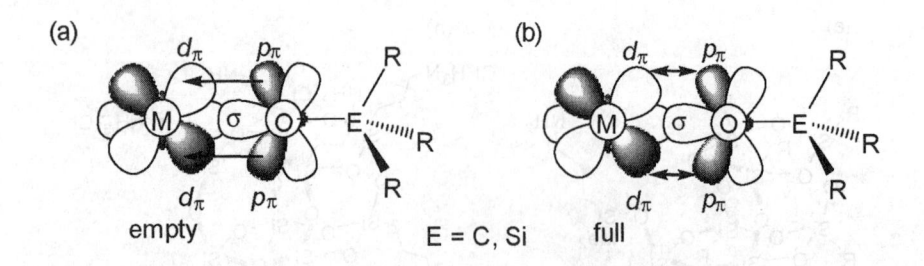

図4 シロキソ，アルコキソ錯体の分子軌道の模式図
(a) 前周期金属と酸素原子との結合
(b) 後周期金属と酸素原子との結合

影響する。同じ酸素原子が遷移金属の互いにトランス位に配位すると，電子的反発が生じて不安定化する一方，π受容性配位子であるカルボニル，オレフィン配位子は電子供与性の酸素配位子とバランスをとることができ，金属−酸素結合の安定化に寄与する。ケイ素は炭素に比べて電気的に陽性であるため，シラノール Ph_3SiOH の酸性度（$pK_a = 16.57$）は同様なアルコール Ph_3COH の酸性度（$pK_a = 16.97$）と比較すると小さい[8]。そのため，シロキソ錯体の金属−酸素結合（M-OSi）はアルコキソ錯体の結合（M-OC）より，若干イオン結合性が強いと理解され，アルコキソ錯体と同等またはより安定な配位結合を有する。

ヘプタマー **1** とアルコキソチタン錯体との反応から生成する三脚配位型チタン-シルセスキオキサン錯体 **9** は，前周期金属の oxophilicity のために，室温，溶液中では単量体 **9'** と二量体 **9''** の 2：1 混合物として存在する（図5）[9]。単量体のチタンが四配位構造，二量体のチタンはアルコキソ基の酸素原子が橋架けした五配位構造であると推定されている。実際に，異なるアルコキソ基を持つ **9** の誘導体の結晶構造では二量体を形成している。これに対して，単座シロキソ配位子をもつチタナシルセスキオキサン錯体 **10** は単量体のみとして存在する（図6(a)）。その結

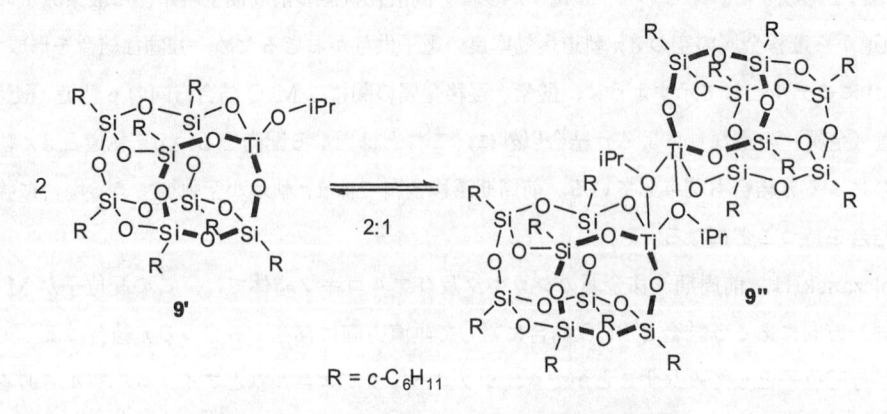

図5 チタン−シルセスキオキサン錯体の動的挙動

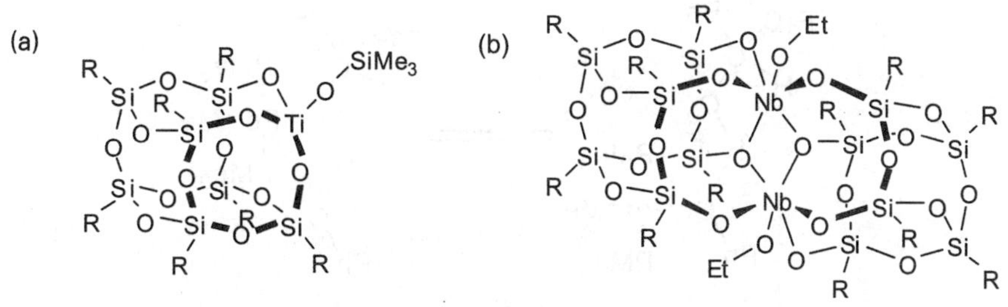

第8章 シルセスキオキサン金属錯体の合成

図6 チタン,ニオブ－シルセスキオキサン錯体の例

晶構造ではSi-O-Tiの角度は180°と直線であり,Ti-O結合は二重または三重結合性を有する,あるいはSi原子の空のd軌道まで配位結合に関連しているために,酸素原子の架橋配位による二量化は進行しないと理解される[10]。V族のニオブはV価までの高酸化状態を取り得るため,不完全縮合ヘキサマー3との反応ではヘキサマー3の4つのO-H結合の1つが2つのニオブ間に橋架けした二量体を優先的に与える（図6(b)）[11]。

4　後周期遷移金属のシルセスキオキサン錯体

　前周期金属は酸素原子とのoxophilicityが高く容易にシルセスキオキサン錯体を合成することができるが,不飽和有機分子への水素添加反応,様々な炭素－炭素結合形成反応に重要な金属種であるパラジウムやロジウム等の後周期金属を直接酸素で結合するシルセスキオキサン錯体の合成例は多くない。この要因はハードな酸素とソフトな後周期金属との相性が悪いことや,ドナー性の酸素と電子豊富な金属との結合は電子的反発を生じ,安定な結合形成が難しいことにあると説明される。電子豊富な後周期金属錯体は充填dπ軌道と酸素原子の孤立電子対とが電子的反発を引き起こすため,金属－酸素結合の安定性は低い（図4(b)）。さらに,d電子豊富な遷移金属が結合した酸素原子はルイス塩基性が強く,ルイス酸性化合物との反応では容易に金属－酸素間の結合が開裂するなど,イオン的な反応性を示す。

　後周期遷移金属のアルコキソ錯体については研究が既に進んでおり,その金属－酸素結合への小分子の挿入などの特徴ある反応が知られている。その中でも,10族遷移金属であるパラジウム,白金は平面四角形の安定な配位構造を持ち,その構造や反応形式についても明確に議論できる。後周期金属を持つアルコキソ錯体,アリーロキソ錯体は金属に直接結合する酸素原子とアルコール又はフェノール誘導体が水素結合を介してしばしば会合することが知られている[12]。その水素結合の強弱はO-H結合の酸性度に依存するが,溶液中では会合したアルコールやフェノー

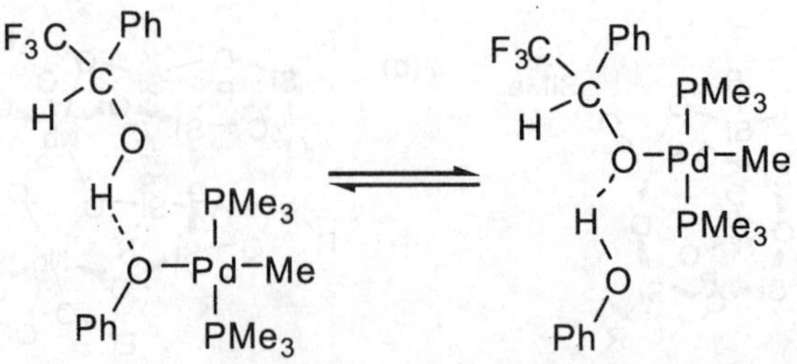

図7 OH結合の組み換えによるパラジウム錯体の動的挙動

ル誘導体と結合の組み替えを伴う動的挙動が速やかに進行する（図7）。

シロキソ錯体は，アルコキソ錯体と同様に合成される。合成法としては，① 酸性度の差を利用したアルキル又はアルコキソ錯体とシラノールとの配位子交換反応，② アミン存在下におけるハロゲン化錯体とシラノールとの反応，③ ハロゲン化錯体に対するシロキシドアニオンの求核的置換反応が知られている[13]。モノクロロ錯体とナトリウムシロキシドとの反応からパラジウム及び白金のシロキソ錯体を合成できる（式1）[14]。パラジウム錯体に限って，過剰量のシラノールの存在下では，図7と同様に，パラジウムに配位した酸素原子とシラノールとの水素結合を介した会合錯体を与える。

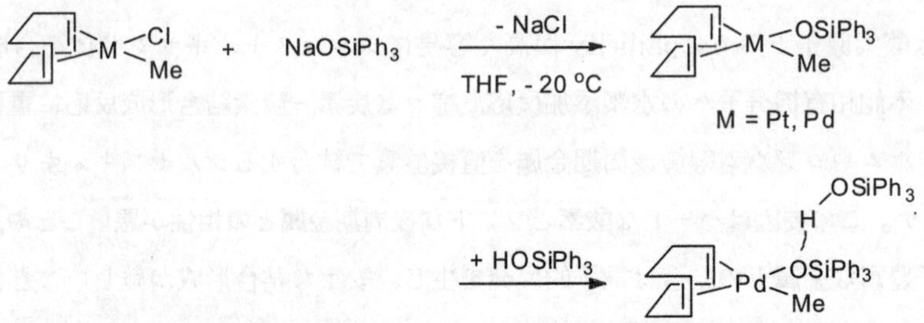

（式1）

8族遷移金属である鉄，オスミウムについては幾つかのシルセスキオキサン錯体が報告されている。鉄三価である錯体 $FeCl_3$ 又は鉄二価である $FeCl_2$ とヘプタマー1との反応は，アミン存在下にて進行し，Fe-OSi 結合が形成する。この反応は上述したシロキソ錯体の合成法のIIに相当し，三価錯体では三脚配位型構造 12 を（図8(a)）[15]，二価錯体では二脚配位型構造 13 を形成する（図8(b)）[16]。後者の鉄－シルセスキオキサン錯体 13 の結晶構造では，鉄と直接結合する酸素原子（O^M）と反応に関与しなかった O^1H^1 結合とが分子内水素結合を形成する（$O^M \cdots O^1$=2.743 Å, $O^M \cdots H^1$=1.947 Å）。不完全シルセスキオキサンの OH 基同士は水素結合を形成し得る配置にあり，分子内に O-H 結合を有するシルセスキオキサン錯体では配位酸素と OH 基とが容易に水素結合を形成する。

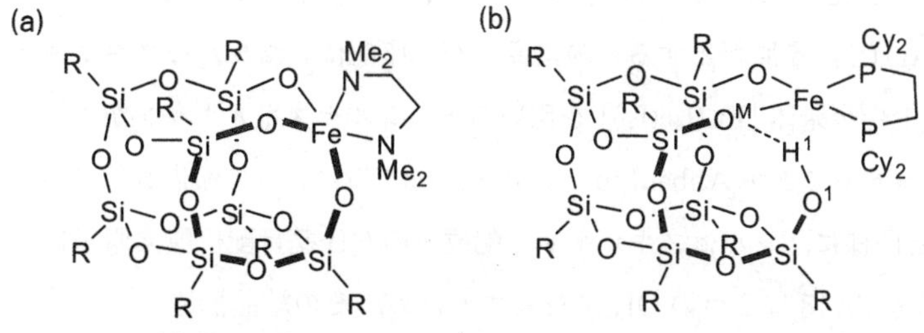

第 8 章　シルセスキオキサン金属錯体の合成

12: R = c-C$_6$H$_{11}$

13: R = c-C$_5$H$_9$

図 8　鉄－シルセスキオキサン錯体の構造

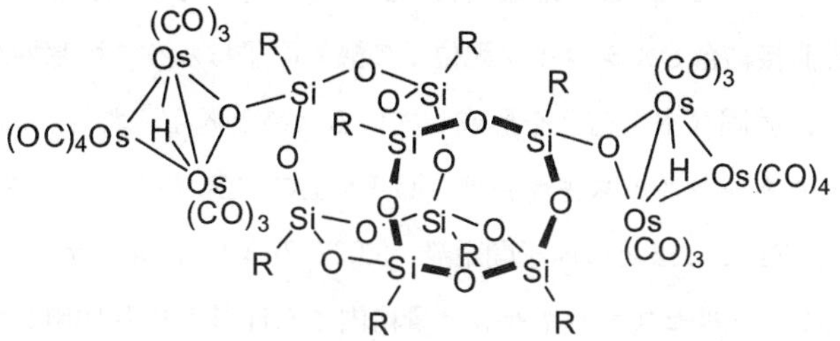

14: R = c-C$_6$H$_{11}$

図 9　オスミウム－シルセスキオキサン錯体の構造

　複数の O-H 結合を有する不完全縮合シルセスキオキサンは，2 つの中心金属を有する複核錯体を形成することも可能である。2 個の OH 基をもつ不完全縮合シルセスキオキサン 2 に対して，オスミウム三核錯体 [Os$_3$(CO)$_{10}$(μ-H)(μ-OH)] は逐次的に反応し，シルセスキオキサンを連結配位子とする金属クラスター 14 を構築する（図 9）[17]。

　シロキソ錯体形成反応には前述した 3 種類の合成方法が適しているが，それ以外に，化学量論量の酸化銀を用いてハロゲノ錯体とシラノールとの反応を行うと，金属－ハロゲン結合とシラノール基の O-H 結合が同時に活性化され，温和な反応条件下 Pt-OSi 結合が形成する（式 2）[18]。この反応はアミンの添加を必要とせず，金属錯体をハロゲン化物のまま使用することが可能である。副生成物として生成する AgI は溶媒に不溶であり，ろ過により簡単に除去できる。

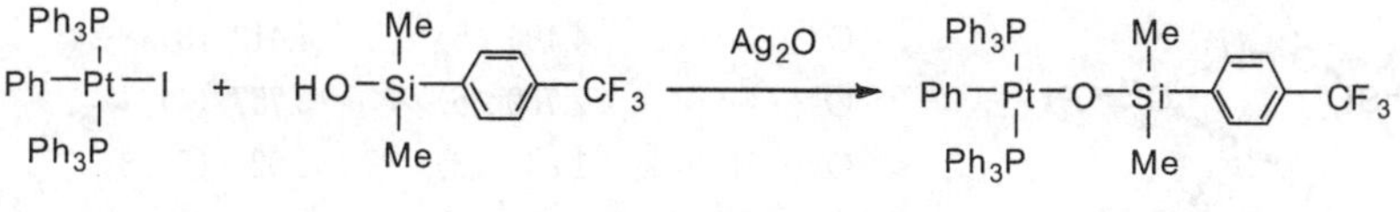

（式 2）

　式 2 で述べた酸化銀による M-OSi 結合形成を不完全縮合ヘプタマー 1 を配位子にするシルセスキオキサン錯体の応用も可能である。ハロゲン化白金又はパラジウム錯体との反応ではシルセ

スキオキサン白金錯体 15, 16[19)]及びパラジウム錯体 17, 18[20)]が生成する（図10）。モノヨード錯体 [M(I)(Ar)(L$_2$)] を原料とすると酸素原子が単座配位したシルセスキオキサン錯体を形成するが，ジヨード白金錯体 [Pt(I$_2$)(L$_2$)] を用いると，シルセスキオキサンがキレート二座配位した白金錯体を生成することが Abbenhuis[21)]，Johnson[22)]らによって報告されている。

鉄錯体 13 と同様に，シルセスキオキサン配位子の OH 基は配位酸素原子と分子内水素結合を形成する。錯体 15-18 は 2 つの OH 基を有するため，その結晶構造ではシロキソ白金結合の酸素原子（O^M）と 2 つの OH 基との間に水素結合，O^1-H^1⋯O^M と O^2-H^2⋯O^1，を形成する（図11）。配位酸素の関与した水素結合の O^M と O^1 との原子間距離（15：2.558(4) Å，16：2.547(4) Å）は，OH 基同士の水素結合の O^1 と O^2 との距離（15：2.750(5) Å，16：2.757(4) Å）より短い。これは後周期遷移金属と直接結合したシロキソ配位子の酸素原子はルイス塩基性が高く，シロキソアニオンの性格を有し，強固な水素結合を形成しているためと考えられる。図10 の分子構造で示したシス型のパラジウム－シルセスキオキサンは Pd 上の C$_6$F$_5$ 基とシルセスキオキサンの O-H 結合が近接するため，F1 と O12 との原子間距離（3.062(3) Å）は van der Waals 半径の和（F⋯O：3.88 Å）より短く，シルセスキオキサンは骨格内で OH 基が相互作用している上，C$_6$F$_5$ 配位

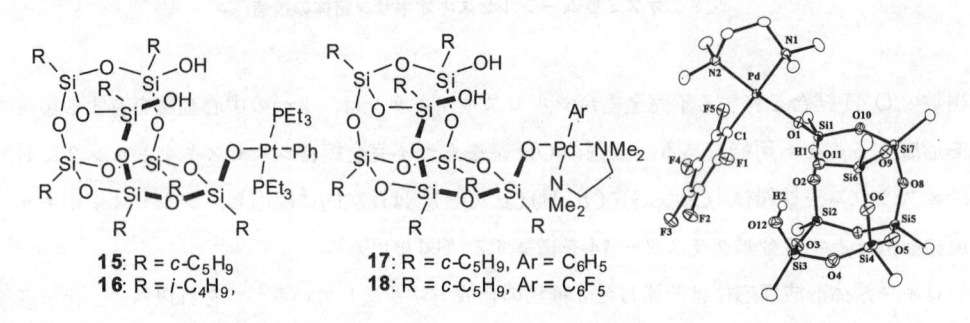

15: R = c-C$_5$H$_9$
16: R = i-C$_4$H$_9$,
17: R = c-C$_5$H$_9$, Ar = C$_6$H$_5$
18: R = c-C$_5$H$_9$, Ar = C$_6$F$_5$

図10　白金，パラジウム－シルセスキオキサン錯体と錯体 18 の分子構造

Pt = Pt(Ph)(PEt$_3$)$_2$

Selected Bond Distances (Å) of 15 and 16		
	15	16
O^M⋯O^1	2.558 (4)	2.547 (4)
O^M⋯O^2	4.104 (5)	4.413 (3)
O^1⋯O^2	2.750 (5)	2.757 (4)
O^M⋯H^1	1.84 (6)	1.92 (5)
O^1⋯H^2	2.13 (5)	2.04 (5)

図11　錯体 15, 16 の構造と分子内水素結合の簡略図とその結合長

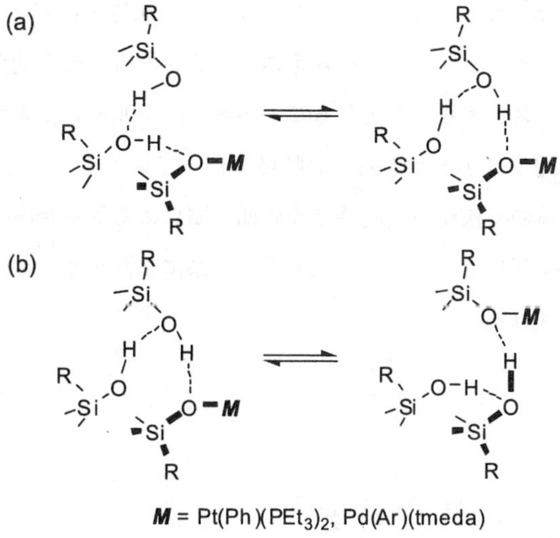

第8章　シルセスキオキサン金属錯体の合成

M = Pt(Ph)(PEt$_3$)$_2$, Pd(Ar)(tmeda)

図12　白金，パラジウム－シルセスキオキサン錯体の動的挙動

子とシルセスキオキサン配位子との間にも弱い相互作用が存在する。

上に示したように，シルセスキオキサン金属錯体 15-18 の結晶構造では，2つの OH 基が異なる環境にある。しかし，室温，溶液の ^{1}H NMR スペクトルでは2つ OH 水素が等価なシグナルとして観測される。低温の NMR スペクトルでも，OH 水素のシグナルは変化しないが，金属周辺の置換基のシグナルは温度に依存して変化した。これらの事実より溶液中では図12に示す動的挙動をとると考えている。(a) に示すように，室温及び低温（-90 ℃）のいずれにおいてもシルセスキオキサン配位子内の2つの水素結合は可逆的な組み換えを NMR タイムスケールよりも速くおこしている。(a) の左右の構造は等価であり，結合組み換え反応の障壁も低いと判断される。一方，室温では (b) に示すような配位酸素原子の交換を伴う結合組み換え反応が NMR タイムスケールでおこる。(a) の反応は水素結合の開裂と形成のみによって進行するのに対し，(b) の反応は M-O 配位結合，O-H 結合の開裂を要するため (a) よりも高温でのみ進行する。図7に示したアルコキソ配位子の交換は図 12 (b) の同様な反応がアルコールとアルコキシド配位子でおこる反応に相当する。

5　おわりに

不完全縮合シルセスキオキサン錯体の研究は，酸素原子と高い親和性を持つ前周期金属が主流であったが，適当な合成方法を用いれば，白金やパラジウム等の後周期金属を含むメタラシルセスキオキサンも合成可能であり，特徴ある性質を示す。前周期金属シルセスキオキサン錯体は金

属の欠電子性及び oxophilicity のためシルセスキオキサン配位子に完全に取り込まれる構造，すなわち金属置換完全シルセスキオキサンを安定に生じる。一方，後周期金属では不完全縮合型の形を残したメタラシルセスキオキサンとなることが多く，シルセスキオキサン配位子が動的な構造変化を速やかにかつ可逆に示すなど新しい特徴を持っている。この分野の今後の展開として，シルセスキオキサン錯体の多核化や前周期と後周期金属による異種金属錯体の合成への応用も望むことができ，錯体化学だけでなく，均一系・不均一系にまたがり，触媒化学の発展に大きな貢献を与えることが期待される。

文　献

1) F. J. Feher, D. A. Newman, J. F. Walzer, *J. Am .Chem. Soc.*, **111**, 1741 (1989)
2) For reviews: (a) F. J. Feher, T. A. Budzichowski, *Polyhedron*, **14**, 3239 (1995) ; (b) R. Murugavel, A. Voigt, M. G. Walawalkar, H. W. Roesky, *Chem. Rev.*, **96**, 2205 (1996) ; (c) H. C. L. Abbenhuis, *Chem. Eur. J.*, **6**, 25 (2000) ; (d) V. Lorenz, A. Fischer, S. Gießmann, J. W. Gilje, Y. Gun'ko, K. Jacob, F. T. Edelmann, *Coord. Chem. Rev.*, **206-207**, 321 (2000) ; (e) R. Duchateau, *Chem. Rev.*, **102**, 3525 (2002) ; (f) R. W. J. M. Hanssen, R. A. van Santen, H. C. L. Abbenhuis, *Eur. J. Inorg. Chem.*, **675** (2004) ; (h) V. Lorenz, F. T. Edelmann, *Z. Anorg. Allg. Chem.*, **630**, 1147 (2004)
3) (a) J. I. van der Vlugt, M. Fioroni, J. Ackerstaff, R. W. J. M. Hanssen, A. M. Mills, A. L. Spek, A. Meetsma, H. C. L. Abbenhuis, D. Vogt, *Organometallics*, **22**, 5297 (2003) ; (b) J. I. van der Vlugt, J. Ackerstaff, T. W. Dijkstra, A. M. Mills, H. Kooijman, A. L. Spek, A. Meetsma, H. C. L. Abbenhuis, D. Vogt, *Adv. Synth. Catal.*, **346**, 399 (2004)
4) K. Wada, D. Izuhara, M. Shiotsuki, T. Kondo, T. Mitsudo, *Chem. Lett.*, 734 (2001)
5) K. Wada, K. Yano, T. Kondo, T. Mitsudo, *Catal. Today*, **117**, 242 (2006)
6) K. Naka, H. Itoh, Y. Chujo, *Nano Lett.*, **2**, 1183 (2002)
7) P. T. Wolczanski, *Polyhedron*, **14**, 3335 (1995)
8) O. W. Steward, D. R. Fussaro, *J. Organomet. Chem.*, **129**, C28 (1977)
9) T. Maschmeyer, M. C. Klunduk, C. M. Martin, D. S. Shephard, J. M. Thomas, B. F. G. Johnson, *Chem. Commun.* 1847 (1997)
10) M. Crocker, R. H. M. Herold, A. G. Orpen, M. T. A. Overgaag, *J. Chem. Soc., Dalton Trans.*, 3791 (1999)
11) V. Lorenz, S. Blaurock, H. Görls, F. T. Edelmann, *Organometallics*, **25**, 5922 (2006)
12) (a) K. Osakada, Y.-J. Kim, A. Yamamoto, *J. Organomet. Chem.*, **382**, 303 (1990) ;

(b) Y.-J. Kim, K. Osakada, A. Takenaka, A. Yamamoto, *J. Am. Chem. Soc.*, **112**, 1096 (1990) ; (c) K. Osakada, Y.-J. Kim, M. Tanaka, S. Ishiguro, A. Yamamoto, *Inorg. Chem.*, **30**, 197 (1991) ; (d) Y.-J. Kim, J. Y. Lee, K. Osakada, *J. Organomet. Chem.*, **558**, 41 (1998)

13) B. Marciniec, H. Maciejewski, *Coord. Chem. Rev.*, **223**, 301 (2001)
14) (a) A. Fukuoka, A. Sato, Y. Mizuho, M. Hirano, S. Komiya, *Chem. Lett.*, 1641 (1994) ; (b) A. Fukuoka, A. Sato, K. Kodama, M. Hirano, S. Komiya, *Inorg. Chim. Acta*, **294**, 266 (1999)
15) V. Lorenz, A. Fischer, F. T. Edelmann, *Z. Anorg. Allg. Chem.*, **626**, 1728 (2000)
16) F. Liu, K. D. John, B. L. Scott, R. T. Baker, K. C. Ott, W. Tumas, *Angew. Chem., Int. Ed.*, **39**, 3127 (2000)
17) E. Lucenti, F. J. Feher, J. W. Ziller, *Organometallics*, **26**, 75 (2007) ; See also: J. C. Liu, S. R. Wilson, J. R. Shapley, F. J. Feher, *Inorg. Chem.*, **29**, 5138 (1990)
18) N. Mintcheva, Y. Nishihara, A. Mori, K. Osakada, *J. Organomet. Chem.*, **629**, 61 (2001)
19) N. Mintcheva, M. Tanabe, K. Osakada, *Organometallics*, **25**, 3776 (2006)
20) N. Mintcheva, M. Tanabe, K. Osakada, *Organometallics*, **26**, 1402 (2007)
21) H. C. L. Abbenhuis, A. D. Burrows, H. Kooijman, M. Lutz, M. T. Palmer, R. A. van Santen, A. L. Spek, *Chem. Commun.*, 2627 (1998)
22) E. A. Quadrelli, J. E. Davies, B. F. G. Johnson, N. Feeder, *Chem. Commun.*, 1031 (2000)

シルセスキオキサン材料の化学と応用展開　《普及版》　(B1040)

2007年 7 月27日	初　版　第 1 刷発行
2013年 6 月 7 日	普及版　第 1 刷発行

監　修　　伊藤真樹　　　　　　　　　　Printed in Japan
発行者　　辻　賢司
発行所　　株式会社シーエムシー出版
　　　　　東京都千代田区内神田1-13-1
　　　　　電話03 (3293) 2061
　　　　　大阪市中央区内平野町1-3-12
　　　　　電話06 (4794) 8234
　　　　　http://www.cmcbooks.co.jp/

〔印刷　株式会社遊文舎〕　　　　　　　Ⓒ M. Itoh, 2013

落丁・乱丁本はお取替えいたします。

本書の内容の一部あるいは全部を無断で複写（コピー）することは，法律で認められた場合を除き，著作者および出版社の権利の侵害になります。

ISBN978-4-7813-0722-0　C3043　¥5000E